Die Küste

ARCHIV FÜR FORSCHUNG UND TECHNIK
AN DER NORD- UND OSTSEE

ARCHIVE FOR RESEARCH AND TECHNOLOGY
ON THE NORTH SEA AND BALTIC COAST

Sonderheft

Die Wasserstände an der Ostseeküste
Entwicklung – Sturmfluten – Klimawandel

Unter Beteiligung von

Christiane Baerens, Henning Baudler, Björn-Rüdiger Beckmann,
Hans-Dietrich Birr, Stefan Dick, Jacobus Hofstede, Eckhard Kleine,
Reinhard Lampe, Wolfram Lemke, Insa Meinke, Michael Meyer,
Ruth Müller, Sylvin H. Müller-Navarra, Gerhard Schmager, Klaus Schwarzer
sowie Theodor Zenz

mitverfasst und koordiniert von

Peter Hupfer
Jan Harff
Horst Sterr
Hans-Joachim Stigge

Herausgeber:
Kuratorium für Forschung im Küsteningenieurwesen

Heft 66 · Jahr 2003

Druck- und Kommissionsverlag:
Westholsteinische Verlagsanstalt Boyens & Co. Heide i. Holstein

ISSN 0452-7739
ISBN 3-8042-1057-0

Anschriften der Verfasser dieses Heftes:

BAERENS, CHRISTIANE, Dr., Benkertstr. 21, 14467 Potsdam (Abschnitte 3.3.1.1*, 3.3.1.2.1*, 3.3.3.1*, 3.4.1*, 3.4.2, 3.4.3.1*, 3.5*); BAUDLER, HENNING, Dr., Universität Rostock, Institut für Biologische Wissenschaften, Biologische Station Zingst, Mühlenstr. 27, 18374 Zingst. e-mail: henning.baudler@biologie.uni-rostock.de (Abschnitte 2.5.1*, 3.3.4.1*, 3.3.4.2*, 3.3.4.3*); BECKMANN, BJÖRN-RÜDIGER, Dr., Deutscher Wetterdienst, Kaiserleistr. 42, 63067 Offenbach a. Main. e-mail: Bjoern-Ruediger.Beckmann@dwd.de (Abschnitte 3.1.3, 3.3.1.3, 3.3.3.2.4), BIRR, HANS-DIETRICH, Prof. Dr., Arnold-Zweig-Str. 99, 18435 Stralsund (Abschnitte 3.3.1, 3.3.2, 3.3.4.4); DICK, STEFAN, Diplom-Ozeanograph, Bundesamt für Seeschifffahrt und Hydrographie, Bernhard-Nocht-Str. 78, 20359 Hamburg. e-mail: dick@bsh.de (Abschnitte 2.4.2*, 2.4.3*); HARFF, JAN, Prof. Dr., Institut für Ostseeforschung Warnemünde, Seestr. 15, 18119 Rostock-Warnemünde. e-mail: jan.harff@io-warnemuende.de (Kapitel 1*); HOFSTEDE, JACOBUS, Dr., Ministerium für ländliche Räume, Landesplanung, Landwirtschaft und Tourismus des Landes Schleswig-Holstein, Postfach 7129, 24171 Kiel. e-mail: Jacobus.Hofstede@MLR.LANDSH.de (Abschnitt 4.4*); HUPFER, PETER, Prof. Dr., c/o Humboldt-Universität zu Berlin, Institut für Physik, Unter den Linden 6, 10099 Berlin. e-mail: peter.hupfer@rz.hu-berlin.de (Abschnitte 2.1, 3.3.1.2.1*, 3.3.2.1, 3.3.3.3*, 3.4.1*, 3.4.3.1*, 3.4.3.3, 3.5*); KLEINE, ECKHARD, Dr., Bundesamt für Seeschifffahrt und Hydrographie, Bernhard-Nocht-Str. 78, 20359 Hamburg. e-mail: eckhard.kleine@bsh.de/ (Abschnitte 2.4.2*, 2.4.3*); LAMPE, REINHARD, Prof. Dr., Ernst-Moritz-Arndt-Universität Greifswald, Institut für Geographie, Friedrich-Ludwig-Jahn-Str. 16, 17487 Greifswald. e-mail: lampe@uni-greifswald.de (Kapitel 1*); LEMKE, WOLFRAM, Dr., Institut für Ostseeforschung Warnemünde, Seestr. 15, 18119 Rostock-Warnemünde. e-mail: wolfram.lemke@io-warnemuende.de (Kapitel 1*); MEINKE, INSA, Dr., Forschungszentrum Geesthacht, Institut für Küstenforschung, 21502 Geesthacht. e-mail: Insa.Meinke@gkss.de (Abschnitte 3.2, 3.3.1.2.2*, 3.3.1.2.3, 3.3.2.3, 3.3.3.2.1–3, 3.4.3.2); MEYER, MICHAEL, Dr., Institut für Ostseeforschung Warnemünde, Seestr. 15, 18119 Rostock-Warnemünde. e-mail: michael.meyer@io-warnemuende.de (Kapitel 1*); MÜLLER, RUTH, Dr., Universität Rostock, Institut für Biologische Wissenschaften, Biologische Station Zingst, Mühlenstr. 27, 18374 Zingst (Abschnitte 2.5.1*, 3.3.4.1*, 3.3.4.2*, 3.3.4.3*); MÜLLER-NAVARRA, SYLVIN H., Diplom-Ozeanograph, Bundesamt für Seeschifffahrt und Hydrographie, Bernhard-Nocht-Str. 78, 20359 Hamburg. e-mail: mueller.navarra@bsh.de (Abschnitte 2.4.2*, 2.4.3*); SCHMAGER, GERHARD, Dr., Marineamt, Abt. Geoinformationswesen, 18057 Rostock. e-mail: GerhardSchmager@bwb.org/ (Abschnitte 2.4.1, 3.3.1.2.1*, 3.3.1.2.2*, 3.3.2.2, 3.3.3.1*, 3.3.3.3*): SCHWARZER, KLAUS, Dr., Christian-Albrechts-Universität Kiel, Institut für Geowissenschaften, 24098 Kiel. e-mail: kls@gpi.uni-kiel.de (Abschnitte 4.1, 4.2, 4.3); STERR, HORST, Prof. Dr., Christian-Albrechts-Universität Kiel, Geographisches Institut, 24098 Kiel. e-mail: sterr@geographie.uni-kiel.de (Abschnitt 4.1); STIGGE, HANS-JOACHIM, Diplom-Physiker, Bundesamt für Seeschifffahrt und Hydrographie, Neptunallee 5, 18057 Rostock. e-mail: hans-joachim.stigge@ bsh.de (Abschnitte 2.2, 2.5, 2.6, 3.3.3.3.*, 3.4.1*); ZENZ, THEODOR, Dipl.-Ing., Bundesanstalt für Gewässerkunde, Kaiserin-Augusta-Anlagen 15–17, 56068 Koblenz. e-mail: Zenz@bafg.de (Abschnitt 2.3)

* = mit Koautor(en)

_____

Herausgeber und Autoren

widmen dieses Buch

stellvertretend für die zahlreichen Wissenschaftler
und Techniker, die an der Wasserstands- und
Küstenforschung der Ostsee beteiligt waren und sind,
dem verdienstvollen Wirken von

Heinz Kliewe, Greifswald
für seine Beiträge zur Klärung der holozänen
Entwicklung der südwestlichen Ostseeküste und die
internationale Kooperation auf diesem Forschungsgebiet,

Rolf Köster, Kiel
für seine langjährige erfolgreiche Erforschung der
vielfältigen Küstenformen und -prozesse an der
Ostseeküste von Schleswig-Holstein,

Otto Kolp (†)
für seine grundlegenden Arbeiten zur
paläogeographischen Entwicklung der westlichen Ostsee
und zur rezenten Küstendynamik sowie

Otto Miehlke, Warnemünde
für seine bedeutenden Beiträge zur Wasserstandsmessung
und -vorhersage sowie seine unermüdliche Förderung
der Küstenforschung zwischen Trave und Swine

Vorwort

Der Umstand, dass in den letzten Jahren drei Graduierungsarbeiten an verschiedenen Universitäten entstanden sind, die sich mit dem Problem der Extremwasserstände an der deutschen Ostseeküste befassen (Christiane *Baerens*, Björn-Rüdiger *Beckmann*, Insa *Meinke*), ließ im Frühjahr 2000 die Idee aufkommen, die Wasserstandsverhältnisse an der südwestlichen Ostseeküste in der Form eines Statusberichtes in relativ ausführlicher Weise darzustellen.

Wenn die gezeitenarme Ostsee und damit auch ihre südwestlichen Küstenabschnitte in ihrer Dynamik gegenüber der Nordsee auch zurückstehen, so erscheint es doch an der Zeit zu sein, eine zusammenfassende Darstellung des Kenntnisstandes über den holozänen Füllungsprozess, die Fragen des mittleren Wasserstandes und seiner Variationen, die Methoden der operativen Vorhersage, das Auftreten von Sturmfluten und Sturmniedrigwasser und die Auswirkungen der Wasserstandsschwankungen auf die Küste vorzulegen.

Die die deutsche Ostseeküste betreffenden Forschungsarbeiten verliefen bekanntlich in der Zeit, in der die Grenze zwischen Ost und West auch diese Küste zerschnitt, mit unterschiedlicher Intensität und Zielsetzung und waren nach dem 2. Weltkrieg unkoordiniert geblieben. Neben dem Anliegen, die Wasserstandsproblematik an der gesamten deutschen Ostseeküste unter einheitlichen Gesichtspunkten zu behandeln, besteht eine weitere aktuelle Veranlassung für eine derartige Monographie vor allem auch in der hohen Wahrscheinlichkeit, dass das 21. Jahrhundert von einem Klimawandel geprägt sein wird. Davon wird die Ostsee, deren bisherige Entwicklungsphasen von Klimaschwankungen entscheidend beeinflusst wurden, insgesamt nachhaltig betroffen sein. So wird der globale Meeresspiegelanstieg dieses Meer nicht verschonen, und Schwankungen der atmosphärischen Zirkulation werden sich in den marinen Prozessen abbilden.

Die vorliegende Schrift soll daher zum einen den Küstenforschern eine Grundlage bieten, von der aus neue Ziele verfolgt und bestehende Defizite ausgeglichen werden können, zum anderen soll sie aber auch den Praktikern alle erforderlichen Informationen vermitteln und Anregungen für ihre Arbeit und Kenntnisse zu bestehenden Zusammenhängen bieten. Nicht zuletzt sind die hier zusammengestellten Fakten und Interpretationen eine geeignete Grundlage für interessierte Studierende verschiedener Studiengänge. Sie können sich damit leichter in die Problematik einarbeiten und die Fakten für ihre Arbeiten oder zur Vorbereitung von Exkursionen verwenden.

Wir bedanken uns bei den Autoren, die neben ihrer eigentlichen beruflichen Tätigkeit an dieser Monographie mitwirkten. Ferner gilt unser Dank Frau Ute *Brauer*, Zingst und Herrn Prof. Dr. Thomas *Foken*, Universität Bayreuth.

Ganz besonders dankbar sind wir dem KFKI für die Bereitschaft, diese Monographie als Sonderausgabe des Journals „Die Küste" herauszugeben.

Peter Hupfer   Jan Harff   Horst Sterr   Hans-Joachim Stigge

Herbst 2002

Preface

During the last years, two PhD-theses and one Master's thesis (Christiane *Baerens*, Björn-Rüdiger *Beckmann*, Insa *Meinke)* dealing with the problem of extreme sea level events at the German Baltic coast have been presented at various German universities. Consequently, in the spring of year 2000, the idea was born to publish the water level conditions at the South-Western Baltic coast as a rather detailed status report.

From the point of view of marine dynamics, the micro-tidal environment of the Baltic Sea including its South-Western part plays a minor role compared to the North Sea. Nevertheless, the time seems right for a publication of a compilation of existing knowledge about holocene filling processes, the recent mean sea level and its fluctuations, methods of operational forecasts, the occurrence of storm surges and extreme low water events and the impact of sea level variations on the coast.

After World War II and during the existence of the Iron Curtain, coastal research in the politically divided German parts of the Baltic Sea developed in a non-co-ordinated manner with different intensities and aims. Besides our objective to describe the sea level issue of the entire German Baltic coast under a 'unified' perspective, another immediate motive for such a monograph exists. There is an increasing probability that the 21st century will be characterised by climate changes. Since the evolution of the Baltic Sea has been seriously affected by climatic changes in the past, it is likely to be afflicted again. The global rise of the mean sea level will not spare these waters, and modifications of the atmospheric circulation will be reflected by marine processes.

The monograph presented here will prove to be a useful source for coastal researchers from which new objectives can be pursued and deficits can be compensated for. But it will also impart to coastal practitioners the necessary information that is going to update the knowledge base and stimulate new ideas. Last but not least, the compilation of theory, data and analyses will be a suitable basis for students of various disciplines to access problem solutions and prepare scientific excursions.

We thank all the authors who have contributed to this monograph while fulfilling their main professional obligations. Furthermore, we acknowledge the support by Mrs. Ute *Brauer*, Zingst, and Prof. Dr. Thomas *Foken*, Bayreuth.

We are particularly grateful to the German Coastal Engineering Research Council – KFKI – for its editorial support and inclusion of this monograph in the journal series „Die Küste".

Peter Hupfer   Jan Harff   Horst Sterr   Hans-Joachim Stigge

Autumn 2002

Die Wasserstände an der Ostseeküste

Entwicklung – Sturmfluten – Klimawandel

Inhalt

1. Wasserstandsentwicklung in der südlichen Ostsee während des Holozäns

1.1 Einführung

Kurzfristige, vor allem meteorologisch bedingte Änderungen des Wasserstandes der Ostsee überlagern säkular wirkende Prozesse, die durch Klimaänderungen und Vertikalbewegungen der Erdkruste verursacht werden. Diese Prozesse, die Zeiträume von mehreren tausend Jahren umfassen, lassen sich nur durch die Interpretation, d. h. durch die Dekodierung indirekter Informationen, studieren. Solche Informationen liefern zum Beispiel die Sedimente der Küsten- und Beckenräume, Reste von Tier- und Pflanzenwelt, aber auch Kulturreste menschlicher Siedlungen in ehemaliger Küstennähe, die auf spezifische Weise den paläogeographischen und ökologischen Wandel und damit auch Änderungen menschlicher Lebensräume widerspiegeln. Untersuchungen langfristiger Trends der Wasserstandsentwicklung sind auch für den Küsteningenieur und Raumplaner von Bedeutung, da diese Untersuchungen Anhaltspunkte für natürliche Abläufe der Küstenbildung liefern, die in modernen Konzepten des Küstenzonenmanagements zunehmend Berücksichtigung finden.

Die Geschichte der geologisch jungen Ostsee spiegelt in exemplarischer Weise die Überlagerung zweier Prozesse wider – der exogenen Wasserspiegelvariation und der endogenen Erdkrustenbewegung. Beide Prozesse sind an die Entwicklung des Klimas während des Quartärs gebunden. Abb. 1.1 zeigt die Entwicklung der atmosphärischen Temperatur in den letzten 10 000 Jahren.

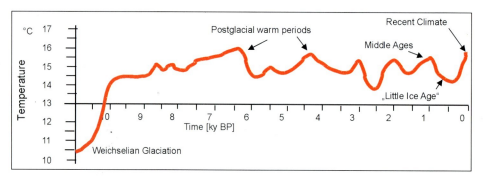

Abb. 1.1: Paläotemperaturentwicklung der letzten 10 000 Jahre (nach LOZÁN et al., 1998)

Erst nachdem das skandinavische Inlandeis infolge der postweichseleiszeitlichen globalen Klimaerwärmung abzuschmelzen beginnt, gibt es sukzessiv ein Becken frei, das sich zunächst mit Schmelz- und Niederschlagswasser füllt und später durch Einbruch von Salzwasser aus der Nordsee zu demjenigen brackischen Meer wird, mit dem wir auch heute noch leben. Globaler Meeresspiegelanstieg durch die abschmelzenden Eismassen und durch den sich erwärmenden und expandierenden Wasserkörper der Ozeane sowie Vertikalbewegungen der Erdkruste im Bereich der Ostseezugänge regulieren das hydrographische System der Ostsee in ihrer geologischen Geschichte. Dabei beobachten wir im Bereich des Ostseebeckens einen starken Gradienten der vertikalen Erdkrustenbewegung. Während der größte Teil Skandinaviens durch Hebungstendenz gekennzeichnet ist, die den eustatischen Meeresspiegelanstieg deutlich kompensiert, führt das nördliche Mitteleuropa überwiegend Senkungsbewegungen aus, welche die Auswirkungen des eustatischen Anstieges hier noch verstärken. An den Küsten der Ostsee können daher die Auswirkungen eines steigenden und eines fallenden Meeresspiegels gleichzeitig studiert werden.

1.2 Die Ostsee: Geotektonik, Hydrographie und Entwicklung

Die Ostsee ist ein intrakontinentales Randmeer, welches von den Landmassen Skandinaviens, des nördlichen Mitteleuropas und Nordosteuropas umgeben ist. Abb. 1.2 zeigt eine schematische Darstellung der tektonischen Haupteinheiten. Das Ostseebecken überbrückt die Randzone zwischen Osteuropäischer und Westeuropäischer Plattform, die durch den Tiefenbruch der NW-SE streichenden Tornquist-Teisseyre-Zone (TTZ) und ihre nordwestliche Verlängerung, die Sorgenfrei-Tornquist-Zone (STZ), getrennt werden. Nordöstlich dieser Zone lässt sich der Fennoskandische Schild mit oberflächig anstehendem präkambrischen Kristallin von der Russischen Tafel mit undeformierten phanerozoischen Sedimenten auf präkambrisch konsolidiertem Fundament unterscheiden. Eine Ausnahme bildet die Baltische Syneklise, eine paläozoische Beckenstruktur im Nordwesten der Russischen Tafel. Westlich der TTZ bilden die Mitteleuropäischen Kaledoniden und Varisziden Teile der Mitteleuropäischen Senke. Im Nordwesten grenzen die Nordwesteuropäischen Kaledoniden an den Fennoskandischen Schild.

Die pleistozänen Vereisungen schufen die heutige Oberflächenmorphologie der baltischen Region (Abb. 1.3): Das Relief der Nordwesteuropäischen Kaledoniden und des Fennoskandischen Schildes wurde durch glaziale Erosion überformt, glazigene und glazifluviatile Sedimentablagerungen prägen das Tiefland der Russischen Tafel und den nordöstlichen Bereich der Westeuropäischen Plattform.

Das Ostseebecken selbst (derzeit mit einer mittleren Wassertiefe von 55 m) wurde durch die exarative Wirkung des Eises ausgeformt und besteht aus einer Kette von Teilbecken (Mecklenburger Bucht, 25 m, Arkonabecken, 50 m, Bornholmbecken, 100 m, Gotlandbecken, 230 m, Bottnischer Meerbusen, 120 m), die durch Schwellen voneinander getrennt sind. Die Verbindung der Ostsee durch die Dänischen Straßen zur Nordsee und damit zum Weltmeer entstand durch Senkungsprozesse der Erdkruste, verbunden mit dem globalen Meeresspiegelanstieg im Holozän.

Das heutige Muster der Vertikalbewegung der Erdkruste im Baltischen Raum reflektiert sowohl das phanerozoische Bewegungsmuster als auch glazio-isostatische Komponenten und bestimmt generell die Gradienten der Küstenlinienänderung zwischen Regression im Bereich des Fennoskandischen Schildes und Transgression an der südlichen Ostseeküste. Daten über die heutigen Krustenbewegungen wurden im Rahmen des IGCP-Projekts Nr. 346 „Neogeodynamica Baltica" zusammengetragen und decken den Bereich von 4°–36° östlicher Länge bis 47°–65° nördlicher Breite ab. GARETSKY et al. (2001) veröffentlichten eine Karte der rezenten Krustenbewegung des Baltischen Raums, die modifiziert in Abb. 1.4 wiedergegeben ist. Die Beziehungen zwischen Krustenhebung und regionaler tektonischer Strukturierung wird beim Vergleich von Abb. 1.4 und Abb. 1.2 deutlich. Im nördlichen Teil wird die Karte in Abb. 1.4 von der NE-SW-ausgedehnten fennoskandischen Hebungszone beherrscht, wobei ein Maximalwert von > 8 mm/Jahr (nördlicher Bottnischer Meerbusen) erreicht wird. Die Hebungszone des Fennoskandischen Schildes ist von einer Senkungszone gürtelartig umgeben, welche die südliche und südöstliche Ostseeküste beeinflusst. Diese

6

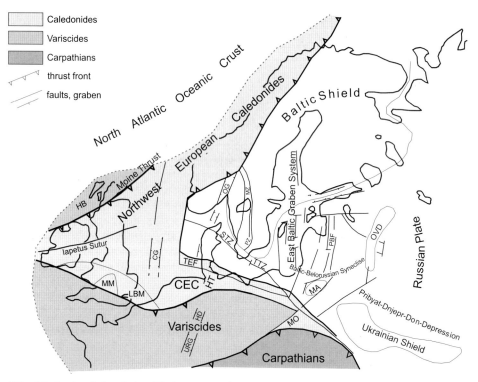

Abb. 1.2: Regionaltektonische Gliederung Nordeuropas (HARFF, FRISCHBUTTER et al., 2001). HB: Hebridischer Schild, MM: Midland-Massiv, LBM: London-Brabanter Massiv, CEC: Zentraleuropäische Kaledoniden, CG: Zentralgraben, URG: Oberrhein-Graben, HD: Hessische Senke, HT: Hamburger Trog, OG: Oslo-Graben, MZ: Mylonit-Zone, PZ: Protegin-Zone, MA: Masurische Anteklise, OVD: Orsha-Valday-Senke, PBF: Pribaltische Störungen, MO: Moravosilesian, STZ: Sorgenfrei-Tornquist-Zone,TTZ: Teisseyre-Tornquist-Zone, TEF: Transeuropäische Störung

Senkungszone quert N-S-streichende tektonische Elemente („Pribaltic Faults") ebenso wie die die NW-SE-streichende Tornquist-Teisseyre-Zone und wird von FJELDSKAAR (1994) als kollabierender Lithosphärenwulst gedeutet, der sich ehemals vor der Stirn des skandinavischen Inlandgletschers ausgebildet hatte.

Westlich der Tornquist-Tesseire- bzw. Sorgenfrei-Tornquist-Zone ist die Beziehung zwischen Vertikalbewegung der Kruste und regionaltektonischem Inventar (WNW-ENE streichender Transeuropean Fault und N-S streichender Grabenstrukturen) deutlicher ausgeprägt. Hier befinden wir uns im Bereich der Zugänge des Weltmeeres zum ästuarinen Wasserkörper der Ostsee.

Das humide Klima bedingt eine positive Wasserbilanz der Ostsee und damit eine ästuarine Zirkulation mit einem nach Norden abnehmend thermohalin geschichteten Wasserkörper – ein wichtiges Charakteristikum dieses Meeres (MATTHÄUS u. FRANCK, 1992; WULFF et al., 1990). Der dadurch eingeschränkte vertikale Wasseraustausch führt vor allem in den tiefen, zentralen Becken zu anoxischen Verhältnissen unterhalb einer permanenten Redoxkline. Das Fehlen benthischer Organismen in den tiefen Becken verhindert hier die Bioturbation und bewirkt damit die Ausbildung laminierter Sedimentfolgen, die die Entwicklungsgeschichte der Ostsee mit einer hohen zeitlichen Auflösung abbilden. So gelang es, an-

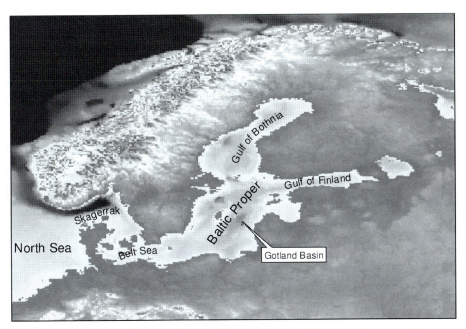

Abb. 1.3: Digitales Geländemodell der Baltischen Region nach Daten von EDWARDS (1989)

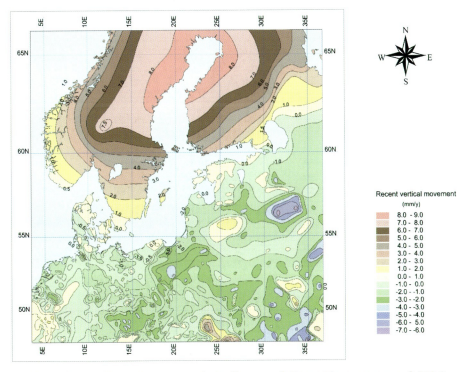

Abb. 1.4: Rezente Vertikalbewegungen der Erdkruste nach HARFF, FRISCHBUTTER et al. (2001), überarbeitet nach GARETSKY et al. (2001)

hand der sedimentphysikalischen Eigenschaften die Sedimente aus dem Gotlandbecken (Abb. 1.5) stratigraphisch in Zonen zu untergliedern, welche die Hauptentwicklungsphasen der Ostsee widerspiegeln.

Aus der Abb. 1.5 wird deutlich, dass in die nichtlaminierten limnischen Sedimente des Baltischen Eisstausees (Zonen A-1 bis A-3) und des Ancylussees (A-5, A-6) eine geringmächtige laminierte Sedimentfolge (A-4) eingeschaltet ist, ein Beleg für die Yoldia-Phase, eine kurze frühe marin-brackische Episode der Ostsee. Deutlich heben sich dann mit dem Einsetzen laminierter Sedimentfolgen die Ablagerungen des Littorina-

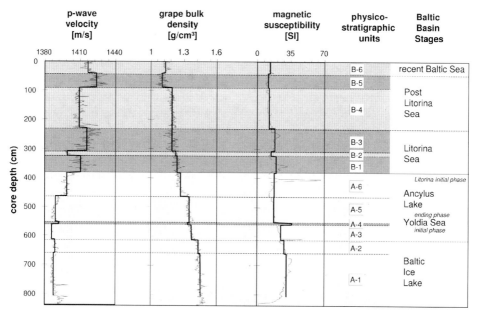

Abb. 1.5: Stratigraphische Gliederung der Sedimente des Gotlandbeckens nach sedimentphysikalischen Eigenschaften nach HARFF et al. (2001)

und Postlittorina-Meeres von den limnischen Sedimenten ab. Wechselnd ausgebildete Lamination zeigt aber auch hier eine unterschiedliche Sauerstoffversorgung des Tiefenwassers während der Sedimentation, die vor allem auf wechselnde Zuflussbedingungen von Nordseewasser durch die Dänischen Straßen hinweist. Die Regulierung des Zuflusses ist ein Ergebnis des Wechselspiels von Meeresspiegelanstieg und Vertikalbewegung der Erdkruste.

1.3 Relative Meeresspiegeländerungen im Holozän

Man bestimmt die Meeresspiegeländerungen aus dem Alter von Paläogeländeoberflächen, die bei ihrer Bildung nahe dem Paläo-Meeresspiegel gelegen haben, und ihrer Lagedifferenz zum rezenten Meeresspiegel. Zur Altersbestimmung verwendet man vorwiegend Radiokarbondatierungen von organischen Resten im Sediment. Auch archäologische Funde können Hinweise auf das Alter geben. Da Änderungen der Meeresspiegelhöhen mit Bezug auf das Festland angegeben werden, stellen sie relative Größen dar (RSL – relative sea level), die immer sowohl den eustatischen als auch den Vertikalbewegungsanteil der Oberfläche der Erde erfassen. Letzterer umfasst wiederum Komponenten wie isostatische, tektonische Bewegungen. Lokal tragen auch Salztektonik und Kompaktion zur differentiellen Vertikalbewegung der Erdkruste bei.

Meeresspiegeländerungen während des Holozäns wurden an vielen Lokalitäten der Ostsee untersucht (u. a. KOLP, 1979; KOLP, 1981; KLIEWE u. JANKE, 1982). Eine umfassende Kompilierung von Daten legte PIRAZZOLI (1991) als eines der Hauptergebnisse des IGCP-Projekts 274 „Coastal Evolution during the Quaternary" vor. Um das unterschiedliche Verhalten der regionalen tektonischen Einheiten, welche die Entwicklung des Ostseebeckens beeinflussen, zu beschreiben, wurden Kurven an ausgewählten Standorten untersucht.

Um eine Abschätzung der isostatischen und eustatischen Anteile bei der Änderung des relativen Meeresspiegels vornehmen zu können, wird als Bezugsgröße die Änderung des relativen Meeresspiegels im Bereich des Kattegat betrachtet, von der man annehmen kann, dass sie vorwiegend durch eustatische Prozesse bestimmt ist. Eine entsprechende Kurve hatte MÖRNER (1976) publiziert. Eine Isolierung der isostatischen Komponente aus den relativen Meeresspiegeländerungskurven ist auf recht einfache Weise möglich:

$$d_i\,(t) = rsl_i\,(t) - esl\,(t), \quad t\epsilon\,\{-8000, 0\}, i\epsilon\,I,$$

wobei rsl die relative Meeresspiegeländerung, esl die eustatische Änderung (hier nach MÖRNER, 1976), I die Indexmenge der betrachteten RSL-Kurven, t die Zeit und d den isolierten isostatischen Anteil der RSL-Kurven darstellen.

Berechnet man auf diese Weise für typische RSL-Kurven die entsprechenden Differenzkurven, so ergibt sich das in Abb. 1.6 gezeigte Bild.

Die kontinuierliche Hebung des Fennoskandischen Schildes lässt sich an den entsprechenden c-Kurven in der Abb. 1.6 deutlich ablesen. Dagegen zeigen die Kurven an der südlichen Ostseeküste vor allem zu Beginn bis etwa 5000 konv. ^{14}C-Jahren BP eine deutliche Senkungstendenz, die dann abklingt und in regional differenziertes Verhalten übergeht. Das rezente Bild ergibt sich aus der Karte in Abb. 1.4. Damit könnte die von FJELDSKAAR (1994) vertretene These des postpleistozän bis frühholozän kollabierenden Lithosphärenwulstes im Randbereich des Fennoskandischen Schildes gestützt werden.

Neben der global wirkenden eustatischen und der regional wirkenden isostatischen Komponente drücken sich in den RSL-Kurven auch subregional und lokal wirkende neotektonische, kompaktionsbedingte und hydrodynamisch zirkulationsbedingte Komponenten aus, deren komplexes Zusammenspiel im südwestlichen Ostseeraum bisher nur teilweise verstanden ist. Für den Bereich östlich der Darsser Schwelle bis zur Oderbucht stellt sich die Wasserspiegelentwicklung im Küstenraum nach LAMPE (2002) wie folgt dar (Abb. 1.7).

Die frühesten Phasen des Baltischen Eisstausees (BIL), der im Zeitraum um 13 000 BP entstand (BJÖRK, 1995) lassen sich durch Warventone in Wassertiefen um –25 m NN nachweisen (LEMKE, 1998). Ab der Älteren Dryas ist ein Wasserspiegelanstieg in den Seen und Tälern zu verzeichnen (WLP), dessen Höhepunkt in das endende Alleröd und in die Jüngere Dryas datiert (KLIEWE u. JANKE, 1978). Dieser steht aber mit dem Wasserspiegelanstieg des BIL nicht unmittelbar in Verbindung. Ob die im Großen Haff bis –11 m, in der Oderbucht bis –16 m NN (KRAMARSKA, 1998) hinab reichenden Torfe den maximalen Wasserstand im

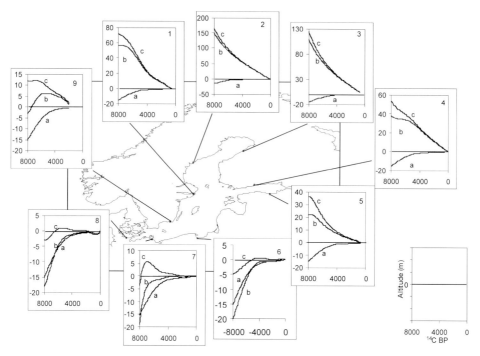

Abb. 1.6: RSL-Kurven (markiert durch „b") verglichen mit einer eustatischen Kurve (esl, markiert durch „a" nach den von MÖRNER (1976) gegebenen Daten) und der abgeleiteten „isostatischen" Komponente (bezeichnet mit „c") nach HARFF, FRISCHBUTTER et al. (2001). Die Zeit ist in der Grafik als konventionelles ^{14}C-Alter seit dem Beginn der Littorina-Transgression bei 8000 konv. ^{14}C-Jahren BP angegeben. Besonders deutlich wird der unterschiedliche Verlauf der relativen Wasserspiegeländerungen im Bereich des Fennoskandischen Schildes und der südlich angrenzenden Senkungszonen. Die Dominanz der isostatischen Komponente auf dem Fennoskandischen Schild bestimmt den regionalen Gradienten zwischen regressivem Meer im Norden und seiner Transgression im Süden

Tal der Unteren Oder bzw. im heutigen Ostseebecken repräsentieren, ist keineswegs klar, da mindestens bis in diese Zeit mit austauendem Toteis und damit verbundenen Lageänderungen synchron gebildeter Sedimente zu rechnen ist. LEMKE (1998) gibt für den Zeitraum Alleröd-Jüngere Dryas den Wasserstand des BIL östlich der Darsser Schwelle als von –40 auf –20 m NN ansteigend an (s. a. BENNIKE u. JENSEN, 1998). In der Tromper Wiek aufgenommene seismische Profile lassen SCHWARZER et al. (2000) den Höchststand des BIL sogar bei –9 m vermuten, was mit einer neotektonischen Hebung um 6 m entsprechend SCHUMACHER u. BAYERL (1999) begründet wird. Wenn sich diese hohe Lage bestätigen ließe, würde daraus zumindest für den westlichen Teil der Oderbucht ein deltaähnlicher, durch Flussverzweigungen und lokale Kleingewässer gekennzeichneter endpleistozäner Sedimentationsraum resultieren. Die Transgression des Baltischen Eisstausees wird mit der Freigabe der Pforte bei Billingen/Schweden um etwa 10 300 BP beendet und der Wasserspiegel erneut auf ca. –40 m abgesenkt (finale Regression des BIL). Damit setzt in den Tälern die frühholozäne Tiefenerosionsphase (EER) und in den Becken eine weitergehende Verlandungs- und Trockenfallphase ein, die den Zeitraum Präboreal und Boreal umfasst (JANKE, 1978). Zumindest die tieferliegenden Bereiche haben aber schon bald eine erneute Vernässung erfahren. Im Ostseebecken hat nach BJÖRK (1995) bereits um 9500 BP die Phase des Ancylus-

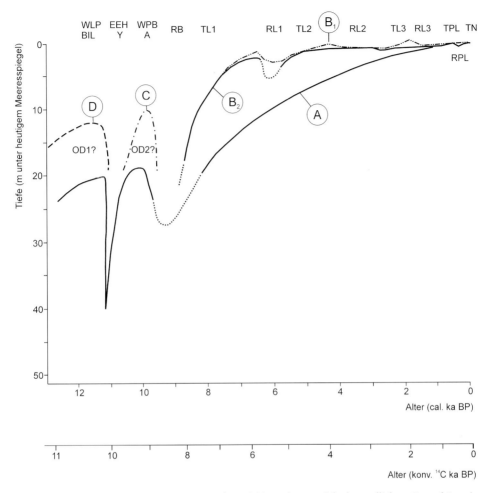

Abb. 1.7: Spätglazial-holozäne Wasserspiegelentwicklung im Bereich der südlichen Ostseeküste in Beziehung zu den Ostsee-Entwicklungsphasen und den Phasen der Meeresspiegelvariation (modifiziert nach LAMPE, 2002)

WLP – Spätpleistozäne Wasserspiegelanstiegsphase, BIL – Baltischer Eisstausee, EEH – Frühholozäne Tiefenerosionsphase, Y – Yoldia-Meer, WPB – Präboreal-boreale Wasserspiegelanstiegsphase, A – Ancylus-See, RB – Boreale Regression, TLx – Littorina-Transgressionen, RLx – Littorina-Regressionen, TPL – Postlittorina-Transgression, RPL – Postlittorina-Regression, TN – Neuzeitliche Transgression
A – RSL-Kurve für das Arkona-Becken nach BENNIKE u. JENSEN (1998),
B$_1$ – RSL-Kurve für die vorpommersche Küste nach KLIEWE u. JANKE (1982),
B$_2$ – RSL-Kurve für die vorpommersche Küste nach JANKE u. LAMPE (2000),
C – Spiegelkurve des Ancylus-Sees nach KLIEWE u. REINHARD (1960),
D – Spiegelkurve der Küstenflüsse und küstennahen Seen nach JANKE (1978),
       punktierte Kurvenabschnitte sind als unsicher anzusehen
OD1, OD2 – vermutete Entwicklungsstadien des Deltas der Ur-Oder im Bereich der heutigen Oderbucht

Sees als einem vom Weltmeer isoliertem Gewässer begonnen, die mit einem extrem schnellen Wasserspiegelanstieg von 5–10 m in 100 Jahren auf etwa –20 m verbunden war (TPB). Die Ansichten über den Höchststand der Ancylus-Transgression gehen allerdings weit auseinander. KLIEWE (1960, 1995), KLIEWE u. REINHARD (1960) sowie KLIEWE u. JANKE (1982) nahmen eine Höhenlage bis maximal –8 m an, KOLP (1975) sprach sich zunächst für eine Lage nicht höher als –20 m aus, schloss sich aber später (KOLP 1986) dieser Meinung an und identifizierte die Darsser Schwelle als stauende Barriere, deren Durchbruch um 8800 BP die Regression des Ancylus-Sees (RB) und die Entstehung der Kadet-Rinne einleitete. Neuere Untersuchungen in der Mecklenburger Bucht und im Arkonabecken lassen LEMKE (1998) und LEMKE et al. (1999) zu dem Schluss kommen, dass die Darsser Schwelle als aufstauende Barriere nicht in Frage kommt und der Ancylus-Großsee östlich der Falster-Rügen-Platte eine Spiegelhöhe von höchstens –18 m erreicht haben kann. Tatsächlich scheinen sich die von KLIEWE u. REINHARD gefundenen und von ihnen ins Boreal gestellten limnischen Sande auf den Küstenbereich Usedom bis Jasmund zu konzentrieren. Bei den Untersuchungen von SCHUMACHER u. BAYERL (1997) auf der Schaabe konnten entsprechende Ablagerungen nicht gefunden werden, und die von KLIEWE u. JANKE (1991) aus dem Gebiet von Zingst bzw. vom Bug/NW-Rügen beschriebenen Funde könnten sich auch lokalen Seebildungen zuordnen lassen (KLIEWE u. JANKE, 1991; LEMKE, 1998). Zusammenfassend ergeben sich damit die konkurrierenden Vorstellungen a) eines präboreal-borealen Ancylus-Großsees, der im Süden fördenartig in die tief ausgeschürften Becken von Rügen und Usedom reicht oder b) eines zumindest den westlichen Teil der Oder-Bucht ausfüllenden Süßwassersees (Ur-Oderhaff) mit einer Spiegelhöhe bei etwa –8 m und einem auf kurzem Wege vor Jasmund/Arkona auf –18 m zum Großsee abfallenden Lauf der Oder (was vom geomorphologischen Standpunkt aus sehr unwahrscheinlich ist) oder c) einer zumindest teilweisen Uminterpretation der limnisch-fluviatilen Sande als Ablagerungen des oben beschriebenen endpleistozänen Deltas und finale Depressionsverfüllungen und Sedimentumlagerungen bis ins Boreal/Frühatlantikum. Letztere Vermutung wird durch neuere Kartierungen nahegelegt. Endgültige Resultate bleiben jedoch abzuwarten.

Erste Vorboten der Littorina-Transgression sind marin-brackische Verhältnisse anzeigende Diatomeen-Gesellschaften in Sedimenten der Mecklenburger Bucht aus dem Zeitraum 8500 bis 8000 BP (ERONEN et al., 1990). An den Küsten liegen die ältesten limnisch-telmatischen Bildungen, die von Littorina-Sedimenten transgrediert werden, bei ca. –15 m NN und datieren um knapp 8000 BP. Der initiale Anstieg des Wasserspiegels verläuft rasant und erreicht um 6000 BP die –2-m-Marke (JANKE u. LAMPE, 2000). Ein 2001 im Stadtgebiet von Stralsund entdeckter spätmesolithischer Lagerplatz mit Resten von drei Einbäumen, die in einer heute um –1,8 m NN gelegenen Uferzone des Littorina-Meeres konserviert wurden (KAUTE, 2002, pers. Mitt.), scheint in dieses Höhenniveau hinein zu passen. Für die Wismar-Bucht ist durch die Funde spätmesolithischer Siedlungsplätze, die im Rahmen unterwasserarchäologischer Prospektionen (Abb. 1.8) in Tiefen von –7 m (6200–6300 BP) sowie in –2,5 bis –3,5 m (5500–5300 BP) entdeckt wurden, eine deutlich niedrigere Lage zu konstatieren (LÜBKE, 2000, 2001). Als Beispiele zahlreicher Werkzeugfunde zeigt die Abb. 1.9 Feuersteinklingen, die während der Arbeiten geborgen werden konnten. Datierungen von in situ angetroffenen Holzbauresten ergaben Altersdaten, die gemeinsam mit neolithischen Unterwasserfunden bei Timmendorf (LÜBKE, 2000) zur Justierung einer von KLUG (1980) publizierten RSL-Kurve Verwendung fanden. Abb. 1.10 zeigt die entsprechende RSL-Kurve (MEYER, 2002), welche den Transgressionsprozess in der Mecklenburger Bucht für das jüngere Holozän beschreibt.

Der anschließende Zeitraum bis etwa 5300 BP, in dem sich die hochlittorinazeitliche Verharrungs- bis Regressionsphase (RL1) ereignet haben soll (KLIEWE u. JANKE, 1982) ist durch

Abb. 1.8: Forschungstaucher an einer organogenen Sedimentschicht am Jäckelberg, nördlich der Insel
Poel in 7 m Wassertiefe

Abb. 1.9: Spätmesolithische Feuersteinklingen vom submarinen Fundplatz Jäckelberg (LÜBKE, 2000)

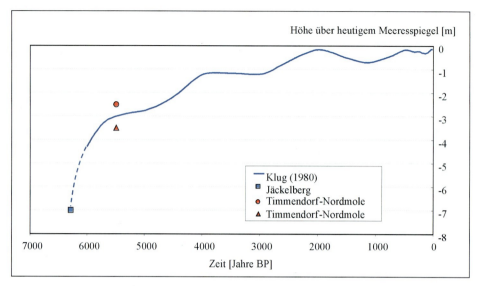

Abb. 1.10: RSL-Kurve der Mecklenburger Bucht als Kompilation der Daten von KLUG (1980) mit neueren Datierungen nach LÜBKE (2000)

Untersuchungen von SCHUMACHER u. BAYERL (1997, 1999) und JANKE u. LAMPE (2000) in die Diskussion geraten. Die Autoren fanden Hinweise auf eine neotektonische Hebung Nordrügens bzw. des vorpommerschen Küstenraumes um einige Meter. Als Indikatoren werden in marine Sedimente eingeschaltete Torfe und Bodenbildungen beschrieben und absolut chronologisch und pollenanalytisch datiert. Versuche, diesen Befund an anderen Standorten zu verifizieren, waren bisher nicht erfolgreich. Das Problem der neotektonischen Bewegungen bleibt trotzdem der Schlüssel, die – im Vergleich mit Kurven benachbarter Regionen, vor allem der als nahezu rein eustatisch anzusehenden Nordseekurve von BEHRE (i. Dr.) – sehr hohe Lage der für den vorpommerschen Raum identifizierten Strandlinienverschiebungskurve zu erklären.

Der Fortgang des Meeresspiegelanstiegs ist vor allem durch die Untersuchungen der Küstenüberflutungsmoore sowie durch archäologische Funde belegbar (Abb. 1.11). Baumstubben sind dabei sichere Zeichen für terrestrische Bedingungen, marin beeinflusste Torfe zeichnen den säkularen Meeresspiegelanstieg nach, und Torfoxidationshorizonte weisen auf Retardation oder Regression hin. Unterschiede zwischen den Standorten sind auf nichteustatische Vertikalbewegungen zurückzuführen.

Nach der L1-Regression, die sich in den Mooren durch einen Torfoxidationshorizont und Hiatus bemerkbar macht, steigt der Meeresspiegel bis etwa 3000 BP langsam bis auf ca. –0,6 m NN an (L2, LAMPE u. JANKE, 2002).

Der Abschnitt der Urnenfelderbronzezeit, der sich im Binnenland durch Trockenheit auszeichnet (JÄGER u. LOZEK, 1978), ist in den Küstenmooren durch eine schwache Torfdegradation gekennzeichnet (RL2). Ob damit auch eine (geringfügige) Meeresspiegelabsenkung einherging, ist noch Gegenstand der Diskussion. MÖRNER (1999) vermutet einen solchen Zusammenhang zwischen Trockenheits- und Regressionsphasen, der sich über regionale Luftdruck- und Süßwasserabflussänderungen einstellt. Die kaiserzeitliche Transgression (L3) hebt den Wasserspiegel nur unwesentlich bis auf etwa –0,5 m NN an. Eine durch die Klimaverschlechterung während der Völkerwanderungszeit hervorgerufene Regression

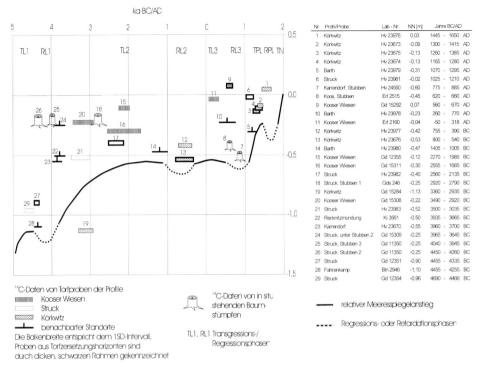

Nr	Profil/Probe	Lab - Nr	NN [m]	Jahre BC/AD
1	Körkwitz	Hv 23976	0,03	1445 - 1650 AD
2	Körkwitz	Hv 23673	-0,09	1300 - 1415 AD
3	Körkwitz	Hv 23675	-0,13	1260 - 1385 AD
4	Körkwitz	Hv 23674	-0,13	1165 - 1280 AD
5	Barth	Hv 23979	-0,31	1070 - 1295 AD
6	Struck	Hv 23981	-0,02	1025 - 1210 AD
7	Karrendorf, Stubben	Hv 24550	-0,60	775 - 885 AD
8	Koos, Stubben	Erl 2515	-0,45	620 - 660 AD
9	Kooser Wiesen	Gd 15292	0,07	560 - 670 AD
10	Barth	Hv 23978	-0,23	260 - 770 AD
11	Kooser Wiesen	Erl 2160	-0,04	-50 - 318 AD
12	Körkwitz	Hv 23977	-0,42	755 - 390 BC
13	Körkwitz	Hv 23676	-0,53	800 - 540 BC
14	Barth	Hv 23980	-0,47	1405 - 1005 BC
15	Kooser Wiesen	Gd 12355	-0,12	2270 - 1985 BC
16	Kooser Wiesen	Gd 15311	-0,30	2555 - 1685 BC
17	Struck	Hv 23982	-0,40	2560 - 2135 BC
18	Struck, Stubben 1	Gds 246	-0,25	2920 - 2790 BC
19	Körkwitz	Gd 15284	-1,13	3360 - 2935 BC
20	Kooser Wiesen	Gd 15308	-0,22	3490 - 2920 BC
21	Struck	Hv 23983	-0,52	3500 - 3035 BC
22	Recknitzmündung	Ki 3561	-0,50	3935 - 3665 BC
23	Karrendorf	Hv 23670	-0,55	3960 - 3700 BC
24	Struck, unter Stubben 2	Gd 15309	-0,25	3965 - 3645 BC
25	Struck, Stubben 3	Gd 11350	-0,25	4040 - 3945 BC
26	Struck, Stubben 2	Gd 11350	-0,25	4450 - 4260 BC
27	Struck	Gd 12351	-0,90	4455 - 4335 BC
28	Fahrenkamp	Bln 2946	-1,10	4455 - 4255 BC
29	Struck	Gd 12354	-0,96	4690 - 4466 BC

¹⁴C-Daten von Torfproben der Profile
▥ Kooser Wiesen
▭ Struck
▨ Körkwitz
▭ benachbarter Standorte
Die Balkenbreite entspricht dem 1SD-Intervall,
Proben aus Torfzersetzungshorizonten sind
durch dicken, schwarzen Rahmen gekennzeichnet

¹⁴C-Daten von in situ
stehenden Baum-
stümpfen

TL1, RL1 Transgressions-/
Regressionsphaser

—— relativer Meeresspiegelanstieg

---- Regressions- oder Retardationsphaser

Abb. 1.11: Radiokarbondaten von Torfproben und Baumstümpfen aus drei Küstenüberflutungsmooren der vorpommerschen Boddengewässer (Körkwitz/Saaler Bodden, Kooser Wiesen und Insel Struck/ Greifswalder Bodden) und benachbarten Standorten

(RL3) ist nach neuesten Ergebnissen vermutlich ebenfalls nur sehr geringfügig ausgefallen. Eventuell handelt es sich um eine Verlangsamung oder einen Stillstand der Transgression. Sehr auffällig ist dagegen ein Wasserspiegelanstieg auf –0,25 m NN, der sich etwa zwischen 1000 und 600 BP und damit während und kurz nach dem mittelalterlichen Klimaoptimum ereignet zu haben scheint (TPL). Für Ralswiek/Rügen rekonstruieren LANGE et al. (1986) an Hand slawenzeitlicher Funde gar einen Wasserspiegel zwischen 0,25 und 1m NN, der sich in den Küstenmooren jedoch nicht nachvollziehen lässt. Die folgende markante Regression, die sich weitverbreitet durch prominente Torfzersetzungshorizonte in den Küstenüberflutungsmooren zu erkennen gibt (JESCHKE u. LANGE, 1992; LAMPE u. JANKE, 2002, Abb. 1.12), ist in die Kleine Eiszeit etwa zwischen 500 und 250 BP zu datieren (RPL). Die etwa um 1850 einsetzende Neuzeitliche Transgression (TN) hat den Meeresspiegel im Mittel um ca. 20 cm ansteigen lassen, wobei sich allerdings regionale Unterschiede zeigen (DIETRICH u. LIEBSCH, 2000).

Nach der gegenwärtigen Befundlage liegen die trendbereinigten Amplituden der Wasserspiegelschwankungen der letzten 5000 Jahre im Bereich von etwa 20–40 cm und damit durchaus schon im Fehlerintervall bei der Bestimmung von Meeresspiegelschwankungen mit geologischen Mitteln. Die Datenlage für das jüngere Holozän erscheint zwar einerseits ausreichend, um den generellen Trend darzustellen, andererseits aber immer noch zu unsicher, um die Meeresspiegelschwankungen hinsichtlich ihrer Beträge, Zeiträume und regionalen Differenzierung hinreichend genau charakterisieren zu können.

Abb. 1.12: Torfzersetzungshorizont in den Karrendorfer Wiesen bei Greifswald. Das nicht mehr in situ lagernde Eichenstämmchen unter der schwarzen Schicht hat ein Alter von 1042 ± 44 konv. ^{14}C BP

1.4. Küstenlinienentwicklung im Holozän

Eine Schlüsselrolle bei der Rekonstruktion der holozänen Küstenlinienentwicklung spielt zunächst jenes Gebiet, durch welches das Littorina-Meer von der Nordsee her in das Ostseebecken transgredierte. Die Bathymetrie dieses Meeresgebietes – der Beltsee – ist in Abb. 1.13 dargestellt. Deutlich werden die durch die Darsser Schwelle getrennten Becken-strukturen der Mecklenburger Bucht und des Arkonabeckens.

LEMKE (1998) hat die paläogeographische Entwicklung des Gebietes der westlichen Ost-see untersucht und gibt anhand von geologischen Befunden die Uferlinienentwicklung in kartographischen Schemata wieder. Abb. 1.14 beschreibt die Änderungen der Wasser-Land-Verteilung im Untersuchungsgebiet.

Der noch nicht endgültig geklärte Verlauf des Einbruches des Weltmeeres durch die Dänischen Straßen, den wir als Littorina-Transgression bezeichnen, ist das Ziel gegenwär-tiger Forschungsarbeiten.

Die mit dieser Transgression, d.h. seit der Öffnung einer permanenten Verbindung zum Weltmeer einhergehende Küstenlinienentwicklung in der Ostsee lässt sich mittels der vor-liegenden Daten anhand eines Transgressions/Regressionsmodells in regionaler Auflösung beschreiben. MEYER (2002) entwickelte eine Methode zu Beschreibung der Effekte der Über-lagerung von eustatischem Meeresspiegelanstieg und vertikaler Erdkrustenbewegung. Zur retrospektiven Modellierung kommen dabei RSL-Daten und ein rezentes digitales Gelände-modell zur Anwendung. Für einen beliebigen Zeitpunkt der mit den RSL-Daten beschriebe-nen Geschichte des Gebietes werden die Paläohöhendaten aus der RSL-Kurve abgegriffen und auf ein das Untersuchungsgebiet abdeckendes Gitter interpoliert. Diese gegitterten Dif-

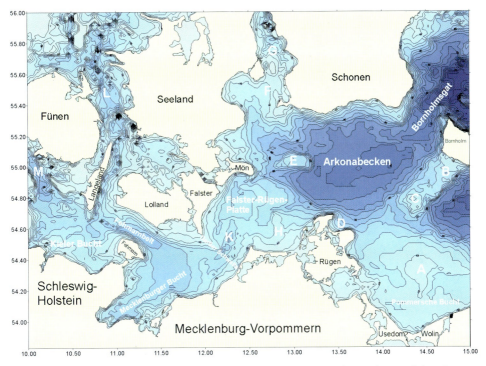

Abb. 1.13: Bathymetrie und morphologische Gliederung des Meeresbodens in der westlichen Ostsee

ferenzdaten bezogen auf den gegenwärtigen Meeresspiegel kann man mit dem rezenten digitalen Geländemodell verknüpfen und erhält so das Paläogeländemodell für den betreffenden Zeitpunkt in der geologischen Geschichte des Gebietes. Abb. 1.15 zeigt Szenarien zu den Zeitpunkten 8000 konv. [14]C BP, 6000 konv. [14]C BP, 4000 konv. [14]C BP und 2000 konv. [14]C BP. Zum Vergleich mit dem heutigen Küstenverlauf ist dieser in den Karten jeweils durch eine schwarze Linie angegeben.

Eine Zusammenschau der Entwicklung der Küstenlinien der Ostsee in Schritten von 1000 Jahren zeigt die Abb. 1.16. In dieser Abb. wird der Gewinn an Festland im Bereich des Fennoskandischen Schildes durch die Regression des Meeres gegenüber dem Landverlust im Süden durch anhaltende Transgression deutlich.

Um die Ursachen der Küstenbildung zu bestimmen, führten HARFF, FRISCHBUTTER et al. (2001) einen Index ein, der es erlaubt, Vertikalkrustenbewegung und klimatisch bestimmten eustatischen Meeresspiegelwechsel als verursachende Faktoren einander gegenüberzustellen. Dazu wird zunächst eine Metrik $\rho(i)$ eingeführt:

$$\rho(i) = \frac{1}{t_2 - t_1} \int_{t_1}^{t_2} |d_i(t)|\, dt.$$

Die Kurven beschreiben dabei den Zeitraum zwischen t_2 = 8000 konv. [14]C BP und t_1 = 0 konv. [14]C BP. Ausnahmen bilden die Kurve 9 mit t_1 = 1960 konv. [14]C BP und die Kurve 3 mit t_1 = 630 konv. [14]C BP.

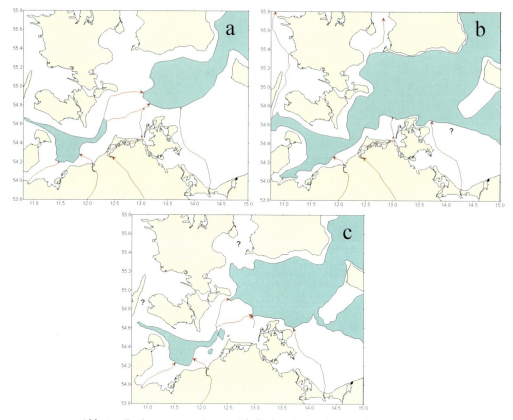

Abb. 14.: Drainagesysteme im Bereich der heutigen Beltsee (nach LEMKE, 1998):
a – zu Beginn des Ancylus-Stadiums annähernd 9600 konv. ¹⁴C BP,
b – während des Höchststandes des Ancylus-Sees annähernd 9200 konv. ¹⁴C BP,
c – nach der Regression des Ancylus-Sees annähernd 9100 konv. ¹⁴C BP

Diese Metrik gibt ein Maß für den eustatischen Anteil an der Änderung des Meeresspiegels an. Definiert man einen eustatischen Index

$$e = \frac{1}{t_2 - t_1} \int_{t_1}^{t_2} | \, esl(t) \, | \, dt,$$

so kann man einen „Küstenindex" $c(i)$ ableiten, der zur Klassifikation von Küsten geeignet ist. Er nimmt für Küstenzonen, die durch Hebungs- bzw. Senkungsprozesse der Erdkruste in ihrer Entwicklung bestimmt sind, Werte > 1 an. Dagegen deutet ein $c(i) < 1$ auf solche Küsten hin, die durch klimatisch bedingte eustatische Prozesse determiniert sind. Mittels dieses Index klassifiziert MEYER (2002) die Küstenbereiche der Ostsee, die über die betreffenden RSL-Kurven in Abb. 1.7 eingegangen sind (Tab. 1.1).

Vergleicht man die isostatischen Komponenten der Kurven (Abb. 1.6), so wird deutlich, dass im Bereich des Fennoskandischen Schildes die isostatische Hebung die eustatische Komponente bei weitem an Bedeutung übertrifft. Die Küstentypen in diesem Gebiet stufen wir als „isostatisch bestimmt" ein. Im südlichen Küstenraum dagegen addieren sich isostatische

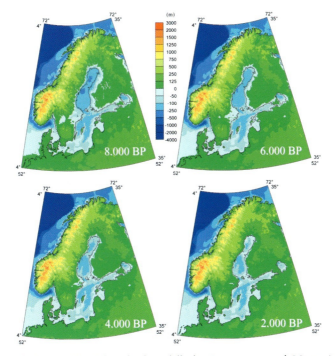

Abb. 1.15: Ausgewählte Paläogeländemodelle des Ostseeraums nach MEYER (2002)

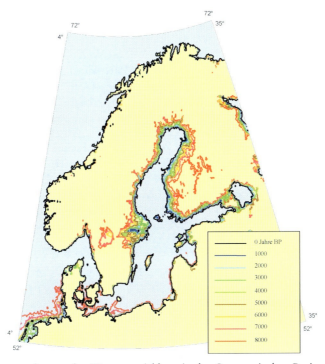

Abb. 1.16: Zusammenfassung der Küstenentwicklung in der Ostsee seit dem Beginn der Littorina-Transgression in Zeitschritten von 1000 Jahren (MEYER, 2002)

Tab. 1.1: Klassifikation von 9 Küstengebieten der Ostsee (siehe Abb. 1.6) auf Grundlage des Küsten-index c(i) nach MEYER (2002).

Nr., Autor	$\rho(i)$	$c(i)$	Küsten-Typ
1, ÅSE u. BERGSTRÖM (1982)	30.1	8.34	isostatisch bestimmt
2, MÖRNER (1979)	64.1	17.9	
3, DONNER (1983)	45.9	12.8	
4, ERONEN u. HAILA (1982)	25.4	7.11	
5, KESSEL u. RAUKAS (1979)	12.5	3.5	Übergangstyp
9, BJÖRK (1979)	7.3	2.0	
6, USZINOWICZ (2000)	1.0	0.2	klimatisch bestimmt
7, KLIEWE u. JANKE (1982)	1.7	0.47	
8, DUPHORN (1979)	0.7	0.19	

Senkung und der klimatisch bedingte eustatische Meeresspiegelanstieg. Wir ordnen diese Küsten einem „klimatisch bestimmten" Typ zu. Mit dem Vordringen der Littorinatransgression setzen hier umfangreiche Änderungen der Topographie der Erdoberfläche ein. Aufgrund des anfänglich hohen Tempos des Meeresspiegelanstiegs kam es an der Südküste förmlich zu einem „Ertrinken" der damals festländischen Bereiche. Es entstanden Inselfluren (Archipele), und das Meer drang in den Flusstälern fördenartig tief in das Festland ein. Obwohl der Küstenlinienrückgang dabei erhebliche Ausmaße erreicht hat, blieb das Ausmaß des Sedimenttransportes anfangs hinter dem späterer Entwicklungsphasen zurück. Zur Ausbildung der für den südlichen, speziell den vorpommerschen Ostseeraum charakteristischen Ausgleichsküste mit ihrem Wechsel von Kliffküsten und Nehrungen bzw. Haken kam es erst, als der Transgressionsfortschritt sich nach 5400 BP stark verlangsamte (< 3 mm/a) nach KLIEWE u. JANKE (1982). Damit verblieben größere Materialmengen in einem Tiefenbereich, in dem Sediment durch Strömungen und Wellen umgelagert wird und trugen zur Entstehung von Nehrungssockeln bei. Ab etwa 4000 BP wuchsen größere Teile als Haken über den Meeresspiegel heraus (Braundünenphase), verstärkt durch eine zwischen 3900 und 3000 BP stattfindende leichte Meeresspiegelabsenkung (spätlitorine Regression sensu KLIEWE u. JANKE, 1982). Das Zusammenwachsen der Haken und die abschließende Nehrungsbildung ereigneten sich vorwiegend ab 1500 BP mit einer stärkeren Materialbewegung während der subatlantischen Transgression. Anders als an der vorpommerschen Küste überwiegen an der mecklenburgischen und schleswig-holsteinischen Küste die Erosionsprozesse auch während des jüngeren Holozäns. Wegen des morphogenetisch bedingten Mangels an geeigneten Depositionsräumen spielt die Bildung von Akkumulationskörpern im küstennahen Raum hier nur eine untergeordnete Rolle.

1.5 Zusammenfassung und Schlussfolgerungen

Die Küstenentwicklung der Ostsee ist anhand von datierbaren Sedimenten und auch von Resten menschlicher Siedlungen in ehemaligen Küstenräumen rekonstruierbar. Daten über Änderungen des relativen Meeresspiegels und digitale rezente Geländemodelle lassen sich mittels mathematischer Interpolationsverfahren verknüpfen und so Karten als paläogeographische Modelle konstruieren. Diese Karten zeigen für die Ostsee besonders deutlich die

Unterschiede der isostatisch bedingten Regression des Meeres auf dem Fennoskandischen Schild und die sowohl durch Landsenkung, vor allem aber durch den klimatisch bedingten Meeresspiegelanstieg verursachte Transgression der Ostsee an ihrer südlichen Küste. Noch nicht hinreichend verstanden sind zurzeit die mit dem Meeresspiegelanstieg verbundenen, aber auch durch meteorologische Antriebe gesteuerten Erosions-, Transport- und Akkumulationsprozesse der Sedimente. Insbesondere für die Bilanzierung von Sedimentflüssen sind neben der Beschreibung von Transporten parallel zur Küste die Küste-Becken- und Becken-Becken- Transporte zu beschreiben. Eine weitere Aufgabe besteht in der Entwicklung und Anwendung von Modellen zur Abb. von Prozessen der Küstenmorphogenese.

Für Prognosen der Küstenentwicklung sind interdisziplinäre Forschungsarbeiten erforderlich, die sich einerseits säkular wirkenden Prozessen wie vertikalen Erdkrustenbewegungen und klimatisch bedingten Meeresspiegeländerungen zuwenden. Aus dem rezenten Bewegungsverhalten der Erdkruste lassen sich Rückschlüsse auf Dekaden bis Jahrhunderte ziehen (MEYER, 2002). Eustatische Änderungen werden durch die Klimamodellierung bereitgestellt (z. B. VOß, 1997). Zur Überlagerung dieser langzeitig wirkenden Prozesse durch kurz- und mesoskaligen Einflussfaktoren sind auf der anderen Seite Modellierungen zur Beschreibung von Sedimenttransporten erforderlich. Die Kopplung der Prozessskalen stellt eine der wesentlichen Herausforderungen für die wissenschaftliche Kooperation von Geowissenschaftlern, Archäologen, Klimaforschern und Ozeanographen dar. Die Einbeziehung von Küsteningenieuren in die Kooperationskette wird darüber entscheiden, wie gemeinsam erarbeitete Modelle zum Schutz unserer Küsten und Bewahrung ihrer Ökosysteme Einsatz finden.

2. Der mittlere Wasserstand im 19. und 20. Jahrhundert. Bestimmung – Entwicklung – Variationen

2.1 Wasserstandsschwankungen der Ostsee und ihre Ursachen

Die heutige Ostsee ist mit einer Fläche von 415 266 km² (einschl. Kattegat), einer mittleren Tiefe von etwa 52 m und einem Volumen von ca. 22 000 km³ ein kleines, intrakontinentales Nebenmeer des Atlantischen Ozeans, das nur über die Belte und den Sund mit einer Gesamtquerschnittsfläche von nicht mehr als 0,35 km² mit dem Weltmeer in Verbindung steht. Das Einzugsgebiet, in dem etwa 85 Mio. Menschen leben, umfasst 1,75 Mio. km². Diese grundlegenden Lagebedingungen bewirken Besonderheiten des Wasserhaushalts und damit verbunden der Schwankungen des Wasservolumens, die wiederum in dem mittleren Wasserstand und seinen Variationen zum Ausdruck kommen.

Tab. 2.1: Mittlere jährliche Wasserhaushaltszahlen für die Ostsee für die Perioden 1931–1950 (IHD/IHP) und 1951–1970 (HELCOM), nach HELCOM (1986)

Wasserhaushalts-komponente	Zeitraum 1931–1950 km³/Jahr	Zeitraum 1951–1970 km³/Jahr
Flusswasserzufuhr	428	473,0
Niederschlag	237	253,2
Verdunstung	−184	−206,8
Süßwasserbilanz:	481	519,4
Einstrom – Ausstrom	−481	−514,6
Mittlere Volumenänderung	± 0	−4,8

Wie aus Tab. 2.1 hervorgeht, entspricht die von der Flusswasserzufuhr dominierte Süßwasserbilanz etwa dem um den Einstromanteil verminderten Ausstromvolumen. Die resultierende mittlere Volumenänderung ist relativ gering, variiert aber ebenso wie die Wasserhaushaltskomponenten je nach Berechnungszeitraum. Für die Ostsee ohne Beltsee und Kattegat (Fläche 392 228 km²) entspricht einer Änderung des mittleren Wasserstandes von 1 cm eine Volumenänderung von 3,92 km³. Das dem aktuellen mittleren Wasserstand zuzuordnende Volumen des Meeres wird auch als Füllungsgrad bezeichnet. Nach LAZARENKO (1986) schwankte dieser im Zeitraum 1951–1976 zwischen −235,13 und 274,12 km³ bezüglich des Mittelwertes.

Die Ursache für die je nach Zeitraum variierenden Zahlen in Tab. 2.1 liegen neben methodischen Problemen der Bestimmung der einzelnen Komponenten darin, dass Betrag und Variabilität dieser Größen ausnahmslos von der Veränderlichkeit der klimatischen Bedingungen im gesamten Ostsee- und Nordseeraum sowie im Bereich des Nordatlantik abhängen. Klimabedingt sind auch die ausgeprägten und in bestimmtem Rahmen von Jahr zu Jahr veränderlichen Jahresgänge der verschiedenen Komponenten (HELCOM, 1986). Demzufolge besteht für die resultierenden Volumenänderungen und damit für den Wasserstand der Ostsee eine starke Abhängigkeit von atmosphärischen Prozessen. Daher sind für alle Anteile an einer Wasserstandsänderung sowohl räumlich als auch zeitlich veränderliche Ursachen in Betracht zu ziehen.

In Abb. 2.1 erkennt man, dass der Meeresspiegel der Ostsee im jährlichen Mittel von Norden in Richtung zu den Ausgängen der Ostsee geneigt ist. Die Neigung der Oberfläche ist in der eigentlichen Ostsee und in den Meerbusen und Engen unterschiedlich. Die mittlere Neigung beträgt etwa 18–20 ± 1,3 cm zwischen den äußersten Enden des Bottnischen und Finnischen Meerbusens und den Übergängen zur Beltsee. Diese grundlegende Oberflächenstruktur der Ostsee unterliegt jahreszeitlichen und unregelmäßigen Änderungen, die infolge des in der Ostsee bestehenden Pegelnetzes (vgl. Abschn. 2.2.2) gut untersucht sind. In extremen Monaten kann sich die mittlere Neigung einerseits verdoppeln, andererseits aber auch umkehren. Mit der mittleren Oberflächenneigung der Ostsee ist der vorherrschende mittlere Ausstrom ursächlich verbunden.

Der an den Pegelstationen registrierte Wasserstand wird in unterschiedlicher räumlicher Ausprägung durch isostatische *Prozesse* beeinflusst (s. Kap. 1). In den nördlichen Teilen des Meeres, insbesondere im Bottnischen Meerbusen, ist das Land infolge der postglazialen Entlastung von den seit fast 20 000 Jahren zurückweichenden Eismassen in Hebung begriffen, wodurch der Wasserstand scheinbar fällt. Im südlichen und südwestlichen Teil des Meeres sind dagegen Landsenkungen mit scheinbarem Steigen des Wasserspiegels nachgewiesen worden, allerdings sind die Beträge hier weit geringer. Abb. 2.1 zeigt die im Ostseeraum ermittelten Linien gleicher Landhebung bzw. -senkung, von denen erwartet werden kann, dass sie im Laufe von Jahrtausenden langsam abklingen.

Neben dem isostatischen Anteil der beobachteten Wasserstandsänderungen tritt als weiterer Langzeitprozess der eustatische Meeresspiegelanstieg auf. Ursprünglich handelt es sich um den nach der letzten Kaltzeit erwärmungsbedingt ansteigenden Wasserspiegel des Weltmeeres, der auch zur Entstehung der heutigen Ostsee geführt hat (siehe Kapitel 1). WARRICK et al. (1996) stellten für die letzten 100 Jahre einen globalen eustatischen Meeresspiegelanstieg von 1,0 bis 2,5 mm/Jahr fest, der sich infolge der rezenten Erwärmung in den letzten Jahrzehnten tendenziell verstärkt habe (vgl. für die zukünftige globale Entwicklung HOUGHTON et al., 2001 sowie für die Ostsee STIGGE, 1994a). In diesen Wertebereich fällt gerade die jährliche Anstiegsrate am Pegel Warnemünde von 1,13 mm/Jahr im Zeitraum 1880 bis 1995. Die entsprechende Mittelwasserkurve (dargestellt in BAERENS, 1998) zeigt in den letzten Jahrzehnten korrespondierend zur Entwicklung der globalen mittleren Luft- und Wassertemperatur eine Erhöhung der Anstiegsrate. Differenzierte Aussagen zu dieser Problematik sind bei LIEBSCH (2000) zu finden.

Dieser globale Prozess ist gegenwärtig vor allem auf die Erwärmung der ozeanischen Deckschicht und nur in geringerem Umfang auf das Abschmelzen von Eis zurückzuführen. Für die Ostsee ist es problematisch, den gegenwärtigen eustatischen Anstieg wegen seiner Überlagerung mit den isostatischen Bewegungen zu verifizieren. In Anlehnung an KÖSTER (1995) gehen wir zur Feststellung der Schwankungen des mittleren Ostsee-Wasserstandes in erster Näherung mittleren eustatischen Anstiegsrate von 0,11 cm/Jahr für das gesamte Aquatorium der Ostsee aus. Regionale Unterschiede werden ebenso wie zeitliche Änderungen der Anstiegsrate nicht berücksichtigt.

Zu den Ursachen überwiegend kürzerer Wasserstandsschwankungen geringer Amplitude in der Ostsee gehören die Gezeiten. Da die autochthonen Gezeiten dieses Meeres sehr klein sind, handelt es sich bei den beobachteten gezeitenbedingten Wasserstandsschwankungen (s. Abb. 2.43) um von außen angeregte Mitschwingungsgezeiten. In den Pegelregistrierungen können die Gezeiten in reiner Form nur bei windschwachem Wetter beobachtet werden. Es handelt sich überwiegend um halb- und eintägige Tiden. Natur und Ausbreitungs-

24

Abb. 2.1: Mittlere Neigung der Meeresoberfläche der Ostsee, dargestellt durch Linien gleicher mittlerer Abweichungen vom Mittelwasser von Kronstadt (Russland) im *Baltic Levelling Polygon* in der Periode 1951–1976, aus HELCOM (1986)

prozess der damit verbundenen langen Wellen sind von LASS (1995) beschrieben worden. Deren Eigenschaften sind stark von den gegebenen Raumbedingungen (Fläche, Tiefenstruktur, Küstenkonfiguration) abhängig. Die wichtigsten in der Ostsee anzutreffenden Tiden, für die die harmonischen Konstanten für viele Pegel vorliegen (MAGAARD u. KRAUSS, 1966), enthält Tab. 2.2.

Die beobachteten Amplituden (die Amplitude entspricht dem halben Tidenhub, d. h. dem halben Abstand zwischen Hochwasser und vorausgegangenem Niedrigwasser der betrachteten Tide) sind auch in der Ostsee regional unterschiedlich.

Die Gezeitenwellen breiten sich von der Nordsee über Skagerrak (Amplitude $M_2 < 25$ cm), Kattegat und Beltsee aus, wobei die Amplituden der halbtägigen Gezeiten tendenziell abnehmen: Beltsee 7 bis 11 cm, westliche Ostsee 0,3 bis 5 cm, nördliche Arkonasee 3,5 bis 7 cm, übrige Gebiete der eigentlichen Ostsee < 3,5 cm und Finnischer Meerbusen 3,5 bis 7 cm.

Die Amplituden der eintägigen Gezeiten nehmen in einigen inneren Teilgebieten der Ostsee wieder zu, was als Hinweis auf eine Resonanz des Wasserkörpers gegenüber den eintägigen Gezeitenwellen gedeutet werden kann. Beobachtet wurden Amplituden in der

Tab. 2.2: Die wichtigsten in der Ostsee nachweisbaren Tiden

Tide	Periode Stunden	Winkel-geschwindigkeit Grad/Stunde
Halbtägige Hauptmondtide M_2	12,43	28,98
Halbtägige Hauptsonnentide S_2	12,00	30,00
Eintägige Mond-Sonnen-Deklinationstide K_1	23,93	15,04
Eintägige Hauptmondtide O_1	25,82	13,94

Beltsee von 9 bis 15 cm, in der westlichen Ostsee von 0,5 bis 15 cm, in der Arkona- und Bornholmsee von 4,5 bis 9 cm, in den übrigen Teilen der eigentlichen Ostsee von < 4,5 cm, jedoch im nördlichen Bottnischen Meerbusen und im Finnischen Meerbusen wieder von 4,5 bis 9 cm und im inneren Finnischen Meerbusen von 9 bis 15 cm.

Für die Ostsee wurde auch die bekannte lange Gezeitenschwingung, die eine Periode von 18,6 Jahren bei einer Winkelgeschwindigkeit von 0,0022 °/h besitzt, nachgewiesen (in der westlichen Ostsee mit einer Amplitude von 0,5 bis 3 cm, s. WEISE, 1990). Diese Welle muss bei der Analyse langjähriger Wasserstandsregistrierungen beachtet werden.

So interessant das Gezeitenphänomen in der Ostsee sein mag, so muss doch festgestellt werden, dass die mit ihnen verbundenen Wasserstandsschwankungen für die Belange der Praxis ohne Bedeutung sind.

Das gilt auch für Schwingungen und damit verbundene Wasserstandsänderungen mit einer Periode von ca. 1,2 Jahren, die durch Änderungen der Polposition zustande kommen und als Chandler-Periode bezeichnet werden.

Charakteristisch für die Ostsee mit den gegebenen Eigenschaften des Meeresraumes (Länge wesentlich größer als die Tiefe) ist das Auftreten von Eigenschwingungen (frz. Seiches), d. h. von langen stehenden Wellen, die sich in den Beobachtungen der Küstenpegel als vorübergehende periodische Schwingungen mit je nach Lage unterschiedlicher Amplitude bemerkbar machen. Die Ostsee ist in der Lage, auf eine äußere Einwirkung (rasche und starke Luftdruckänderungen, meist verbunden mit schnell ziehenden Starkwindfeldern über Teilgebieten) in Abhängigkeit von ihren Abmessungen resonante Schwingungen zu erzeugen. Es können sich stehende Wellen bilden (verschwindende Phasengeschwindigkeit, Ausbildung von Schwingungsknoten und Schwingungsbäuchen ohne bzw. maximaler Auslenkung des Meeresspiegels). Die Schwingungen können von unterschiedlicher Ordnung, d. h. ein- oder mehrknotig sein. Bei einer einknotigen Schwingung befinden sich an den Enden Schwingungsbäuche und in der Mitte ein Schwingungsknoten, bei der zweiknotigen Schwingung sind die Amplituden an den Enden in gleicher Phase, bei der dreiknotigen Schwingung in Gegenphase usw.. Berechnungen der Ostsee-Seiches (bis 7. Ordnung) wurden von NEUMANN (1941), KRAUSS u. MAGAARD (1962) sowie WÜBBER u. KRAUSS (1979) durchgeführt.

Für die Ostsee sind die Schwingungssysteme „Ostsee ohne Bottnischer Meerbusen" und „Gesamte Ostsee" von Bedeutung (Tab. 2.3). Auf Grund der Abmessungen der Ostsee auf der einen Seite und der Größe von Sturmzyklonen (mit starken Luftdruckunterschieden und schnell wandernden Starkwindfeldern mit ihrer charakteristischen Einwirkzeit von 1–2 Tagen) auf der anderen Seite kommt es hauptsächlich zur Bildung von einknotigen Eigenschwingungen. Diese können im Bereich der Schwingungsbäuche Wasserstandsschwankun-

Tab. 2.3: Eigenschwingungen 1. bis 3. Ordnung der Ostsee

Schwingungsordnung	Schwingungssysteme der Ostsee (ohne Beltsee)	
	Ohne Bottnischen Meerbusen Periode/Stunden	Gesamte Ostsee Periode/Stunden
Einknotige Schwingung	27,7	31,0
Zweiknotige Schwingung	23,8	26,4
Dreiknotige Schwingung	13,4	22,4

gen bis zu 1 m erreichen (s. Abschn. 3.3.3.2), klingen aber rasch ab (im Allgemeinen nicht mehr als vier Perioden).

Die bisher diskutierten Ursachen für die Wasserstandsschwankungen der Ostsee erlauben es, den mittleren Wasserstand und seine zeitlichen Variationen annähernd zu bestimmen. Als Indikator für diese Größe werden die Registrierungen des Pegels Landsort (58° 44' N, 17° 52' O) gewählt (FRANCK u. MATTHÄUS, 1992). Dieser südlich von Stockholm gelegene Pegel befindet sich etwa im Knotenbereich der am häufigsten auftretenden einknotigen Eigenschwingung, so dass dort der jeweilige Füllungszustand des Meeres und die eintretenden Volumenänderungen in den Wasserstandsschwankungen günstig widergespiegelt werden.

Herangezogen wurden die monatlichen Mittelwasser dieses Pegels von Januar 1899 bis Dezember 1993 (Swedish Meteorological and Hydrological Institute, Norköpping). Von der daraus gebildeten Reihe der jährlichen Mittelwasser wurde der oben angegebene hypothetische Wert des eustatischen Wasserstandsanstiegs von 0,11 cm/Jahr abgezogen. Von der verbliebenen Reihe wurde der lineare Trend bestimmt. Die erhaltene Wasserstandsabnahme von ca. 42 cm/100 Jahre ist mit der aus der Abb. 2.1. ersichtlichen Landhebung von 4 mm/Jahr in diesem Gebiet verträglich. In Abb. 2.2 ist die verbliebene Zeitreihe in Form von Abweichungen vom Mittelwert dargestellt. Man erkennt, dass der mittlere Wasserstand der Ostsee

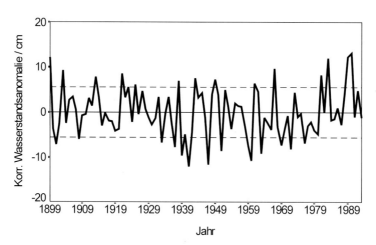

Abb. 2.2: Vieljähriger Gang der jährlichen Abweichungen des Wasserstandes von Landsort vom Mittelwert 1899–1992. Die Werte sind annähernd von isostatischen und eustatischen Effekten befreit. Die gestrichelten Linien markieren die Standardabweichung (± s) Daten: Swedish Meteorological and Hydrological Institute, Norrköping

Tabelle 2.4: Gegenüberstellung markanter Abschnitte im Jahresgang des Wasserstandes von Landsort und Einflussgrößen

| | Beeinflussende Größen | |
	Minimum	Maximum
Abnahme Jan.–März	Flusszufuhr, Temperaturabnahme	Netto-Ausstrom (sek.)
Minimum März–Mai	Netto-Ausstrom (Mai), Temperatur	Niederschlag, Verdunstung
Zunahme Mai–Juli	Flusszufuhr, max. Erwärmung	Netto-Ausstrom (Juli)
Maximum Juli–Sept.	Netto-Ausstrom	Niederschlag, Verdunstung, Temperatur
Minimum Okt.–Nov.		Abkühlung
Maximum Dez.–Jan.	häufig starker Einstrom bei Westwindtätigkeit	Netto-Ausstrom (sek.) Abkühlung

beträchtlichen Schwankungen unterschiedlicher Periode unterliegt. Der visuelle Befund erlaubt die Annahme, dass eine ca. 80-jährige Schwingung abgebildet ist, die aus Zeitreihen von Klimaelementen und Zirkulationsparametern bekannt ist. Eine Spektralanalyse (Abb. 2.5) ergab als auffallende Periodenbereiche die quasi-zweijährige Schwingung (QBO), die in vielen meteorologischen und ozeanographischen Zeitreihen festgestellt worden ist, sowie Bereiche deutlich erhöhter Spektraldichte bei ca. 3 Jahren, 5 bis 8 Jahren (hier liegt die häufig erwähnte europäische „Winterperiode") und ab Perioden von 20 Jahren tendenziell ansteigende Spektraldichtewerte. Auffällig ist eine zwischen etwa 10 und 20 Jahren auftretende spektrale Lücke mit deutlich geringeren Werten.

Die entsprechenden Zeitreihen für die einzelnen Monate wurden in gleicher Weise wie die für die jährlichen Mittelwasser korrigiert, um den mittleren Jahresgang bestimmen zu können (Abb. 2.3). In ähnlicher Weise wie für zahlreiche andere untersuchte Wasserstandszeitreihen erkennt man einen ausgeprägten Jahresgang mit minimalen Werten von März bis

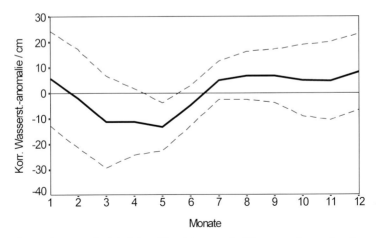

Abb. 2.3: Mittlerer Jahresgang der jährlichen Abweichungen des Wasserstandes von Landsort vom Mittelwert 1899–1992 (dicke Linie). Die Werte sind annähernd von isostatischen und eustatischen Effekten befreit. Die gestrichelten Linien stellen den Verlauf der monatlichen Standardabweichungen (± s) dar. Daten: Swedish Meteorological and Hydrological Institute, Norrköping

Mai (–13,2 cm Mai) und einem Maximum im Dezember (8,4 cm). Ein sekundäres Maximum ist zwischen Juli und September (6,9 cm August) sowie ein schwach ausgeprägtes Minimum im Oktober/November (4,81 cm November) zu beobachten. Die Schwankungsbreite beträgt 21,6 cm. Der Befund stimmt prinzipiell mit bereits Bekanntem überein, wonach im Ostsee-Wasserstand eine jährliche und eine halbjährliche Welle existieren. Die beiden Komponenten zeigen nach WEISE (1990) eine Amplitudenzunahme mit der geographischen Länge.

Der in Abb. 2.3 dargestellte Jahresgang kann im Wesentlichen durch die korrespondierenden Jahresgänge der Wasserhaushaltskomponenten sowie durch thermische Expansion und Kontraktion erklärt werden (Tab. 2.4).

Wie schon die Erörterung der Eigenschwingungen zeigte, wird der aktuelle Ostsee-Wasserstand vor allem durch die veränderlichen Wetterprozesse, insbesondere durch Windrichtung und Windgeschwindigkeit, bestimmt. Eine so erklärbare Ursache für Wasserstandsvariationen ist der statische Luftdruckeffekt (MIEHLKE, 1962). Darunter ist die Tatsache zu verstehen, dass der Wasserstand auf statische Luftdruckänderungen in dem Sinn reagiert, dass sich unter einem Tiefdruckgebiet der Wasserstand erhöht und unter einem Hochdruckgebiet dagegen verringert. Das Wasser besitzt gegenüber dem Luftdruck demnach einen umgekehrten Barometereffekt, der theoretisch abgeschätzt werden kann, wobei sich die angenäherte Relation 1 hPa Luftdruckänderung = 1 cm Wasserstandsänderung ergibt. Allerdings sind die starken Luftdruckänderungsgebiete, die sich gewöhnlich rasch bewegen, viel zu kurz in einem Gebiet wirksam, um dem Meer einen Angleich zu ermöglichen. In der Regel befinden sich Meer und Atmosphäre in einem Zustand ständiger gegenseitiger Neuanpassung. SCHMAGER (1984) berechnete die Amplitude des maximal möglichen statischen Luftdruckeffekts in der Ostsee zu 15 cm.

Die bedeutendsten transienten Wasserstandsschwankungen der Ostsee werden über die tangentiale Schubspannung des Windes (s. Abschn. 3.3.2) durch windbedingte Wassertransporte und die Stauwirkung der Küsten hervorgerufen. Diese Wirkung ist umso größer, je stärker und anhaltender ein im weiteren Sinn auflandiger Wind über ein möglichst großes Seegebiet weht. Analog können durch ablandige Winde, die über große Distanzen Wassermassen von der Küste weg treiben, besonders niedrige Wasserstände hervorgerufen werden.

Sturmflutgefährdet sind in der Ostsee die Küsten der westlichen Ostsee, der nördliche Bottnische Meerbusen und der innere Finnische Meerbusen. Zu den Extremwasserständen an der deutschen Ostseeküste wird auf Kap. 3 verwiesen. Im nördlichen Bottnischen Meerbusen können anhaltende Winde aus Süd an den nördlichen Ufern Wasserstandserhöhungen bis 1,50 m über dem (korrigierten) Mittelwasser hervorrufen. Die Ausbildung größerer Sturmfluten wird durch das dortige Tiefenrelief verhindert.

Als sehr gefährdet können die Küsten des inneren Finnischen Meerbusens angesehen werden, wenn starke und anhaltende Winde aus West und Südwest die Wetterlage bestimmen. Die Querschnittsfläche des trichterförmigen Meerbusens verringert sich von 11,6 km^2 bis auf 0,0064 km^2 vor der Newabucht, die Breite von etwa 70 km auf 1 km. Bei Windstau kann die Newa (mittlere Wasserführung 2700 m^3/s) nicht abfließen, so dass die Bedingungen für besonders hohe Wasserstände gegeben sind. Der Anstieg kann noch verstärkt werden, wenn sich dort gerade ein Schwingungsbauch der einknotigen Eigenschwingung befindet.

In Abb. 2.4 ist der Wasserstandsverlauf an der Ost- und Südküste des Finnischen Meerbusens am 15.10.1955 dargestellt, als es im damaligen Leningrad und Umgebung zu einer Sturmflut mit Pegelständen von knapp 3 m über dem Mittelwasser von Kronstadt kam. Man sieht deutlich, wie der Wasserstand mit der Annäherung an die Newa-Mündung immer mehr ansteigt (NEŽICHOVSKIJ, 1957).

Über die Entwicklung von extremen Wasserständen an bestimmten Küstenabschnitten

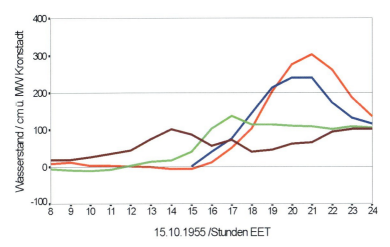

Abb. 2.4: Wasserstandsverlauf (Ordinate: Abweichungen vom Mittelwasser des Pegels Kronstadt) an den Pegeln Tallinn (braun), Narva-Mündung (grün), Kronstadt (blau) und Leningrad/Bergbauinstitut (rot) während der Sturmflut am 15. Oktober 1955, nach NEŽICHOVSKIJ (1957)

hinaus wirken die aktuellen Windverhältnisse auf die Oberflächenstruktur des Meeres. Hervorzuheben ist die Ausbildung von Neigungen der Meeresoberfläche zwischen Kattegat und Ostsee, die für den Wasseraustausch von großer Bedeutung sind (LASS, 1988; FRANCK u. MATTHÄUS, 1992).

Eine gute Übersicht über die quasi-periodischen Wasserstandsschwankungen bilden Energiespektren langer Wasserstandsreihen, die eine kritische Interpretation der Wasserstandsschwankungen in einem breiten Periodenbereich ermöglichen (SCHMAGER 1984; KOWALIK u. WROBLEWSKI, 1973). Abb. 2.5 zeigt das Spektrum der in Abb. 2.2 dargestellten Zeitreihe der Wasserstände am Pegel Landsort.

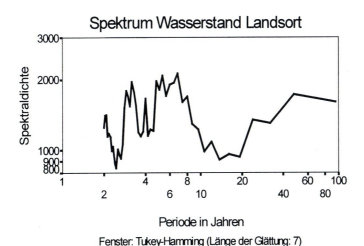

Abb. 2.5: Spektraldichte verschiedener quasiperiodischer Wasserstandsschwankungen des Pegels Landsort

Zusammenfassend kann festgestellt werden, dass der Wasserstand der Ostsee und seine Variationen in erster Linie durch klimatische und wetterhafte Einflüsse bestimmt werden. So nimmt es nicht wunder, dass in Wasserstandsverläufen von Ostsee-Pegelstationen Effekte gefunden wurden, die die verschiedensten Einflüsse von Klimaprozessen widerspiegeln. So wurden solare Effekte ebenso festgestellt wie mit El Niño-Episoden anscheinend zusammenhängende Variationen. Das bestätigt, dass gerade die Ostsee ein empfindlicher Indikator für atmosphärische Entwicklungen ist (HUPFER u. TINZ, 1996).

2.2 Bestimmung des Wasserstandes

2.2.1 Wasserstandsmessungen mit Pegeln

Unter „Wasserstand" versteht man das mittlere Niveau der vom Seegang befreiten Wasseroberfläche, d. h. einen zeitlichen Mittelwert über mehrere Wellenperioden. An den europäischen Küsten erforderten die alltäglichen Aufgaben von Schifffahrt, Fischerei, Schiffbau usw. schon im 18. Jahrhundert exakte Wasserstandsmessungen. Dabei wurden die unterschiedlichsten Skalen benutzt. Der Begriff „Pegel" tauchte erstmals 1810 im Zusammenhang mit auf ein einheitliches Höhensystem bezogenen, in rheinländischen Fuß geeichten Skalen auf (s. Abschn. 2.2.3). An für die Schifffahrt wichtigen Punkten wurden Pegellatten und auf Schwimmergrundlage arbeitende „Mareographen" eingesetzt. Obwohl es auch zahlreiche andere Methoden der Wasserstandsmessung gibt (s. Abschn. 2.3), hat sich das Schwimmerprinzip bis heute erhalten. Abb. 2.6 zeigt eine typische Pegelanlage der deutschen Ostseeküste von 1987. Neben einem nivellitisch eingemessenen Lattenpegel (emailliertes Stahlblech auf Eichenholz mit 2-cm-Teilung) gibt es eine Schreibpegelanlage, deren Wirkungsweise Abb. 2.7 erklärt.

Die Aufzeichnung des Wasserstandes im Maßstab 1:10 erfolgt auf Diagrammpapier, das auf einer uhrwerksgetriebenen Trommel üblicherweise einen Wochenumlauf vollführte. Diese Registrierungen wurden später digitalisiert und bildeten im 20. Jahrhundert die Grundlage der Gewinnung von Wasserstandsdaten. Für die operationelle Nutzung erfolgte etwa seit 1975 (an einzelnen Pegeln früher) auch schon eine direkte Wandlung der Messwerte in analoge oder digitale elektrische Signale. Heute wird die Lage des Schwimmers meist über Winkelkodierer digitalisiert, zeitlich exakt zugeordnet und zur weiteren Bearbeitung an die Datenzentralen der Messnetzbetreiber übertragen.

Die Messnetze werden in Deutschland von der Wasser- und Schifffahrtsverwaltung des Bundes, den für den Hochwasserschutz zuständigen Landesbehörden, von Forschungseinrichtungen sowie von beauftragten Privatfirmen betrieben, die im Rahmen des Bund-Länder-Messprogramms zusammenarbeiten. Die Konstruktion der Pegelanlagen und ihre Betriebsanweisungen bestimmen Genauigkeit und Zuverlässigkeit der Messungen. Registrierende oder Daten übertragende Pegelgeräte werden aber auch heute noch durch Ablesung eines Lattenpegels kalibriert. Dies, sowie die Summe aller Messfehler – von der Dämpfung über das Auftriebsverhalten des Schwimmers, das Spiel mechanischer Antriebselemente, die Ganggenauigkeit der Uhren bis zu den Reibungswiderständen der Registriereinrichtungen (SAGER, 1958 u. 1961; MIEHLKE, 1956b; BIERMANN u. MELLENTIN, 1980) – bewirkt(e), dass Pegel nur auf 2 cm genau messen (LAWA, 2001). Die enge Beziehung zwischen Messtechnik und Datenqualität wird auch in Zukunft zu beachten sein. Der augenblickliche Entwicklungsstand in Deutschland ist in Abschn. 2.3 dargestellt.

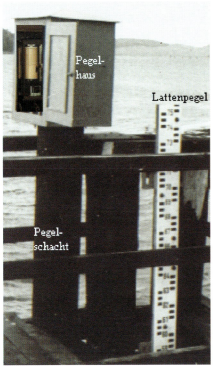

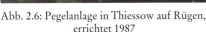

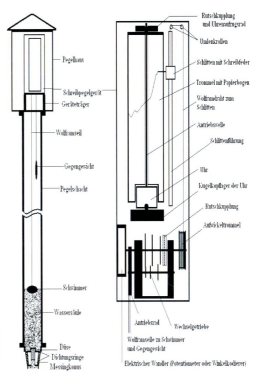

Abb. 2.6: Pegelanlage in Thiessow auf Rügen, errichtet 1987

Abb. 2.7: Funktionsskizze eines Schreibpegels

2.2.2 Pegelstationen an der südlichen Ostseeküste

Fragen nach Auflösung und Repräsentanz von Wasserstandsmessungen stellten sich erst bei zentraler Datenauswertung, denn ursprünglich wurden die Pegel nicht nach wissenschaftlichen-, sondern nach praktischen Gesichtspunkten angelegt. Abb. 2.8 gibt einen groben Überblick über das Netz gegenwärtiger und ehemaliger deutscher Küstenpegel. Sie wurde mit Hilfe von Tab. 2.5 automatisch erstellt. Abb. 2.9 zeigt die gegenwärtige Verteilung der Registrierpegel an der deutschen Ostseeküste. Prinzipielle Bemerkungen zur Verteilung von Pegeln findet man bei MATTHÄUS (1970) und in verschiedenen amtlichen Richtlinien, z. B. in der Pegelvorschrift (LAWA, 1997) oder in „Hinweise zur Gestaltung von Pegelnetzen im Küstenbereich" (LAWA, 2002). An der südlichen Ostseeküste kann es gemäß Abschn. 2.1 zu hohen Änderungsgeschwindigkeiten des Wasserstandes kommen.

So wurde z. B. am Pegel Wismar schon ein Wasserstandsanstieg von 105 cm innerhalb von einer Stunde registriert. Terminablesungen von Seepegeln sind mit höheren Zufallskomponenten behaftet als die Wasserstandsablesungen von den langsamer veränderlichen Bodden- und Haffpegeln. Bei der Nutzung nur eines täglichen Terminwertes zur Bildung von Monatsmittelwerten kann die Information aus Bodden- oder Haffwasserständen folglich wertvoller sein als die von Seepegeln. Um die historischen Pegelstandorte mit den heutigen in Polen, Russland und Litauen vergleichen zu können, wurden in Tab. 2.5 auch die ehemaligen deutschen Küstenpegel nach ihrer geographischen Länge eingeordnet. Es ergaben sich 158 Einträge.

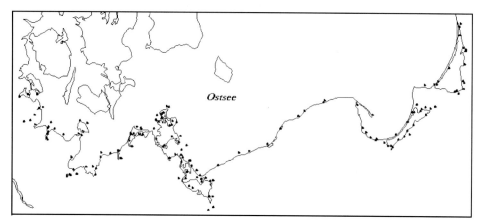

Abb. 2.8: Verteilung von Pegelstationen an der südlichen Ostseeküste nach Tab. 2.5

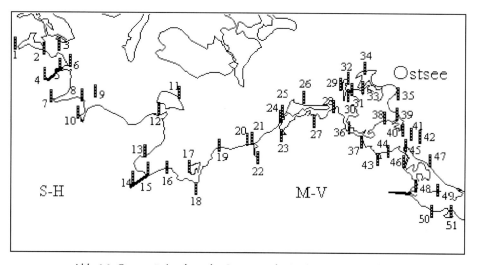

Abb. 2.9: Gegenwärtige deutsche Ostseepegel – Stationsnamen s. Tab. 2.5

Aus Tab. 2.5 gehen auch die zur Zeit betriebenen deutschen Ostseepegel (Abb. 2.9) hervor. Die Zahlen sind den Stationsnamen in Spalte 1 zugeordnet. Die Spalte „Land (Betrieb)" bezieht sich auf den Zustand von 1999, wobei der Betriebszustand nicht für alle Pegel recherchiert wurde. Die Kürzel SH und MV stehen für Schleswig-Holstein bzw. Mecklenburg-Vorpommern, B für Bund, L für Land und P1 für den aktuellen Betrieb im staatlichen Messnetz Polens. Die Entwicklung des Pegelwesens erschwerte die Erstellung der Übersicht und macht komplette Angaben zu den vorhandenen Datenbeständen praktisch unmöglich. Selbst die geographischen Koordinaten – heute meist im Gauß-Krüger-System angegeben – können ungenau sein, da sie zum Teil alten Unterlagen entnommen wurden.

Alter und Anzahl der Messeinrichtungen belegen, dass selbst bei nur einer täglichen Ablesung schon im 19. Jahrhundert wertvolle Informationen vorgelegen haben müssen. Die Verschiebung der Grenzen durch politische Entscheidungen und Kriegsfolgen, aber auch der häufige Wechsel der Organisationsstruktur des deutschen Pegelwesens führten vielerorts zu diskontinuierlicher Beobachtung und Datenverlust. Letzterem kann heute mit Offenlegung und Freizügigkeit der Daten begegnet werden. Dies wird auch von der UNESCO empfohlen (IHP IV, 1996, S. 118).

Tab. 2.5: Pegel der (ehemaligen) deutschen Ostseeküste seit 1811, geordnet nach geogr. Länge

Deutscher Stations-name/ggf. Nummer aus Abb. 2.9 oder neuer Name	Gewässer	Land (Betrieb)	Geogr. Breite	Geogr. Länge	Beobachtet seit
Flensburg/1	Flensburger Förde	D – SH (B)	54° 47,7'N	09° 26,1'O	1872
Schleswig/4	Ostsee (Schlei)	D – SH (B)	54° 30,7'N	09° 32,9'O	1873
Langballigau/2	Flensburger Förde	D – SH (B)	54° 49,4'N	09° 39,3'O	1952
Missunde	Schlei	D – SH	54° 31,5'N	09° 43,0'O	1948
Lindaunis	Schlei	D – SH	54° 35,2'N	09° 49,2'O	1948
Eckernförde/7	Ostsee	D – SH (B)	54° 28,6'N	09° 50,2'O	1882
Kalkgrund Leuchtt./3	Ostsee	D – SH (B)	54° 49,5'N	09° 53,4'O	1970
Kappeln/5	Schlei	D – SH (B)	54° 39,7'N	09° 56,4'O	1872
Schleimünde/6	Ostsee (Schlei)	D – SH (B)	54° 40,5'N	10° 02,2'O	1873
Kiel Seegarten	Kieler Förde	D – SH	54° 19,3'N	10° 08,4'O	1954
Kiel Fischeleger	Kieler Förde	D – SH	54° 19,4'N	10° 08,7'O	1870
Kiel-Holtenau/10	Kieler Förde	D – SH (B)	54° 22,4'N	10° 09,5'O	1984
Ellerbeck	Ostsee Kiel-Hafen	D – SH	54° 18,2'N	10° 10,0'O	1910
Kiel	Kieler Förde	D – SH	54° 22,0'N	10° 10,0'O	1870
Strande/8	Kieler Förde	D – SH	54° 26,2'N	10° 10,4'O	1952
Friedrichsort LT	Ostsee	D – SH	54° 23,5'N	10° 11,7'O	1971
Bülk	Ostsee	D – SH	53° 27,2'N	10° 12,1'O	1937
Kiel-Leuchtturm/9	Ostsee	D – SH (B)	54° 30,2'N	10° 16,5'O	1971
Schönberger Strand	Ostsee	D – SH	54° 25,7'N	10° 22,4'O	1976
Neuland	Ostsee	D – SH	54° 21,8'N	10° 36,2'O	1937
Lübeck Struckfähre	Trave	D – SH	53° 52,8'N	10° 41,5'O	1842
Lübeck Bauhof /14	Trave	D – SH (B)	53° 53,6'N	10° 42,3'O	1842
Lübeck Herrenbr.	Trave	D – SH	53° 54,2'N	10° 46,4'O	1866
Lübeck Schlutup	Trave	D – SH	53° 53,7'N	10° 48,2'O	Unbekannt
Neustadt – Stadtbrücke	Ostsee	D – SH (L)	54° 06,4'N	10° 48,7'O	1987
Neustadt Holstein/13	Ostsee	D – SH (B)	54° 05,8'N	10° 48,9'O	1872
Travemünde/15	Ostsee (Trave)	D – SH (B)	53° 37,6'N	10° 52,5'O	1855
Dassow	Dassower See	D – MV	53° 54,6'N	10° 58,2'O	1962
Heiligenhafen/12	Ostsee	D – SH (B)	54° 22,4'N	11° 00,4'O	1969

Deutscher Stations-name/ggf. Nummer aus Abb. 2.9 oder neuer Name	Gewässer	Land (Betrieb)	Geogr. Breite	Geogr. Länge	Beobachtet seit
Westermarkelsdorf	Ostsee	D – SH	54° 31,5'N	11° 02,7'O	1937
Grossenbrode Kai	Ostsee	D – SH	54° 21,5'N	11° 05,5'O	1957
Fehmarnsund	Ostsee	D – SH	54° 24,2'N	11° 07,3'O	1872
Boltenhagen/16	Ostsee	D – MV(L)	53° 59,5'N	11° 12,6'O	1997
Marienleuchte/11	Ostsee	D – SH (B)	54° 29,6'N	11° 14,3'O	1893
Timmendorf Poel/17	Wismarer Bucht	D – MV (B)	53° 59,7'N	11° 23,0'O	1954
Wismar/18	Wismarer Bucht	D – MV (B)	53° 54,2'N	11° 27,7'O	1849
Fährdorf	Breitling	D – MV	53° 58,3'N	11° 28,5'O	1965
Wustrow-Rerik	Ostsee	D – MV	54° 06,2'N	11° 36,0'O	1939
Rerik/19	Salzhaff	D – MV	54° 09,3'N	11° 37,0'O	1965
Jemnitz-Schleuse	Conventer See	D – MV	54° 08,9'N	11° 52,2'O	1950
Warnemünde West/20	Ostsee	D – MV (L)	54° 10,7'N	12° 03,8'O	1855
Warnemünde/21	Ostsee	D – MV (B)	54° 10,7'N	12° 05,5'O	1855
Rostock Stadthafen	Unterwarnow	D – MV	54° 05,5'N	12° 07,4'O	1968
Rostock Schleuse U.P./22	Unterwarnow	D – MV (B)	54° 05,3'N	12° 09,2'O	1910
Dierhagen/23	Saaler Bodden	D – MV (L)	54° 17,9'N	12° 22,2'O	1997
Ahrenshoop/24	Ostsee	D – MV (L)	54° 23,0'N	12° 24,9'O	1997
Althagen/25	Saaler Bodden	D – MV (B)	54° 22,0'N	12° 25,2'O	1904
Ribnitzer Pass	Recknitz	D – MV	54° 14,0'N	12° 27,0'O	1881
Darsser Ort	Ostsee	D – MV	54° 22,5'N	12° 29,9'O	1940
Prerow	Prerower Strom	D – MV	54° 27,3'N	12° 34,4'O	1893
Bodstedt	Bodstedter Bodden	D – MV	54° 22,4'N	12° 37,3'O	1991
Zingst-Ostsee/26	Ostsee	D – MV (L)	54° 26,6'N	12° 40,7'O	1984
Zingst-Bodden	Zingster Strom	D – MV (L)	54° 26,1'N	12° 41,2'O	1937
Barth/27	Barther Bodden	D – MV (B)	54° 22,2'N	12° 43,6'O	1863
Barhöft/28	Ostsee	D – MV (B)	54° 26,1'N	13° 02,1'O	1931
Neuendorf Ostsee/29	Ostsee	D – MV (B)	54° 32,3'N	13° 05,2'O	1985
Stralsund/36	Strelasund	D – MV (B)	54° 19,1'N	13° 06,0'O	1846
Neuendorf Bodden/30	Schaproder Bodden	D – MV (B)	54° 32,0'N	13° 06,3'O	1984
Kloster/32	Vitter Bodden	D – MV (B)	54° 35,3'N	13° 07,0'O	1953
Schaprode/31	Schaproder Bodden	D – MV (L)	54° 30,8'N	13° 10,0'O	1997
Bug Rügen	Vitter Bodden	D – MV	54° 35,9'N	13° 14,3'O	1934
Wittower Fähre/33	Breetzer Bodden	D – MV (B)	54° 33,5'N	13° 15,0'O	1936
Stahlbrode/37	Strelasund	D – MV (B)	54° 13,9'N	13° 17,0'O	1946
Wiek Rügen	Wieker Bodden	D – MV	54° 37,3'N	13° 17,5'O	1960

Deutscher Stations-name/ggf. Nummer aus Abb. 2.9 oder neuer Name	Gewässer	Land (Betrieb)	Geogr. Breite	Geogr. Länge	Beobachtet seit
Glewitz	Strelasund	D – MV	54° 14,5'N	13° 19,1'O	1990
Varnkevitz/34	Ostsee (Rügen)	D – MV (L)	54° 41,6'N	13° 22,4'O	1997
Arkona	Ostsee	D – MV	54° 41,0'N	13° 26,0'O	1896
Ralswiek	G.Jasmunder Bodden	D – MV	54° 28,4'N	13° 27,2'O	1973
Greifswald-Wieck/43	Greifswalder Bodden	D – MV (B)	54° 05,8'N	13° 27,3'O	1846
Lietzow	G.Jasmunder Bodden	D – MV (L)	54° 28,9'N	13° 30,4'O	1999
Lauterbach/38	Greifswalder Bodden	D – MV (B)	54° 20,7'N	13° 30,5'O	1946
Martinshafen	G.Jasmunder Bodden	D – MV	54° 31,5'N	13° 31,5'O	1910
Lubmin/44	Greifswalder Bodden	D – MV (L)	54° 08,5'N	13° 36,2'O	1997
Sassnitz/35	Ostsee	D – MV (B)	54° 30,7'N	13° 38,7'O	1882
Anklam	Peene	D – MV (B)	53° 51,8'N	13° 42,3'O	1847
Thiessow/40	Greifswalder Bodden	D – MV (B)	54° 17,1'N	13° 42,3'O	1987
Göhren/39	Ostsee	D – MV (L)	54° 21,1'N	13° 44,6'O	1997
Peenemünde	Peenestrom	D – MV (B)	54° 08,2'N	13° 46,0'O	1986
Ruden/41	Greifswalder Bodden	D – MV(B)	54° 11,6'N	13° 46,6'O	1945
Wolgast/46	Peenestrom	D – MV (B)	54° 03,2'N	13° 46,6'O	1854
Karlshagen/45	Peenestrom	D – MV (B)	54° 06,5'N	13° 48,6'O	1993
Karnin/48	Stettiner Haff	D – MV (B)	53° 52,0'N	13° 53,0'O	1903
Greifswald. Oie/42	Greifswalder Bodden	D – MV (B)	54° 14,6'N	13° 54,6'O	1994
Westklüne	Stettiner Haff	D – MV	53° 56,1'N	13° 55,3'O	1910
Mönkebude/50	Stettiner Haff	D – MV (L)	53° 46,6'N	13° 58,4'O	1997
Koserow-Lüttenort	Achterwasser	D – MV	54° 04,0'N	13° 58,5'O	1964
Koserow/47	Ostsee	D–MV(BL)	54° 04,0'N	14° 00,7'O	1964
Stagniess	Achterwasser	D – MV (L)	54° 00,6'N	14° 02,6'O	1947
Ueckermünde/51	Stettiner Haff	D – MV (B)	53° 45,1'N	14° 04,1'O	1947
Heringsdorf	Ostsee	D – MV	53° 57,5'N	14° 10,6'O	1950
Kamminke/49	Stettiner Haff	D – MV (L)	53° 52,5'N	14° 11,5'O	1949
Swinemünde/ Świnoujście	Ostsee (Swine)	Polen (P1)	53° 54,5'N	14° 15,9'O	1811
Kaseburg/Kasibór	Stettiner Haff	Polen	53° 51,2'N	14° 18,3'O	1910
Kreuzhorst/Bożyce	Stettiner Haff	Polen	53° 49,7'N	14° 19,1'O	1883
Lebbin/Lubin	Stettiner Haff	Polen	53° 52,2'N	14° 25,8'O	1910
Enge Oderkrug/ Czaplice	Oder	Polen	53° 30,0'N	14° 30,0'O	1910
Gr. Ziegenort/Trzebież	Stettiner Haff	Polen (P1)	53° 39,5'N	14° 31,1'O	1881
Stettin/Szczecin	Oder	Polen (P1)	53° 25,3'N	14° 33,6'O	1851

Deutscher Stations-name/ggf. Nummer aus Abb. 2.9 oder neuer Name	Gewässer	Land (Betrieb)	Geogr. Breite	Geogr. Länge	Beobachtet seit
G. Stepenitz/Stepnica	Stettiner Haff	Polen	53° 39,3'N	14° 37,2'O	1910
Wollin/Wolin	Ostsee (Dievenow)	Polen (P1)	53° 50,6'N	14° 37,3'O	1910
Ihnamünde/Inoujście	Kamelstrom (Oder)	Polen	53° 32,0'N	14° 38,0'O	1899
West-Dievenow/Dziwnów	Ostsee (Dievenow)	Polen (P1)	54° 01,3'N	14° 45,0'O	1853
Ost-Deep(Roby)/Mrzeżyno	Ostsee (Rega)	Polen	54° 09,7'N	15° 18,0'O	1910
Kolberg/Kołobrzeg	Ostsee (Persante)	Polen (P1)	54° 11,2'N	15° 33,2'O	1886
Gross Möllen/Mielno	Ostsee	Polen	54° 16,1'N	16° 03,0'O	1939
Rügenwaldermünde/Darłowo	Ostsee (Wipper)	Polen	54° 26,4'N	16° 23,1'O	1819
Stolpmünde/Ustka	Ostsee (Stolpe)	Polen (P1)	54° 35,3'N	16° 51,3'O	1858
Rowe/Rowy	Ostsee (Lupow)	Polen	54° 39,1N	17° 01,9'O	Unbekannt
Rumbke/Rąbka	Lebasee	Polen	54° 45,0'N	17° 31,8'O	Unbekannt
Leba/Łeba	Ostsee	Polen (P1)	54° 45,2'N	17° 33,0'O	1890
Putzig/Puck	Putziger Bucht	Polen (P1)	54° 43,4'N	18° 24,7'O	Unbekannt
Zoppot/Sopot	Danziger Bucht	Polen (P1)	54° 27,5'N	18° 34,3'O	1939
Hela/Hel	Ostsee	Polen (P1)	54° 36,5'N	18° 48,1'O	1873
Neufahrwasser/Nowy Port (Port Północny)	Ostsee	Polen (P1)	54° 24,0'N	18° 48,9'O	1815
Groß Plehnendorf/Sobieszewo	Tote Weichsel	Polen (P1)	54° 20,8'N	18° 48,9'O	1840
Einlage/Przegalina	Tote Weichsel	Polen (P1)	54° 18,5 'N	18° 55,4'O	1859
Schiewenhorst/Świbno	Weichsel (Ostsee)	Polen (P1)	54° 20,0'N	18° 56,1'O	1897
Tiegenort/Tujsk	Elbinger Weichsel	Polen (P1)	54° 17,1'N	19° 08,3'O	1900
Horsterbusch/Krzewiny (Michałowo)	Nogat	Polen	54° 15,0'N	19° 15,0'O	1811
Anwachs	Nogat	Polen	54° 15,0'N	19° 20,0'O	1910
Elbing/Elblag	Elbingfluss (Fr. Haff)	Polen (P1)	54° 10,4'N	19° 23,6'O	1811
Kahlberg/Krynica Morska	Frisches Haff	Polen (P1)	54° 23,2'N	19° 27,1'O	1934
Tolkemit/Tolkmicko	Frisches Haff	Polen (P1)	54° 19,5'N	19° 31,3'O	1886
Frauenburg/Frombork	Frisches Haff	Polen	54° 21,7'N	19° 41,0'O	1910
Pfahlbude/Nowa Pasleka	Frisches Haff	Polen (P1)	54° 25,8'N	19° 45,9'O	1839
Gross Bruch/Schukinskij	Frisches Haff	Russland	54° 31,7'N	19° 46,2'O	1880
Braunsberg/Braniewo	Passarge	Polen	54° 23,0'N	19° 49,7'O	1886

Deutscher Stations-name/ggf. Nummer aus Abb. 2.9 oder neuer Name	Gewässer	Land (Betrieb)	Geogr. Breite	Geogr. Länge	Beobachtet seit
Pillau/Baltisk	Ostsee	Russland	54° 38,4'N	19° 53,8'O	1811
Rosenberg/ Krasnoflotskoje	Frisches Haff	Russland	54° 29,8'N	19° 56,0'O	1882
Kamstigall/ Sewastopolskij	Frisches Haff	Russland	54° 38,5'N	19° 56,7'O	1847
Fischhausen/Primorsk	Frisches Haff	Russland	54° 43,8'N	20° 00,8'O	1886
Peyse/Komsomolskij	Königsberger Kanal	Russland	54° 39,3'N	20° 06,7'O	1935
Zimmerbude/Swetlij	Frisches Haff	Russland	54° 40,6'N	20° 08,2'O	1894
Neukuhren/Pionerskij	Ostsee	Russland	54° 57,6'N	20° 13,1'O	1909
G. Heydekrug/ Wzmorje	Frisches Haff	Russland	54° 41,9'N	20° 14,8'O	1894
Brandenburg/ Oschakowo	Frisches Haff	Russland	54° 36,9'N	20° 15,2'O	1931
Wehrdamm/Kaliningrad Ribachij	Pregel (Frisches Haff)	Russland	54° 41,0'N	20° 23,0'O	1881
Cranz/Zelenogradsk	Ostsee	Russland	54° 57,9'N	20° 29,1'O	1936
Königsberg/Kaliningrad	Pregel	Russland	54° 42,5'N	20° 30,6'O	1811
Kranzbeek	Bledausche Beek	Russland	54° 57,9'N	20° 32,8'O	Unbekannt
Schwendlund/Sabolotje	Kurisches Haff	Russland	55° 00,0'N	20° 35,0'O	1889
Rossitten/Ribachij	Kurisches Haff	Russland	55° 09,3'N	20° 51,9'O	1878
Memel/Klaipeda	Kurisches Haff	Litauen	54° 53,0'N	21° 00,8'O	1811
Rinderort/Otkritoje	Kurisches Haff	Russland	54° 54,0'N	21° 04,0'O	1928
Labiau	Deime Kur. Haff	Russland	54° 51,8'N	21° 06,8'O	1893
Schwarzort/Judokrante	Kurisches Haff	Litauen	55° 32,0'N	21° 07,7'O	1910
Erlenhorst	Kurisches Haff	Russland	55° 38,0'N	21° 08,0'O	1910
Schmelz/Smelte	Kurisches Haff	Litauen	55° 40,3'N	21° 09,4'O	1875
Gilge/Matrosowo	Kurisches Haff	Russland	55° 00,6'N	21° 14,0'O	1827
Starischken/Stankiskai	Kurisches Haff	Litauen	55° 23,3'N	21° 14,7'O	1895
Schäferei	Kurisches Haff	Litauen	54° 55,0'N	21° 15,0'O	1910
Elchwerder/Golowkino	Wiepe (Kurisches Haff)	Russland	54° 59,1'N	21° 15,5'O	1891
Karkeln/Misowka	Karkelfluss (Kurisches Haff)	Russland	55° 12,0'N	21° 16,0'O	1892
Kuwertshof	Kurisches Haff	Litauen	55° 21,0'N	21° 17,0'O	1910
Minge	Kurisches Haff	Litauen	55° 22,0'N	21° 18,0'O	1910
Skierwiet/Skirwite	Kurisches Haff	Litauen	55° 17,0'N	21° 22,0'O	1886
Russ/Rusne	Atmat	Litauen	55° 17,7'N	21° 22,4'O	1811
Tawelenbruch/ Sapowednoje	Kurisches Haff	Russland	55° 03,4'N	21° 23,0'O	1851

2.2.3 Höhensysteme und Pegelvorschriften

2.2.3.1 Höhenkoordinaten als Maß potentieller Energie

Voraussetzung für hydraulische Berechnungen oder die mathematische Modellierung hydrodynamischer Prozesse ist ein einheitlicher Höhenbezug der Wasserstände. Dies wurde erst durch eine Pegelvorschrift realisiert („*Instruction vom 13. Februar 1810, wie die Pegel an den Strömen und Gewässern gesetzt, der Wasserstand beobachtet und die Nachrichten eingezogen und überreicht werden sollen*" *von Eytelwein*). Wenn die gemessene oder berechnete Höhe h die potentielle Energie eines Wasserteilchens repräsentieren soll, muss die Höhenkoordinate das Schwerefeld der Erde beschreiben. Letzteres ist nicht trivial. Schon die Bezeichnung „Meeresspiegelhöhe" impliziert, dass die mittlere Meeresoberfläche früher als eine Geopotentialfläche galt, was aber nicht einmal im Mittel langer Zeiträume der Fall ist (EKMAN u. MÄKINEN, 1991). Bereits in Abschn. 2.1 wurden das mittlere Wasserspiegelgefälle der Ostsee und seine Ursachen erörtert. Wasserstände beziehen sich auf nivellitisch vermessene Höhenfestpunkte, die der Erdkrustenbewegung unterworfen sind. Die Gültigkeit von Höhensystemen ist infolge dessen zeitlich begrenzt. In der Praxis rechnet man mit einem Systemverfall innerhalb von 20 Jahren. Während es für statistische Zwecke manchmal ausreicht, die Wasserstände im lokalen Kontext zu kennen, ist bei der Modellierung hydrosphärischer Bewegungsvorgänge ein physikalisch kompatibles Höhensystem unverzichtbar. Abb. 2.10 veranschaulicht, wie sich auf einem mit der Winkelgeschwindigkeit ω kippenden Bereich der Erdkruste die Höhenlage zweier Punkte verändern kann. Zunächst wird während der Zeit t_1 die ursprüngliche Höhendifferenz h_1 kompensiert und anschließend während t_2 um h_2 überkompensiert. Ein Wiederholungsnivellement nach verstrichener Zeit $t_1 + t_2$ wird die Höhen neu definieren müssen, denn ein Festhalten an den alten Höhen würde bedeuten, dass das Wasser nun „bergauf" flösse. Die logische Konsequenz einer ständigen Korrektur der Höhen

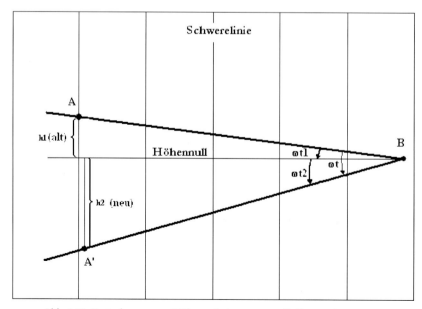

Abb. 2.10: Veränderung von Höhen mit der rezenten Erdkrustenbewegung

kann mit der Forderung nach Konstanz der Sollhöhenunterschiede zwischen Pegellatte und Höhenfestpunkt nicht dauerhaft unterdrückt werden. Diese Forderung der Pegelvorschrift hat lediglich den Sinn, die Veränderungen zu einem späteren Zeitpunkt nachvollziehen zu können und sich nicht ständig mit einem unübersichtlichen Wust von Korrekturen abgeben zu müssen. Sie bewirkt aber auch, dass Pegeldaten im Allgemeinen eben keine physikalisch homogenen Höhenkoordinaten darstellen. Bei der Auswertung langjähriger Wasserstandsmessreihen muss man sich über diesen Zusammenhang im Klaren sein (s. Abschn. 2.2.3.3). Speziell das Wasserspiegelgefälle zwischen Nord- und Ostsee wird außerdem von den unterschiedlichen Salzgehalten bzw. Dichten modifiziert. Wenn man eine halbe Schwellentiefe von ca. 10 m zwischen der Nordsee (mit 32 PSU Salzgehalt) und der westlichen Ostsee (mit 12 PSU Salzgehalt) als repräsentativ für das Druckgleichgewicht annimmt, ergibt sich im Gleichgewichtsfall potenzieller Energie (verschwindende kinetische Energie) eine mittlere „Überhöhung" des leichteren Ostseewassers von ca. 15 cm.

2.2.3.2 Referenzhöhen für die Pegeldaten der deutschen Ostseeküste

Die Entwicklung der Höhensysteme war im 19. Jahrhundert eng mit Wasserstandsmessungen verbunden. Damals dienten die etwa auf „Meeresspiegelhöhe" fixierten Nullpunkte der Küstenpegel als Referenzhöhen. Erst mit Einführung des vom Amsterdamer Pegel abgeleiteten Bezugshorizontes NN (Normalnull) wurde umgekehrt verfahren, und die Pegellatten wurden nun mit Hilfe des Höhensystems justiert. Tab. 2.6 beschreibt einige für die deutsche Ostseeküste wichtige Stadien dieser Entwicklung.

Erst mit Hilfe genauer Angaben über die Verwendung der Höhensysteme und die Korrektur protokollierter Fehllagen der Pegel Travemünde (JENSEN u. TÖPPE, 1986) sowie Wismar und Warnemünde (DIETRICH, 1992) gelang die Erstellung von ca. 150-jährigen homogenen Zeitreihen der Monatsmittelwasserstände. Unter „Pegeldaten" versteht man auf den Pegelnullpunkt bezogene Wasserstandsmesswerte. An der deutschen Küste sind sie seit 1935 an der Größenordnung ihrer Mittelwerte von ca. 500 cm zu erkennen. Im Rahmen des internationalen Datenaustausches sind revidierte Lokalreferenzen üblich (revised local referernces – RLR). Dazu werden Wasserstandsdaten auf arithmetische Mittelwerte bestimmter Zeitreihen bezogen, die auf 7 m normiert sind (SIMONSEN, 1970). Seit dem letzten Drittel des 20. Jahrhunderts haben sich in Europa Normalhöhensysteme durchgesetzt. Im Gegensatz zu orthometrischen Systemen, denen die Oberfläche eines Geoids als Referenzhöhenfläche dient, basieren sie auf dem Quasigeoid, einem durch reale Schweremessungen modifizierten Ellipsoid. Die am 1.11.1985, 00.00 Uhr MEZ für die Küstenpegel der DDR erfolgte Horizontumstellung von NN(alt) auf HN76 bewirkte eine Diskontinuität in den Pegeldaten, da die neuen Normalhöhen und die alten orthometrischen Höhen identischer Punkte von Ort zu Ort unterschiedliche Differenzen aufwiesen (STIGGE, 1989).

In Tab. 2.7 ist die Lage des HN-Niveaus über dem Niveau NN(alt) für einige Küstenpegel Mecklenburg-Vorpommerns angegeben. Ein großer Teil dieser Differenzen konnte durch die Wahl des neuen gemeinsamen Pegelnullpunktes mit PN = HN – 514 cm kompensiert werden. Der verbleibende Rest, um den die Pegellatten physisch abgesenkt werden mussten, erzeugt jedoch einen Sprung in den Daten. Die Höhen des in Tab. 2.6 erwähnten „Ausgeglichenen Küstennivellements" liegen bei Wismar ca. 16,5 cm und bei Warnemünde ca. 14,8 cm über den Höhen im System HN76 (DIETRICH, 1992). Schon mit der Etablierung des HN-Systems in der DDR und erst recht mit der deutschen Einheit wurde es notwendig, für

Tab. 2.6: Wichtige Höhenreferenzen der deutschen Ostseepegel

Zeit	Bezug/Aktivität	Wirkung auf Pegelnull, Höhensystem oder Messverfahren
Bis 1875	Höhensystem Mecklenburgs	Höhennull = Pegelnullpunkt von Wismar
1868 bis 1894	Nivellement der preußischen Landesaufnahme	Höhennull = Pegelnull von Neufahrwasser bei Danzig
1874	Einführung des metrischen Systems in der preußischen Pegelvorschrift	Abschaffung der regional unterschiedlichen Fuß-Skalen. Realisiert in Travemünde: 1884 (nach JENSEN u. TÖPPE, 1986)
1879	Einführung des NN-Systems	NN = „Amsterdamsch Peil". Referenzpunkt = 37,000 m über NN an der Sternwarte Berlin Tempelhof
1896–1911	„Ausgeglichenes Küstennivellement" der Trigonom. Abt. der Königlich Preußischen Landesaufnahme	... ein internes und unveröffentlichtes System des Geodätischen Instituts Potsdam (nach MONTAG, 1964)
1912	Der Höhenreferenzpunkt für NN wird von Tempelhof verlegt ...	... nach Berlin-Hoppegarten Referenzpunkt = 54,638 über NN
1935	Erste Pegelvorschrift für das gesamte Deutsche Reich	Der Nullpunkt aller Küstenpegel wird einheitlich auf NN – 500 cm festgesetzt
1936	Einführung des neuen Systems der Landesvermessung NN (n.S.)	Wirkung zunächst auf die Pegel Schleswig-Holsteins, 1951–1956 auch auf Wismar
1957	Wiedereinführung des Bezuges NN (alt) für Wismar	... zwecks Vereinheitlichung des Höhenbezugs im Küstengebiet der DDR
1985	Umstellung des Pegelbezugshorizontes auf HN76	Physische Korrektur aller Pegellatten. Einheitl. Nullpunkt PN = HN 76 – 514 cm
1990	Deutsche Einheit. Notwendigkeit praktikabler Höhenbezüge	Einführung des Begriffs „Normalmittelwasser" für die 500-cm-Marke an den Küstenpegeln
1992	Einführung des Systems DHHN 92	z.Z. noch keine Auswirkungen

die 500-cm-Marke der Küstenpegel den Begriff „Normalmittelwasser" einzuführen. Bundesweit wird heute die Anwendung eines Normalhöhensystems DHHN92 mit dem Nullpunkt NN empfohlen. Ziel von Pegelvorschriften ist die Qualitätssicherung durch Standardisierung der Messverfahren. Gesellschaftliche Ansprüche und technische Entwicklung pflegen aber dem Qualitätsmanagement vorauszueilen, so dass ständige Kritik der Vorschriften angezeigt ist.

Mit der Satellitengeodäsie (GPS) kommen auch formale, nicht physikalische Höhendefinitionen (Ellipsoidhöhen) für praktische Fragestellungen zur Anwendung. Überarbeitungen der Pegelvorschrift werden bei Bedarf von der Länderarbeitsgemeinschaft Wasser (LAWA) vorgenommen.

2.2.3.3 Bedeutung der Bezugsbasis für die Wasserstandsstatistik

Wenn Wasserstandsmessungen lediglich der Sicherung technischer Abläufe dienen (Baumaßnahmen, Sicherung der Schifffahrt usw.), sind sie sofort als Höhenkoordinaten nutzbar. Geht es jedoch um die Physik der Anregungen und (oder) um lange Zeitreihen, so sind die

Tab. 2.7: Systemdifferenzen zwischen HN76 und NN (alt) in Mecklenburg-Vorpommern

Ort	Systemdifferenz HN – NN alt (= Höhe in NN – Höhe in HN)	Betrag, um den die Pegellatte am 1.11.85 abgesenkt bzw. der Messwert erhöht wurde
Wismar	9,8 cm	4,2 cm
Warnemünde	12,2 cm	1,8 cm
Althagen	12,0 cm	2,0 cm
Barth	11,8 cm	2,2 cm
Neuendorf	11,0 cm	3,0 cm
Stralsund	11,8 cm	2,2 cm
Sassnitz	11,0 cm	3,0 cm
Greifswald	12,0 cm	2,0 cm
Koserow	9,7 cm	4,3 cm
Ueckermünde	14,2 cm	–0,2 cm

in Abschn. 2.2.3.1 beschriebenen Gesichtspunkte zu beachten. Dann sind nicht nur lineare Trends zu kompensieren, sondern möglicherweise auch langperiodische Schwankungen. Daher ist es üblich, Extremwasserstände auf jährliche Mittelwerte zu beziehen. Wenn man aber bedenkt, dass bestimmte Luftdruckkonstellationen über dem Nordatlantischen Ozean die Wahrscheinlichkeit bestimmter europäischer Wetterlagen beeinflussen, filtert man mit dieser Methode eventuell interessante Phänomene aus den Daten heraus oder projiziert zusätzliche hinein. Auf jeden Fall können unterschiedlich modifizierte Daten abweichende Ergebnisse erzeugen, wie es sich z. B. für die Statistik der Nordseesturmfluten erwiesen hat (GÖNNERT, 1999). Einen Kompromiss stellt der Bezug auf die jeweilige lineare Approximation der Zeitreihe dar. Da die Häufigkeitsverteilungen seltener und extremer Ereignisse sehr schiefgipflig sind, markiert die Mitte eines beliebigen Höhenintervalls, z. B. im Falle der Sturmflutstatistiken, immer eine wahrscheinlichere untere und eine unwahrscheinlichere obere Hälfte. Der rezente lineare Anstieg des mittleren Wasserstandes an der deutschen Ostseeküste wird folglich immer einen überproportionalen Anstieg der Überschreitungszeiten einer vorgegebenen Wasserstandsstufe nach sich ziehen. Infolge dessen sollte bei der Bestimmung von Über- oder Unterschreitungszeiten zu statistischen Zwecken der Bezug auf linear steigende Referenzwasserstände vorgenommen werden.

2.2.4 Auswertung von Pegeldaten

Der Messung von Wasserständen folgen die Datenerfassung und Auswertung auf der Grundlage der Pegelvorschrift in folgenden Schritten:

1. Messung
2. Testen auf Plausibilität (Vergleiche mit Nachbarpegeln in Höhe und Phase, Prüfen auf steile Anstiegsflanken, Auswertung singulärer Beobachtungen)
3. Ggf. Korrektur der Daten bei nachträglich festgestellter falscher Höhenlage des Pegels.
4. Freigabe der Daten
5. Statistische Bearbeitung (Routine oder Bearbeitung im Rahmen spezieller Projekte, praktische Beispiele in Abschn. 2.5.1)
6. Darstellung der Ergebnisse (Gewässerkundliche Jahrbücher, Statistiken, Analyse von Zusammenhängen in Spezialarbeiten)

Die Ergebnisse werden beispielsweise für Entscheidungen in Bauwesen, Schifffahrt, und Schiffbau, für die Planung technischer Prozesse (z. B. Kühlwasserverfügbarkeit) oder von Küstenschutzprojekten benötigt. Darüber hinaus gestatten sie die Analyse der Ursachen von Wasserstandsschwankungen (STIGGE, 1994b). Speziell für die mittleren Wasserstände ergeben sich Nutzungsmöglichkeiten für die Untersuchung geologischer und klimatologischer Prozesse sowie zur Beurteilung der Stabilität von Höhensystemen. Im Auftrag der Wasserwirtschaftsdirektion Küste, später des Staatlichen Amtes für Umwelt und Natur Rostock, erfolgten durch das Zentralinstitut für Physik der Erde, Potsdam, später durch das Institut für planetare Geodäsie der TU Dresden aufwendige langzeitstatistische Untersuchungen (BALLANI, 1991; DIETRICH, 1992). Bei der Mittelwertbildung von Pegeldaten sind zusammenhängende natürliche Ereignisse nicht künstlich zu trennen. So sind Mittelwerte aus gewässerkundlichen Jahren aussagekräftiger als aus Kalenderjahren, da letztere die Charakteristik eines speziellen Winters willkürlich spalten. In alten Messreihen wurden oft nur tägliche Terminwerte abgelesen. Dadurch können selbst durch Gezeiten mit Amplituden weniger

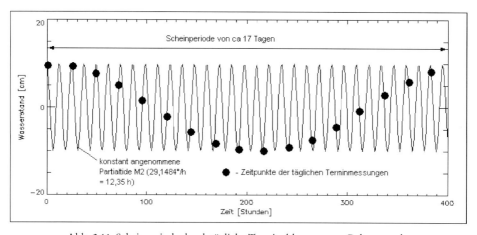

Abb. 2.11: Scheinperiode durch tägliche Terminablesungen an Beltseepegeln

Zentimeter langperiodische Schwankungen vorgetäuscht werden, die sich im Ergebnis der harmonischen Analyse zeigen. Dieses Phänomen – Aliasing genannt – ist in Abb. 2.11 dargestellt und in Abschn. 2.5.2.2 im Zusammenhang mit der Gezeitenanalyse ausführlicher erläutert. Die harmonische Analyse dient dem Herausfiltern periodischer Prozesse und ist für die Wahl der Epochen zur Bestimmung „wahrer Mittelwerte" wichtig. Wenn sich der Wasserstandsverlauf einer Epoche beispielsweise durch 1,5 Sinusperioden charakterisieren lässt, berechnet man je nach Phasenlage dieser Funktion unterschiedliche Mittelwerte und Trends. Schon gegen Ende des 19. Jahrhunderts wurden Pegeldaten auf periodische Anteile untersucht. Da BREHMER (1914) vor allem nach langen astronomischen Tiden suchte, ist seine Entdeckung des ca. 11-jährigen Sonnenzyklus in den Wasserständen der Ostsee zum damaligen Zeitpunkt besonders interessant. Bei der Auswertung langer Reihen von Pegeldaten wurde später immer wieder die Zweckmäßigkeit 19-jähriger (gleitender) Mittelwertbildung betont (MONTAG, 1964; LOHRBERG, 1983). Dadurch wird die in Abschn. 2.1 beschriebene Nodaltide unterdrückt. WEISE (1990), der sich mit den Trends kürzerer Reihen befasste, hob die Bedeutung harmonischer Analysen in den unbehandelten Originaldaten hervor und veröffentlichte einige Amplituden und Phasen von Wasserstandsschwankungen mit Perioden zwischen 0,5 und 18,6 Jahren (s. Abschn. 2.5.2). Zur Analyse der durch Krieg und/oder aus Desinteresse unterbrochenen Messreihen mussten Lücken künstlich geschlossen werden. Mit Hilfe von Wasserstandsmessungen wurden sogar Höhenanschlüsse von Inseln vorgenommen (WEISE, 1996). Ergänzend zur Pegelvorschrift und internationalen Rahmenrichtlinien wurden von der LAWA weitere Empfehlungen zu Auswertungen von Pegeldaten herausgegeben (LAWA, 2001). Algorithmen zum Schließen von Lücken in Ganglinien (LAWA, 1998) werden bereits in die Programme der Messwerterfassung einbezogen. Die Problematik der „Aufbereitung und Nutzung von Pegelmessungen für geodätische und geodynamische Zielstellungen" erfordert zusätzliche Analysen (LIEBSCH, 1997). Für spezielle Zielstellungen des technischen Küstenschutzes erfolgen statistische Auswertungen der Extremwasserstände. Nicht nur für die Ostsee insgesamt (HELCOM, 1986), sondern insbesondere für Bodden und Haffe, lassen sich Bilanzelemente für den Wasseraustausch aus Pegeldaten ableiten (BROSIN, 1965; MIKULSKI, 1965; CORRENS u. MERTINKAT, 1977). Auch Strömungsgeschwindigkeiten wurden über hydraulische Fließformeln aus Pegeldaten berechnet (CORRENS, 1973/74; BIRR, 1988). Neuere Arbeiten zur Ästuarproblematik und entsprechende Datensammlungen wurden im Rahmen der Verbundprojekte „Greifswalder Bodden und Oderästuar – Austauschprozesse" – GOAP und „Transport und Umsatzprozesse in der Pommerschen Bucht" - TRUMP vorgelegt. Die Projekte wurden von der Universität Greifswald bzw. dem Institut für Ostseeforschung Warnemünde koordiniert. Die längsten ausgewerteten Datenreihen (ehemaliger) deutscher Pegel liegen zzt. für Swinemünde (Datenquelle: IMGW Gdynia), Travemünde (JENSEN u. TÖPPE, 1986), Warnemünde und Wismar (DIETRICH, 1992; LIEBSCH, 1997) vor. Für Warnemünde gibt es beim BSH (Bundesamt für Seeschifffahrt und Hydrographie) komplette Sätze stündlicher Werte von 1956 bis in die Gegenwart.

2.3 Neue Methoden zur Wasserstandsmessung

Trotz beachtlicher Fortschritte der Globalen Positionierungssysteme (GPS) und der Satellitenaltimetrie, die bei der Messung von Ortskoordinaten bereits als Standardverfahren gelten, stößt die Auflösung der speziellen Höhenkoordinate Wasserstand (noch) an Grenzen und bedingt die Anpassung geeigneter Sensoren an die allgemeine technische Entwicklung. Dies ist sehr wichtig, um die Kontinuität der Messungen für operationelle- und wissenschaftliche Zwecke zu wahren. Im Allgemeinen ist von wachsenden Anforderungen auszugehen (LAWA, 2002).

2.3.1 Anforderungen an Wasserstandsmesssensoren

Unabhängig von ihrem physikalischen Wirkungsprinzip soll die Sensorik zur Wasserstandserfassung
– die geforderte Genauigkeit einhalten,
– unempfindlich gegen die meisten vorkommenden Störgrößen sein,
– eine geringe Toleranzabweichung der Kenngrößen aufweisen (hiermit ist ein problemloses Wechseln defekter Sensoren ohne aufwendigen Neuabgleich möglich),
– eine hohe Reproduzierbarkeit aufzeigen (die Kennlinie des Sensors soll sich, unabhängig von den Einsatz- und Betriebsbedingungen, nicht verändern),

– hohe Langzeitstabilität, d. h. ein möglichst geringes Driftverhalten aufweisen,
– rückwirkungsfrei sein, d. h. keine Beeinflussung der Messgröße verursachen,
– eine möglichst lineare Kennlinie im Nutzbereich aufweisen,
– eine möglichst geringe Hysterese haben, d. h. die Erfassung der Messgröße soll unabhängig von der Anfahrrichtung des Messpunktes sein,
– einen möglichst wartungs- und unterhaltungsarmen Einsatz erlauben und
– eine lange Lebensdauer und eine geringe Ausfallwahrscheinlichkeit besitzen.

Dabei soll der Anspruch der Pegelvorschrift, Anlage A, Teil 1, 2.1 (1), im Besonderen die geforderte Fehlertoleranz von ± 1 cm auf den jeweiligen Messwert bezogen, über den gesamten Messbereich eingehalten werden. Die exakte Erfüllung des hier quantifizierten Anspruchs bedingt oft einen sehr hohen technischen Aufwand.

2.3.2 Auswahl innovativer Messverfahren

Sensoren für eine Wasserstandserfassung können grundlegend drei unterschiedlichen Verfahren zugeordnet werden. Für die Erfassung kontinuierlicher Wasserstände stehen wasserberührende, wassereintauchende und berührungslose Verfahren zur Verfügung. Tab. 2.8 erhebt nicht den Anspruch auf Vollständigkeit.

Tab. 2.8: Möglichkeiten der Wasserstandserfassung

Wasserberührende Verfahren	Wassereintauchende Verfahren	Berührungslose Verfahren
Mechanisch – Schwimmer	Drucktechnisch – Druckmessumformer (hydrostatisch) – Einperlpegel (pneumatisch)	Optisch – Laser – Kamera
Elektromechanisch – Tastgewicht – Magnetostriktion	Konduktives Verfahren – (elektr. Leitfähigkeit)	Akustisch – Ultraschall
	Akustisch – Ultraschall	Radartechnisch Mikrowellen
	Radartechnisch – Reflexradar	

Tatsächlich gibt es noch einige andere Messverfahren, z. B. das „Thermoresistive Messverfahren", das die Wärmeableitung der Luft-Flüssigkeitsgrenzfläche detektiert oder die „Kapazitive Messmethode", die beispielsweise mit einem ins Messmedium eintauchenden Zylinderkondensator das Flüssigkeitsniveau feststellt. Diese Verfahren sind jedoch für die Einsatzbedingungen (raue Betriebsbedingungen etc.) prinzipiell nicht so gut geeignet. An der deutschen Küste haben sich bisher nur Schwimmerverfahren durchgesetzt. Für spezielle Anwendungen kommt die Absolutdruckmessung zum Einsatz. Letztere erfordert eine parallele Luftdruckmessung. Den Einsatzbedingungen an der Küste kommen vor allem die berührungslosen Verfahren entgegen.

Laseroptisches Verfahren

Diese Technik wird häufig zur geodätischen Entfernungsmessung und in der Füllstandsmesstechnik genutzt. Das Verfahren bedient sich eines Laserstrahls zur Distanzmessung. Für die oben genannten Anwendungsgebiete werden zur Lichterzeugung Leuchtdioden eingesetzt, deren Wellenlänge im Infrarotbereich liegt. Die meisten Hersteller verwenden zur Messung die Puls-Laufzeit-Methode. Hierbei wird die Laufzeit eines Laserimpulses vom Aussenden bis zum Wiederempfangen gemessen und aus dieser die Höhe des Messmediums abgeleitet.

Kameraoptisches Messverfahren

Das zumindest für den gewässerkundlichen Bedarf noch nicht existierende, bisher nur angedachte Verfahren, würde unter Verwendung einer Zeilenkamera eine „Strichcode-Pegellatte" abtasten. Die Ermittlung des Wasserstandes mit wellenbehafteter Oberfläche, bzw. bei Verschmutzung der Kameraoptik oder der Pegellatte, könnte sich unter Umständen als schwierig erweisen. Aufgrund dieser voraussehbaren Nachteile und der zu erwartenden Wartungs- und Unterhaltungsbedürftigkeit wurde von einer Entwicklung dieses Verfahrens bisher abgesehen.

Ultraschallmessverfahren

Bei berührungslosem Einsatz eines Ultraschallmessverfahrens werden Ultraschallimpulse senkrecht auf das Messmedium ausgesendet. Erfolgt die Schallaussendung in Luft gegen ein Medium mit einer höheren Dichte, z. B. Wasser, so wird der größte Teil von der Grenzfläche reflektiert. Aus der gemessenen Schalllaufzeit lässt sich die Distanz bzw. die Höhe des Messmediums bestimmen. Die Schallgeschwindigkeit ist u.a. abhängig von der Temperatur und Zusammensetzung des Übertragungs- bzw. Ausbreitungsmediums Luft. Temperatur und Windgeschwindigkeit können bei diesem Verfahren einen ungünstig hohen Einfluss auf die Genauigkeit ausüben.

Radar-Messverfahren (s. Abschn. 2.3.3.1)

Die Probleme beim Einsatz moderner Wasserstandsmessverfahren bestehen größtenteils darin, die technische Leistungsparameter den Forderungen der Pegelvorschrift anzupassen.

2.3.3 Beschreibung der ausgewählten Messverfahren

Der Bund und die Länder verfügen derzeit insgesamt über ca. 4400 gewässerkundliche Pegel. Etwa 560 Pegel der Gruppen[1] a und b werden von der Wasser- und Schifffahrtsverwaltung (WSV) betrieben. Die eingesetzten Standardschwimmer- und Einperlmessverfahren

---

[1] Gemäß Durchführungsanweisung des Bundesministers für Verkehr für die PV, 3. Aufl. 1978 wurden die durch die Wasser- und Schifffahrtsverwaltung (WSV) zu betreibenden Pegel in die Gruppen a, b und c eingeteilt. Pegel der Gruppe a) haben erhebliche überregionale gewässerkundliche oder verkehrliche Bedeutung. Pegel der Gruppe b) sind gewässerkundliche Pegel mit überwiegend örtlicher Bedeutung. Pegel der Gruppe c) werden nicht regelmäßig beobachtet.

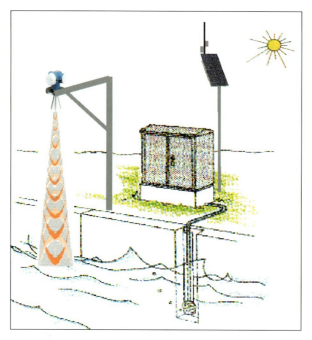

Abb. 2.12: Zukünftige autarke Pegelstation, Kombination von Radar- und Einperltechnologie

sind im Sinne der Pegelvorschrift ergänzende Einrichtungen zum Lattenpegel. Sie erfordern einen hohen Aufwand für Beschaffung, Unterhaltung und Wartung. Infolge dessen ist es interessant, künftig über eine innovative Pegeltechnik zu verfügen. Die neue Pegeltechnik soll, im Einklang mit den Qualitätsanforderungen der WSV, eine wirtschaftlichere Aufgabenerledigung im Bereich der Gewässerkunde sicherstellen. Zur Abschätzung einer möglichen Kosteneinsparung wurden überschlägige Wirtschaftlichkeitsbetrachtungen durchgeführt. Abb. 2.12 vermittelt einen Eindruck von dem zukünftigen Pegelmessaufbau. Durch den redundanten Einsatz von zwei unterschiedlichen Messverfahren erreicht man eine höhere Datensicherheit, besonders auch im Hinblick auf ein Messversagen der Radartechnik bei Eisgang. Zur Validierung der innovativen Pegelmesssysteme wurden umfangreiche Vorstudien und Marktanalysen mit der Zielsetzung, geeignete alternative Pegel-Messtechniken zu finden, durchgeführt. Unter dem Aspekt der Wirtschaftlichkeit erfolgte die Geräteauswahl für eine Erprobung so, dass keine speziellen Sonderlösungen, sondern industriell bewährte Technik, z. B. aus dem Bereich der Füllstandmesstechnik, zukünftig zum Einsatz kommen. Einen erfolgversprechenden Eindruck hinterließen die Messverfahren der Radar-Technik sowie eine modifizierte Einperltechnologie.

2.3.3.1 R a d a r v e r f a h r e n

Das Radar-Verfahren ist ein berührungsloses Messverfahren, das nach dem Prinzip der Rückstrahlortung arbeitet. Hierbei wird eine elektromagnetische Welle von einem Sender abgestrahlt und nach Reflexion an der zu detektierenden Oberfläche des Mediums von einem Empfänger bzgl. der Laufzeit ausgewertet. Neben zahlreichen Anwendungen ist dieses Verfahren grundsätzlich auch zur Bestimmung von Füllständen flüssiger sowie nicht flüssiger Medien geeignet, deren Dielektrizitätszahl[2] ϵ_r sich deutlich gegenüber dem Ausbreitungsmedium (hier Luft) der elektromagnetischen Welle unterscheidet. Elektromagnetische Wellen im Frequenzbereich von 10^8 bis 10^{12} Hz, entsprechend den Wellenlängen zwischen 3 m und 300 μm, werden als Mikrowellen bezeichnet, zu denen auch die Radar-Wellen größtenteils gehören. Die gängigen Sendefrequenzen der Radar-Verfahren im Bereich der Füllstandsmessung liegen derzeit zwischen 5 und 24 GHz. Zur Ermittlung von Füllständen mittels Radar unterscheidet man grundsätzlich zwischen zwei Arten der Hochfrequenzwellenausbreitung (leitungsgebunden/berührend sowie frei abstrahlend/nicht berührend) und zwischen zwei Methoden der Signalmodulation (Pulsradar und FMCW-Radar [**F**requency **M**odulated **C**ontinuous **W**ave]). Bei beiden Verfahren bestimmt man aus der Signallaufzeit die Distanz zum Messmedium.

Beim Pulsradar werden kurze Mikrowellenimpulse erzeugt und auf das Messmedium abgestrahlt. Ein Teil der ausgesendeten Mikrowellen wird von dort reflektiert und gelangt zum kombinierten Sende-Empfangssystem des Radarsensors zurück. Die Fortpflanzungsgeschwindigkeit der Mikrowelle in Luft kann als Lichtgeschwindigkeit angenommen werden. Aus einer vorgegebenen Messdistanz von z. B. einem Meter (Abstand Sensor bis Wasseroberfläche) resultiert eine Signallaufzeit von 6,7 Nanosekunden. Diese geringen Signallaufzeiten stellen bei einer direkten Laufzeitermittlung eine sehr hohe Anforderung an die

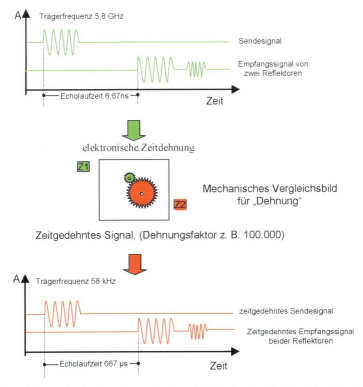

Abb. 2.13: Funktionsweise des Sampling-Verfahrens beim Pulsradar; A entspricht der Signalamplitude

---

[2] Dielektrizitätszahl: Luft ≈ 1, Wasser ≈ 77,3 und Eis ≈ 3,17.

48

Messelektronik. Daher werden die Messsignale mit Hilfe einer Zeittransformation („Sampling"-Verfahren) so aufbereitet, dass ein zeitgedehntes Abbild der Messsignale entsteht. Hierbei wird wie bei einem Stroboskop eine sequentielle Abtastung von aufeinander folgenden Messungen vorgenommen. Das Sampling-Verfahren kann nur bei sich periodisch wiederholenden Signalen angewendet werden. Abb. 2.13 verdeutlicht die Funktionsweise der Zeitdehnung mittels Sampling- bzw. Abtastverfahren.

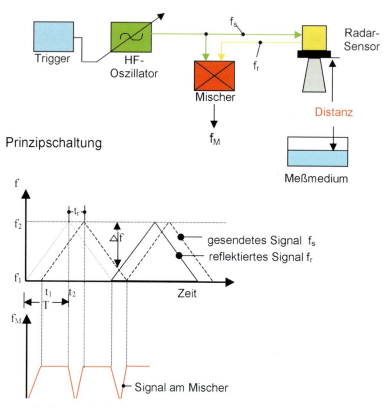

Abb. 2.14: Funktionsweise der FMCW-Radar-Methode bei dreieckförmiger Signalmodulation

Beim **FMCW** (Frequency-Modulated-Cotinuous-Wave)-**Verfahren** kommt eine indirekte Laufzeitmessung der Mikrowelle zum Einsatz. Im Gegensatz zur Pulsradar-Methode verändert die FMCW-Methode während einer kontinuierlichen Signalausstrahlung in einem bestimmten Zeitintervall linear die Frequenz (hier: dreieckförmige Frequenzmodulation[3]) und vergleicht diese mit dem reflektierten Signal. Das reflektierte Signal wird nach Ankunft mit dem aktuell ausgestrahlten Signal gemischt. Weil eine lineare Frequenzmodulation vorgenommen wird, ergibt sich durch die Mischung immer eine Differenzfrequenz, die proportional der Laufzeit und damit proportional zum Abstand des Messobjektes ist. Die Funktionsweise der FMCW-Radar-Methode wird durch die in Abb. 2.14 dargestellte Prinzipschaltung und das Signalbild veranschaulicht.

---

[3] Modulation: Beeinflussung einer Trägerfrequenz. Hier wird eine Frequenzmodulation vorgenommen.

Mathematische Formulierung:

$$f_s = f_1 + \frac{\Delta f}{T} \cdot t \qquad (2.1)$$

$$t_r = 2 \cdot \frac{D}{c_0} \qquad (2.2)$$

$$f_M = f_s - f_r = \left(\frac{\Delta f}{T} \right) \cdot t_r \qquad (2.3)$$

$$f_r(t) = f_s(t - t_r) \qquad (2.4)$$

T	=	Signaldauer
t_r	=	Laufzeit zwischen Radar-Sensor und Messmedium
f_s	=	Frequenzverlauf des Sendesignals
f_r	=	Frequenzverlauf des Empfangssignals
Δf	=	Frequenzhub
f_M	=	Mischerfrequenz
f_1	=	Basisfrequenz
f_2	=	Basisfrequenz + Hubfrequenz
$t_1 - t_2$	=	Zeitraum des linearen Frequenzanstieges
c_0	=	Lichtgeschwindigkeit

Durch Einsetzen von Gl. 2.2 in Gl. 2.3 erhält man unmittelbar die Distanz D:

$$D = \frac{f_M \cdot T \cdot c_0}{2 \cdot \Delta f} \qquad (2.5)$$

Der sinnvolle Einsatz der Mikrowellen in der Distanzmessung erfordert vom Messobjekt ein gutes Reflexionsverhalten. Die Reflexion beträgt bei Wasser im Idealfall nahezu 100 % der abgestrahlten Energie. Eis hingegen besitzt ein deutlich geringeres Reflexionsvermögen. Bei Einsatz von Radar-Sensorik zur Erfassung von Wasserständen oberirdischer Gewässer kann bei Vereisung der Wasseroberfläche das freistrahlende Radar versagen. Um auch im Eisfall (Eisgang, Eisstand) noch Ergebnisse zu bekommen, sollte zzt. noch ein hiervon unabhängiges Messverfahren, z. B. das Einperlverfahren, als redundantes System im Winter zum Einsatz kommen. Zu beachten ist, dass pneumatische bzw. hydrostatische Verfahren sich im Brackwasserbereich des Tidegebietes als Vergleichssysteme nur eingeschränkt eignen, da hier starke Vermischungsvorgänge von Süß- und Salzwasser stattfinden, demzufolge sich die Dichte des Wassers in Abhängigkeit vom Schwebstoff- und Salzgehalt sowie der Wassertemperatur laufend verändert. Zur freien Verwendung von Mikrowellenmessverfahren ist eine administrative Zulassung, die sogenannte „Freifeldzulassung", für die Geräte erforderlich.

2.3.3.2 Intervallbetriebenes Einperlverfahren

Die intervallbetriebenen Einperlverfahren weisen gegenüber den bisherigen konventionellen Bauarten mit einer kontinuierlichen Lufteinperlung mittels Kompressor oder Stickstoffflasche einige messtechnische Unterschiede auf. Aus Gründen der Energieespar-

50

nis und zur Verringerung des apparativen Aufwandes wird durch die Verwendung einer kleinen Kolbenpumpe nur zu jeder Wasserstandsmessung eine Lufteinperlung vorgenommen. Aufgrund der gewählten Baugröße des Ausperltopfes in Kombination mit einer dünnen Einperlleitung kann die Auswirkung einer plötzlichen Wasserstandsänderung und die damit verbundene Verschiebung des Wasserspiegels im Ausperltopf minimiert werden.

Zur Ermittlung des Wasserstandes wird zunächst der momentane Luftdruck und unmittelbar anschließend, separat, der Absolutdruck über der Ausperlöffnung gemessen. Der Druck über der Ausperlöffnung setzt sich zusammen aus dem Luftdruck, der auf dem Messmedium lastet, und dem hydrostatischen Druck des vorhandenen Messmediums. Aus der Differenzbildung dieser beiden quasi zeitgleich ermittelten Messgrößen folgt der hydrostatische Druck der Wassersäule, der proportional zum Wasserstand ist.

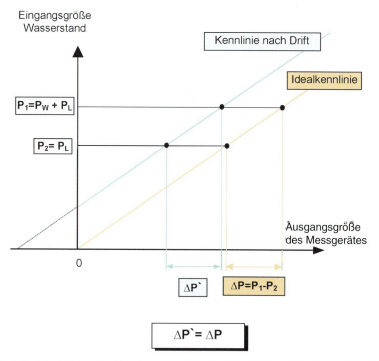

Abb. 2.15: Prinzipskizze der Druckmessung bei einer Verschiebung der Ausgangskennlinie

Als besonders vorteilhaft erweist sich hierbei, dass eine Nullpunktverschiebung der Ausgangswerte des Druckmessumformers keinen Einfluss auf die Genauigkeit (Abb. 2.15) hat. Eine plötzliche oder allmähliche Änderung der Steigung der Ausgangskennlinie des Druckmessumformers wird durch die Methode der Differenzbildung jedoch nicht erkannt und kompensiert (Abb. 2.16). Durch die Verwendung eines Absolutdruckmessumformers ohne Ausgleichskapillare ist ein Ausfall durch Kondensatbildung weitestgehend ausgeschlossen.

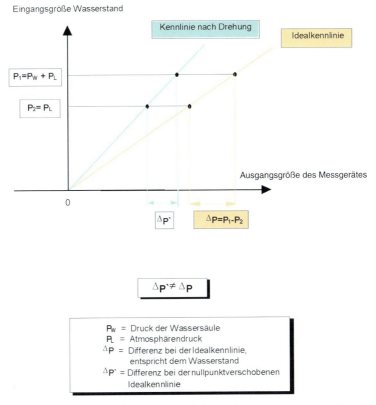

Abb. 2.16: Prinzipskizze der Druckmessung bei einer Drehung der Ausgangskennlinie

2.3.4 Erprobung

Mit dem Wasser- und Schifffahrtsamt Koblenz wurde ein Messort an der Trenninselspitze (Abb. 2.17) zwischen den Moselschleusenkammern im Unterwasser der Staustufe Koblenz ausgewählt. Eine Erprobung von Wasserstandsmessgeräten am Pegel Emden – Neue Seeschleuse (Abb. 2.18) wurde mit dem Wasser- und Schifffahrtsamt Emden vereinbart. Die örtlich unterschiedlichen Randbedingungen der Messorte sind in Tab. 2.9 zusammengefasst. Der jeweilige Messaufbau für Koblenz und Emden beinhaltete im Wesentlichen einen Industrie-PC. Dieser nahm die Steuerung der Geräte vor und führte die Abfrage und Aufzeichnung der von den Sensoren gelieferten Messwerte durch. Die Testdauer betrug in Koblenz rund ein Jahr. In Emden wurden die Untersuchungen Ende Mai 1998 aufgenommen und am 30. März 1999 beendet. Unterbrechungen durch Ausfall einzelner Messgeräte und/oder der kompletten Testeinrichtung hat es an beiden Standorten gegeben. Eine Funktionsbeeinträchtigung der Sensoren durch Temperatur, Regen, Nebel, Schneefall, biologischen Bewuchs etc. konnte während der Erprobungszeit nicht festgestellt werden. Lediglich in Emden verursachte ein Blitzeinschlag in der Nähe der Messstelle eine induzierte Spannung, die eine Zerstörung der Eingangsmodule der Radarsensoren bewirkte.

Tab. 2.9: Randbedingungen der Messorte

Staustufe Koblenz/Mosel, im Unterwasser der großen Schleuse	Pegel Emden – Neue Seeschleuse
– Binnengewässer – Querschnitt eng, rechteckförmig – Wasseroberfläche durch Schleusung beeinflusst – Süßwasser	– Tidegewässer – sehr weite, nach Westen offene Wasserfläche – Wasseroberfläche stark windbeeinflusst – Brackwasser

Abb. 2.17: Messstelle Koblenz: „Trenninsel"

Abb. 2.18: Pegel Emden „Neue Seeschleuse"

2.3.5 Untersuchungsergebnisse und Sachstand

Zur Ermittlung der „praktischen Genauigkeit" eines Testsensors, d. h. Genauigkeitsbeurteilung unter realen Betriebsbedingungen in der WSV, wird dieser mit einem Bezugssensor (Schwimmersystem oder anderes Messsystem, z. B. zweiter Testsensor) verglichen. Durch eine „mathematische Filterung", nämlich Einsatz einer Filterfunktion 1. Ordnung (hiermit wird das Tiefpassverhalten beim Schwimmerverfahren simuliert), und zusätzliche Mittelwertbildung der Rohdaten sowie die Möglichkeit einer Skalierung der Messdaten der Testsensoren (Offset, Steigung) und einer Zeitversatzkorrektur kann eine Ergebnisannäherung der Testsensoren in Bezug auf das Schwimmersystem erzielt werden. Die in der Pegelvorschrift[4] geforderte Genauigkeit wird in Koblenz teilweise nicht erreicht. Ein Untersuchungsergebnis der in Koblenz und Emden getesteten Sensoren, bei „normalen" Wasserstandsbedingungen ermittelt, ist in Form des Balkendiagramms (Abb. 2.19) wiedergegeben. Für einige ausgewählte Messtage sind die maximalen Abweichungen der 15- und 1- Min.-Mittelwerte dargestellt. Die 1-Min.-Mittelwerte werden aus 20 Abweichungen (Differenz zwischen Testsensor und Bezugssensor) je Minute, die 15-Min.-Mittelwerte demzufolge aus 300 Abweichungen als arithmetisches Mittel gebildet. Wenn die Abweichungen symmetrisch zur Nullachse sind, das heißt wenn gleich große positive und negative Abweichungen auftreten, ist es wahrscheinlich, dass es sich um zufällige Abweichungen handelt. Die Balken-

---

[4] Pegelvorschrift (Teil A, Kap. 2, Abschn. 2.1, Ziff. [1]): Die Fehlertoleranz über den gesamten zu erfassenden Wasserstandsbereich soll ± 1 cm nicht überschreiten.

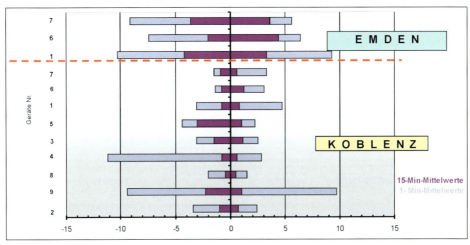

Abweichungen in cm

Abb. 2.19: Extremwerte der Abweichungen

diagramme weisen deutliche Unterschiede zwischen den in Koblenz und in Emden ermittelten Messergebnissen auf.

Diese Ergebnisse lassen vermuten, dass die Messgenauigkeit der beiden frei abstrahlenden Radarsensoren (Nr. 6 + Nr. 7), die in Emden und anschließend in Koblenz getestet wurden, sehr stark von der Oberflächencharakteristik des Messmediums beeinflusst wird. Alle verfahrensgleichen Radarsensoren hätten in Emden sicherlich ähnliche Ergebnisse gezeigt.

Ausführlichere Untersuchungsergebnisse, die auch unter anderen Wasserstandsbedingungen, wie z. B. Hochwasser in Koblenz oder Sturmflut in Emden, ermittelt wurden, sind in einem Bericht, BfG–1276, (BARJENBRUCH et al., 2001), zusammengefasst. Die bisherige Untersuchung hat gezeigt, dass die Radartechnologie unter den Einsatzbedingungen der WSV als Pegelsensor anwendbar ist. Die Genauigkeit nach Pegelvorschrift wurde an der Staustufe Koblenz bei 15-Min.-Mittelwertbildung der Messwerte unter „normalen" Wasserstandsbedingungen bis auf wenige Einzelabweichungen eingehalten. Die Messergebnisse aus Emden weisen eine größere Streuung der Messwerte (Abb. 2.19) auf. Die Genauigkeit nach Pegelvorschrift wird hier nicht eingehalten. An der deutschen Ostseeküste erfolgten bisher keine Tests der hier beschriebenen Messverfahren. Im „Internen Messnetz Küste" Mecklenburg-Vorpommerns (MESSEN NORD, 2000) werden seit 1995 Druckmessumformer eingesetzt, die zwar nicht als gewässerkundliche, wohl aber als Hochwassermeldepegel fungieren.

2.4 Die Vorhersage des Wasserstandes

Ein Motiv für den Betrieb von Pegeln ist der Wunsch bzw. die Notwendigkeit, den Wasserstand vorherzusagen. Seit 1924 gibt es in Deutschland amtliche Wasserstandsvorhersagen für die wichtigsten Häfen, Schifffahrtsreviere und Küstenabschnitte. Nach 1945 oblag dieser Dienst in der britischen Besatzungszone (später in der Bundesrepublik Deutschland) dem Deutschen Hydrographischen Institut, Hamburg. In der sowjetischen Besatzungszone (später in der DDR) wurde die Aufgabe nach mehrfachem Wechsel der Zuständigkeit von der Wasserwirtschaftsdirektion Küste wahrgenommen. Seit 1990 ist das Bundesamt für Seeschifffahrt und Hydrographie (BSH) für die Wasserstandsvorhersagen an der gesamten deutschen Küste zuständig.

Die Vorhersagen basieren heute zu mindestens 80 % auf dem hydrodynamisch-nummerischen Modell (HN-Modell) des BSH (s. Abschn. 2.4.2). Aber auch die in Abschn. 2.4.1 beschriebenen statistischen Verfahren wurden weiterentwickelt. Im Entscheidungshilfesystem des BSH werden sie als separate Algorithmen genutzt, sind aber auch Bestandteil einer Visualisierungssoftware (Abb. 2.20).

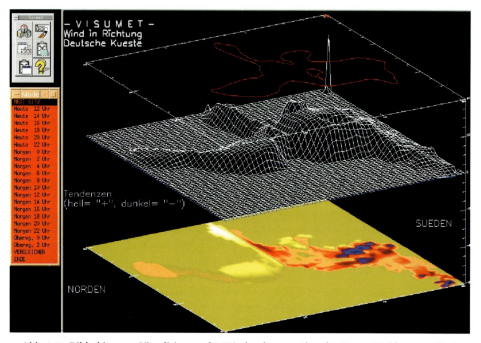

Abb. 2.20: Bildschirm zur Visualisierung der Windvorhersage über der Ostsee (Erklärung s. Text)

Für 20 Prognosezeiträume (rote Menüleiste) wird jedem Gitterpunkt über der Ostsee der erwartete Wind zugeordnet, der nach einer entfernungsabhängigen Zeit einen gemeinsamen Stau- bzw. Sinkeffekt an der deutschen Ostseeküste auslöst. In dem 3-D-Netz bedeuten „Berge" Hochwasser und „Täler" Niedrigwasser. Die Farben im unteren Bildteil signalisieren die Änderung des Windes pro Zeiteinheit. Auf dem Untergrund hebt sich die Kontur der Ostsee ab (links Norden, rechts Süden). Die Option „Vergleichen" auf der Menüleiste bewirkt ein Heraussuchen der zwei ähnlichsten Ereignisse aus dem elektronischen Archiv, wobei die Daten jedes einzelnen Gitterpunktes berücksichtigt werden. Auf diese Weise lassen sich auch die ursächlichen meteorologischen Verhältnisse analysieren.

Neben der Ergebnisdarstellung des BSH-Modells (dazu wird die zeitliche Entwicklung der berechneten Wasserstände gemeinsam mit den online einfließenden Realdaten auf einen Bildschirm abgebildet) stehen zur Analyse der Ursachen das MAP-System[5] des DWD sowie

---

[5] Komfortables Visualisierungs- und Darstellungssystem für meteorologische Daten, Modellergebnisse, Satellitenbilder, Wetterfilme usw. – ein Produkt des Deutschen Wetterdienstes (DWD).

das gesamte „weltweite Web" der Wetterdienste und Satellitenzentralen zur Verfügung. Es werden sowohl eigene als auch im Internet verfügbare Archive genutzt. Die Archivierung interessanter Sturmflut- und Niedrigwassersituationen der Ostsee erfolgt halbautomatisch durch Festlegung der Ereigniszeit. So ist ein detaillierter Vergleich aktueller Ereignisse mit ähnlichen Situationen der Vergangenheit möglich. Für die Wasserstandsvorhersage hat sich die Form der Expertenentscheidung gegenüber einer rein maschinellen bewährt. Halbtägige Vorhersagen für 3 Küstengebiete stehen jedem Interessenten über Fax- oder Telefonabruf, Rundfunksender und Internet *(http://www.bsh.de)* zur Verfügung (Abb. 2.21).

Datum Zeit von bis		Flensburg - Travemünde	Wismar - Zingst	Rügen - Usedom
19.09.2001 09:00	19.09.2001 18:00	+0.25 bis -0.05	+0.25 bis -0.05	+0.45 bis +0.15
19.09.2001 18:00	20.09.2001 09:00	+0.20 bis +0.50	+0.15 bis +0.45	+0.15 bis +0.45

Abb. 2.21: Bildschirm „Wasserstandsvorhersage des BSH" (Werte in cm ü/u NN)

Für spezielle Anwendungen (z. B. Flussmodell der Oder) können auch die Ergebnisse des hydrodynamisch–nummerischen Modells direkt genutzt werden. Bei konkreter Fragestellung (z. B. Auslauftermin eines Schiffes) lässt sich die aus Abb. 2.21 ersichtliche Vorhersagegenauigkeit noch erheblich verbessern. In hydrologischen Extremsituationen erfolgen Warnungen nach speziellen Verteilern mit Hilfe eines automatischen Alarm-Management-Systems, bei Sturmflut auch presse- und medienwirksam. Leistungsfähige Rechentechnik und moderne Informationstechnologien haben die ozeanographischen Informationssysteme in den letzten Jahren grundlegend verändert. Hierzu zählt insbesondere die operative Verfügbarkeit von Beobachtungen im Baltic Operational Oceanographic System *(http://www.boos.org)*.

Über die Vorhersageverfahren wurde bisher wenig publiziert, obwohl gerade sie einen Schlüssel zum Verständnis der Zusammenhänge darstellen. Viele der zzt. noch verwendeten Beziehungen zur Berechnung des Wasserstandes aus dem Wind- bzw. Luftdruckfeld sind in den 1950er Jahren entstanden. Sie gründen sich auf die Erkenntnis (u. a. EGEDAL, 1949, zitiert von STOUGGARD-NIELSEN u. a., 1976; THIEL, 1953; SAGER u. MIEHLKE, 1956), dass der Wasserstand an den Küsten der westlichen Ostsee von den Windverhältnissen um Gotland und dem Gebiet östlich von Rügen abhängt und mit einer bestimmten Verzögerung auf atmosphärische Anregungen reagiert. Sowohl das Windfeld (SAGER u. MIEHLKE, 1956) als auch Luftdruckgradienten (-differenzen) werden zur Charakterisierung der atmosphärischen Zirkulation über der Ostsee verwendet (THIEL, 1953 für die Kieler Bucht; MALINSKI, 1965 für die polnische Ostseeküste und ZORINA, 1970 für die baltische Küste). Ende der 1970er-, Anfang der 1980er-Jahre hatten nummerisch erzeugte Luftdruckvorhersagen eine solche Qualität erreicht, um sie direkt für Zwecke der Wasserstandsvorhersage zu nutzen, d. h. den Wasserstand nicht über ein hydrodynamisch-numerisches Modell zu berechnen, sondern den

Wasserstand an einem Ort aus dem Luftdruckfeld unter Verwendung von Perfect-Prog-Ansätzen oder durch Model-Output-Statistik (MOS) zu ermitteln. TÖRNEVIK (1977, 1978), HOLMSTRÖM u. STOKES (1978) sowie NYBERG (1983) haben eine Reihe solcher Ansätze zur Vorhersage des Wasserstandes mit statistischen Verfahren (empirische Orthogonalfunktionen) vorgelegt. TÖRNEVIK wies darauf hin, dass das statistische Modell bessere Wasserstandsvorhersagen lieferte als ein mit gleichen Inputs getriebenes HN-Modell. Diese Ergebnisse zum Problem Wasserstandsvorhersage spiegeln die seit Mitte der 1960er-Jahre beobachtete Tendenz wider, nummerisch erzeugte Vorhersagen der Luftdruck- und Windverteilung für die objektive Wettervorhersage (vgl. BALZER, 1984), in unserem Falle für die Wasserstandsvorhersage, zu verwenden. Als „statistisches Handwerkzeug", wie BALZER (1984, S. 3) schrieb, bietet sich die Regressionsanalyse an. Außer den bereits erwähnten Empirischen Orthogonalfunktionen (EOF) sind weitere Verfahren der mehrdimensionalen Statistik und der Theorie linearer Systeme auf ihre Eignung für die Wasserstandsvorhersage getestet worden. Mit Hilfe der Theorie linearer Systeme sind Wasserstandsschwankungen als Reaktion einer Summe linearer Inputs aus der Atmosphäre auf das dynamische System „Meer" interpretiert worden. Ihr Wesen besteht in der Ableitung der Impulsübertragungs- oder Einflussfunktion am Eingang des dynamischen Systems aus den spektralen Eigenschaften des Wasserstandes und der Modellinputs. Umfangreiche Untersuchungen zum Wasserstand an der polnischen Küste führte WROBLEWSKI (1978 a, b, 1981 a, b) mit Hilfe dieser Methode durch. Zur Vorhersage der Wasserstände an der Küste Mecklenburg-Vorpommerns, in Sund, Belt und Kattegat hat SCHMAGER (1984) verschiedene statistische Ansätze getestet (u. a. Verdichtung von Prädiktanden und Prädiktoren mit Hilfe empirischer Orthogonalfunktionen [EOF], lineare adaptive Regression), worüber weiter unten berichtet wird. Leistungsfähige Zirkulationsmodelle, in denen die Physik zur Beschreibung der Bewegungsvorgänge im Meer vollständig integriert ist, erzeugen Vorhersagen von Strömung, Wasserstand u. a. ozeanographischer Parameter mit hoher räumlicher und zeitlicher Auflösung. Die Güte der Modelloutputs, insbesondere der Wasserstände, ist aber von den meteorologischen Inputs – von der Wind- und Luftdruckverteilung über der Meeresoberfläche – abhängig. Wasserstände reagieren empfindlich auf Änderungen der Wind- und Luftdruckfelder. Werden sie nicht oder ihre Intensität nicht richtig oder rechtzeitig durch die meteorologische Vorhersage erfasst, hat das sofort Auswirkungen auf die Güte der Modelloutputs des ozeanographischen Zirkulationsmodells. In dieser Situation haben statistische Modelle nach wie vor ihre Berechtigung und ihre Bedeutung. Mit Hilfe schnell und einfach verfügbarer Prädiktoren wie Wind, Luftdruck und aktuellem Wasserstand lassen sich Größenordnung und Zeitpunkt der zu erwartenden Änderung aus statistischen Modellen schnell berechnen. Dabei soll nicht unerwähnt bleiben, dass die Leistungsfähigkeit (Vorhersagegüte) statistischer Vorhersageverfahren in erheblichem Maße von der Erfahrung des Beraters im Wasserstandsdienst abhängt. Im Weiteren wird ein Überblick über solche Verfahren gegeben, die eine Berechnung (Vorhersage) des Wasserstandes an der deutschen Ostseeküste unter Verwendung von Beobachtungs- und Messdaten ermöglichen. Vorhersageverfahren für die Wasserstandssituationen, in denen sich der Wasserstand sprunghaft ändert und innerhalb einer Stunde um mehr als 1m nach oben schnellte, müssen noch entwickelt und deren Ursachen geklärt werden. Mit statistischen Verfahren lassen sich letztendlich nur die Stauanteile beschreiben, die sich aus den linearisierten hydrodynamischen Bewegungsgleichungen für den stationären Fall ergeben, d. h. Windstau und statischer Luftdruckeffekt. Eigenschwingungen, Resonanzerscheinungen sowie Füllungsgrad lassen sich nur implizit oder durch eine Klassifikation der atmosphärischen oder ozeanischen Zirkulationsprozesse, die der Regression vorgeschaltet wird, berücksichtigen.

2.4.1 Statistische Verfahren

2.4.1.1 Windstauberechnung nach Thiel (1953)

Eine der ersten Beziehungen zur Berechung des Windstaus an der deutschen Ostseeküste hat THIEL für die Kieler Bucht abgeleitet und 1953 veröffentlicht. Es ist ein einfacher Regressionsansatz zwischen Wasserstand und Windstau, wie er sich aus der Theorie für einen Kanal ableitet. Die Windgeschwindigkeit wird durch die Luftdruckdifferenz geostrophisch approximiert. Diese Differenzen werden aus den Luftdruckwerten an den auf Abb. 2.22 dargestellten Positionen ermittelt. Für Hoch- bzw. Niedrigwasser sind unterschiedliche Regressionskoeffizienten berechnet worden. Hieraus lässt sich mit Einschränkungen ableiten, dass bei gleichem Luftdruckgradienten ΔP Hochwasser höher ausfallen als Niedrigwasser!

Formeln nach THIEL (1953) zur Berechnung von Hochwasser (2.6) und Niedrigwasser (2.7) in der Kieler Bucht:

$$\delta z = 0.006598 \cdot \Delta P^2 \tag{2.6}$$
$$\delta z = -0.004881 \cdot \Delta P^2 \tag{2.7}$$

ΔP wird aus dem Luftdruck (bezogen auf Meeresniveau) an den Stationen Lista, Cuxhaven, Swinoujscie, Jönkopping, Klaipeda und Stockholm wie folgt ermittelt:

$$\Delta P = \tfrac{1}{3} \cdot \begin{bmatrix} (Lista–Cuxhaven) + \\ (Swinoujscie–Jönkopping) + \\ (Klaipeda–Stockholm) \end{bmatrix} \tag{2.8}$$

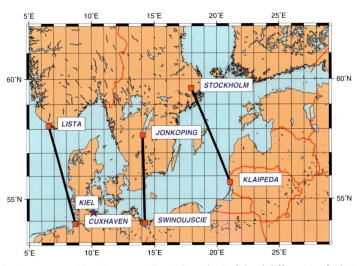

Abb. 2.22: Stauraum und Positionen zur Ermittlung der Luftdruckdifferenz nach THIEL (1953)

2.4.1.2 Windstauberechnung nach SAGER u. MIEHLKE (1956)

SAGER u. MIEHLKE (1956) haben als eine der ersten das Superpositionsprinzip auf die Wasserstände angewendet. Danach ergibt sich der Windstau an einem Ort aus der Summe der Stauanteile in den Teilgebieten der Ostsee (s. Abb. 2.23).

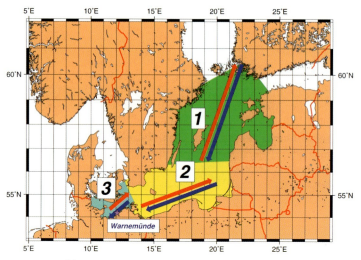

Abb. 2.23: Stauräume nach SAGER u. MIEHLKE (1956)

Nach dem Test einer Vielzahl von Regressionsansätzen ist folgende Beziehung zur Berechnung des Wasserstandes (Abweichung von NN) in Warnemünde vorgeschlagen worden. Diese Beziehung leistete über Jahre wertvolle Dienste im Wasserstandsdienst für die Küste Mecklenburg-Vorpommerns:

$$\delta z = ((0,27 + 12,18 \cdot \exp - 0,217 \cdot V) \cdot V^{0,5019 + 1,862 \cdot \tanh(0.0538 \cdot V)}) \cdot \cos(\varphi - \varphi_{max}) \qquad (2.9)$$

Hierin sind:

δz = Wasserstandsabweichung in Bezug zu NN (Windstau) in cm
V = resultierende mittlere Windgeschwindigkeit für die 3 Staugebie in m/s
φ = resultierende mittlere Windrichtung in den 3 Staugebieten in Grad
φ_{max} = stauwirksamste Windrichtung in Grad

Problematisch in der praktischen Anwendung dieser Beziehung sind:
– die Ermittlung des Windes für die einzelnen Stauräume ist z.T. subjektiv beeinflusst bzw. beeinflussbar,
– Richtwerte über die Phasenverschiebung zwischen Wind- und Wasserstandsereignis werden nicht mitgeteilt.

Im Allgemeinen verwendet man zur Berechnung der Schubspannung τ Ansätze, die eine quadratische Abhängigkeit von der Windgeschwindigkeit V voraussetzen (vgl. Abschnitt 3.3.2.1). In Zusammenhang mit Diskussionen über die Abhängigkeit der Wasserstandsänderungen vom Exponenten im Potenzansatz für den Windschub bzw. die Windschubspannung späterer Jahre ist der Ansatz von SAGER u. MIEHLKE sehr interessant, wie Gl. 2.10 und Tab. 2.10 veranschaulichen:

$$\tau = const \cdot V^{n(V)} \qquad (2.10)$$

Bei Windgeschwindigkeiten von mehr als 20 m/s ist hier die Schubspannung von Potenzen der Windgeschwindigkeit größer als 2 abhängig. ENDERLE (1989) berücksichtigt die Windgeschwindigkeit mit der 3. Potenz im Windstauansatz.

Tab. 2.10: Abhängigkeit des Exponenten n in Gl. 2.10 von der Windgeschwindigkeit V

V(m/s)	10	14	18	22	26	30
n	1,42	1,69	1,89	2,04	2,15	2,22

VOIGT (1962) hat die für Warnemünde abgeleitete Beziehung von SAGER u. MIEHLKE auf Wismar, Darßer Ort, Saßnitz und Heringsdorf durch Ermittlung entsprechender Anschlusswerte in Abhängigkeit vom Wind im Stauraum 3 (s. Abb. 2.23) erweitert. Dieses Korrekturverfahren ist von SCHMAGER (2001) einer kritischen Betrachtung unterzogen worden. Die Wasserstandsdifferenz zwischen Anschluss- und Referenzpegel wird wie folgt ermittelt, wobei der Wind an der Station Arkona repräsentativ für das Staugebiet 3 ist:

$$\delta z = a_1 \cdot V \cdot \sin(\varphi) + a_2 \cdot V \cdot \cos(\varphi) + a_3 \cdot V^2 \cdot \sin(\varphi) + a_4 \cdot V^2 \cdot \cos(\varphi) \tag{2.11}$$

mit
δz = Wasserstandsdifferenz zwischen dem Referenzort und Warnemünde in cm
φ = Windrichtung in Grad
V = Windgeschwindigkeit in m/s
a_i = Regressionskoeffizienten (i = 1, 2, 3, 4)

Berechnete und gemessene Wasserstände wurden miteinander verglichen, der Korrelationskoeffizient berechnet und in Tab. 2.11 zusammengestellt.

Tab. 2.11: Korrelation zwischen gemessenen und nach Gl. 2.11 berechneten Wasserstandsdifferenzen

Wasserstandsdifferenz δz	Pearsonscher Korrelationskoeffizient
Koserow – Warnemünde	0,414
Greifswald – Warnemünde	0,134
Saßnitz – Warnemünde	0,379
Wismar – Warnemünde	0,518

Aus den Korrelationskoeffizienten der Wasserstandsdifferenzen lässt sich kaum ein prognostisch verwertbarer Zusammenhang erkennen. Dieses Ergebnis überrascht nicht, denn die Korrelation der Wasserstände an der Küste Mecklenburg-Vorpommerns ist sehr hoch (Korrelationskoeffizienten von 0,86 bis 0,96). Mit Hilfe einer EOF-Analyse lässt sich zeigen, dass diese Pegel mehr als 90 % ihrer Varianz aus dem 1. Eigenwert beziehen. Unterschiede zwischen diesen Pegeln sind u.a. zurückzuführen auf
– das lokale Windfeld,
– die Morphologie/Topographie von Küste und Meersboden und
– die Dynamik der vorgelagerten Seegebiete (Meeresbecken).

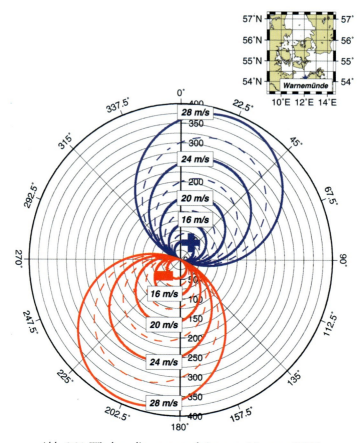

Abb. 2.24: Windstaudiagramm nach SAGER u. MIEHLKE (1956)

2.4.1.3 Windstauberechnung nach SCHMAGER (1984)

Umfangreiche Untersuchungen zur Dynamik der aperiodischen Wasserstandsänderungen und ihrer Vorhersage im Übergangsgebiet zwischen Ostsee und Nordsee hat SCHMAGER (1984) vorgelegt. Die Untersuchungen wurden an den auf Abb. 2.25 dargestellten Pegeln mit dem Ziel durchgeführt, die Dynamik der Wasserstandsänderungen in diesem Gebiet zu analysieren und ihre Abhängigkeit von der Wind- und Luftdruckverteilung über der Ostsee in prognostische Beziehungen zu bringen.

Die Analyse stündlicher Wasserstandsbeobachtungen mit Hilfe empirischer Orthogonalfunktionen (EOF) ergab, dass bereits die ersten 3 Eigenwerte (von 10) mehr als 93 % der Varianz aller Pegel repräsentieren. Wie oben erwähnt, werden an der Küste Mecklenburg-Vorpommerns im Winter mehr als 90 % der Variabilität (Varianz) der Wasserstandsschwankungen aus dem 1. Eigenwert erklärt. Zum 2. Eigenwert liefern im Wesentlichen die Pegel von Kattegat, Belten und Sund Varianzanteile. Von der M_2-Tide dominiert sind die Varianzanteile des 3. Eigenwertes. Es ergeben sich Unterschiede für das Sommer- und Winterhalbjahr, wie aus Tab. 2.12 ersichtlich ist. Hier wird angegeben, wie viel Prozent der Varianz am jeweiligen Pegel durch den entsprechenden Eigenwert erklärt werden. Die Varianz der Was-

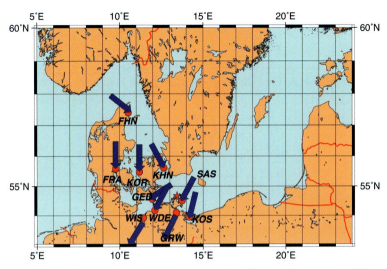

Abb. 2.25: Untersuchungsgebiet von SCHMAGER (1984) und stauwirksamste Windrichtungen
Stationskürzel s. Tab. 2.12

serstandsänderungen in Frederikshavn wird im Sommer fast ausschließlich (81,1 %) durch
die M2-Tide verursacht. Aus dem Kattegat/Skagerrak (2. Eigenwert) kommende Varianzanteile liefern nur einen unbedeutenden Beitrag zur Gesamtvarianz an den Pegeln der Küste
von Mecklenburg-Vorpommern (weniger als 2 %). Die Variabilität der Beltsee-Pegel wird vor
allem im Winter durch Varianzanteile aus der westlichen Ostsee (1. Eigenwert) dominiert.

Tab. 2.12: Anteil der erklärten Varianz (in Prozent) durch die ersten 3 Eigenwerte für Sommer
(Juli–Oktober) und Winter (November–Februar) (aus SCHMAGER, 1984, S. 71)

Pegel	Kürzel (s. Abb. 2.25)	1. Eigenwert (westliche Ostsee)		2. Eigenwert (Kattegat)		3. Eigerwert (M_2-Tide)	
		JASO	NDJF	JASO	NDJF	JASO	NDJF
Kopenhagen	KHN	4,3	32,0	61,3	55,5	14,4	0,1
Korsör	KOR	31,2	57,4	42,7	16,8	9,3	20,0
Fredericia	FRA	24,6	46,8	61,8	21,3	7,0	28,4
Frederikshavn	FHN	11,0	0,2	4,7	71,5	81,1	20,9
Gedser	GED	85,6	85,1	7,7	9,7	0,0	0,0
Koserow	KOS	88,6	90,5	0,0	0,1	0,6	3,4
Greifswald	GRW	93,5	94,0	0,6	1,4	0,0	1,0
Saßnitz	SAS	91,0	92,6	0,0	0,5	0,7	2,6
Warnemünde	WDE	89,5	95,4	1,4	0,6	4,9	0,0
Wismar	WIS	86,6	92,7	1,8	1,7	4,4	0,0

Eine Vielzahl von Prädiktoren, u. a.

- Richtung und Geschwindigkeit des beobachteten Windes an den Wetterstationen Arkona
  und Kopenhagen,
- geostrophisch approximierte Windfelder für die Staugebiete nach SAGER u. MIEHLKE
  (s. Abb. 2.23) von aktuellen wie auch vorhergesagten Luftdruckverteilungen und

– Tages- und Monatsmittel der Wasserstände an der Küste von Mecklenburg-Vorpommern
  als Prädiktor für den Füllungsgrad der Ostsee

wurde abgeleitet, statistisch bearbeitet und mit den Wasserständen für verschiedene Zeit-
intervalle korreliert. Es zeigte sich, dass der Wind der Wetterstation Arkona am besten mit
den Wasserständen korreliert ist. Die Einführung weiterer Prädiktoren in lineare Regressionsansätze folgenden Typs erbrachte keine statistisch signifikante Verbesserung der Vorhersageleistung:

$$\delta z_{t+\tau} = a_0 + \sum_a a_i \cdot x_i \qquad (2.12)$$

mit

$\delta z_{t+\tau}$ = Wasserstand in cm (Abweichung von NN – Prädiktand)

τ = Vorhersageintervall in Stunden nach dem Ausgangszeitpunkt t

a_0 = Regressionskonstante

a_i = Regressionskoeffizienten (i = 1, ..., n)

x_i = Prädiktoren (Wind, Luftdruck ...)

   Die Berechnung der Regressionskoeffizienten erfolgte mit Hilfe der Screening-Regres-
sion. Dieses Verfahren wählt aus einem Satz von Prädiktoren nur die statistisch signifikanten
aus, so dass der mit der Regression verbundene Schätzfehler des Prädiktanden (Wasserstand)
ein optimiertes Minimum in Abhängigkeit von den zur Verfügung stehenden Prädiktoren ist.
Dieses Regressionsmodell ist für verschiedene Vorhersageintervalle gerechnet worden. Die
Korrelation zwischen „Vorhersage" und Beobachtung war bei einer Zeitverschiebung von
sechs Stunden am besten.

   Mit folgendem Ansatz für den Windstau, der sowohl lineare wie quadratische Terme der
Windgeschwindigkeit enthält, sind die Regressionskoeffizienten für die windstaubedingten
Wasserstandsänderungen der in Tab. 2.13 aufgeführten Pegelstationen berechnet worden:

$$\delta z_{t+\tau} = a_1 \cdot V \cdot \sin(\varphi) + a_2 \cdot V \cdot \cos(\varphi) + a_3 \cdot V^2 \cdot \sin(\varphi) + a_4 \cdot V^2 \cdot \cos(\varphi) \qquad (2.13)$$

mit

V – Windgeschwindigkeit in Arkona (10091) zum Beobachtungstermin t

φ – Windrichtung in Arkona (10091) zum Beobachtungstermin t und

τ – Vorhersageintervall (hier sechs Stunden)

Tab. 2.13: Empirisch ermittelte Regressionskoeffizienten zur Berechnung der Wasserstände (Abweichung von NN) für verschiedene Pegel aus Geschwindigkeit des Windes an der meteorologischen
Station Arkona

Pegel	Regressionskoeffizienten				
	a_1	a_2	a_3	a_4	R_{xy}
Koserow	–0,86	1,42	0,11	0,18	0,74
Greifswald	0,00	1,74	0,10	0,12	0,76
Saßnitz	–0,79	1,33	0,12	0,10	0,68
Warnemünde	–0,91	1,09	0,18	0,19	0,77
Wismar	–0,96	1,46	0,22	0,19	0,79
Kopenhagen	0,00	0,00	–0,08	0,14	0,61
Korsoer	0,00	0,00	0,00	0,15	0,62
Fredericia	–0,93	0,00	0,04	0,19	0,67
Frederikshavn	0,00	–1,43	–0,14	0,17	0,72
Gedser	0,00	2,35	0,16	0,00	0,79

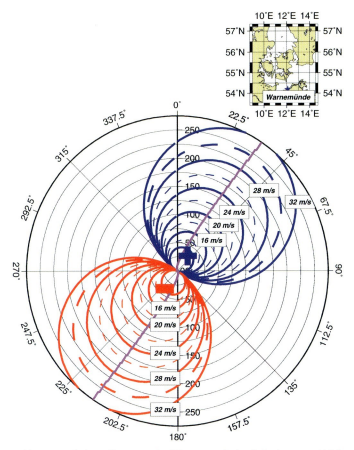

Abb. 2.26: Windstaudiagramm für Warnemünde (nach SCHMAGER, 1984)

Hieraus lassen sich einfach zu gebrauchende Windstaudiagramme ableiten, wofür der Wasserstand am Pegel Warnemünde (Abb. 2.26) als Beispiel dient. In Abhängigkeit von Geschwindigkeit und Richtung des Windes an der meteorologischen Station Arkona lässt sich der in sechs Stunden zu erwartende Stau ermitteln. Die Praxis zeigt, dass das Ansteigen des Wasserstandes befriedigend vorhergesagt werden kann, die weitere Wasserstandsentwicklung nach Überschreiten des Scheitelpunktes ist hiermit jedoch nicht vorhersagbar. Ein Vergleich mit dem Modell von SAGER u. MIEHLKE (1956) für Winde aus Nordnordost (NNO – stauwirksamste Windrichtung) sowie mit den Ergebnissen aus dem HN-Modell von KOOP (1973) ist in Abb. 2.27 zu sehen. Bemerkenswert ist die Übereinstimmung zwischen dem empirischen Ansatz von SAGER u. MIEHLKE und dem HN-Modell von KOOP (Stau wird für ein konstantes Windfeld über allen Gebieten der Ostsee berechnet, aus ENDERLE, 1989), während die Beziehungen von SCHMAGER (1984) bei höheren Windgeschwindigkeiten deutlich geringeren Windstau erwarten lassen.

Lineare adaptive Regression: Es handelt sich um ein Regressionsmodell, dessen Anwendung ein synoptisch beobachtendes und meldendes Pegelnetz voraussetzt. Ein deutlicher Zuwachs an Vorhersageleistung gegenüber konventionellen Regressionsansätzen (SCHMAGER 1984, 1989) ist damit verbunden. Es basiert auf adaptiver Regression (ADAREG), die

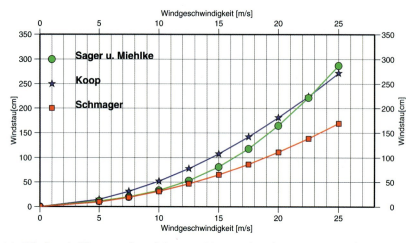

Abb. 2.27: Windstau in Warnemünde nach Sager u. Miehlke (1956), Koop (1973) und Schmager (1984)

von Enke (1984) entwickelt wurde. Wichtiges Kriterium für die Ableitung statistischer Vorhersageverfahren sind stabile Regressionsbeziehungen auf der Basis umfangreicher Datensätze. Nachteile klassischer Regressionsansätze sind:

Auf

– Änderungen im Prädiktorenangebot (neue Vorhersageprodukte, Fehlen von Prädiktoren) und

– witterungsklimatologische Besonderheiten (z. B. Änderung des Füllungsgrades, mittlerer Wasserstand der Ostsee)

kann nur mittelbar – etwa durch Vorschalten einer Klassifikation – oder gar nicht reagiert werden bzw. nur mit einem erneuten Entwicklungsaufwand. Das Modellsystem ist invariant gegenüber solchen Änderungen. Die Überwindung dieses Problems ist mit ADAREG möglich.

Bei jeder Vorhersage werden Prädiktoren erzeugt (z. B. Windgeschwindigkeit zum Ausgabetermin). Nach Ablauf des Vorhersageintervalls liegen Messungen des Prädiktanden (hier Wasserstand) vor. Nach jeder Vorhersage des Wasserstandes wird die Information in der Summenmatrix wie folgt ausgetauscht und durch die zuletzt gewonnene, neuere ersetzt:

Die Summen der Varianzen und Kovarianzen werden wie folgt transformiert:

$$\left[\Sigma x_i \cdot x_j\right]^t = a \cdot \left[\Sigma x_i \cdot x_j\right]^{t-1} + N \cdot b \cdot \left[\Sigma x_i \cdot x_j\right]^t \qquad (2.14)$$

mit

x_i, x_j – Prädiktoren (Wind, Luftdruck ...)

$x_0,$ – Prädiktand (Wasserstand)

N – Anzahl der Datensätze

m – Anzahl der Prädiktoren

a,b – frei wählbare Faktoren, sie bestimmen die Geschwindigkeit des Informationsaustausches in der Summenmatrix, wobei a + b = 1 gilt

t–1 – Speicherinhalt der Summenmatrix vom vorangegangenen Termin

t – Speicherinhalt vom Ausgabetermin

Die Geschwindigkeit für den Austausch der Information wird nach folgender Beziehung berechnet:

$$S_{alt}\Big/S_{neu} = a^N \cdot 100\ (\%) \tag{2.15}$$

mit

S_{alt} – Summenmatrix – alt
S_{neu} – Summenmatrix – neu

ADAREG ist anwendbar, wenn die Kovarianzmatrix mindestens 50 Datensätze enthält, wobei der Faktor a = 0,9778 zu wählen ist (SCHMAGER, 1984) und nicht mehr als 5 Prädiktoren im Regressionsansatz berücksichtigt werden. Die adaptive Regression wurde „eingeschaltet", nachdem 50 Datensätze in der Kovarianzmatrix enthalten waren. In dieser Verarbeitungsstufe und bei jeder weiteren Vorhersage werden die adaptiven linearen Regressionskoeffizienten neu berechnet. Werden weitere 50 Vorhersageschritte durchgeführt, sind bereits mehr als 66 % der alten Information durch neue ersetzt worden. Die Leistungsfähigkeit von ADAREG wird mit folgender Regressionsgleichung für den Wasserstand am Pegel Warnemünde demonstriert; Prädiktor ist der Wind der Station Arkona (V,φ) und der Wasserstand in Warnemünde zum Zeitpunkt der Windbeobachtung, der in einem Rechengang zu- und in einem weiteren abgeschaltet wurde:

$$\delta z_{t+\tau} = a_0 + a_1 \cdot V \cdot \sin(\varphi) + a_2 \cdot V \cdot \cos(\varphi) + a_3 \cdot V^2 \cdot \sin(\varphi)$$
$$+ a_4 \cdot V^2 \cdot \cos(\varphi) + (\delta z_t) \tag{2.16}$$

Ein Vergleich der Vorhersageleistung (s. Tab. 2.14) – ausgedrückt durch den RMSE (Root Mean Square Error) – zeigt die Vorteile von ADAREG gegenüber der konventionellen Regression (LZR).

Tab. 2.14: Vorhersageleistung von adaptiver (ADA) und konventioneller Regression (LZR), nach SCHMAGER (1989)

| | Vorhersageintervall | | | |
| | τ = 6 Stunden | | τ = 12 Stunden | |
	LZR	ADA	*LZR*	ADA
1. Ohne Anfangswasserstand δz_t RMSE/cm	19,3	15,2	21,4	17,3
2. Mit Anfangswasserstand δz_t RMSE/cm	15,3	13,3	19,8	16,7

Eine Modellverifikation sollte Bestandteil jeder Vorhersage sein. Dies ist ein weiterer Vorteil von ADAREG, denn der Vergleich von Modelloutput und Beobachtung erfolgt mit jeder neuen Vorhersage. Die Verbesserung der Vorhersagegüte durch Einbeziehung aktueller Wasserstandsdaten ist aus den Modellergebnissen ebenfalls ablesbar. Ihre Verfügbarkeit ist notwendige Voraussetzung für einen leistungsfähigen Wasserstandsdienst.

2.4.1.4 Windstauberechnung nach ENDERLE (1989)

ENDERLE hat ein statistisches Vorhersageverfahren vorgestellt, das nicht durch Regression von Wind und Wasserstand in der bisher beschriebenen Weise abgeleitet wurde. Bausteine für sein statistisches Vorhersagemodell zur Wasserstandsvorhersage am Pegel Flensburg sind, wie ENDERLE schreibt, die Outputs eines linearisierten HN-Modells für die Ostsee, Skagerrak und Kattegat von KOOP (1973). Das Modellgebiet ist in 11 Stauräume aufgeteilt. Die durch Wind- und Luftdruckverteilung erzeugten Wasserstandsänderungen an einem Ort ergeben sich aus der Summe der Teilstaus (Superpositionsprinzip).

Folgende allgemeine Schlussfolgerungen aus den Rechnungen mit dem HN-Modell, die für die praktische Anwendung statistischer Verfahren von Interesse sind, teilte ENDERLE mit:
– Mehr als 90 % des Gesamtstaus am Pegel Flensburg kommen aus den 4 Teilgebieten Skagerrak (9,6 %), Kattegat (16,0 %), westlicher Ostsee (57,6 %) und mittlerer Ostsee (7,2 %). Gebietseinteilung und stauwirksamste Windrichtungen sind aus Abb. 2.28 ersichtlich.
– Die Phasenverschiebung zwischen dem Einsetzen des Windes und der Änderung des Wasserstandes ist von Richtung und Geschwindigkeit des Windes abhängig und vom Gebiet, in dem ein Teilstau erzeugt wird. Auf Windeinwirkungen in der westlichen Ostsee reagiert der Wasserstand in Flensburg nahezu verzögerungslos, für die übrigen Gebiete sind Werte von 7 bis 9 Stunden ermittelt worden.
– Zur Ausbildung annähernd quasistationärer Verhältnisse am Pegel Flensburg (d. h. der Wasserstand ändert sich nur noch unbedeutend) muss ein stationäres Wind- und Luftdruckfeld über der westlichen Ostsee (WEB) mindestens 8 Stunden, in den anderen Gebieten zwischen 7 und 15 Stunden andauern.

Nach umfangreichen Analysen und Tests verschiedener Ansätze zur Anpassung des Windstaus an die Modellergebnisse der einzelnen Staugebieten ist folgende Beziehung für den Windstau am Pegel Flensburg abgeleitet worden:

$$
\begin{aligned}
\delta z = {}& 0{,}24 \cdot (a \cdot U_S^2 + b \cdot U_S^3) \cdot \cos(320 - \varphi_S) + \\
& 0{,}63 \cdot (a \cdot U_K^2 + b \cdot U_K^3) \cdot \cos(320 - \varphi_K) + \\
& 1{,}22 \cdot (a \cdot U_W^2 + b \cdot U_W^3) \cdot \cos(58 - \varphi_W) + \\
& 0{,}18 \cdot (a \cdot U_M^2 + b \cdot U_M^3) \cdot \cos(66 - \varphi_M) + \\
& + H_M - 3 \cdot appp/10
\end{aligned}
\tag{2.17}
$$

mit

δz	–	Abweichung des Wasserstandes von NN in cm
		Mittel der Windgeschwindigkeit in m/s in den Staugebieten
U_S	–	Skagerrak,
U_K	–	Kattegat,
U_W	–	westliche und
U_M	–	mittlere Ostsee
		mittlere Windrichtung in Grad den Staugebieten
φ_S	–	Skagerrak,
φ_K	–	Kattegat,
φ_W	–	westliche und
φ_M	–	mittlere Ostsee
a	–	$3.6 \cdot 10^{-2}$
b	–	$1.0 \cdot 10^{-3}$

H_M – der mittlere Wasserstand der Ostsee in cm
appp – 3-stündige Luftdrucktendenz in hPa
     appp < 0 bei Luftdruckfall
     appp > 0 bei Luftdruckanstieg

Dieses Modell hat sich in der operativen Beratung bewährt, wobei ENDERLE (persönliche Mitteilung, 1996) folgende Korrekturen empfiehlt:

$$\delta z_{kor} = 0{,}80 \cdot \delta z \text{ wenn } \delta z > 0 \qquad (2.18)$$

$$\delta z_{kor} = 0{,}93 \cdot \delta z \text{ wenn } \delta z < 0 \qquad (2.19)$$

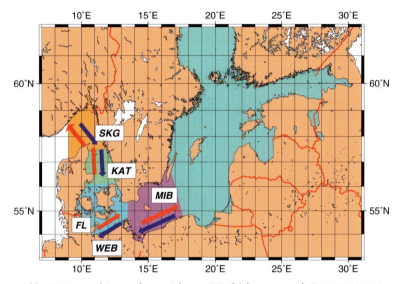

Abb. 2.28: Staugebiete und stauwirksame Windrichtungen nach ENDERLE (1989)

2.4.2 Vorhersage mit Hilfe hydrodynamisch-nummerischer Modelle

Das Bundesamt für Seeschifffahrt und Hydrographie (BSH) ist nach Seeaufgabengesetz u. a. zuständig für Wasserstandsvorhersagen an den deutschen Küsten der Nord- und Ostsee. Durch Anwendung hydrodynamisch-nummerischer Modelle (HN-Modelle) konnten in den letzten Jahren die Treffsicherheit der Vorhersagen verbessert und der Prognosezeitraum deutlich verlängert werden. Der Fortschritt wurde wesentlich auch durch die zunehmende Leistungsfähigkeit der Atmosphärenmodelle des Deutschen Wetterdienstes (DWD) geprägt, dessen Prognosedaten dem BSH ständig aktuell übermittelt werden. Die Geschichte nummerischer Modelle ist relativ jung, ein kurzer Abriss der Entwicklungsgeschichte wird daher der Beschreibung der theoretischen Grundlagen und der Ergebnisse vorangestellt.

2.4.2.1 Zur bisherigen Entwicklung

Erst nachdem in den 1950er Jahren leistungsfähige elektronische Rechenanlagen auch für Geophysiker zugänglich wurden, konnten theoretisch bereits hergeleitete hydrodynamisch-nummerische Verfahren praktisch angewendet werden. Ein seinerzeit für die Nordsee erstmals verwendetes 2-dimensionales Modell, speziell zur Nachrechnung der Sturmflut als Folge des Hollandorkans 1953, ließ heutige Prognosemodelle realisierbar erscheinen (HANSEN, 1956):

„Es ist zu hoffen, dass es mit der Entwicklung von Methoden zur nummerischen Vorausberechnung des atmosphärischen Druckfeldes in 5 km Höhe, und später an der Meeresoberfläche, für 24, 48 und unter Umständen auch 72 Stunden, möglich sein wird, die Schubspannung an der Meeresoberfläche von Rand- und Nebenmeeren vorauszusagen. In Verbindung mit einer rationellen Theorie der Wasserbewegungen eröffnet sich damit erstmalig die Möglichkeit zum Aufbau eines theoretisch begründeten Verfahrens zur Vorhersage von Wasserständen und Strömungen in Rand- und Nebenmeeren. Die zahlreichen routinemäßig ausgeführten Beobachtungen des Wasserstandes an den Küsten eines Randmeeres wie der Nordsee geben die Möglichkeit, die Ergebnisse einer derartigen Theorie systematisch zu prüfen, und damit das Vertrauen in die dynamischen Methoden der Ozeanographie zu festigen.“

Es sollte noch weitere 25 Jahre dauern, bis dieses Konzept – zunächst für die Nordsee, ab 1990 auch für die Ostsee – technisch umgesetzt werden konnte. Vorher mussten noch einige nummerische Studien zu den Bewegungsvorgängen der Ostsee durchgeführt werden.

Mit barotropen, 2-dimensionalen Modellen konnten die Eigenschwingungen der Ostsee (WÜBBER u. KRAUSS, 1979) sowie gezeiten- und windbedingte Wasserstandsänderungen der westlichen Ostsee berechnet werden (MÜLLER-NAVARRA, 1983a). Auf Grund der raschen Entwicklung der elektronischen Rechenanlagen war es Anfang der 1970er Jahre möglich geworden, die mathematischen Modelle auf die vertikale Dimension zu erweitern (SÜNDERMANN, 1971). Damit konnten nun auch Bewegungsvorgänge der geschichteten Ostsee simuliert werden (SIMONS, 1978; KIELMANN, 1981; MÜLLER-NAVARRA, 1983b).

SOETJE u. BROCKMANN (1983) gelang es, ab Mai 1981 ein vollständig rechnergesteuertes Modellsystem (NVS, Nummerisches Vorhersage System) – ausgehend von einem Deutsche-Bucht-Modell (BACKHAUS, 1980) – einzurichten, welches ständig Vorhersagen der Strömungen, der Wasserstände und Ausbreitung von eingebrachten Schadstoffen liefert. Die meteorologischen Prognosen kamen vom Nordhemisphärenmodell BKF (EDELMANN, 1979) des Deutschen Wetterdienstes (DWD).

Die Bewegungsvorgänge in der Ostsee unterscheiden sich durch die fast vollständig fehlenden Gezeiten deutlich von denen der Nordsee. Die Dichteschichtung der Ostsee kann bei der Berechnung der Langfristzirkulation nicht vernachlässigt werden. Daher musste für den Betrieb eines operationellen Modells ein leistungsfähiges Advektionsverfahren für Temperatur und Salzgehalt entwickelt werden (KLEINE, 1993). Damit war das Operationelle Modell prognostisch-baroklin, berücksichtigte die komplizierten Austauschvorgänge zwischen Nord- und Ostsee und war auch jeweils an das neueste Atmosphärenmodell des DWD gekoppelt (MAJEWSKI, 1991; SCHRODIN, 2000).

2.4.2.2 Großskalige Hydrodynamik der Ostsee

Unter dem Wasserstand eines (natürlichen) Gewässers versteht man die Lage seiner freien Oberfläche. Wasserstandsänderungen gehen zurück auf Wasserbewegungen. Die Physik solcher Strömungen ist die Fluidmechanik, ein Zweig der Kontinuumsmechanik, als deren Kernstück fundamentale Bilanzgesetze in Form von partiellen Differentialgleichungen (Bewegungsgleichung (2.20) und (2.21), Kontinuitätsgleichung (2.25)) formuliert werden. In Lehrbüchern der allgemeinen Hydrodynamik findet man die Navier-Stokes-Gleichungen;

Wasser wird als inkompressible Flüssigkeit angesehen. Spezielle Strömungen beschreibt man durch Anfangs-Randwert-Probleme für diese Gleichungen.

Die wasserstandsrelevante Hydrodynamik der Ostsee (und vergleichbarer Gewässer) ist von besonderer Art: nennenswerte Wasserstandsschwankungen kommen nur durch großräumige und damit horizontale Wasserbewegungen zustande. Wind und Wetter bewerkstelligen eine geringe Verschiebung gegen die Gravitation als Rückstellkraft, doch genügt schon eine schwache Neigung des Wasserspiegels gegen die Horizontale für spürbare Wirkungen an den Küsten, wo die stärksten Auslenkungen des Wasserstandes zu finden sind. Diese können nicht lange aufrechterhalten werden; sie sind vielmehr von dynamischer Art, d. h., sie werden hervorgerufen durch eine lange Welle: Das Wasser läuft auf und zieht sich wieder zurück.

Ein derart ausgedehntes Gewässer wie die Ostsee ist auf der Erde wie ein dünner Film, und die Gravitation lässt nur geringe Abweichungen des Wasserspiegels von der Horizontalen zu. Lassen die treibenden Kräfte (Wind und Luftdruck) nach, gleichen Gravitation und Reibung den Wasserspiegel bald wieder aus.

Mit einer mittleren Tiefe von etwa 50 m und um mehrere Ordnungen größeren Horizontalausdehnungen ist die Ostsee ein typisches Flachgewässer. Großräumige Bewegungen – d. h. solche, die größere Bereiche des Gewässers erfassen – gibt es nur als horizontale Strömung. Echt 3-dimensionale Bewegungen, bei denen also keine Richtung von vornherein ausgezeichnet ist, gibt es nur, wenn vom Missverhältnis der Becken-Abmessungen nichts zu spüren ist, etwa bei Wirbeln auf kleiner Skala.

Eine Besonderheit der Ostseewassermassen ist ihre Dichtestruktur. Wasser ist nicht vollkommen, sondern nur näherungsweise inkompressibel. In der Ostsee gibt es Wassermassen von verschiedenen Dichten. Die Wasserdichte hängt ab von Temperatur und Salzgehalt (Zustandsgleichung). Dem Brackwassercharakter der Ostsee entsprechend, macht sich besonders die Abhängigkeit vom Salzgehalt bemerkbar. Als wichtigste Faktoren halten der Zustrom von Süßwasser aus den Flüssen und der sporadische Einstrom von Salzwasser aus dem Kattegat die Dichte-Unterschiede – gegen die Vermischung im Innern – aufrecht. Da das Gewässer aber stets einem Zustand minimaler Energie entgegenstrebt, bleiben verschieden dichte Wassermassen nicht nebeneinander liegen, sondern werden übereinander aufgeschichtet: schweres Wasser unten, leichtes Wasser oben. (Man bedenke: Vermischung erhöht die potentielle Energie, braucht also Arbeit, Einschichtung jedoch nicht.) Auch feine Horizontaldifferenzen der Dichte sind noch groß genug, um diese dichtegetriebene Zirkulation in Gang zu setzen oder zu halten. Die interne Dynamik ist also bestrebt, das Wasser entsprechend seiner Dichte durch Schichtung zu sortieren. Da dieser Ausgleich nie erreicht wird und immer horizontale Unterschiede in Temperatur oder Salzgehalt bleiben, kommt die dichtegetriebene Zirkulation niemals zur Ruhe.

Den größten Beitrag zur Variabilität der Ostseezirkulation erbringt jedoch die Dynamik der Atmosphäre mit ihrem steten Wechsel von Wind und Luftdruck. Der externe Antrieb durch das Wetter an der Wasseroberfläche verschiebt nicht nur das Wasser der Oberflächenschicht, sondern baut bei Stau auch einen Druck auf, dessen Effekt bis zum Boden zu spüren ist. Lässt die Schubwirkung des Windes nach, wird durch die Rückstellkraft die ganze Wassersäule in Bewegung gesetzt, und das Signal pflanzt sich als Schwerewelle fort. Auf diese Weise erzeugt der Wind nicht nur lokalen Stau, sondern regt auch Wellenbewegungen an, von denen die ganze Ostsee erfasst werden kann.

Bewegt sich die Welle über das unregelmäßige Relief, tritt Refraktion, teilweise Reflektion auf. Das Hin und Her der Wasserbewegung kann sich auch aus mehreren überlagerten Eigenschwingungen (Seiches) zusammensetzen. Das Wasser der Ostsee bildet einen Oszillator mit einem Spektrum von Eigenfrequenzen. Eine stehende Welle ist eine resonante Wasserbewegung, das Schwingungsmuster charakteristisch für das Wasserbecken. Wegen seiner Irregularität findet man zwar keine explizite Lösung für das Eigenwertproblem mit seinen Differentialgleichungen, doch können die Schwingungsmodi durch nummerische Behandlung gut untersucht werden.

Bei stürmischem Wetter werden Seiches durch Wind und Luftdruck angeregt, insbesondere durch wandernde Tiefs. Da ein solches Tief aber keine Rücksicht auf die induzierten Schwingungen nimmt, gibt es praktisch keine ungestörten Seiches. Außerdem beobachtet man immer nur eine Zusammensetzung von Grundschwingungen mit scheinbar beliebiger Kombination von Phase und Amplitude; die Identifikation einzelner Seiches ist i. a. schwierig. Hinzu kommt noch Dämpfung infolge von Reibung, so dass eine Becken-Schwingung (langsame Hin- und Herbewegung der Wassermasse) relativ rasch abklingt.

Es gibt eine ideale Gleichgewichtslage des Gewässers, bei der alle Bewegungen zur Ruhe gekommen sind. Reale Bewegungen (Strömungen und Schwingungen) bedeuten eine Störung, hervorgerufen durch Dichte- oder Windantrieb.

Bei großräumigen Bewegungen in der Ostsee kommt auch die Erddrehung ins Spiel. In der Physik des täglichen Lebens erleben wir die Bahn-Ablenkung nicht; ein Ball fliegt geradeaus. Doch bei Bewegungen im Meer ist das anders: Der Entfernungsmaßstab ist relativ groß, und die sich bewegenden Massen brauchen viel länger, um nennenswerte Strecken zurückzulegen. Die Erdrotation bewirkt, dass jede Masse, die sich anders als genau auf der Rotationsbahn bewegt, eine sogenannte Coriolis-Beschleunigung erfährt und deshalb eine spiralförmige Bahn beschreiben muss (Trägheitsbahn). Auch die aus Satellitenbildern bekannten Wolkenspiralen sind auf diesen Effekt zurückzuführen.

Die (wetterbedingt) stärksten Wasserstandsschwankungen rühren von Verschiebungen innerhalb der Ostsee her. Damit verglichen ist der Beitrag des Stroms durch den Kleinen Belt, den Großen Belt und den Sund auf die Wasserstände wesentlich geringer, der durch die Zuflüsse an der Küste bedeutungslos. Für spürbare Auslenkungen des Wasserstandes genügen schon geringe Verschiebungen des Wassers innerhalb der Ostsee durch Windschub. Derartige Bewegungen sind weitaus wirksamer als Ein- oder Ausstrom durch die Belte und den Sund. Diese Zugänge zur Ostsee verbinden zwei große Gefäße; die Strömung im Durchlass arbeitet, um den Druckunterschied zwischen den Reservoiren auszugleichen. Die Strömung in Belten und Sund wird also bestimmt durch deren Funktion als Verbindung zwischen den großen Becken. Für den Wasseraustausch von Ostsee und Nordsee ist in erster Linie die Durchlässigkeit dieser Passagen maßgeblich, Einzelheiten von Lage und Form sind weniger wichtig. Eine ähnlich untergeordnete Rolle spielt auch der lokale Wind, denn der Durchsatz wird hauptsächlich vom Wasserstandsgefälle getrieben und durch Reibung begrenzt, wie bei einem Flaschenhals.

Belte und Sund sind zwar relativ schmal und flach, aber derart durchlässig, dass der momentane Durchsatz in beiden Richtungen zwischen Ostsee und Kattegat, mithin auch Nordsee, weit über die Größenordnung des Langzeitmittels hinausgeht. Dieses Langzeitmittel bedeutet einen Wassermassenüberschuss, der durch etwa 14 000 m³/s Ausstrom abzuführen wäre. Doch spielt dieser Wert für den momentanen Durchsatz so gut wie keine Rolle, denn wetterbedingt erreicht der Durchsatz ohne weiteres das 10-fache. Eine stationäre Situation stellt sich praktisch niemals ein. Nordsee (mit Skagerrak und Kattegat) und Ostsee bieten dem Wetter große Angriffsflächen, so dass jederzeit ein gewisser Druckunterschied besteht, dem die Strömung in den Belten und im Sund folgt. Winde aus den Richtungen West und Ost pumpen das Wasser besonders effektiv in die bzw. aus der Ostsee. Die größten Werte erreicht der hochvariable Durchsatz bei heftigem Westwind, wenn also Wasser in Skagerrak und Kattegat „aufgestaut" und gleichzeitig die westliche Ostsee „leergefegt" wird. Gemeint ist hier stets der Nettovolumendurchsatz, also die barotrope Strömung. Die barokline Strömung zeigt Ausstrom an der Oberfläche und kompensierenden Einstrom in der Tiefe. Mit zunehmender Intensität des atmosphärischen Antriebes dominiert das barotrope Regime. Wind- und strömungsinduzierte Vermischung, i. a. auch das Duckgefälle, nehmen zu.

Extremwerte werden im Gefolge von im Norden ostwärts ziehenden Tiefs erzielt. Bei einem, allerdings nur kurzzeitig erreichbaren, Spitzenwert von 400 000 m³/s würde der mittlere Wasserpegel der Ostsee um täglich 10 cm steigen! Wenn sich also ein lokaler Wasserstand innerhalb von Stunden spürbar oder gar dramatisch ändert, können dafür nur Wassermassenverlagerungen innerhalb der Ostsee verantwortlich sein. Die Ostsee ist „halb-abgeschlossen".

Nennenswerte Änderungen des Füllungsgrades der Ostsee brauchen mehrere Tage. Wird Ein- oder Ausstrom lange genug aufrechterhalten, macht sich dies am mittleren Wasserspiegel bemerkbar. Der mittlere Wasserspiegel ist am besten ablesbar im Massenschwerpunkt der Ostsee zwischen Degerby und Gotska Sandön. Auch der Pegel Landsort ist noch ein guter Indikator, jedoch nicht völlig frei von schnellen Schwankungen (vgl. Kap. 3, Abschn. 2.1 und Abb. 2.30).

Ein gutes Wasserstandsmodell für die Ostsee sollte also auch die Verbindung mit der Nordsee berücksichtigen. Der Zustrom durch die Flüsse längs der Küste darf für den Wasserstand vernachlässigt werden, für den Wassermassenhaushalt der Ostsee bleibt er zu beachten.

2.4.2.3 Modellbildung

Im Wesentlichen gibt es zwei Klassen von Modellen: hydrodynamische Modelle und empirisch-statistische Modelle. Ein empirisch-statistisches Wasserstandsmodell nimmt keinen Bezug auf die Hydrodynamik, sondern beruht ganz und gar auf einer (optimierten) Parametrisierung (vgl. Abschn. 2.4.1). Heute sind derartige Formeln durchaus (noch) in Gebrauch, hauptsächlich wegen ihrer Einfachheit. Man beschreibt Zusammenhänge zwischen Beobachtungen verschiedener Art, hier etwa Wind und Wasserstand, durch Regression (MÜLLER-NAVARRA u. GIESE, 1983a). Die hydrodynamische Bedeutung der Daten spielt für das Modell keine Rolle. Die Einfachheit eines solchen Ansatzes – häufig rein lokal und auch statisch – erfordert ein gewisses Geschick und natürlich die Anpassung der Parameter des Modells.

Demgegenüber haben hydrodynamische Modelle den Vorteil, dass sie mit viel weniger, im besten Falle ohne, Parametrisierung auskommen. Hydrodynamische Modelle sind von allgemeiner Art. Sie basieren auf physikalisch fundamentalen Gesetzen und enthalten deren volle Komplexität. Raum für Parametrisierung ist nur noch da, wo diese Komplexität nicht voll implementierbar ist, also wo die Beschreibung von Details auf Grenzen stößt und daher durch einen phänomenologischen Ansatz zu ersetzen ist. Doch auch mit der immer weiter fortschreitenden Erweiterung und Beschleunigung von Rechenanlagen behalten empirisch-statistische Modelle und Parametrisierungen ihr Existenzrecht. Denn es bleibt fraglich, ob man zur Modellierung des Wasserstandes tatsächlich die volle Komplexität eines Modells der allgemeinen Zirkulation braucht.

Modelle der allgemeinen Zirkulation bestehen aus Bilanzgesetzen (Masse, Impuls, Erhaltungseigenschaften, vgl. Abschn. 2.4.2.6), Parametrisierungen sowie Anfangs- und Randbedingungen. Sie umfassen gleichermaßen dichtegetriebene und windgetriebene Strömungen. Als eine der Eigenschaften des Systems ist auch der Wasserspiegel enthalten.

Das Gewässer ist (relativ) flach und auch noch geschichtet, die großräumige Zirkulation hat den Charakter einer Grenzschichtströmung. Die im Gleichgewicht der Kräfte fundamentale Rolle der Gravitation bedeutet eine Auszeichnung der Vertikalrichtung. Längs der Vertikalen überwiegt die Balance von Gravitation und Druckkraft alle anderen Beiträge um Größenordnungen. Diese Besonderheit (hydrostatisches Gleichgewicht) erlaubt die Bestimmung des Druckfeldes aus dem Massenfeld mittels vertikaler Integration. Die übrigen Bewegungsgleichungen beschreiben die Dynamik der Horizontalzirkulation, in die als Antrieb der hydrostatische Druck eingeht.

Für die Massenbilanz (Kontinuitätsgleichung) darf Wasser als näherungsweise inkompressibel angesehen werden. Bei der Bestimmung des Drucks gemäß Hydrostatik sind aber auch geringste Dichte-Unterschiede zu beachten, denn der so bestimmte Wasserdruck steuert die Horizontalzirkulation. Subtile Wirkungen des baroklinen Kraftfeldes entstehen durch die Tendenz, verschieden dichte Wassermassen horizontal übereinander einzuschichten.

Für die Zirkulation der Ostsee (auf großer horizontaler Skala) darf die Erde nicht mehr als Inertialsystem angesehen werden. Dennoch gibt es offensichtlich kein besser geeignetes Bezugssystem als geographische Koordinaten. Wenn also die Bewegungsgleichungen – eine Form des zweiten Newtonschen Gesetzes – auf die rotierende Erde bezogen werden, erscheint ein zusätzlicher Trägheitsterm, die Coriolis-Kraft. In der Praxis ist die Coriolis-Kraft immer dann zu berücksichtigen, wenn ein unbeschleunigt geradeaus laufendes Signal für seinen Weg derart lange braucht, dass sich unterdessen ein anderes Ziel auf der Kurslinie bewegt hat. Bei den Abmessungen der Ostsee ist dies der Fall für die Fortpflanzung einer Welle durch das Gebiet oder für den Transport durch Strömung. Die nordhemisphärische Linksdrehung bedeutet Rechtsablenkung der Bahn, wie umgekehrt die Erdrotation an dieser Ablenkung erkennbar ist (Foucaultsches Pendel).

2.4.2.4   Nummerische Modellierung

Die Differentialgleichungen des Zirkulationsmodells werden nummerisch integriert, weil es keine brauchbare geschlossene Lösung gibt. Das gesamte Problem wird zu einem Zahlenspiel. Auf dem heutigen Stand der Kunst sind baroklin-prognostische Modelle der allgemeinen Zirkulation durchaus üblich, allerdings nicht exklusiv.

Nummerische Studien zur Zirkulation der Ostsee gibt es seit den 1970er-Jahren (KALEJS et al., 1974; KOWALIK u. STASKIEWICZ, 1976). Am Anfang standen Modelle für szenarische Untersuchungen (JANKOWSKI u. KOWALIK, 1980). In Deutschland werden solche Arbeiten hauptsächlich am Institut für Meereskunde in Kiel und beim Institut für Ostseeforschung in Warnemünde betrieben (KIELMANN, 1981; LEHMANN, 1995).

Für Kurzfristvorhersagen (der windgetriebenen Zirkulation) werden nummerische Modelle operationell, d. h. in täglicher Routine, betrieben. Soll das Modell eine Vorhersage liefern, braucht man auch eine Vorhersage für die Randbedingungen. Wichtigste Bedingung ist eine quantitative Wetterprognose.

Ein solches baroklin-prognostisches Vorhersagemodell arbeitet am Bundesamt für Seeschifffahrt und Hydrographie (BSH) in Hamburg; die Wetterprognose liefert der Deutsche Wetterdienst (DWD) in Offenbach. Das BSH-Zirkulationsmodell enthält nicht nur die gesamte Ostsee, sondern auch die Nordsee, so dass der Wasseraustausch durch die Belte und den Sund inmitten des Verbundsystems stattfindet. Das Modell arbeitet ohne Datenassimilation und wird ständig im Vorhersagebetrieb gehalten. Es rechnet also von Vorhersage zu Vorhersage. Die Resultate der aufeinander folgenden Prognosen werden archiviert und bilden so ein Langzeitszenarium. Auf nachträgliche Korrektur der Simulation wird mangels verfügbarer Daten verzichtet. (Das gesamte System erfordert infrastrukturelle Voraussetzungen bezüglich Personal, leistungsfähiger Rechenanlage und Anbindung an die Wettervorhersage.)

Auf internationaler Ebene gibt es das hochauflösende operationelle Ostseezirkulationsmodell HIROMB. Dieses Kürzel (**HI**gh **R**esolution **O**perational **M**odel of the **B**altic) steht nicht nur für das nummerische Modell, sondern auch einen ostseeweiten Verbund von zusammenarbeitenden Instituten bzw. Behörden. Deutschland wird vertreten durch das Bundesamt für Seeschifffahrt und Hydrographie. Der technische Betrieb findet am Schwedischen Meteorologischen und Hydrologischen Institut statt, gesteuert durch die Vorhersagen des Atmosphärenmodells HIRLAM.

Ein weiteres operationelles Modell der Ostseezirkulation (BSM-3) betreibt der russische Nord-West-Hydrometeorologische Dienst in St. Petersburg, ebenfalls gesteuert von HIRLAM. Wichtigste Anwendungen sind Wasserstandsvorhersage und Hochwassermanagement für den empfindlichen Ostteil des Finnischen Meerbusens, besonders St. Petersburg.

Auf dem gegenwärtigen Stand ihrer Entwicklung sind nummerische Modelle der allgemeinen Zirkulation unersetzlich geworden. Dennoch bestehen erhebliche Defizite bei der Modellierung von Feinstruktur: Auftrieb und Absinken, Küstenströme, Frontogenese, Frontolyse, Konvektion, Herausbildung, Wanderung und Auflösung von Wirbeln, Vermischung, Schichtung und Seegangseffekte. Damit verglichen ist die Modellierung des Wasserstandes ein relativ einfaches Problem und die Qualität der verfügbaren Zirkulationsmodelle im Wesentlichen ausreichend. Der hierbei i.a. relativ hohe Genauigkeitsanspruch stößt jedoch auf Grenzen. Ein Hauptproblem bei der Vorhersage bilden die Unsicherheiten in der Wettervorhersage, d.h. die Antriebsdaten.

Mit einem heutzutage üblichen Zirkulationsmodell kann der Wasserstand qualitativ gut beschrieben werden. Dennoch verbleiben stets Modellfehler. Das zugrunde liegende Differentialgleichungssystem ist kein perfektes Abbild der Natur, sondern geschaffen, um die wesentlichen Zusammenhänge zu beschreiben! Ein Modell ist stets eine Vereinfachung der Natur. Wichtig sind Zweckmäßigkeit und Geschick der Betreiber und Entwickler.

Die wichtigsten Gesichtspunkte sind:

1. Die nummerische Implementation (Diskretisierung von Physik und Bathymetrie) ist niemals perfekt, sondern immer nur eine Approximation.

2. Das nummerische Modell verlangt komplette Daten für Anfangs- und Randwerte. Diese können in der Praxis niemals völlig korrekt angegeben werden.

3. Die Qualität der Wettervorhersage ist nach wie vor ein Problem, besonders bei kritischen Situationen. Generell gilt: Je stärker der Wind als Hauptantrieb, umso stärker reagiert die Zirkulation, aber auch umso größer die Ungenauigkeit (des antreibenden Windes). Je dynamischer das Geschehen des Wetters, umso schwieriger ist es vorhersagbar. Intensive, kleinräumige und schnellziehende Tiefs sind das größte Problem. Je außergewöhnlicher und heikler die Wetterlage, umso ungewisser die Vorhersage.

In der Praxis tragen alle diese Fehlerquellen zum Vorhersageergebnis bei, eine Unterscheidung ist schwierig.

2.4.2.5 Zur Genauigkeit der vorhergesagten Wasserstände des BSH-Modells

In der Ostsee werden Wasserstandsänderungen nur zum geringen Teil durch die Gezeiten, sondern viel mehr durch die Wirkung des Windes und durch Eigenschwingungen des Meeres bestimmt. Da ein Teil des Modellfehlers bei der Prognose der HW- und NW-Höhen

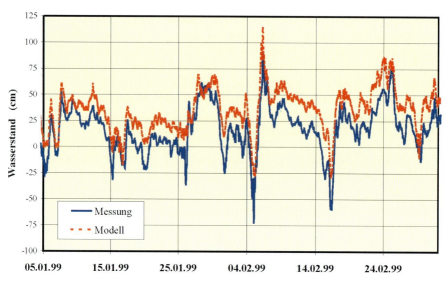

Station: Koserow

Abb. 2.29: Vergleich gemessener und berechneter Wasserstände am Pegel Koserow im Winter 1998/1999

in der Nordsee auf Fehler bei der Modellierung der Gezeiten zurückzuführen ist, unterscheidet sich die Vorhersagegüte der Wasserstände in der Ostsee deshalb auch von der in der Nordsee. In der westlichen Ostsee fällt der Fehler der mit dem Zirkulationsmodell vorhergesagten Wasserstände deutlich geringer aus als in der Deutschen Bucht.

Abb. 2.29 zeigt eine gemessene Wasserstandszeitserie und eine mit dem BSH-Modell vorausberechnete Zeitserie im Januar/Februar 1999 am Pegel Koserow. Man erkennt deutlich die für diese Jahreszeit typischen starken Variationen des Wasserstandes. So schwankte beispielsweise am 5./6.2.1999 der Wasserstand zwischen –72 und +90 cm. Die vom Modell berechneten Wasserstandsvariationen stimmen sehr gut mit den Messungen überein, das mittlere Wasserstandsniveau von gemessenen und modellierten Daten unterscheidet sich jedoch um ca. 20 cm. Dies liegt hauptsächlich daran, dass das Nullniveau der Pegel und des Modells im Ostseebereich nicht übereinstimmen. Im Modell liegen die über ein Jahr gemittelten Wasserstandswerte an der deutschen Ostseeküste infolge des geringeren Salzgehaltes in der Ostsee ca. zwei dm über dem Mittelwert in der Deutschen Bucht.

Die Auswertung der prognostizierten Wasserstandswerte für drei Pegel in der westlichen Ostsee (Warnemünde, Sassnitz und Koserow) ergab für die gewässerkundlichen Jahre 1997 bis 2001 (jeweils 1. Nov. bis 30. Okt.) einen Bias zwischen 16 und 24 cm (Tab. 2.15). Diese Verschiebung aufgrund unterschiedlicher Nullniveaus lässt sich im täglichen Vorhersagedienst durch Addition eines konstanten Wertes korrigieren. Von größerer Bedeutung für die Vorhersage ist die Standardabweichung der Wasserstandsdifferenzen zwischen Messung und Modellprognosen. Sie lag bei den untersuchten Stationen zwischen sieben und 12 cm.

Tab. 2.15 zeigt zudem, dass seit 1999 die Standardabweichung der Wasserstandsdifferenz gegenüber den Vorjahren deutlich geringer ist. Diese Reduzierung der Modellfehler um mehr als 10 % ist zum Teil auf die Einführung einer neuen Modellversion zurückzuführen, bei der die Gitternetze des Modells verfeinert wurden und dadurch in weiten Teilen des Modellgebietes die Topographie besser dargestellt wurde. Einzelne Jahre unterscheiden sich gelegent-

Tab. 2.15: Vergleich von gemessenen und berechneten stündlichen Wasserstandswerten an drei deutschen Ostseestationen (Werte in cm)

Jahr	Warnemünde		Sassnitz		Koserow	
	Bias	Std. Abw.	Bias	Std. Abw.	Bias	Std. Abw.
1997	−19,9	11,9	−23,2	9,3	−20,4	10,0
1998	−19,0	11,3	−23,8	9,2	−19,6	9,8
1999	−19,2	8,8	−24,5	6,8	−21,2	7,2
2000	−20,2	9,3	−23,3	7,4	−21,6	8,0
2001	−16,5	10,1	−17,5	8,1	−17,4	8,9

lich klimatisch vom langjährigen Mittel deutlich, wodurch eine quantitative Bewertung der Wasserstandsvorhersagen erschwert wird.

Vergleicht man die Tab. 2.14 und 2.15 so zeigt sich, dass mit dem erheblich höheren Aufwand für Simulationsmodelle ein Qualitätsgewinn erzielt werden kann. Die Praxis der Wasserstandsvorhersage des BSH für Nord- und Ostsee indes lehrt, dass empirisch-statistische Verfahren durch Entscheidungshilfesysteme mit einbezogen werden müssen.

Die großräumige Wetterlage über Nord- und Ostsee beeinflusst den Füllungsgrad der Ostsee (vgl. Abschn. 2.1). Da das BSH-Modell Nordsee und Ostsee als Verbundsystem simuliert, sollte es in der Lage sein, den Wassermassenaustausch durch die Belte und den Sund quantitativ als Volumenströme zu beschreiben. Von lokalen, kurzfristigen Staueffekten abgesehen, beschreibt der Wasserstand am Pegel Landsort den Füllungsgrad der Ostsee sehr gut (vgl. Abschn. 2.1). Um einen Zusammenhang zwischen Ostseewasserständen und Aus- bzw. Einstrom durch die dänischen Straßen herzustellen, werden die zeitlich integrierten Volumenströme zuzüglich der Flusseinträge mit dem Landsort-Wasserstand in einem Diagramm aufgetragen (Abb. 2.30). Der augenscheinlich enge Zusammenhang bestätigt zunächst das gute Modellkonzept, aber auch die Eignung des Pegels Landsort als Indikator für den Füllungsgrad der Ostsee.

Vorhersagen der Volumenströme durch die dänischen Passagen werden täglich nach St. Petersburg zum dortigen Flutwarndienst (KLEVANNY, 1999) übertragen (Flood Protection Department of St. Petersburg Administration [MORZASCHITA]). Die Daten werden als Randbedingung in das Modellsystem CARDINAL (Coastal Area Dynamics Investigation Algorithm) eingegeben und haben die Vorhersagegüte bereits signifikant verbessert (KLEVANNY, pers. Mitt. beim *4th Scientific HIROMB Workshop* in Gdansk, 2001).

2.4.2.6 Hydrodynamische Gleichungen

Die nummerische Modellierung geophysikalischer Prozesse basiert auf Gleichungssystemen der Physik. Die Modellierung von Strömung und Wasserstand der Ostsee ist ein hydrodynamisches Problem unter speziellen Bedingungen. Es wird im Folgenden eine mathematische Form gewählt, wie sie auch im operationellen Modell des BSH zu finden ist (DICK et al., 2001).

Die Modellierung des Verbundsystems Nord- und Ostsee kann als hydrodynamisches Flachwasserproblem auf der gekrümmten Erdoberfläche betrachtet werden. Zur Berechnung der Strömungen werden zunächst die Impulsbilanzgleichungen in sphärischen Koordinaten formuliert, daher treten dort neben der substantiellen Zeitableitung auch Terme auf, die von der Krummlinigkeit des Kugelkoordinatensystems herrühren.

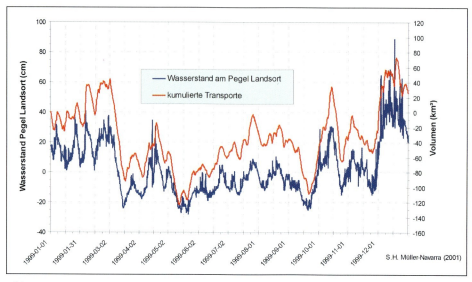

Abb. 2.30: Gemessener Wasserstand am Pegel Landsort und modellierte kumulierte Transporte durch Belte und Sund (Flusseinträge in die Ostsee berücksichtigt)

Es ist unsinnig, die volle Komplexität von groß- und kleinskaligen, langsamen und schnellen Vorgängen erfassen zu wollen. Ein Zirkulationsmodell der Ostsee beschreibt lediglich die Evolution des gemittelten Zustands, ohne allerdings die Wirkungen kleinskaliger Erscheinungen zu ignorieren. Hierzu wird unterschieden zwischen mittlerer Strömung (u, v) und Fluktuation (u', v'), was nach Mittelbildung zu den Standardgleichungen der mittleren horizontalen Strömung führt (2.20) (2.21).

$$\frac{\partial u}{\partial t} + \frac{u}{R \cos \varphi} \frac{\partial u}{\partial \lambda} + \frac{v}{R} \frac{\partial u}{\partial \varphi} + w \frac{\partial u}{\partial z} - \frac{\tan \varphi}{R} \, uv =$$

$$2 \, \omega \sin \varphi \, v - \frac{1}{\rho} \frac{1}{R \cos \varphi} \frac{\partial p}{\partial \lambda} - \frac{1}{R \cos \varphi} \frac{\partial}{\partial \lambda} \, \overline{(u'u')} - \qquad (2.20)$$

$$\frac{1}{R \cos \varphi} \frac{\partial}{\partial \varphi} (\cos \varphi \, \overline{u'v'}) - \frac{\partial}{\partial z} (\overline{u'w'}) + \frac{\tan \varphi}{R} \, \overline{u'v'}$$

$$\frac{\partial v}{\partial t} + \frac{u}{R \cos \varphi} \frac{\partial v}{\partial \lambda} + \frac{v}{R} \frac{\partial v}{\partial \varphi} + w \frac{\partial v}{\partial z} - \frac{\tan \varphi}{R} \, uu =$$

$$- 2 \, \omega \sin \varphi \, u - \frac{1}{\rho} \frac{1}{R} \frac{\partial p}{\partial \varphi} - \frac{1}{R \cos \varphi} \frac{\partial}{\partial \lambda} \, \overline{(u'v')} - \qquad (2.21)$$

$$\frac{1}{R \cos \varphi} \frac{\partial}{\partial \varphi} (\cos \varphi \, \overline{v'v'}) - \frac{\partial}{\partial z} (\overline{v'w'}) - \frac{\tan \varphi}{R} \, \overline{u'u'}$$

mit

u, v, w: Geschwindigkeitskomponenten (ostwärts, nordwärts und radial)

R: mittlerer Erdradius

t: Zeit

z: Vertikalkoordinate

γ, φ: geographische Länge und Breite

ω: Winkelgeschwindigkeit der Erde

p: Druck

ρ: Dichte des Seewassers

Die Terme $\overline{u'u'}$, $\overline{u'v'}$, $\overline{v'v'}$, $\overline{u'w'}$ und $\overline{v'w'}$ beschreiben den Effekt von turbulenten Fluktuationen. Physikalische Ansätze führen diese Terme zurück auf Großskaleneigenschaften. Mit einem solchen Turbulenzmodell ist der Satz von Gleichungen abgeschlossen. Von besonderer Bedeutung in der Ostsee ist die vertikale Dichteschichtung, die beim dissipativen vertikalen Austausch des Horizontalimpulses berücksichtigt werden muss. Die Wirkung des Windes geht ein als tangentiale Schubspannung an der Wasseroberfläche.

Als Überbleibsel der stark vereinfachten Bewegungsgleichung für die Vertikalkomponente der Strömung verbleibt das hydrostatische Gleichgewicht entlang der Vertikalen (2.22).

$$\frac{\partial p}{\partial z} = - g \, \rho(z) \tag{2.22}$$

Der hydrostatische Druck bestimmt sich aus Integration dieser Gleichung, wobei der Luftdruck die Randbedingung an der Wasseroberfläche darstellt.

$$p(z) = p_{air} + g \int_z^{\zeta} p(z) dz \tag{2.23}$$

mit

p_{air}: Luftdruck an der Wasseroberfläche

ζ: Wasserstand bezogen auf das Nullniveau des Modells

g: Schwerebeschleunigung.

Die Kontinuitätsgleichung (2.24) beschreibt die Massenerhaltung. Zunächst wird Wasser als inkompressibel betrachtet, womit Schallwellen herausgefiltert werden.

$$\frac{1}{R \cos \varphi} \frac{\partial u}{\partial \lambda} + \frac{1}{R \cos \varphi} \frac{\partial (v \cos \varphi)}{\partial \varphi} + \frac{\partial w}{\partial z} = 0 \tag{2.24}$$

Mit kinematischen Randbedingungen an Oberfläche und Boden ergibt sich folgende über die Wassersäule vertikal integrierte Form der Kontinuitätsgleichung:

$$\frac{1}{R \cos \varphi} \frac{\partial}{\partial \lambda} \left(\int_{-H}^{\zeta} u \, dz \right) + \frac{1}{R \cos \varphi} \frac{\partial}{\partial \varphi} \left(\int_{-H}^{\zeta} \cos \varphi v \, dz \right) + \frac{\partial \zeta}{\partial t} = 0 \tag{2.25}$$

Genau diese Form der Gleichung ist es, die zur Berechnung des Wasserstandes herangezogen wird.

Die Bilanzgleichungen für Temperatur und Salzgehalt sind formal identisch (für T kann analog in (2.26) S eingesetzt werden) und beschreiben den Transport und Austausch von Eigenschaften des Meerwassers.

$$\frac{\partial T}{\partial t} + \frac{1}{R \cos \varphi} \; \frac{\partial (uT)}{\partial \lambda} + \frac{1}{R \cos \varphi} \; \frac{\partial (v \cos\varphi T)}{\partial \varphi} + \frac{\partial (wT)}{\partial \lambda} = $$

$$\frac{1}{R \cos \varphi} \; \frac{\partial}{\partial \lambda} \left(\frac{K_b}{R \cos \varphi} \; \frac{\partial T}{\partial \lambda} \right) + \qquad\qquad (2.26)$$

$$\frac{1}{R \cos \varphi} \; \frac{\partial}{\partial \varphi} \left(\frac{\cos \varphi \, K_b}{R} \; \frac{\partial T}{\partial \varphi} \right) + \frac{\partial}{\partial z} \left(K\nu \; \frac{\partial T}{\partial t} \right)$$

Die Zustandsgleichung $\rho = \rho(S, T, p)$ beschreibt den Zusammenhang zwischen Dichte des Seewassers und Salzgehalt, Temperatur sowie Druck (GILL, 1982). Über die Gleichungen (2.20), (2.21) und (2.23) gibt es eine Rückkopplung der Dichte auf die Geschwindigkeitskomponenten in den Bewegungsgleichungen.

2.4.3 Ausblick auf künftige Vorhersageverfahren

Ein Entwicklungsprozess zu immer anspruchsvolleren Lösungsmethoden der Bewegungsgleichungen bzw. zur Vervollkommnung der Vorhersagemethodik ergibt sich aus wirtschaftlichen Anforderungen. Auf dem Weg zu besseren Vorhersagen werden höhere Modellauflösung und detailliertere meteorologische Eingangsdaten Schlüsselrollen einnehmen.

Hohe Priorität haben auch die internationale Zusammenarbeit und der freie Datenaustausch, sowohl auf dem Gebiet der Wasserstandsvorhersagen als auch innerhalb der Messnetze. Erst das Gesamtsystem aus Messung, Modellierung und physikalischer Interpretation bildet eine erfolgversprechende Basis für operationelle Entscheidungen.

Besondere Unsicherheiten bestehen noch bei der Vorhersage ganz extremer Ereignisse, wie es z. B. das Hochwasser im November 1872 war. Prinzipiell sind empirische Verfahren und hydrodynamisch-nummerische Modelle im Zusammenspiel mit Atmosphärenmodellen in der Lage, derartige Naturkatastrophen zu beschreiben. Jedoch wurde die Wettersituation seinerzeit nur unzureichend beschrieben, und es ist nur eingeschränkt möglich, moderne operationelle Vorhersageverfahren an diesem singulären Fall zu überprüfen. Es bleibt daher lediglich die Möglichkeit, in sich konsistente Wettersituationen zu erzeugen, die das nötige Potential besitzen. Genutzt werden könnten z. B. Ensemblevorhersagen, die mögliche Entwicklungen der Atmosphäre darstellen und sich nur durch Differenzen in den Ausgangsanalysen unterscheiden. Diese Technologie wird bereits für Mittelfristvorhersagen europäischer Wetterdienste verwendet.

2.5 Beobachtete Wasserstandsvariationen an der deutschen Ostseeküste im 19. und 20. Jahrhundert

2.5.1 Wasserstandsstatistik

Zur Herausarbeitung regionaler Gemeinsamkeiten und Unterschiede werden die Wasserstandsmessungen statistisch ausgewertet. Weil die Ostsee als Randmeer des Nordatlantik eine spezielle Beschaffenheit der Daten hervorruft, ist es auch sinnvoll, an der deutschen Ostseeküste zwischen See- und Boddenpegeln zu unterscheiden.

2.5.1.1 Wasserstandsstatistik der Außenküste

Die in den Gewässerkundlichen Jahrbüchern veröffentlichten Wasserstandshauptzahlen kennzeichnen regionale Besonderheiten, die sich aus der in den Abschnitten 2.1, 2.2.3 und 2.4 geschilderten Physik erklären. Sie dienen der groben Orientierung in Vorplanungsphasen. In Tab. 2.16 sind drei dieser Größen für jeweils fünf einzelne Jahre dargestellt. In der Rubrik ‚mittlerer Wasserstand‘ ist das in Abschnitt 2.1 erwähnte Abflussgefälle von Ost nach West grob zu erkennen, obwohl selbst die jährlichen Mittelwerte noch starke zeitliche Schwankungen aufweisen.

Tab. 2.16: Hauptzahlen der Jahre 1991–1995 deutscher Küstenpegel

	höchster Wasserstand					niedrigster Wasserstand					mittlerer Wasserstand				
Abfluss-jahr 19...	91	92	93	94	95	91	92	93	94	95	91	92	93	94	95
Flensburg	619	646	646	617	616	376	386	369	345	372	499	499	499	499	505
Kiel-Holtenau	618	633	647	617	614	374	388	379	387	391	500	494	499	498	504
Neustadt	607	614	645	614	638	372	387	398	381	389	497	499	500	497	504
Lübeck-Bauhof	621	626	617	625	650	366	386	391	390	387	502	503	504	502	510
Wismar	612	624	656	616	642	367	393	367	393	390	501	501	501	499	507
Warne-münde	591	604	631	605	629	409	408	404	404	403	500	501	501	499	506
Sassnitz	596	636	624	579	615	430	426	386	430	414	503	506	503	499	508
Koserow	624	650	653	584	654	415	412	402	418	401	502	504	503	501	513

Die Häufigkeit der Abweichungen vom Mittelwert ist für weniger als drei Dezimeter praktisch normalverteilt. In Abb. 2.31 sind für fünf Küstenpegel Auszählungen der Dezimeter-Wasserstandsstufen des Jahres 1999 dargestellt. Man erkennt die höchste Klassenbesetzung im Bereich um 500 cm. Dass die Kurven der westlichen Pegel etwas flacher ausfallen, liegt an der höheren Besetzung der Hoch- und Niedrigwasserklassen am Ende der Ostseelängsachse (vgl. Abschn. 2.1). Die Dezimeter-Klassifizierung lässt die Darstellung der Glockenkurven hier etwas „eckig" erscheinen. Der Kurvenverlauf ist bei genauerer Auflösung jedoch stetig, und die Zufälligkeit der Abweichungen vom Mittelwert erweist sich als dominant. Statistische Maßzahlen sind für die hoch belegten Wasserstandsstufen kaum von

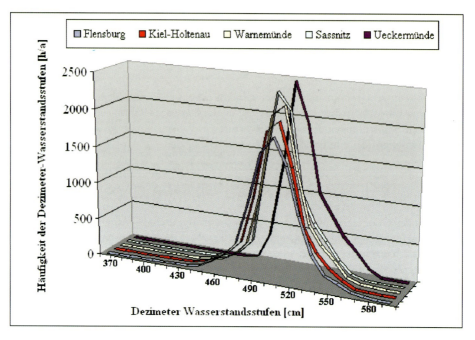

Abb. 2.31: Zuordnung der Stunden des Abflussjahres 1999 zu Dezimeter-Wasserstandsstufen für fünf deutsche Ostseepegel

praktischem Interesse. Die folgenden Angaben zu Schiefe g1 und Exzess g2 beziehen sich deshalb auf alle vorhandenen Stundenwerte des Beispieljahres 1999. Sie sind über die Standardabweichung s der Stichprobe folgendermaßen definiert:

$$g1 = \frac{n}{(n-1)\,(n-2)} \sum \left(\frac{x_j - \bar{x}}{s} \right)^3 \tag{2.27}$$

$$g2 = \left[\frac{n\,(n+1)}{(n-1)\,(n-2)\,(n-3)} \sum \left(\frac{x_j - \bar{x}}{s} \right)^4 \right] - \frac{3\,(n-1)^2}{(n-2)\,(n-3)} \tag{2.28}$$

$$s = \sqrt{\frac{n \sum x^2 - (\sum x)^2}{n\,(n-1)}} \tag{2.29}.$$

Im vorliegenden Falle ergeben sich die in Tab. 2.17 ausgewiesenen Maßzahlen zu den in Abb. 2.31 dargestellten Verteilungen von 1999. Die Verteilungen der Schleswig-Holsteinischen Pegel sind bei von links nach rechts aufsteigend geordneten Werten gegenüber der Normalverteilung leicht linksschief. Die Wasserstandsverteilungen der Mecklenburg-Vorpommerschen Pegel tendieren dagegen eher zu Rechtsschiefe und verlaufen etwas flacher als die Schleswig-Holsteinischen. Alle Kurven sind – von Ost nach West zunehmend – schmaler als Normalverteilungen. Die regionalen Eigenheiten treten noch deutlicher hervor, wenn

Tab. 2.17: Zur den Häufigkeitsverteilungen der Wasserstände deutscher Ostseepegel

Messstelle	Mittelwert in cm	Standardabw. in cm	Schiefe	Exzess
Flensburg	504,6	21,1	−0,27	1,73
Kiel-Holtenau	503,7	19,6	−0,14	1,20
Warnemünde	505,3	18,2	0,31	0,78
Sassnitz	503,5	17,2	0,51	0,62
Ueckermünde	514,7	17,2	0,74	0,14

man die Häufigkeit bzw. Dauer höherer Abweichung vom mittleren Wasserstand bzw. vom Normalmittelwasser gesondert untersucht. Dazu bieten sich diskrete Verteilungsfunktionen an. Besondere Aufmerksamkeit kommt der Grundgesamtheit der POISSON-Verteilungen zu, die bei Unabhängigkeit einzelner Ereignisse theoretisch zu erwarten ist. Tatsächlich lässt sich der Zufallscharakter seltener Wasserstandsereignisse an der deutschen Ostseeküste mit Hilfe des Chi-Quadrat-Tests für die Grundgesamtheit der POISSON-Verteilungen mit ca. 15%iger Irrtumswahrscheinlichkeit bestätigen. Demzufolge darf man in der jahresbezogenen Wasserstandstatistik wie folgt verfahren (hier beschränkt auf die Hochwasserstatistik):

1. Vorgabe von Grenzwasserständen X und Zählung ihrer Überschreitungen Z in N Jahren.
2. Bestimmung der mittleren jahresbezogenen Eintrittshäufigkeit λ(X), des statistischen Wiederkehrintervalls T (X) und der Poisson-Wahrscheinlichkeiten P(λ,k) in Abhängigkeit von der Wasserstandsstufe X und der Klasse k der jährlichen Realisierung k = 0, 1, 2... 8 nach folgenden Gleichungen:

$$\lambda(X) = \frac{Z(X)}{N}, \quad T(X) = \frac{1}{\lambda(X)} \qquad (2.30 \text{ a,b})$$

$$P(\lambda,k) = \frac{\lambda^k}{k!} e^{-\lambda} \qquad (2.31)$$

Einen Sonderfall stellt die Unterschreitungswahrscheinlichkeit P mit k = 0 dar:

$$P(\lambda,0) = e^{-\lambda} \qquad (2.32)$$

Sie nimmt mit größer werdendem λ auf natürliche Art und Weise ab und strebt für kleine λ gegen 1. Mit immer kleiner werdendem λ gibt es auch immer weniger Realisationen, so dass bald keine empirische Statistik mehr möglich ist. Interessant ist nun die Art und Weise der Abnahme des Exponenten λ in Abhängigkeit von der Wasserstandsstufe X. Bei den höheren Wasserstandsstufen fällt auf, dass die Differenzen der λ(X) zwischen den einzelnen Stufen linear von den Exponenten selbst abhängen. Dies begründet sich zum Teil – aber nicht nur – aus den Eigenschaften der Exponentialfunktion. Da die einzige Funktion, deren Ableitung sich selbst gleicht, die Exponentialfunktion ist, kommt für die Beschreibung dieser Charakteristik wiederum nur eine solche Funktion in Frage. Dies gilt nicht nur für die Wasserstandsstufen X, sondern auch für jeden beliebigen Hochwasserscheitelwert x. Mit

$$\lambda = e^{-y(x)} \qquad (2.33)$$

entsteht demzufolge für die Unterschreitungswahrscheinlichkeit W(x) eine Extrapolationsfunktion vom Typ

$$W(x) = \exp\{-\exp[-y(x)]\}$$ (2.34)

Das Wiederkehrintervall wird hierbei üblicherweise mit

$$T(x) = \frac{1}{1 - W(x)}$$ (2.35)

angegeben, da höchstens mit einem Ereignis pro Jahr zu rechnen ist. Als einfachste Anpassungsfunktion y(x) bietet sich eine Gerade an, die man z. B. in folgende Form bringen kann:

$$y(x) = a(x - b)$$ (2.36)

Es kann gezeigt werden, dass höhere Polynome für y(x) keine gegenüber der Reststreuung signifikante Verbesserung mehr bewirken. So begründet sich der bekannte GUMBEL-Typ der Extremwertwahrscheinlichkeit. Außer diesem Funktionstyp sind zahlreiche weitere Anpassungsfunktionen bekannt. FÜHRBÖTER et al. (1988) diskutierten für die deutsche Nordseeküste z. B. sieben unterschiedliche Verfahren, TÖPPE (1992) benutzte siebzehn. JENSEN (1995) kam zu dem Schluss, dass die 15 gebräuchlichsten Typen statistischer Anpassungsfunktionen keine signifikanten Unterschiede bezüglich der Approximationsgüte aufweisen. Aus praktischer Sicht sollte man Extrapolationen, die deutlich vom Funktionstyp abhängen, mit Skepsis begegnen. Umgekehrt benötigt man nicht unbedingt die ganze Bandbreite der Verfahren, wenn die Resultate übereinstimmen. Zur Bestimmung der Koeffizienten a und b in (2.36) eignet sich eine von KIRSTEN (1964) beschriebene Methode. Dafür werden nur die jährlichen HW-Werte x_i eines bestimmten Küstenortes aus N Jahren benötigt. Man denke sich diese Werte nun gegenüber einem doppelt logarithmisch reduzierten Ordnungsmerkmal

$$y_N = -\ln(-\ln i/(N + 1))$$

aufgetragen und berechne hierzu Mittelwerte und Streuungsmaße wie folgt:

$$\bar{x} = \frac{1}{N} \sum_{i=1}^{N} x_i$$ (2.37)

$$\sigma_x = \sqrt{\frac{1}{N} \sum_{i=1}^{N} x_i^2 - \bar{x}^2}$$ (2.38)

$$\overline{y_N} = \frac{1}{N} \sum_{i=1}^{N} -\ln\left(-\ln \frac{i}{N + 1}\right)$$ (2.39)

$$\sigma_N = \sqrt{\frac{1}{N} \sum_{i=1}^{N} \left[-\ln\left(-\ln \frac{i}{N + 1}\right)\right]^2 - \overline{y_N}^2}$$ (2.40)

Aus diesen Größen ergeben sich a und b auf einfache Weise:

$$a = \frac{\sigma_N}{\sigma_x}, \qquad b = \bar{x} - \frac{\overline{y_N}}{a}$$ (2.41 a, b)

Liegen die Koeffizienten a und b vor, lassen sich natürlich nicht nur Wahrscheinlichkeiten W bzw. Wiederkehrintervalle T berechnen, sondern auch umgekehrt die Hochwasserstände zu vorgegebenen Wiederkehrintervallen. Mit

$$y(T) = -\ln\left(-\ln(1 - \frac{1}{T})\right) \qquad (2.42)$$

ergibt sich

$$x(T) = \frac{1}{a}\, y(T) + b \qquad (2.43)$$

Diese Gleichungen veranschaulichen, in welcher Weise die Statistik auf Veränderungen in den Datenreihen „reagiert". Permanent höhere Wasserstände, wie sie z.B. durch eine wachsende HW-Häufigkeit zustande kämen, bewirkten nur ein Anwachsen von b. Für die Extrapolation der Geraden ist aber die Steigung 1/a relevant. Sie würde bei gleichbleibendem σ_x sogar von Jahr zu Jahr schwächer werden, da σ_N mit den Beobachtungsjahren wächst. Erst wenn etwas „wirklich Sensationelles" passiert, wären signifikante Auswirkungen im Extrapolationsbereich zu erwarten. Für praktische Anwendungen und bei ausdrücklichem Verzicht auf weit in die Zukunft reichende Extrapolationen werden die in Abschnitt 2.2.3.3 genannten Maßnahmen vernachlässigt. Als Bemessungshochwasserstände für Deiche, die dem Schutz von Menschenleben dienen, gelten an der deutschen Ostseeküste allgemein die Scheitelwerte der Sturmflut vom 13.11.1872, erhöht um den Betrag der seitdem beobachteten und bis zum Bezugszeitpunkt des Bemessungshochwasserstandes noch zu erwartenden Meeresspiegeländerung. Die mit Hilfe der Statistik extrapolierten und die Akzeptanz eines entsprechenden Risikos voraussetzenden Hochwasserrichtwerte liegen deutlich unter diesen Bemessungswasserständen und bilden damit einen Kompromiss zwischen Risiko und Funktionalität. Abb. 2.32 verdeutlicht die an der deutschen Küste von Ost nach West zunehmende Hochwassergefährdung sowie die speziellen Verhältnisse in den gegen Nordostwind expo-

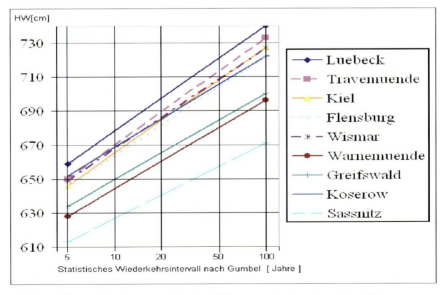

Abb. 2.32: Hochwasserwahrscheinlichkeiten an der deutschen Ostseeküste

nierten Buchten, Förden und Flussmündungen. Analog werden die Niedrigwasserwahrscheinlichkeiten (Abb. 2.33) berechnet. Auch sie nehmen im Allgemeinen von Ost nach West zu. Ein Vergleich zwischen Hoch- und Niedrigwasserwahrscheinlichkeiten zeigt aber auch den Einfluss der Flusswasserzufuhr an der Trave. Sie führt zu einer deutlich höheren Hochwassergefährdung von Lübeck gegenüber Flensburg.

Die Niedrigwasserwahrscheinlichkeit wird durch die Flusswasserzufuhr gedämpft. Hier gibt es fast identische Gleichungen für Wismar, Travemünde, Lübeck und Kiel. Für Flensburg ergibt sich dagegen die höchste Niedrigwassergefährdung der deutschen Ostseeküste. Dies ist durch die hohe Wahrscheinlichkeit bedingt, dass zum Zeitpunkt von Südweststurm über der mittleren Ostsee an der Flensburger Förde starker Westwind auftritt. Weitere Auswertungen ergeben sich aus praktischen Fragestellungen. So interessieren für die Standsicherheit von Kaianlagen die maximalen Änderungsgeschwindigkeiten der Wasserstände. Für die Deichsicherheit ist die Verweilzeit von hohen Wasserständen ausschlaggebend.

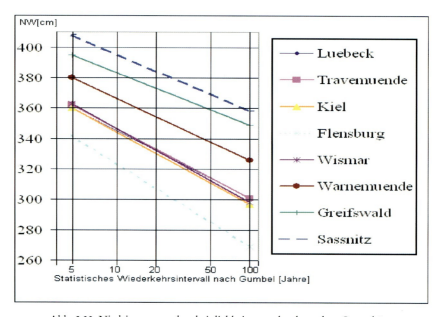

Abb. 2.33: Niedrigwasserwahrscheinlichkeiten an der deutschen Ostseeküste

Hierzu ist die Auszählung zusammenhängender, Ereignis bezogener Überschreitungsdauern erforderlich. Im Gegensatz zu herkömmlichen statistischen Auswertungen, die mit Standardsoftware möglich sind und einfache Zählkriterien für die Zuordnung der Stunden in vordefinierte Klassen vornehmen (vgl. die mit „Excel" erstellte Abb. 2.31), erfordert dies spezielle Programme. Ein gebräuchlicher Algorithmus zur Fallspezifizierung ist in Abb. 2.34 dargestellt.

Die Anforderungen an die Datenauswertung sind im letzten Jahrzehnt enorm gewachsen. Während früher begrenzter Speicherplatz und der Auswertungsaufwand sogar Messbzw. Abtastfrequenzen limitierten, werden heute meist nicht einmal die Möglichkeiten mathematischer Standardsoftware ausgeschöpft. Minütliche Abtastung lässt kaum noch Fragen zur Wasserstandsstatistik offen.

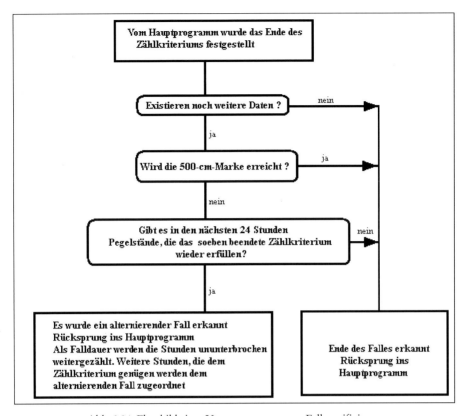

Abb. 2.34: Flussbild eines Unterprogramms zur Fallspezifizierung

2.5.1.2 Mittlere Wasserstands- und Wasserhaushaltsverhältnisse der Bodden

Die Wasserstandsschwankungen in den Darß-Zingster Bodden, die hier stellvertretend für alle Bodden behandelt werden, werden durch den Pegel der Ostsee über das Seegatt 13 (Barther Fahrwasser, s. Abb. 3.50) bei Barhöft gesteuert. Ursache für die Pegeländerungen ist das Windfeld über der Ostsee. Für den Messpunkt Zingster Strom liegt eine Datenreihe seit November 1936 mit einem Datenausfall von 1942 bis 1945 vor. Die aus stündlichen Werten geglätteten Monats- und Jahresmittel zeigen die Abb. 2.35 und 2.36. Bei einem Jahresmittel von 501 cm tritt eine Schwankungsbreite von 19 cm auf. Die Schwankung der Monatsmittel über diese Zeitreihe beträgt 72 cm mit einem Monatsminimum von 468 cm für März 1999 und einem Monatsmaximum von 540 cm für August 1987.

Die Häufigkeitsauszählung der Monatsmittel über die gesamte Zeitreihe ergibt die ungeglättete Verteilung nach Abb. 2.37. Das Maximum liegt für 30 Monate bei 503 cm. Die Datenreihe der Monatsmittel des Pegels unterziehen wir einer Fourieranalyse.

Das Leistungsspektrum ist in Abb. 2.38 dargestellt. Es zeigt, dass ein dominierender saisonaler Schwingungsanteil enthalten ist. Seltene Ereignisse zeigen sich in guter Übereinstimmung mit stochastischen Gesetzmäßigkeiten POISSON-verteilt. Die Exponenten dieser Verteilung mit selten auftretenden Ereignissen nehmen ebenfalls exponentiell ab. Die daraus

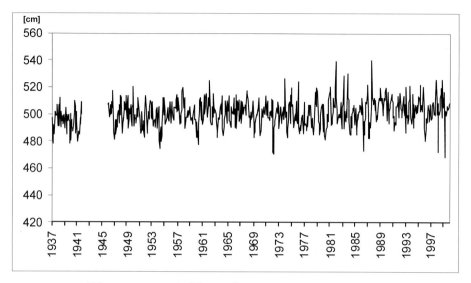

Abb. 2.35: Monatsmittel des Pegels Zingster Strom vom 1937–1999

ableitbare GUMBEL-Verteilung gibt die Extrapolationsfunktion für Extremwerte von Ereignissen sehr geringer Auftrittswahrscheinlichkeit an. Die extremen Sturmflutwasserstände HW [cm] mit Wiederkehrzeiten von 5, 10, 20, 40, 50, 80 und 100 Jahren, ermittelt aus den Gumbelverteilungen der Zeitreihen der Pegelstationen Althagen (60 Jahre), Zingst (59 Jahre) und Barth (60 Jahre) in den Darß-Zingster Boddengewässern und Sassnitz (95 Jahre) als Ostseestation sind in Tab. 2.18 dargestellt (Berechnungen des BSH Rostock).

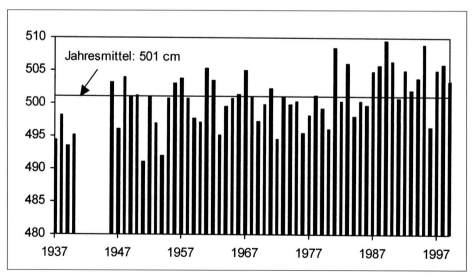

Abb. 2.36: Jahresmittel des Pegels [cm] Zingster Strom von 1937–1999

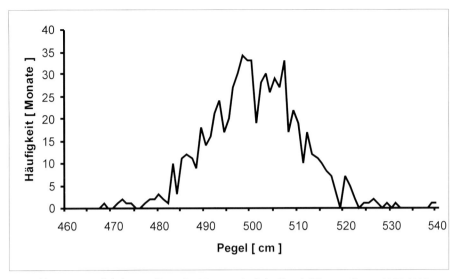

Abb. 2.37: Häufigkeitsverteilung der Monatsmittel des Pegels Zingster Strom 1937–1999

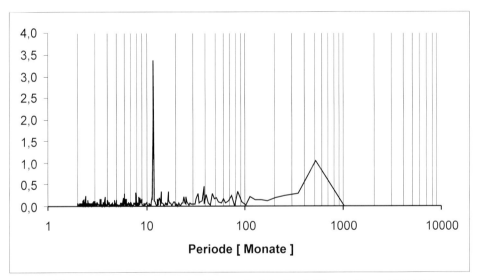

Abb. 2.38: Leistungsspektrum der Monatsmittel des Pegels Zingster Strom 1937–1999

Tab. 2.18: Statistisches Wiederkehrintervall hoher Wasserstände nach GUMBEL für Pegelstationen der Darß-Zingster Boddengewässer

	Wiederkehrzeit in Jahren						
	5	10	20	40	50	80	100
Station Sassnitz	613	627	641	654	658	667	671
Barth	588	602	615	628	632	641	645
Zingst	579	592	605	617	621	629	633
Althagen	574	585	595	605	608	615	618

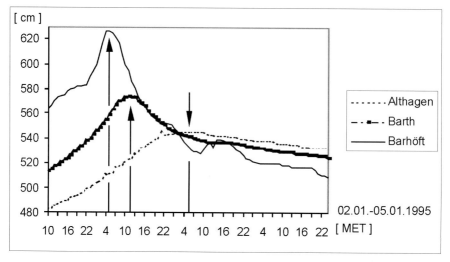

Abb. 2.39: Einlaufen einer Hochwasserwelle in die Darß-Zingster Bodden

Den Verlauf des Pegels am Eingang der Darß-Zingster Boddengewässer (Barhöft) und innerhalb derselben (Barth, Althagen) zeigt die Abb. 2.39. Das Gewässer wirkt als Filter auf die einlaufende Hochwasserwelle. Zum einen verschiebt sich die Lage des Maximums der Pegelganglinie, zum anderen wird die extreme Amplitude im Boddeninnern geringer. In Barhöft erreicht der Pegel am 3.1.1995 um 5 Uhr MEZ ein Maximum von 627 cm. Am Barther Pegel tritt der Extremwert von 574 cm um 11 Uhr MEZ, d. h. mit einer Zeitverzögerung von ca. sechs Stunden und einer Dämpfung der Hochwasserwelle um 53 cm auf. Diese Welle erreicht den Saaler Bodden am Pegelmesspunkt Althagen erst am 4.1.1995 gegen 7 Uhr MEZ mit einem verschmierten Maximum von 545 cm. Die Zeitverzögerung zu Barth beträgt 20 Stunden, die Dämpfung 29 cm. Mithin ergibt sich eine Gesamtverzögerung zwischen dem Eingang der Boddengewässer zur Ostsee und dem Saaler Bodden von 26 Stunden und eine Gesamtdämpfung von 82 cm.

Die Wasserhaushaltsbilanz der Darß-Zingster Bodden erfolgt mit der Pegeldifferenzmethode nach CORRENS (1979) bis zur monatlichen Auflösung. Die vom BSH Rostock berechneten Hauptbilanzglieder Flusswasserzufuhr, Einstrom von Ostseewasser in die Darß-Zingster Bodden und Ausstrom von Boddenwasser in die Ostsee bei Barhöft sind in Abb. 2.40 dargestellt.

Das langjährige Mittel des jährlichen Ausstroms ($3103 \cdot 10^6$ m^3) liegt stets über dem Einstrom ($2816 \cdot 10^6$ m^3). Die Flusswasserzufuhr beträgt $306 \cdot 10^6$ m^3. Die niedrigste Wechselwirkung mit der Ostsee zeigte im Zeitintervall 1966 bis 1999 das Jahr 1969 ($2004 \cdot 10^6$ m^3), die höchste Wechselwirkung das Jahr 1989 ($3439 \cdot 10^6$ m^3). Der Einfluss von extremen Sturmflutereignissen ist bei der monatlichen Auflösung der Wasserhaushaltskomponenten ersichtlich (vgl. Abschnitt 3.3.4.3 und Tab. 3.21). Für das Jahr 1995 zeigt die Abb. 2.41 den Vergleich der Einstromverhältnisse vom innersten Bodden (Saaler Bodden) zum Ostseezugang (Grabow) hin. Für den Monat November 1995 liegt der Einstrom in den Grabower Bodden 60 % über dem langjährigen Mittel und für den Saaler Bodden sogar 70 % über dem langjährigen Mittel. Im Jahresmittel liegt der Wert von 1995 mit $3001 \cdot 10^6$ m^3 aber nur 6 % über dem langjährigen Mittel. Dies zeigt, dass die Sturmflutereignisse im langjährigen Mittel keinen signifikanten Einfluss haben, da sie nur kurzzeitig auftreten.

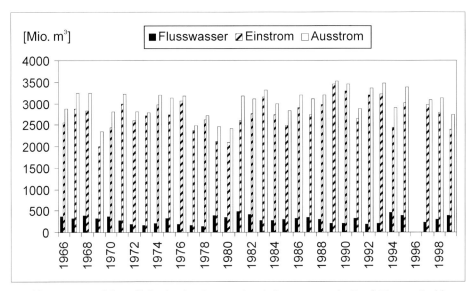

Abb. 2.40: Hauptbilanzglieder für den Gewässerhaushalt 1966–1999 der Darß-Zingster Bodden

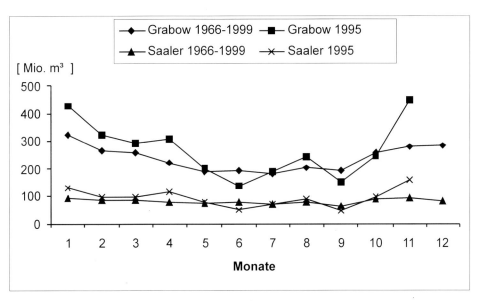

Abb. 2.41: Einstrom in die Darß-Zingster Bodden für den Saaler Bodden und Grabow Bodden

2.5.2 Regelmäßige Wasserstandsschwankungen

2.5.2.1 Jahresgang

Repräsentative jahreszeitliche Schwankungen der Wasserstände werden in Form von Monatsmittelwerten in den Gewässerkundlichen Jahrbüchern veröffentlicht. Sie sind in den Einzeljahren unterschiedlich ausgeprägt und fallen in der mittleren und nördlichen Ostsee etwas höher aus als in der Beltsee. Abb. 2.42 zeigt die aus 10 Jahren gemittelten Monatsmittelwerte von einigen Pegeln der südlichen Ostsee. Dabei fällt eine charakteristische Periode mit dem Maximum zwischen Juli und Januar und dem Minimum zwischen Februar und Juni auf. Dieser Jahresgang ist seit der Auswertung der ersten Pegelaufzeichnungen bekannt und wurde schon in den 70er-Jahren des 19. Jahrhunderts mehrfach beschrieben. HAGEN (1877) führte ihn auf die jahreszeitliche Dichteänderung durch Temperatur und Süßwasserzufuhr zurück.

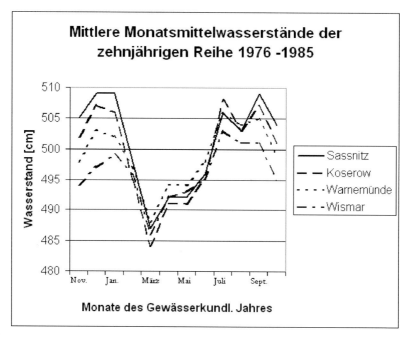

Abb. 2.42: Jahresgang der Monatsmittelwasserstände in der südlichen Ostsee

Zu den als Monatsmittel der Einzeljahre vorgegebenen Daten aus Abb. 2.42 gehören die in Tab. 2.19 gewichteten 10-Jahresmittelwerte und Standardabweichungen Die Sonderstellung des Jahresganges und der Halbjahresperiode unter den übrigen Schwankungen des Wasserstandes begründet sich aus relativ hohen Amplituden und daraus, dass speziell in der Ostsee Wasserhaushaltskomponenten (Einstrom, Ausstrom, Flusswasserzufuhr, Niederschlag, Verdunstung) als Ursachen angenommen werden können (HUPFER, 1978b, s. auch Abschnitt 2.1). Verbleibender Interpretationsspielraum lässt sich mit Hilfe der Daten aus der Nordsee in den folgenden Unterpunkten einengen.

Tab. 2.19: Mittlere Wasserstände aus 10 Jahren und ihre Standardabweichungen

Station	Mittelwasser aus 10 Jahren	Standardabweichung
Sassnitz	500 cm	7,3 cm
Koserow	499 cm	7,5 cm
Warnemünde	499 cm	5,1 cm
Wismar	496 cm	4,5 cm

2.5.2.2 Perioden und Zyklen in den Wasserständen der Ostsee

Abb. 2.43 zeigt eine typische Wasserstandsganglinie des Pegels Wismar während einer ruhigen Wetterlage im Sommer. Man erkennt einen halbtägigen Gezeitengang von 20–30 Zentimetern. Die in Abschn. 2.1 beschriebene Anregung der Ostsee durch die Tiden der Nordsee wird in Tab. 2.20 und Tab. 2.21 durch die Ergebnisse harmonischer Analysen der

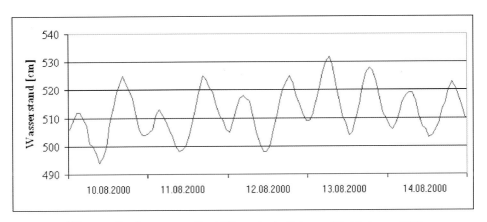

Abb. 2.43: Gezeitengang am Pegel Wismar in der Zeit vom 10.–14. August 2000

Wasserstände von Wismar und Sassnitz belegt (PANSCH, 1991). Obwohl die Ostsee als gezeitenarmes Meer gilt, ist der verbleibenden Rest des Gezeiteneinflusses doch groß genug, um bei unzureichender zeitlicher Auflösung der Daten Perioden vorzutäuschen, deren Amplituden in der Größenordnung langperiodischer Wasserstandsschwankungen natürlichen Ursprungs liegen. Da die internen Wasserstandsschwankungen der Ostsee eher auf den Wind als auf die sehr schwachen gezeitenauslösenden Gravitationskräfte zurückzuführen sind, enthalten Tab. 2.20 und Tab. 2.21 nur formale Rechenergebnisse. Es wurden nur Partialtiden aufgeführt, deren Amplituden mindestens einmal in den 10 Jahren 1 cm erreichten. Die Theorie der Gezeitenanalyse sowie die Bezeichnung und Deutung der Partialtiden sind nicht Gegenstand dieses Beitrages und einschlägigen Lehrbüchern bzw. speziellerer Literatur vorbehalten (DOODSON, 1928; HORN, 1941, 1942; DIETRICH et al., 1975; FORRESTER, 1983 u. a.). Für die Ostsee ermittelten MAGAARD u. KRAUSS (1966) Flutstundenlinien der halbtägigen (M_2) und ganztägigen (K_1) Tiden. Demnach gibt es Amphidromiepunkte der M_2 nordöstlich von

Tab. 2.20: Die wichtigsten Partialtiden aus 10 Jahren des Pegels Wismar

Name der Partialtide	Frequenz [Grd/h]	1978	1979	1980	1981	1982	1983	1984	1985	1986	1987	Mittelwert
		Harmonische Konstanten von Wismar 1978–1987 in cm										
SA	0,041	9,97	9,41	7,18	3,64	5,88	2,63	9,16	7,89	8,76	9,34	7,386
SSA	0,082	4,12	6,45	3,77	7,24	7,22	9,72	5,24	1,81	6,26	7,97	5,98
MM	0,544	1,86	7,31	3,4	5,36	4,94	2,95	2,19	5,09	4,49	4,3	4,189
MSF	1,016	1,63	4,93	3,19	2,9	2,8	0,29	5,95	2,63	0,84	2,38	2,754
MF	1,098	1,13	5,23	2,65	3,37	1,95	3,38	1,71	1,98	1,52	0,91	2,383
2Q1	12,854	0,94	1,05	0,51	1,03	0,75	0,51	1,08	0,44	0,73	0,42	
SIGMA1	12,927	1,16	0,72	0,9	1,13	0,78	1,23	0,71	0,15	0,08	0,25	
Q1	13,399	1,32	0,8	0,31	0,15	0,4	1,04	0,93	0,53	0,68	0,72	
	13,902	0,53	0,5	0,32	0,32	0,26	1,07	0,86	0,28	0,05	0,26	
O1	13,943	2,16	1,34	1,22	1,97	1,9	1,57	1,63	1,59	1,48	1,74	1,66
	13,984	0,28	0,19	0,34	1,03	0,49	0,53	0,3	0,26	0,86	0,38	
M1	14,492	0,53	0,29	0,38	0,45	0,6	0,97	1,38	0,44	1,12	0,23	
K1	15,041	1,2	0,99	1,29	1,29	1,25	1,45	1,49	2,01	1,15	1,19	1,331
MUE2	27,968	1,29	0,86	0,91	0,6	1,13	1,07	1,39	0,94	0,79	1,36	1,034
N2	28,44	1,42	0,77	1,13	0,84	1,15	0,97	1,13	1,31	1,36	0,98	1,106
MA2	28,943	1,02	0,66	1,58	0,79	0,53	1,17	0,82	0,85	0,19	0,37	
M2	28,984	5,28	4,71	4,89	3,86	5,04	4,7	5,46	5,62	5,28	5,1	4,994
MSP2	29,025	0,8	1,41	1,16	1,3	0,3	1,32	1,1	0,41	0,78	1,15	
SW2MN2	29,528	0,36	0,47	0,39	0,26	0,54	1,17	0,72	0,56	0,57	0,88	
S2	30	1,07	0,78	1,07	0,93	1,11	1,3	1,1	0,68	1,1	1,02	1,016

Tab. 2.21: Die wichtigsten Partialtiden aus 10 Jahren des Pegels Sassnitz

Name der Partialtide	Frequenz [Grd/h]	1978	1979	1980	1981	1982	1983	1984	1985	1986	1987	Mittelwert
		Harmonische Konstanten von Sassnitz 1978–1987 in cm										
SA	0,041	15,1	12,35	12,72	8,78	8,49	8,78	15,67	10,8	15,7	12,33	12,065
SSA	0,082	3,2	3,75	5,5	11,5	7,92	9,87	8,44	2,04	7,05	9,18	6,85
MM	0,544	2,16	6,23	3,23	4,14	2,27	1,91	2,34	3,88	3,2	2,88	3,224
MSF	1,016	1,34	3,04	3,04	1,62	2,25	0,68	4,09	2,56	1,28	1,87	2,177
MF	1,098	1,18	3,18	3,18	1,93	1,98	1,46	1,62	2,31	1,48	0,52	1,884
SIGMA1	12,927	0,34	1,11	0,3	0,79	0,47	0,81	0,34	0,32	0,45	0,4	
O1	13,943	1,37	1,24	1,16	1,14	1,43	1,32	0,97	1,27	1,5	1,27	1,267
K1	15,041	0,75	0,8	0,62	1,07	0,77	0,84	0,73	0,75	0,69	0,95	
OO1	16,139	1,05	0,16	0,28	0,2	0,27	0,42	0,14	0,04	0,14	0,35	
M2	28,984	0,93	0,91	0,86	0,9	1,04	0,81	0,92	1	1,06	0,74	

Bornholm, nördlich der Ålandsee, in der Bottenwiek und im Finnischen Meerbusen. Für die K_1 wird ein Amphidromiepunkt östlich von Gotland und ein zweiter im Nordkvark angegeben. Nach DEFANT (1961) stellen die halbtägigen Tiden in der Ostsee im Wesentlichen Mitschwingungsgezeiten dar. Die Annahme, dass Ostseetiden – speziell die ganztägigen – auch in nennenswertem Umfang von den gezeitenerzeugenden Kräften in der Ostsee selbst hervorgerufen werden, geht auf WITTING (1911) zurück.

Auf der Grundlage langer Wasserstandsmessreihen von Swinemünde/ Swinoujscie wurden periodische Prozesse in einem breiten Spektralbereich ausgewertet (KOWALIK u. WRO-

BLEWSKI, 1973). Die Berechnung harmonischer Konstanten zielt auf die Vorhersage von Tiden, deren Ursache die Kinematik von Erde und Mond relativ zur Sonne ist. Tab. 2.20 und Tab. 2.21 zeigen aber, dass die Amplituden der Partialtiden nicht einmal in den westlichsten Bereichen als konstant gelten können. Der arithmetische Mittelwert aus 10 Jahren in der jeweils letzten Tabellenspalte wurde wiederum nur angegeben, wenn er mindestens einen cm betrug. Dies trifft bei Wismar für elf Partialtiden zu, bei Sassnitz nur für sechs. Sowohl die halbtägigen Tiden (27–30°/h) als auch die ganztägigen (13–16°/h) nehmen in der Beltsee von West nach Ost ab. Wenn zur Springzeit (Vollmond oder Neumond) besonders ruhige Wetterlagen auftreten, ist die M_2 noch in der Danziger Bucht mit Amplituden von 3–4 cm nachweisbar (MALICKI, 1999). Aus den Partialtiden der Ostsee ergeben sich Forderungen zur zeitlichen Auflösung der Messungen bzw. zur Abtastfrequenz der Pegeldaten. Bei nur einer täglichen Terminablesung würde z. B. die Partialtide M_2 jeden Tag in einer anderen Phasenlage getroffen und die ursprüngliche Phasenlage erst nach 17 Tagen ungefähr wieder erreicht werden. In dem so gewonnenen Datensatz würde sich (abgesehen vom stochastischen Anteil) ein nur durch die Art und Weise der Abtastung entstandenes Signal mit einer ca. halbmonatigen Scheinperiode und einer etwa der M_2 entsprechenden Amplitude abzeichnen (Aliasing, s. Abschnitt 2.2.4, Abb. 2.11). Tatsächlich existieren laut Tab. 2.20/2.21 mit M_{SF} und M_F aber auch zwei reale ca. 14-tägige Perioden. Die Abtastfrequenz der Daten ist folglich so zu wählen, dass die Halbwellen etwaiger periodischer Prozesse noch möglichst detailliert erfasst werden.

2.5.2.3 Wasserstandsschwankungen mit langen Perioden und kleinen Amplituden

Periodische Prozesse sind der Natur wesenseigen, allerdings nicht in mathematischen Sinne beständig. Quasi-periodische Wasserstandsschwankungen der Ostsee in der Größenordnung mehrerer Jahre als „Partialtiden" zu verstehen, ist eine Folge unserer Analysemethoden. Da solche Langzeitschwankungen durch hydrostatische Anpassung des Ostseewasserspiegels an die Nordsee entstehen, sind sich die Spektren beider Randmeere in diesem Bereich teilweise ähnlich. Halbjährige und längere Partialtiden enthalten aber auch einen hohen Anteil an Schwankungen, die nicht astronomisch bedingt sind. Ihre Amplituden verändern sich zyklisch oder völlig unregelmäßig. So schwankt die 6-cm-Amplitude der jährlichen Partialtide S_a bei Cuxhaven (JENSEN et al., 1991) von Jahr zu Jahr zwischen wenigen Zentimetern bis zu etwa 10 cm (LANGE, 2000). Für Sassnitz (Tab. 2.21) findet man für die S_a etwa die doppelte Amplitude (8–16 cm, im Mittel 12 cm). Da die Ostsee zu Eigenschwingungen mit Perioden von 27,5 bis 39 Stunden neigt (NEUMANN, 1941; DIETRICH et al., 1975; KRAUSS, 1966) und die Zeit, in der Tiefdruckgebiete über Skandinavien hinwegziehen, oft geringer oder von ähnlicher Größenordnung ist, reagiert die Ostsee wie ein Resonator auf die wechselnden Windfelder. Als Maß für die Dominanz solcher Prozesse gelten der NAO-Index (vgl. Abschnitte 3.3.1.1.1, 3.3.1.1.2 u. 3.4.3.3 sowie zahlreiche weitere meteorologischen Indikatoren; HUPFER et al., 1998). Auch die Zunahme der Amplituden langer Partialtiden an der deutschen Ostseeküste von West nach Ost (WEISE, 1990) muss eher diesen Anregungsprozessen zugeschrieben werden als dem abnehmenden Salzgehalt. Letzterer würde eine Zunahme der Partialtiden zwischen Cuxhaven und Sassnitz von höchstens 3 % erklären, aber nicht deren Verdoppelung. Da die Amplituden mehrjähriger Partialtiden kleiner sind als die der höherfrequenten, ist ihre Analyse schwierig. Trotzdem können auch diese Schwankungen der Ostsee-Wasserstände ein Indikator für Windwirkungen sein. Ihr Nachweis erfordert Zeitreihen über ein Vielfaches dieser Perioden. Bei knapp einem Jahrhundert homogener Daten können die längsten nachweisbaren Perioden ca. 40–50 Jahre betragen. Bei kürzeren Prozessen gibt es das erwähnte Problem mangelnder Beständigkeit. Folglich beziehen sich Analysen meist auf relativ kurze Zeitreihen und liefern je nach Ausgangsdaten und Epochen unterschiedliche Ergebnisse. Aus diesem Grunde wurde auf graphische Darstellungen verzichtet; stattdessen sind in Tab. 2.22 verschiedene Ergebnisse gegenüber gestellt. Während früher der visuelle Eindruck graphisch dargestellter Originaldaten darüber entschied, welche (zunächst langen, dann kürzeren) Perioden man eliminierte, werden die Daten heute mathematisch gefiltert und – meist mit Hilfe der FFT (Fast Fourier Transformation) – analysiert. Dabei ist der niederfrequente Anteil des Spektrums stets unterrepräsentiert. Die Abspaltung des linearen Trends vor der harmonischen Analyse ist sinnvoll, aber nicht unbedingt richtig, denn jeder Trend könnte auch Teil einer längeren Periode sein. Obwohl die Amplituden der Partialtiden per def. potentielle Energie darstellen, ist der prozentuale Anteil einer Partialtide an der Gesamtenergie aller betrachteten Prozesse frequenzabhängig. Die Ergebnisse verschiedener Analyseverfahren sind diesbezüglich normiert. Ein geeignetes Instrument zum Aufspüren periodischer Vorgänge in begrenzten Zeitreihen mit hohem stochastischen Anteil ist die Maximum-Entropie-Spektralanalyse MESA (JUNK, 1982). Dabei entsteht Information über die Energie einzelner Partialtiden. Eine aussagekräftige Methode zur Untersuchung von Perioden und Zyklen ist die von LIEBSCH (1997) benutzte Wavelet-Transformation.

In Tab. 2.22 wurde versucht, einige typische Wasserstandsperioden aus Nord- und Ostsee grob zu skizzieren, wobei zunächst nur auffällige Periodizitäten und die Größenordnung der dazugehörigen Amplituden interessieren sollen. Da diese Werte meist nicht nummerisch angegeben werden, konnten sie z. T. nur aus Diagrammen entnommen werden. Sie dürfen aber ohnehin nur als grobe Richtwerte verstanden werden. Weitere Interpretationen sowie die Erklärung der astronomischen Winkelgeschwindigkeiten folgen im Abschnitt 2.5.4. Ein Problem der Langzeitanalysen ist die Homogenität der Daten. Auch deshalb fällt ein Urteil über die Signifikanz dieser Partialtiden schwer. Wegen der Möglichkeit von Aliasing sind mindestens stündliche Abtastungen der Daten erforderlich. Selbst bei den geglätteten Reihen der Monats- oder Jahresmittelwerte gehen die typischen Amplituden von 1–2 cm oft im Rauschen unter. Interessant sind die Anomalien der linearen Regression zwischen verschiedenen Pegeln. Diese weisen z. B. zwischen den hochkorrelierten Nachbarpegeln Wismar und Warnemünde deutliche Schwankungen mit dem Sonnenzyklus auf (STIGGE, 1991).

2.5.3 Eustatische und isostatische Einflüsse

Eine Unterscheidung eustatischer und isostatischer Ursachen für die Langzeitveränderung der mittleren Wasserstände ist ohne weitere Annahmen aus Wasserstandsdaten nicht möglich. In den letzten Jahrzehnten sind zwar mit verschiedenen Satellitentechniken neue Werkzeuge hinzugekommen, die Annahme globaler eustatischer Meeresspiegelanstiege (Abschnitt 2.1) resultiert jedoch vor allem aus Klimamodellrechnungen. Da die Erdkrustenbewegung als eine langzeitig wirkende Ursache zu verstehen ist, lassen Wasserstandsschwankungen im Intervall weniger Jahre eher auf entsprechende Veränderungen der atmosphärischen Anregungsprozesse schließen. Dass auch Letzteres zu säkularen Meeresspiegelschwankungen führen kann, ist unbestritten, aber nicht zwingend notwendig. Während „globale" oder „nordatlantische" Ursachen die Gesamtheit der westeuropäischen Küstenpegel beeinflussen, sind die Differenzen der Wasserstände zwischen nördlichen und südlichen Ostseepegeln als Indikator für die rezente Erdkrustenbewegung sowie für die zeitweilige Dominanz spezieller Windfelder und Luftdruckverteilungen zu verstehen. Zur Zeit werden

Tab. 2.22: Amplituden in cm oder Energie (*) in cm² oder normalisierte Energie (**) in % der Gesamtvarianz zu einigen in verschiedenen Zeitreihen des Wasserstandes aufgefallenen Partialtiden in Nord- und Ostsee

Periode von…bis	0,5 a	1 a	1,2 a	3,0 a 3,3 a	4,2 a 4,5 a	6,0 a 6,3 a	7,3 a 7,8 a	8,8 a 9,0 a	11 a	12,5 a 13 a	18,1 a 18,6 a
Ursache	Neigung der Erdachse	Jahr	Polschwankungen	Zeitweilige Klimazyklen	Mondapsidenumlauf	Polschwankungen	Klimazyklen	Mondknoten u. Apsidenumlauf	Mittl. Zyklus der Sonne	Zyklus der Sonne	Mondknoten uml.
Astron. Winkelgeschw. (s. Text)	2η	η	$\eta + \omega - \rho$		$2\omega - \rho$	$\omega - \rho$		ρ od. 2ω			ω
Messort Autor Jahr											
Swinemünde BREHMER 1914	3,2	5,5	1,7			1,8		0,8	1,7		1,4
Swinemünde KOWALIK 1973	* 80 cm²	* 100 cm²	* 15,8 cm²	* 7,2 cm²		* 5,4 cm²			* 2,3 cm²		
Europa CURRIE 1981									1,0		
Nordsee JENSEN 1991		5,9	2,5		2,4	2,3	2,2			2,6	2,8
Sassnitz WEISE 1990	3,3	8,3	2,1	1,8		2,6					1,4
Sassnitz PANSCH 1991	9,2	12,3									
Beltsee STIGGE 1993				1,1	1,2	1,0	1,1		0,9		1,0
Cuxhaven ANNUTSCH 1992				** 40 %	** 75 %	** 56 %					
Nordsee TÖPPE 1993				2,0	2,2	1,9	1,8	1,7			1,8
Beltsee LIEBSCH 1997	2,2	5,7		1,4			1,3		1,3		

in den höheren Breiten der gesamten nördlichen Halbkugel Meeresspiegelabsenkungen bzw. Landhebungen konstatiert, während Meeresspiegelanstiege bzw. Landsenkungen in den tropischen und subtropischen Küstenzonen, insbesondere in den expandierenden wirtschaftlichen Ballungsräumen Südostasiens, zu verzeichnen sind (JELGERSMA et al., 1993). Bei näherer Analyse zeigen sich vielerorts beträchtliche Raten anthropogener Mikrotektonik, z. B. durch exzessive Grundwassernutzung (JELGERSMA, 1996). Wasserstandsmessungen können deshalb nicht kritiklos zur Verifizierung von Klimamodellrechnungen herangezogen werden. Auch neueste Trendberechnungen der mittleren Wasserstände an der deutschen Ostseeküste bestätigen die seit langem bekannte Größenordnung des relativen Meeresspiegelanstiegs. LIEBSCH (1997) berechnete aus fast 1,5 Jahrhunderte langen Reihen unter Annahme eines linearen Ansteigens folgende Trends:

Wismar   1,38 ± 0,05 mm/a
Warnemünde   1,19 ± 0,06 mm/a

Bei einem angenommenen beschleunigten Meeresspiegelanstieg wären folgende Raten zu veranschlagen:

Wismar: 1,27 ± 0,08 mm/a + 0,0026 ± 0,0014 mm/a^2
Warnemünde: 1,05 ± 0,10 mm/a + 0,0028 ± 0,0016 mm/a^2.

LIEBSCH hebt jedoch hervor, dass die positiven Koeffizienten des Beschleunigungsterms zwar eine Zunahme des Meeresspiegelanstiegs signalisieren, ihre Werte jedoch im Bereich des doppelten mittleren Fehlers liegen und deshalb nicht statistisch signifikant sind. Benutzt man nur unkorrigierte arithmetische Mittelwerte der Wasserstände aus den gewässerkundlichen Jahren[1] 1910–1990 von Wismar und Warnemünde als Ausgangsmaterial, ergibt sich für die lineare Regression:

(Wismar + Warnemünde)/2:   1,61 mm/a

bei einem mittleren quadratischen Fehler (MQF) von 31,4 mm zwischen Approximation und Ausgangsdaten (STIGGE, 1994a). Ein quadratischer Ansatz modifiziert den linearen Anteil wesentlich stärker als in den längeren Reihen von LIEBSCH, nämlich:

(Wismar + Warnemünde)/2 : 0,813 mm/a + 0,01 mm/a^2.

Auch hier wird aber der MQF durch die Hypothese eines beschleunigten Meeresspiegelanstieges nur um 1,3 % gegenüber der Hypothese eines ausschließlich linearen Ansteigens reduziert, nämlich von 31,4 mm auf 31,0 mm. Die Ablehnung der Hypothese eines insgesamt beschleunigten Meeresspiegelanstieges ist jedoch nicht nur statistisch zu begründen. Es zeigt sich, dass unter Annahme einer Approximationsfunktion, die plausible periodische Einflüsse berücksichtigt, noch beträchtliche Reduktionen des MQF möglich sind (Abschnitt 2.6.2). Vergleichende langzeitstatistische Analysen zu den Wasserständen der südlichen Ostsee wurden von DIETRICH et al. (1992) vorgenommen. Zu den Mittelwasserständen, den Verweilzeiten und Sturmflutwahrscheinlichkeiten an der Küste Mecklenburg-Vorpommerns liegt eine Arbeit von TÖPPE (1992) vor. Im Allgemeinen kann man davon ausgehen, dass sich

---

[1] Die Bedeutung gewässerkundlicher Jahre bei vorweggenommener Mittelwertbildung wurde in Abschn. 2.2.3 erläutert.

lineare Trends um so sicherer bestimmen lassen, je länger die verwendete Datenreihe ist. Mit Hilfe der Wasserstandsdifferenzen zwischen deutschen und schwedischen Pegeln sind grobe Abschätzungen über den isostatischen Anteil des Gesamtprozesses möglich. Von den schwedischen Pegeln Stockholm und Spirkana sowie den deutschen Pegeln Wismar und Warnemünde wurden aus stündlichen Daten zunächst Tagesmittelwerte und dann deren Differenzen (Nord-Süd) gebildet (STIGGE et al., 2000). Es zeigten sich hohe tägliche Fluktuationen – in den Winterhalbjahren bis in die Größenordnung Meter – die erst durch eine 365 Tage übergreifende Mittelwertbildung geglättet werden können. Das Ergebnis ist in Abb. 2.44 dargestellt. Durch die Mittelung reduziert sich der Ordinatenmaßstab auf die hier interessierende Größenordnung Zentimeter, so dass der Trend zur Abnahme der Differenzen von 6,8 mm/a deutlich hervortritt. Infolge der Erdkrustenbewegung nehmen die mittleren Wasserstände im Süden zu und im Norden ab, so dass sich die Differenzen (Nord–Süd) mit der Zeit verkleinern. Die Wasserstandsdaten weisen nun aus, dass dieser Effekt zu ca. 88 % auf die Veränderungen im Norden und nur zu ca. 12 % auf die Veränderungen im Süden zurückzuführen ist. Diese Prozentsätze stimmen gut mit den hypothetischen Raten der lokalen Krustenbewegung überein. Da ein eustatischer Anteil kaum regionale Unterschiede dieser Größenordnung hervorbringen dürfte, scheint der Trend geotektonischen Ursprungs zu sein.

Denkt man sich die Kurve um ihren linearen Anteil reduziert, erkennt man einen 10-jährigen und zeitweise auch einen ca. 3-jährigen Zyklus. Während man die 10-jährige Periode nachweist, wird eine 3-jährige Periode nur im Zeitfenster der letzten 10 Jahre gefunden. Als Ursache der großen Differenzen im 1. und 3. Viertel der Messepoche gegenüber den relativ geringen Differenzen im 2. und 4. Viertel kommt die nahezu phasengleich liegende Solaraktivität in Betracht. Zum Vergleich wurden die Daten der Sonnenflecken-Relativzahlen (Quelle: Royal Observatory of Belgium, http://www.oma.be/html/sunspot.html) in Abb. 2.44 aufgenommen. Dazu wurden die Relativzahlen in gleicher Weise wie die Wasserstandsdifferenzen geglättet und wegen des Ordinatenmaßstabes durch 20 dividiert sowie um 20 reduziert. Der Korrelationskoeffizient zwischen den beiden Kurven beträgt 0,56. Man sieht, dass die Meeresspiegelschwankung noch ein starkes Signal gegenüber dem linearen Trend bildet. Letzterer dürfte aber doch eher auf die Veränderung der Pegelbezugspunkte im Schwerefeld zurückzuführen sein (Abschn. 2.6.2 c). Dem gesamten Prozess könnte – wie in Abschnitt 2.1 vorausgesetzt – ein eustatischer Meeresspiegelanstieg von ca. 1mm/a überlagert sein. Die Konsequenz wäre aber, dass mindestens eine der bisher in der südlichen Ostsee angenommenen Kippachsen der näherungsweise plattenförmigen Erdkrustenbereiche bezüglich des irdischen Schwerefeldes die Küste Mecklenburg-Vorpommerns schneiden müsste, und zwar dort, wo die Differenz zwischen der relativen Meeresspiegeländerung und dem angenommenem eustatischen Effekt verschwindet. Letzteres ist jedoch wenig wahrscheinlich, da die Lage solcher angenommenen Kippachsen nicht nur aus Wasserstandsmessungen, sondern auch aus geologischen Untersuchungen hervorgeht.

In Abb. 2.45 sind die aus Monatsdaten berechneten mittleren Wasserstände[2] der gewässerkundlichen Jahre 1856–2000 von Cuxhaven und Warnemünde dargestellt. Das Verhältnis

---

[2] Die Aufbereitung der Altdaten wurde bis 1987 für Warnemünde von DIETRICH (1992) vorgenommen. Die Daten von Cuxhaven wurden aus Tidescheitelwerten berechnet (LANGE, 2000). Nach Vergleichsrechnungen von ANNUTSCH (1992) sind Letztere nicht identisch mit den aus Stundenwerten gebildeten mittleren Wasserständen. In diesem Zusammenhang reicht jedoch bereits eine bestehende Proportionalität aus.

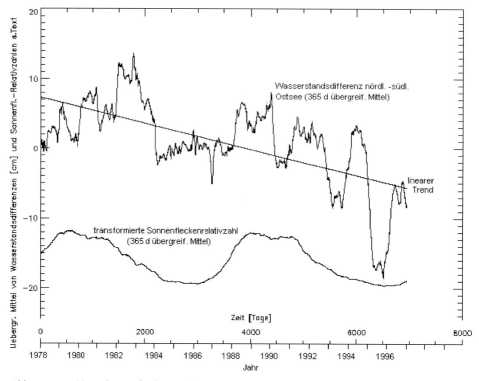

Abb. 2.44: 365 Tage übergreifende Mittelwerte der täglichen Wasserstandsdifferenzen nördliche – südliche Ostsee aus den Kalenderjahren 1978 bis 1997, linearer Trend sowie transformierte Sonnenfleckenrelativzahlen (s. Text)

der relativen Wasserstandsanstiege von Warnemünde (w_{warn} = 1,135 mm/a) zu Cuxhaven (w_{cux} = 2,394 mm/a) beträgt

$$r_w = 0{,}474. \tag{2.44}$$

Eine sehr grobe Abschätzung eustatischer (e) und isostatischer (i) Anteile ist unter gewissen Voraussetzungen wie folgt möglich: Da die Tiefpasswirkung der Meerengen in der betrachteten Zeitskala von 1,5 Jahrhunderten keinen Einfluss mehr hat und die unterschiedlichen Salzgehalte in diesem Zusammenhang vernachlässigbar sind, dürfte der eustatische Effekt für Warnemünde und für Cuxhaven näherungsweise gleich sein.

$$e_{warn} = e_{cux} = e \tag{2.45}$$

Um das Gleichungssystem

$$w_{warn} = i_{warn} + e \tag{2.46}$$
$$w_{cux} = i_{cux} + e \tag{2.47}$$

zu lösen, fehlt lediglich eine dritte Gleichung bzw. eine einzige Konstante, die das Verhältnis i_{warn}/i_{cux} beschreibt. Die von STRIGGOW u. TILL (1987) veranschaulichte Kippung plattenartiger Erdkrustenbereiche um eine von Nordwest nach Südost verlaufende Achse (Abb. 2.46)

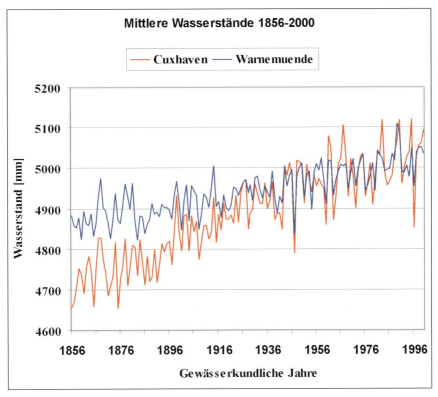

Abb. 2.45: Anstieg der mittleren Wasserstände von Warnemünde und Cuxhaven zwischen den gewässerkundlichen Jahren 1856 und 2000

ließe z. B. erwarten, dass das Verhältnis der aus der Krustenbewegung resultierenden Komponenten i von Warnemünde und Cuxhaven dem Verhältnis der Entfernungen dieser Orte von der angenommenen Kippachse gleicht.

Dies führt zu der Gleichung

$$i_{warn}/i_{cux} = a/b = r_s. \qquad (2.48)$$

Die Entfernungsrelation liefert in diesem Falle jedoch mit $r_s \approx 0{,}6$ einen deutlich größeren Wert als r_w. Das schlösse nicht nur einen eustatischen Effekt völlig aus, sondern spräche vor allem gegen die These einer solchen speziellen Kippung. Unter der Annahme solch einfacher Verhältnisse wird r_s desto kleiner, je näher die gedachte Achse am Ort Warnemünde liegt und je eher ihre Richtung einen rechten Winkel zur Verbindungslinie Cuxhaven–Warnemünde bildet. Nimmt man sie z. B. an der westlichen Begrenzung der Tornquist-Teisseyre-Zone an, ergibt sich ein minimales Verhältnis von $r_{s\,min} = c/d \approx 0{,}3$. Diese Annahme gestattet den Schluss auf einen maximalen eustatischen Effekt e_{max} unter Beachtung einer rezenten Erdkrustenbewegung.

$$e_{max} = w_{cux}(r_w - r_{s\,min})/(1 - r_{s\,min}) \qquad (2.49)$$

Aus den oben genannten Zahlen ergibt sich z. B. $e_{max} \approx 0{,}6$ mm/a. Dann könnten höchstens 53 % des Warnemünder oder 25 % des Cuxhavener Wasserstandsanstieges auf einen

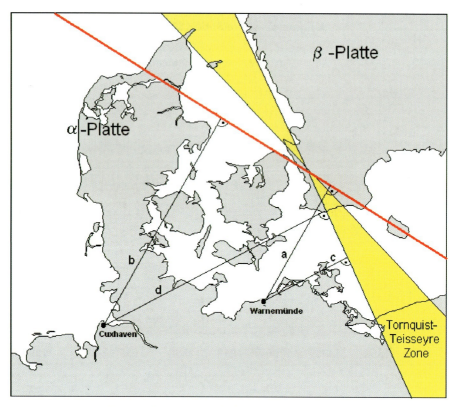

Abb. 2.46: Zur Bewegung der kippender Krustenbereiche

eustatischen Effekt zurückgeführt werden. Wahrscheinlich sind es noch weniger, denn schon LUDWIG (1995) wies darauf hin, dass das Modell von zwei raum- und zeitlich linear kippenden Krustenbereichen viel zu einfach ist. Die wesentlich komplizierteren Verhältnisse gehen auch aus Kap. 1 deutlich hervor. Aus Abb. 2.45 ist ersichtlich, dass sich die Steigungen der Kurven in letzter Zeit angeglichen haben. Beginnt man die Berechnung erst ab 1940, erhält man folgende Werte: w_{warn} = 1,434 mm/a, w_{cux} =1,692 mm/a, r_w = 0,848. Der resultierende Anstieg $e_{max} \approx$ 1,3 mm/a ist bezüglich bisheriger Kenntnisse über die Erdkrustenbewegung jedoch sehr zweifelhaft.

2.5.4 Widerspiegelung kosmischer und klimatischer Einflüsse

Die Suche nach kosmischen und klimatologischen Einflüssen in den ca. 150 Jahre zurückreichenden Wasserstandsdaten beschränkte sich zunächst nur auf Prozesse, die einen Bezug zu den in Tab. 2.22 erwähnten astronomischen Winkelgeschwindigkeiten gestatteten. Letztere haben folgende Bedeutung (HERRMANN, 1914): η = 0,98565°/d der jährliche tropische Erdumlauf, σ = 13,17640°/d der 27,3-tägige tropische Mondumlauf, ω = –0,05295°/d der 18,6-jährige tropische Mondknotenumlauf und ρ = 0,11140°/d der 8,85-jährige tropische Umlauf des Mondperigäums. Zu Perioden, die sich aus Kombinationen dieser Größen ableiten lassen (s. Tab. 2.22), gab es schon vor fast 100 Jahren Interpretationsversuche (PETTERSSON, 1914; BREHMER, 1914). Die zu Eigenschwingungen neigende Ostsee wird aber insbesondere durch wechselnde Windfelder angeregt. Dies gilt auch für die in Tab. 2.22 aufgeführten Zyklen, deren Ursachen schon in Abschnitt 2.1 angedeutet wurden. Die 1,2-jährige Chandler-Periode und eine 6,3-jährige Periode treten in den Wasserstandsspektren der Nord- und Ostsee in gleicher Größenordnung auf. Perioden von etwa drei Jahren sind zum Teil auf die Nordsee zurückzuführen. Dafür sprechen nicht nur die Ergebnisse von ANNUTSCH (1992) und TÖPPE (1993), sondern auch ähnliche Phasenlagen einiger Partialtiden an nördlichen und südlichen Ostseepegeln. Einige Partialtiden dieser Größenordnung scheinen aber auch ostseeinterne Ursachen zu haben, denn sie weisen zwischen den nördlichen und südlichen Pegeln der Ostsee erhebliche Phasendifferenzen auf.

Prozesse, die die Wasserspiegelneigung der Ostsee betreffen, lassen sich auch mit Hilfe der Wasserstandsdifferenzen zwischen nördlichen und südlichen Pegeln untersuchen (s. Abschnitt 2.5.3). Die Ursache solcher Partialtiden – als Beispiel sei der ca. 11-jährige Zyklus genannt – liegt offensichtlich in der Wahrscheinlichkeit bestimmter Wetterlagen im Nordatlantik (CURRIE, 1981; LABITZKE u. VAN LOON, 1988/1989). Auch in diesem Zusammenhang spielt die bereits in Abschnitt 2.1 erwähnte quasibiennale Oszillation der äquatorialen Stratosphäre (QBO) eine Rolle. Die Annahme eines „säkularen" Zyklus in den Wasserständen von Swinemünde (BREHMER, 1914) gilt auch heute noch als spekulativ. Es wäre allerdings möglich, dass die Verlängerung des von GLEISSBERG (1952) entdeckten ca. 80-jährigen Sonnenzyklus auf ca. 120 Jahre (AHNERT, 1989) auf eine Abnahme der Varianz des 11-jährigen Aktivitätszyklus zurückzuführen ist. Eine Widerspiegelung dieses Prozesses in den Wasserständen der Ostsee ist nicht auszuschließen (STIGGE, 1994a). Obwohl die Beschreibung der mittleren Ostseewasserstände durch periodische Approximationsansätze im Sinne der kleinsten Fehlerquadrate sinnvoll ist (s. Abschnitt 2.6.2), begrenzt die Variabilität der Naturprozesse die Reproduzierbarkeit der Ergebnisse. Insgesamt ist festzustellen:

1. Die nachweisbaren mehrjährigen Prozesse – einschließlich der theoretisch vorausgesetzten 18,6-jährigen Nodaltide – sind in der Ostsee nicht persistent.
2. Eine naheliegende Zuordnung dieser Prozesse zum gezeitenerzeugenden Potential oder zu bekannten Klimaphänomenen kann nicht eindeutig erfolgen.

Schließlich sei noch eine theoretische – wegen der Kürze der Messungen bisher jedoch noch nicht nachgewiesene – Partialtide von 179 Jahren erwähnt. Sie ergibt sich aus dem tropischen Umlauf des Mondperigäums und der halben Mondknotentide $\rho + 2\omega = 0,055°/d$ (HERRMANN, 1914). Zusammenhänge zwischen bestimmten atmosphärischen Zirkulationsmustern wurden sowohl zu den Salzwassereinbrüchen in die Ostsee (MATTHÄUS und SCHINKE, 1994), als auch zu Wasserstandssignalen der Ostsee (HUPFER et al., 1998) festgestellt. In Anbetracht möglicher Kausalketten, an deren Anfang z. B. der Sonnenwind stehen könnte, und die durchaus auch anthropogene Komponenten enthalten könnten, ist einzuschätzen, dass kosmische Einflüsse sicherlich nicht nur auf die Anregung durch die Nordseetiden beschränkt sind. Klimatische Ursachen – demnach auch nicht generell von den kosmischen separierbar – sind evident, wenn sie die Windcharakteristik über dem Nordatlantik oder sogar speziell im Ostseeraum beeinflussen. Der Kenntnisstand auf diesem Gebiet entspricht der Kürze der verfügbaren Messreihen. Der chaotische Charakter von Bewegungsabläufen in der Atmosphäre erschwert deterministische Deutungen derart, dass schon Korrelationskoeffizienten über 0,5 Aufmerksamkeit erregen. Im Klimakontext sind natürlich auch die Strahlungsprozesse der Sonne von Bedeutung (LOCKWOOD at al., 1999).

Der Vollständigkeit halber ist die derzeitige Diskussion möglicher Zusammenhänge zwischen kosmischer Strahlung und atmosphärischen Prozessen zu erwähnen (Internetrecherchen). Relevante Komponenten für die Vorhersage physikalischer Prozesse sind von dieser Seite jedoch schwerlich zu erwarten. Für eine philosophische Reflexion sei die Lektüre des Romans „Das Foucaultsche Pendel" von Umberto Eco, Kap. 48, empfohlen.

2.6 Zur möglichen Entwicklung des mittleren Wasserstandes im 21. Jahrhundert

2.6.1 Annahmen zur Wasserstandsentwicklung im Weltmeer

Die Ursachen rezenter Klimaänderungen reichen von astronomischen Zyklen über Veränderungen im koronalen Magnetfeld der Sonne, irdischem Vulkanismus und den Verhältnissen der Wärmeflüsse in den Ozeanen bis zu anthropogenen Effekten infolge der verstärkten Emission von Treibhausgasen. Prozesse, die viele Jahrtausende zurückreichen, spiegeln sich in geologischen Chronologien wie den Sedimentfolgen in Gesteinen oder der Folge von Eisablagerungen mit unterschiedlichem Verhältnis der Sauerstoffisotope O^{16}/O^{18} wider. Über Prozesse der Größenordnung „Jahrhunderte" können Dendro- (Breite der Jahresringe von Bäumen) und Sklerochronologie (z. B. Wachstum von Muschelschalen) Aufschlüsse geben. Systematische Messungen meteorologischer (Temperatur, Luftdruck, usw.) und hydrologischer Daten (meist Wasserstand) gibt es erst seit ca. zwei Jahrhunderten. Verschiedenste Aspekte und Indikatoren der rezenten Klimaprozesse wurden u. a. von LOZAN et al. (2001) diskutiert. Die Ergebnisse von Klimamodellrechnungen sind seit den 80er-Jahren von hoher politischer Wirkung, denn sie lassen auch auf einen globalen eustatischen Meeresspiegelanstieg schließen (TITUS et al., 1988), der vom Intergovernmental Panel of Climate Change (IPCC) veröffentlicht und weltweit als Arbeitshypothese akzeptiert wurde (WARRICK u. OERLEMANS, 1990; IPCC, 1992; DE RONDE u. DE VREES, 1991; HOUGHTON et al., 2001). Je nach den verschiedenen Szenarien sind globale Meeresspiegelanstiege von 0,09 m bis 0,88 m pro Jahrhundert zu erwarten. Der wahrscheinlichste Wert wurde mit 0,4–0,5 m angegeben und auch nach neueren Modellläufen nur geringfügig nach unten korrigiert.

Die bei Klimaprozessen auftretenden Wechselwirkungen sind so zahlreich, dass ihre Diskussion den Rahmen sprengen würde. Am Ende des 20. Jahrhunderts führte die zunehmende Aktivität bei der Erforschung möglicher Klimaszenarien zu neuen – auch kontroversen – Ergebnissen. Wie bei den Klimaszenarien selbst ist auch bei den Annahmen zur Wasserstandsentwicklung zwischen robusten Strategien und Annahmen auf Grund temporärer bzw. lokal gemessener Daten zu unterscheiden. Im Rahmen des IHP IV-Projektes der Unesco *„Hydrology, water management and hazard reduction in low-lying coastal regions and deltaic areas, in particular with regard to sea level changes (1991–1996)"* wurden die Ansätze des IPCC weltweit mit gemessenen Daten verglichen. Es wurde Übereinstimmung darin erzielt, dass bei Gefährdungsanalysen zwischen den langsamen säkularen Prozessen der mittleren jährlichen Wasserstände und den durch Wetteraktivität hervorgerufenen Katastrophen streng zu unterscheiden ist. Unter den in Absatz 2.5.3 geschilderten Umständen wird es nicht für sinnvoll gehalten, Meeresspiegeländerungen für mehr als ein Jahrhundert vorherzusagen. (IHP IV 1996, Recommendation V, Working Group A, Seachange '93: „*Predictions of sea level variation should be made for up to 50–100 years. Any longer predictions may be meaningless*"). Bereits in Abschnitt 2.5.3 wurden die Grenzen von Wasserstandsdaten zur Verifikation von Klimamodelltheorien betont. Der hypothetische Charakter der vom IPCC veröffentlichten Annahmen über globale Meeresspiegeländerungen basiert keineswegs nur auf dem Modellinput (z. B. Annahmen über die zukünftige Emission oder Bindung von Treibhausgasen), sondern auch auf dem Erkenntnisstand der Naturwissenschaften. Zusammenhänge, die nicht bekannt sind, können weder in Gleichungen noch in Software gefasst werden, neuronale Netze bedürfen vorausgehender Lernphasen usw.

2.6.2 Reaktionen des Ostseewasserstandes

Eustatische Meeresspiegeländerungen des Weltmeeres werden sich wegen der Dichterelationen (s. Abschnitt 2.2.3.1) sogar leicht verstärkt auf die Wasserstände der Ostsee auswirken. Aus Abschnitt 2.5.3 ging aber hervor, dass der säkulare Trend zur Abnahme der Wasserstandsdifferenzen zwischen nördlichen und südlichen Ostseepegeln hauptsächlich aus der Erdkrustenbewegung resultiert und nur die messbaren Schwankungen andere Einflüsse signalisieren. Um zwischen den langsamen Bewegungen von Land und Meeresspiegel zu unterscheiden, müsste die Bewegung der Erdkruste über millimetergenaue Messungen direkt erfasst werden. Dies ist zur Zeit noch nicht möglich. Somit gibt es auf der Basis von Wasserstandsdaten auch keine hypothesenfreien Aussagen über die Größenordnung des eustatischen Effektes. Allerdings lässt sich die Hypothese eines *beschleunigten* Meeresspiegelanstieges gegen die Nullhypothese testen. Auch in der Vergangenheit erfolgte der Meeresspiegelanstieg an der deutschen Küste nicht gleichmäßig, sondern war Schwankungen unterworfen. In der Statistik der letzten 150 Jahre erweisen sich die messbaren Beschleunigungsanteile nicht als signifikant. Das öffentliche Interesse für die Reaktionen der Ostseewasserstandes auf globale und regionale Veränderungen bezieht sich auf praktische Fragen wie den Hochwasserschutz, die Erhaltung oder Renaturierung natürlicher Lebensräume oder die Nachhaltigkeit bei der Gewässernutzung. Aus dieser Sicht braucht die Vorhersage von Wasserstandsänderungen nicht mehrere Jahrhunderte zu betreffen, sondern höchstens 2–3 Generationen (STIGGE, 1997). Die dafür benötigten Prognosen brauchen folglich auch nicht auf Annahmen zu basieren, sondern – die Langsamkeit der Veränderungen lässt es zu – auf gesicherten Erkenntnissen. Als solche sind für die Ostsee ausschließlich die linearen Trends nachgewiesen (vgl. Abschnitt 2.5.3). Es ist aber durchaus wahrscheinlich, dass die den mittleren Wasserstand beeinflussenden Größen zumindest teilweise kausal interpretierbaren Langzeitschwankungen unterworfen sind.

Als ein Entscheidungskriterium für unser Naturverständnis gilt die Varianzanalyse. Die Annahme oder Ablehnung einer Hypothese hängt davon ab, ob nach Abzug der erwarteten Gesetzmäßigkeit die Restvarianz der Daten signifikant abnimmt. Bei der harmonischen Analyse geht man aber auch von a priori wirkenden periodischen Prozessen aus. Dies rechtfertigte die Approximation einer Reihe mittlerer Wasserstände der Beltsee aus Gewässerkundlichen Jahren mit Hilfe nur einiger weniger vorgegebener periodischer Funktionen. Dabei wurde ein mittlerer quadratischer Fehler (MQF) von etwa 2,5 cm erreicht, während sowohl die lineare als auch die quadratische Näherung einen MQF von jeweils 3,1 cm aufwiesen (STIGGE, 1994a). Wie eine aktuelle Wiederholungsrechnung belegt (Abb. 2.47), ist das Ergebnis nicht persistent, veranschaulicht aber, dass sich eine Approximation von Wasserstandsschwankungen eher durch periodische Funktionen erreichen lässt als beispielsweise durch höhere Polynome. Die Anpassung hat sich im Jahre 2000 nur um 2,8 % verschlechtert, und die extrapolierten Werte am Ende des 21. Jahrhunderts liegen nun etwas unter den 1990 extrapolierten Werten. Die immer wieder vermutete Beschleunigung des Meeresspiegelanstieges erwies sich sowohl im Datenmaterial der südwestlichen Ostsee als auch für die Nordsee (TÖPPE, 1994) als statistisch nicht signifikant – man vergleiche die mittleren quadratischen Fehler MQF in Abb. 2.47.

Die mögliche Entwicklung der mittleren Wasserstände im 21. Jahrhundert ist daher wie folgt einzuschätzen:

a) unter Annahme einer anhaltenden rezenten Erdkrustenbewegung – einschließlich eines möglichen eustatischen Effektes – ist an der Küste Mecklenburg-Vorpommerns von einem statistisch gesicherten langzeitigen Meeresspiegelanstieg zwischen 1,2 mm/a und 1,4 mm/a auszugehen.

b) unter Annahme zyklischer Schwankungen, denen vielfach nachgewiesene Partialtiden zu Grunde liegen, ist mindestens bis in die 30er-Jahre des 21. Jahrhunderts eine zusätzliche Verstärkung des linearen Anstiegs möglich. Dies kann als vorübergehend höherer Trend oder vorübergehende Beschleunigung des Meeresspiegelanstieges verstanden werden. Dass sich diese Abweichungen vom Langzeittrend danach voraussichtlich wieder reduzieren, ergibt sich daraus, dass nur der unter a genannte Langzeittrend statistisch gesichert ist. Aus heutiger Sicht wird im 21. Jahrhundert ein Anstieg von maximal 24 cm an der Mecklenburgischen Küste für möglich gehalten. Die einzelnen Komponenten der Approximationsfunktion, auf der diese Aussage basiert, sind zwar im Gegensatz zu den unter a) genannten linearen Ansatz nicht statistisch signifikant, die gesamte Approximationsfunktion weist jedoch einen deutlich geringeren Fehler gegenüber den gemessenen Daten auf als die linearer oder quadratischer Ansätze.

c) Bisher gehen weder für die Deutsche Bucht noch für die deutsche Ostseeküste statistisch signifikante Beschleunigungsterme des Meeresspiegelanstieges aus den Pegeldaten hervor, d. h., Hypothesen zu Beschleunigungen eines (globalen) Meeresspiegelanstieges werden durch die gemessenen Wasserstandsdaten hier nicht bestätigt. Die Messergebnisse werden zwar durch die rezente Erdkrustenbewegungen modifiziert, es ist aber nicht anzunehmen, dass sich letztere in der südlichen Ostsee im gleichen Maße „abbremst" und damit eine Beschleunigung des globalen Meeresspiegelanstieges kompensiert. Dies würde offensichtlich

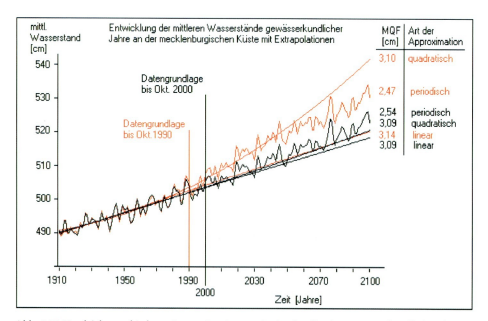

Abb. 2.47: Vergleich verschiedener Approximationsmethoden für die über gewässerkundliche Jahre gemittelten Wasserstände (MW) von Wismar und Warnemünde und deren Mittl. Quadr. Fehler (MQF)

bedeuten, dass sich im nördlichen Ostseeraum auch die Küstenhebung vermindern müsste, so dass sich dort beide Effekte addieren und enorme Beschleunigungen des relativen Meeresspiegelanstiegs in der Bottensee hervorrufen müssten – was aber nicht der Fall ist.

2.6.3 Konsequenzen

Angesichts der IPCC-Annahmen (s. HOUGHTON, 2001) zielt die Frage nach zukünftigen Küstenschutzstrategien nicht nur auf Deicherhöhungen, sondern auch auf den Verzicht aufwendiger konventioneller Präventivmaßnahmen, wenn am Ende der Entwicklung ohnehin nur „Rückzug" sinnvoll wäre. Aus den bisher gemessenen mittleren Wasserständen ergeben sich für Letzteres jedoch keine Anzeichen. Die Erhöhung des mittleren Wasserstandes deutet sich bis zum Ende des 21. Jahrhunderts für die südliche Ostsee mit maximal 24 cm/Jhd. (langfristig nur mit 14 cm/Jhd.) an. Ohne einer Gesamteinschätzung – die sich erst an die Abschätzung zukünftiger Sturmflutszenarien (s. Abschnitt 3.5) anschließen kann – vorgreifen zu wollen, sollte dieser Prozess mit dem ohnehin stets erforderlichen gesellschaftlichen Engagement auch weiterhin beherrschbar bleiben.

3. Hoch- und Niedrigwasser

3.1 Allgemeine Bedeutung

3.1.1 Sehr hohe und sehr niedrige Wasserstände im Leben der Küstenbewohner

Stürme und Orkane haben von jeher eine gravierende Bedeutung für Küstenregionen, wirken sie sich doch hier ungleich heftiger aus als im Binnenland. Neben den generellen Sturmschäden und Behinderungen kommen an der Küste vor allem noch das Erliegen des Schiffsverkehrs und Hafenbetriebes sowie Havarien auf See hinzu. Besonders katastrophale Ausmaße nehmen sie dann an, wenn weiträumig anhaltender auflandiger Sturm zusätzlich den Meeresspiegel stark, im äußersten Fall um mehrere Meter, ansteigen lässt. Richten allein die Überschwemmungen während dieser Extremsturmfluten schon erhebliche Zerstörungen an, so addiert sich zu jenen die große Energie der auflaufenden Wassermassen mit Seegang und Brandung. Stark beschädigte Hafenanlagen und Küstenschutzbauten, gestrandete Schiffe, abgestürzte Steilufer und verwüstete Strände, mitunter auch Menschenverluste, sind das Resultat. Das gilt im globalen Maßstab (GÖNNERT et al., 2001) ebenso wie für die deutschen Küsten. An der Ostseeküste entstehen Sturmfluten zwar seltener; in ihren Auswirkungen können sie jedoch ebenso folgenschwer sein wie an der Nordsee. Die meist relativ langen Zeiträume zwischen zwei schweren Ostseesturmfluten dürfen aber keineswegs darüber hinwegtäuschen, dass ein ähnliches Ereignis jederzeit wieder möglich ist. Das gilt selbst für ein „singuläres Ereignis" wie die bisher verheerendste Flut vom November 1872 (JENSEN u. TÖPPE, 1990). Wenn auch bei der 1995er-Sturmflut trotz erheblicher Zerstörungen an der Küste die durch Hochwasserschutzwerke gesicherten Orte ohne Schäden blieben, darf dennoch nie vergessen werden, dass 1872 über 270 Menschen ihr Leben verloren und mindestens 120 Schiffe verunglückten. Etwa 75 Schiffbrüche traten allein an der heutigen deutschen Küste auf (KIEKSEE, 1972; LACHS u. ZOLLMANN, 1989). In Mecklenburg und Vorpommern gab es mehr als 20 schwerwiegende Küstendurchbrüche. Einen zum Jahresende 1913 eingetretenen Sturmflutschaden zeigt Abb. 3.1.

Es nimmt daher nicht wunder, dass die Sturmfluten an der deutschen Ostseeküste auch in Volkssagen und in der Heimatliteratur vorkommen. Bekanntestes Beispiel ist die wiederholt neu interpretierte Sage von der als Folge einer Flut untergegangenen Stadt Vineta. Viel gelesen und immer wieder aufgelegt werden beispielsweise die Werke von FRIEDRICH SPIELHAGEN „Sturmflut" und von der Fischland-Dichterin KÄTHE MIETHE „Die Flut".

Die negativen Auswirkungen sehr niedriger Wasserstände sind viel geringer als die der Sturmfluten. Sie beschränken sich auf die auch bei anderen Sturmwetterlagen auftretenden Schäden und Beeinträchtigungen. Sturmniedrigwasser können jedoch mitunter zu bemerkenswerten Störungen und Schäden führen (Abb. 3.2). Auf die Bedeutung solcher Ereignisse ist in jüngster Vergangenheit besonders in schwedischen Veröffentlichungen (TÖRNEVIK, 1977; HOLMSTRÖM u. STOKES, 1978; NYBERG, 1983), aber auch von BIRR (1968) und SCHMAGER (1984, 1989) hingewiesen worden. Zuverlässige Wasserstandsinformationen sind unabdingbar für das sichere Navigieren von Schiffen mit großem Tiefgang in den nautisch komplizierten Gewässern der westlichen Ostsee, in den Belten und im Sund. Eine Reihe von Grundberührungen in den letzten Jahren im Gebiet der Kadet-Rinne weisen auf die Aktualität dieser Forderung hin. Niedriger Wasserstand war in den meisten Fällen zwar nicht die Ursache, aber es ist kaum abzuschätzen, welche Schäden Natur und Umwelt zusätzlich erleiden würden, wenn Niedrigwasser als Havarieursache mit in Erscheinung träte. Im

Abb. 3.1: Durch die Sturmflut am 30./31.12.1913 zerstörte Eisenbahnbrücke (Klör-Brücke) zwischen Bresewitz und Pruchten in Vorpommern (Darß-Zingster Boddengewässer). Foto: Archiv HUPFER

küstennahen Bereich wird die Schifffahrt durch die reduzierten Fahrwassertiefen erheblich gestört, insbesondere auch der Fährverkehr zwischen Küstenorten. Kleine Häfen können trocken fallen (Abb. 3.2).

Als Vorteil ist dagegen die Möglichkeit der direkten Untersuchung der dann sichtbar gewordenen Schorre zu sehen. Für die Förden, Haffs und Bodden ist zudem ein intensiver Ausstrom mit hohen Strömungsgeschwindigkeiten zur Ostsee zu beobachten, der von nicht unerheblicher ökologischer Bedeutung für diese Gewässer ist.

Jede große Sturmflut wirft zahlreiche Fragen auf, initiiert neue Forschungsimpulse. Dabei geht es primär um die spezifischen Entstehungs- und Wirkungsbedingungen sowie ihre lokale Modifizierung und Häufigkeit, um zuverlässige Kurz- und Langfristprognoseverfahren (unter Berücksichtigung des Einflusses des säkularen Meeresspiegelanstiegs) sowie um die notwendigen Gegenmaßnahmen und um einen effektiven Hochwasserschutz.

Von so verheerenden Naturkatastrophen des 20. Jahrhunderts wie die Holland-Sturmflut 1953 und die Hamburger Sturmflut von 1962 ist die deutsche Ostseeküste weitgehend verschont worden. Aber Gedenk- und Erinnerungstafeln sowie Wasserstandsmarken halten die Erinnerung insbesondere an die in der westlichen Ostsee bisher einmalige Naturkatastrophe wach, nämlich an das Sturmhochwasser vom 12./13. November 1872 an der deutschen, dänischen und schwedischen Ostseeküste (s. Abschn. 3.1.2).

In der Historie bisher einmalig ist die Sommersturmflut vom 28. August 1989 (in Zusammenhang mit dem Wendtorf-Orkan; NEEMANN, 1994; s. a. Abschn. 3.3.1.2.2), die katastrophale Schäden in den Yachthäfen der Kieler Bucht angerichtet hat. Die MÜNCHENER RÜCKVERSICHERUNGSGESELLSCHAFT (1999) schätzte den Gesamtschaden dieses Sommerorkans auf rund 25 Mio. DM.

Der Tab. 3.1 sind aus der Zusammenstellung von 17 Sturmfluten Einzelheiten über erreichte Wasserstände, Entstehung, Schäden und Merkmale zu entnehmen.

Abb. 3.2: Sturmniedrigwasser (bis 105 cm unter NN) am 2.11.1965 in Stralsund. Im Seglerhafen an der Nordmole liegen die Boote trocken. Foto: BIRR (1968)

3.1.2 Sturmflutkatastrophen und Wasserstandsmarken

Ohne Zweifel sind Angaben über Sturmfluten dann von besonderer praktischer und wissenschaftlicher Relevanz, wenn zumindest auch die jeweiligen Scheitelwasserstände bekannt sind. Im Gegensatz zur Nordseeküste, wo schon seit 120 v.u.Z. Sturmflutzeugnisse nachgewiesen sind, existiert der älteste Hinweis auf eine Ostseesturmflut erst aus dem Jahre 1044. Mit Beginn des 14. Jahrhunderts sind weitergehende Informationen in den Chroniken solcher Städte wie Lübeck, Wismar und Stralsund zu finden (KRÜGER, 1911). Dazu gehören die sehr schweren Sturmfluten von 1304, 1320 und 1449, die über 2,5 m Fluthöhe erreicht haben sollen. Brauchbare Höhenangaben sind erstmalig nur für Lübeck vom 30. November 1320 mit 3,1 bis 3,2 m über Mittelwasser (ü. MW) überliefert. Erst wieder zur Sturmflut am 10. Februar 1625 erscheinen die nächsten und offensichtlich exakteren Höhenwerte. Dass diese bis heute dokumentiert sind, ist den Sturmfluttafeln bzw. Wasserstandsmarken in Lübeck, Travemünde und Rostock zu verdanken (2,84 m, 2,80 m und 3,06 m ü. MW). Der Wert für 1625 wurde in Lübeck auf Grund der Sturmflutmarke am Blauen Turm (BERG, 1999) bestimmt, der für Rostock ebenfalls nach Fluttafeln (KOLP, 1955). Höhenzuordnungen der Pegel sind erst seit 1825 vorgenommen worden. Die festgestellten Sturmfluthöhen besitzen eine enge Relation zu den immensen Verlusten an Menschenleben und materiellen Gütern (über 9000 Tote), die als Folge dieser Sturmflut zu beklagen waren.

Selbstredend hinterlässt jeder erhöhte Wasserstand bestimmte Spuren. Doch werden beispielsweise Spülsäume oder Treibsellinien (Teekgrenzen), Durchfeuchtungen an Kliffs und Bauwerken nicht unmittelbar durch Nivellements aufgemessen und dauerhaft vermarkt, ist von ihnen nach kurzer Zeit nichts mehr zu erkennen. So ist von 32 Hochwassermarkierungen nach der Sturmflut vom 31. Dezember 1904 zwischen Ahrenshoop und

Wittow (Vorpommern), die durch die Wasserbauinspektion Stralsund erfolgten, keine erhalten geblieben (LANDESARCHIV GREIFSWALD, 1905). Nur in solchen Fällen, wo rechtzeitig feste Marken vor allem auf Stein- oder Metallplatten angebracht wurden, besteht die Chance, dass sie der Nachwelt von dem Geschehen künden. Das impliziert gleichermaßen ihre kontinuierliche „Pflege", wie es vorbildlich am Neubau des Kaufhauses Krull in Zingst demonstriert wird. Als schlechtes Beispiel sind dagegen die Markierungen mit Teer von 1872, 1883, 1904 und 1913 am ehemaligen Lotsenschuppen in Thiessow (Rügen) anzusehen, die teilweise nicht mehr zu identifizieren sind. Beispiele von Sturmflutmarken sind in den Abb. 3.3 und 3.4 enthalten. Auch frühere Extremfluten sind durch ihre Wasserstandsmarken belegt (vor 1872):

10. Januar 1694 (Lübeck 2,86 m, Schleswig 2,71 m und Flensburg 2,70 m ü. MW),
19. Dezember 1835 (Flensburg 2,54 m ü. MW),
26. Dezember 1836 (Lübeck 2,20 m ü. MW) und
30. Dezember 1867 (Lübeck 2,04 m ü. MW).

Tab. 3.1: Überblick zu herausragenden Sturmhochwasserereignissen an der deutschen Ostseeküste, nach BAERENS (1998)

Datum	Scheitelhöhe cm ü. NN	Bemerkungen	Literatur
12./13. 11. 1872	Flensburg: 308 Schleimünde: 321 Kiel: 297 Travemünde: 330 Wismar: 284 Warnemünde: 245 Stralsund: 241 Greifswald: 266	Massiver Einstrom von Nordseewasser in die Ostsee unmittelbar vorher; durch anhaltende Westwinde Anstau des Wassers in der nördlichen Ostsee	BAENSCH (1875), COLDING (1882), RODLOFF (1972)
30./31. 12. 1904	Greifswald: 239 Wismar: 228 Flensburg: 224 Kiel: 224	Schwere Zerstörungen südlich und östlich der Insel Rügen	NIESE (1910), KRÜGER (1911)
29./30. 12. 1913	Stralsund: 232 Greifswald: 210 Wismar: 208 Travemünde: 197	Wasserstand lag an deutscher Ostseeküste vor dem Ereignis bereits bei 50 bis 90 cm ü. NN. Maximum in den Darß-Zingster Bodden 30./31.12., s. Abb. 3.1	FRIEDRICHSEN (1914)
4. 1. 1954	Wismar: 210 Travemünde: 202 Neustadt/H.: 185 Greifswald: 182	Nach erstmaliger Beobachtung wanderte die Sturmflut auslösende Tief vom Europäischen Nordmeer kommend über Skandinavien entlang der finnischen Küste südwärts bis Polen und von dort in westlicher Richtung nach Holland. Beträchtliche Abtragungen an Steilküsten Schleswig-Holsteins	PETERSEN (1954) WEYL (1954) KANNENBERG (1955) KOLP (1955) VILKNER (1955) MIEHLKE (1956) TROLL (1956)

Datum	Scheitelhöhe cm ü. NN	Bemerkungen	Literatur
3./4. 11. 1995	Flensburg: 181 Kiel: 199 Travemünde: 184 Wismar: 202 Warnemünde: 160 Stralsund: 164 Greifswald: 179	Windstauereignis; eine der schwersten beobachteten Sturmfluten an der Küste Mecklenburg-Vorpommerns der letzten 125 Jahre, s. Abschn. 3.1.3 (vgl. auch Tab. 3.2)	MBLU'96 (1996)
13. 2. 1979	Kiel: 193 Flensburg: 181 Schleimünde: 181 Travemünde: 181	Durch beständig starke Winde aus Nordost verursachte lange Andauer der Sturmflutsituation, Wasserstand ca. 48 Std. oberhalb 100 cm ü. NN	EIBEN u. SINDERN (1979), KRUHL (1979)
12./13. 1. 1987	Travemünde: 178 Kiel: 172 Wismar: 169 Schleimünde: 159	Windstauereignis; durch Meereisbildung Verringerung der Brandungsenergie und damit geringerer Rückgang an Steilküsten Schleswig-Holsteins (Prognose: 4 m, tatsächlicher Abtrag: 1,6 m im Mittel über den gesamten Steilküstenabschnitt)	EIBEN (1989), SCHWARZER (1989), STERR (1989)
1./2. 3. 1949	Greifswald: 180 Wismar: 174 Warnemünde: 150 Kiel: 150	Windstauereignis, schwere Schäden auf dem Darß	REINHARD (1949a, 1949b)
14. 1. 1960	Kiel: 177 Travemünde: 165 Wismar: 155 Flensburg: 152	Überlagerung von Windstau mit Eigenschwingung, Schäden an Steilufern und Dünen in Schleswig-Holstein	KNEPPLE (1961)
28. 8. 1989	Kiel: 173 Travemünde: 166 Neustadt/H.: 151 Mar.leuchte: 150	Erstmals beobachtete schwere Sturmflut im Sommer (Wendtorf-Orkan, s. Abschn. 3.3.1.2.2)	NEEMANN (1994)
28. 12. 1978	Kiel: 170 Flensburg: 166 Schleimünde: 151 Travemünde: 140	Sehr lange Andauer, Wasserstand ca. 84 Stunden oberhalb 100 cm ü. NN, verursacht durch beständig starke Winde aus Nordost	EIBEN u. SINDERN (1979), KRUHL (1979)
13. 1. 1957	Flensburg: 160 Travemünde: 156 Kiel: 152 Wismar: 127	Abtragung an Steilküste Westmecklenburgs bis zu 6 m, an Dünenküste bis 14 m	ROGGE u. MIEHLKE (1957)

Datum	Scheitelhöhe cm ü. NN	Bemerkungen	Literatur
19. 12. 1986	Koserow: 142 Wismar: 137 Warnemünde: 125 Greifswald: 118	Durch Südwest-Winde Abfließen des Wassers in die nördliche Ostsee, nachfolgende Drehung des Windes auf Nordost über der Ostsee verstärkt den Anstau des Wassers an der südwestlichen Ostseeküste	EIBEN (1989)
15. 1. 1963	Travemünde: 115 Kiel: 113 Warnemünde: 108 Neustadt/Holst.: 106	2 bis 3 km breiter Festeissaum vor der mecklenburgischen Küste verhinderte höheren Wasserstandsanstieg trotz stürmischer Nordost-Winde über der Ostsee	SCHÜTZLER (1963)
3. 12. 1986	Flensburg: 111 Kiel: 108	Durch vorangegangene Südwest- bzw. West-Winde Abfließen des Wassers in die nördliche Ostsee, beim Nachlassen des Windes Rückschwappen und Anstau des Wassers an der südwestlichen Ostseeküste	EIBEN (1989)
18.10.1967	Greifswald: 108 Flensburg: 107 Saßnitz: 105 Kiel: 100	Gekoppeltes Niedrigwasser-Hochwasser-Ereignis; Winde aus Nordwest bis Nord begünstigten das Rücklaufen der in der östlichen Ostsee gestauten Wassermassen	CORRENS (1973)

Warum Markierungen für 1784 (Lübeck ca. 2,8 m ü. MW) und 1825 (Warnemünde 2,5 m ü. MW) fehlen, ist nicht bekannt. Die meisten Flutmarken hat die bisher schwerste Sturmflut vom 13.11.1872 hinterlassen. Sowohl dadurch als auch durch den Pegel- (1810 erste Pegelinstruktion, 1826 Pegel Travemünde) und Wetterdienst (1852 Küstenstationen Kirchdorf/Poel, Rostock und Wustrow/Fischland; 1864 Sturmwarnungen) war es möglich, ein Bild der meteorologischen Bedingungen und der Wasserstandsentwicklung dieses exzeptionellen Hochwassers zu bekommen. BAENSCH legte dazu schon 1875 die erste wissenschaftliche Bearbeitung einer Sturmflut vor. Aus diesem Kontext heraus erwächst genauso die gegenwärtige Bedeutung der vorhandenen Flutmarken. Unter Voraussetzung ihrer verbürgten Höhenlage bieten sie eine akzeptable Basis für die Berechnung des Bemessungshochwasserstandes, der als Maßstab für sichere Hochwasserschutzbauten gilt. Fast in jeder Ostseestadt und in mehreren Badeorten sind Marken zu finden. Allein von 17 von ihnen wird zwischen Schlei und Flensburger Förde berichtet (PETERSEN u. ROHDE, 1991). Eckernförde hatte allein 11 ausschließlich von der 1872er Flut stammende Marken. Für Schleswig-Holstein dürften weitere noch hinzukommen. Nach WOLF (1999) und Recherchen von BIRR (1999b) hat es in Mecklenburg-Vorpommern mindestens 38 Marken gegeben (ohne die 32 von 1904), außerdem zwei Gedenksteine ohne Höhenbezug. Davon entfallen 23 auf 1872, je eine auf 1625, 1874, 1883 und 1949, zwei auf 1904, vier auf 1913 und fünf auf 1995. Leider existieren 12 Marken nicht mehr, darunter 11 von 1872. Etliche sind nur bzw. glücklicherweise als Kopien oder Nachbildungen erhalten geblieben. Es ist nun-

Abb. 3.3: Sturmflutmarken in Greifswald-Wieck (altes Hafenamt) vom 13.11.1872 und 3.11.1995.
Foto: BIRR (April 1999)

mehr allerhöchste Zeit, wenigstens die selten gewordenen originalen Wasserstandsmarken zu bewahren und ihnen einen ausreichenden Schutzstatus zu geben (besonders Flensburg, Travemünde, Lübeck, Wismar/Baumhaus, Thiessow und Greifswald-Wieck). Nur so lässt sich in der Öffentlichkeit die Erinnerung an diese Sturmfluten wach halten und darauf orientieren, dass derartige Katastrophen nach wie vor eintreten können. So musste der Schweriner Landtag nach der 1995er Flut zur Kenntnis nehmen, dass das Gefährdungsbewusstsein der Bevölkerung sowie der Verwaltungen und Unternehmen erschreckend niedrig ist (MBLU'96, 1996).

3.1.3 Analyse eines Fallbeispiels: Die Sturmflut vom 3./4. 11. 1995

Auf die Wucht und zerstörerische Kraft von Sturmfluten hat in jüngster Vergangenheit das schon erwähnte Sturmhochwasser von Anfang November 1995 aufmerksam gemacht, bei dem an einigen Orten entlang der deutschen Ostseeküste Wasserstände um 200 cm ü. NN beobachtet wurden. Die Schäden an der Küste und den Küstenschutzeinrichtungen waren beträchtlich (Abb. 3.5).

Die letzte Sturmflut im 20. Jahrhundert fand am 3. und 4. 11. 1995 statt. Sie gehörte an der deutschen Ostseeküste zu den schwersten seit 1872 (Tab. 3.1). Diesem Ereignis ging eine Erhöhung des Füllungsgrades der Ostsee infolge von Einstrom salzreicheren Wassers aus dem Übergangsgebiet bzw. der Nordsee voraus (vgl. Abschn. 3.3.3.1). Dies wurde durch nordwestliche Luftströmungen über der Nordsee, dem Skagerrak und der westlichen Ostsee etwa 7 Tage und durch Südwest-Winde über den übrigen Teilen der Ostsee etwa 12 Tage (mit einer Unterbrechung vom 29.–31. Oktober infolge Hochdruckeinfluss) vor dem Eintrittstermin ermöglicht (s. auch Abschn. 3.3.1.1).

Die verursachende Wetterlage kann durch ein Sturmtief beschrieben werden, das am 2.11. um 0 Uhr UTC mit seinem Kern über Nordschweden und Nordfinnland lag. Ein weiteres Bodentief befand sich währenddessen mit dem Kern über dem Baltikum. Beide Zyklonen bewirkten zusammen mit einem Hochdruckgebiet über dem Nordatlantik einen schwa-

Abb. 3.4: Sturmflutmarken in Travemünde, Vorderreihe 7, vom 10.2.1625 (links) und 13.11.1872 (rechts). Foto: Birr (September 2000)
Die Inschrift auf der weißen Tafel lautet::
Ao 1625 DEN X FEBER
HET DET WATER SO
HOCH GESTAN UNDER
DISSEN STEIN

Abb. 3.5: Vom Abstürzen bedrohtes Gebäude an einem abgebrochenen Kliff.
Foto: MBLU'96 (1996)

chen Nordwind über der Ostsee. Das nur als Bodentief ausgebildete Baltische Tiefdruckgebiet wurde mit der Höhenströmung bis zum Ereignistag in nordöstliche Richtung transportiert. Das steuernde Tief verlagerte sich mit einer Verschärfung des Höhentroges in südöstliche Richtung nach Polen. Am 4. 11. lag das Tiefdrucksystem mit seinen Kernen östlich der
Ostsee (Abb. 3.6). Die damit verbundene großräumige Nord- bis Nordostströmung auf der
Rückseite des Tiefdrucksystems sorgte mit einer Streichlänge von den Åland-Inseln und dem
Finnischen Meerbusen im Norden bis zur deutschen Ostseeküste im Süden einerseits für
einen Wasserstau an dieser Küste mit Wasser aus der nördlichen bis westlichen Ostsee,
während andererseits die Windverteilung ein schnelles Abfließen des angestauten Wassers
durch Beltsee und Kattegat in Richtung Nordsee verhinderte.

In Abb. 3.7 ist die Entwicklung des Wasserstandes an einigen Stationen zwischen 1. und
8.11.1995 aufgetragen (s.a. Abb. 3.45 mit der Zeitreihe des Wasserstandes in Travemünde vom
25.10. und 27.11.). Die bereits erwähnte Winddrehung auf nördliche Richtungen in der zweiten Hälfte des 1.11., d. h. 2,5 Tage vor dem Sturmflutereignis, zeigt sich auch im Wasserstandsverlauf. Mit der Winddrehung begannen die Wasserstände an der deutschen Küste zu
steigen. Dies steht im Einklang mit einem gleichzeitigen Fall des mittleren Wasserstandes der
Ostsee (Pegel Landsort). Das verringerte den Wasserstau in der nördlichen Ostsee und erschwerte das Abfließen des Wassers aus der Ostsee heraus. Nach einem vorübergehenden
Rückgang der Wasserstände nach der Abschwächung des Windes kam es dann zu einem rapiden Ansteigen der Wasserstände an der deutschen Küste und zur Auslösung der schweren
Sturmflut (Tab. 3.2). Wie aus Abb. 3.7 zu ersehen ist, zeigen die Ostseepegel einen zyklisch
anmutenden Verlauf, der im Laufe des 7.11. noch einmal an einigen Stationen zur Überschreitung der Sturmflutschwelle von 100 cm ü. NN (s. Abschn. 3.2) führte. Die Entwicklung des Wasserstandes lässt darauf schließen, dass an der Entstehung des Ereignisses hydrodynamische Schwingungen des Wasserkörpers beteiligt gewesen sind, worauf im Abschn.
3.3.3.2. genauer eingegangen wird. Wie aus Tab. 3.2 zu ersehen ist, sind Scheitelwerte zeitlich
so versetzt, dass die Maximalwerte tendenziell umso später erreicht werden, je weiter west-

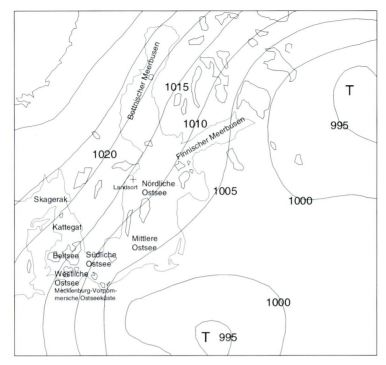

Abb. 3.6: Bodenluftdruckverteilung am 4.11.1995 (Europäischer Wetterbericht 0 Uhr UTC) in einer vereinfachten Darstellung der Ostsee, nach BECKMANN u. TETZLAFF (1996)

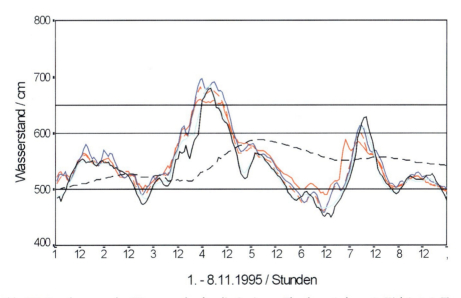

Abb. 3.7: Stundenwerte des Wasserstandes für die Stationen Flensburg (schwarz), Kiel (grün), Travemünde (rot gestrichelt), Lübeck (blau), Warnemünde (rot) und Althagen (schwarz gestrichelt). Daten: BSH

lich der betreffende Ort liegt. In Abb. 3.7 ist auch die nach Phase und Amplitude im Vergleich zu den ostseenäheren Stationen stark modifizierte Kurve für den im Saaler Bodden gelegenen Pegel Althagen enthalten, die als typisch für das dämpfende und verzögernde Ansprechen der inneren Küstengewässer auf Ostseeprozesse gelten kann (vgl. Abschn. 3.3.4 und Kap. 2, Abb. 2.39). Diese Effekte sind auch aus den diesbezüglichen Angaben in Tab. 3.2 zu entnehmen.

Auf dieses bemerkenswerte Sturmhochwasserereignis wird nachfolgend an verschiedenen Stellen eingegangen (s. Abschn. 3.3.3.2 und 3.3.4. sowie Kap. 4).

Tab. 3.2: Maximale Wasserstände an der deutschen Ostseeküste im November 1995
Daten: BSH. PNP = Pegelnullpunkt

Pegel	Scheitelwert cm ü. PNP	Tag/Zeit MEZ	Höchstes Stundenmittel cm ü. PNP	Tag/Stunde MEZ
Ostsee:				
Flensburg	681	4. / 02.50	679	4. / 04–05
Kiel (Leuchtturm)	686	4. / 03.10	684	4. / 03–04
Travemünde	684	3. / 22.30	682	3. / 22–23
Lübeck	699	3. / 23.00	697	3. / 23–24
Wismar	702	3. / 22.00	702	3. / 21–22
Warnemünde	660	3. / 23.00	660	3. / 22–23
Sassnitz	637	3. / 21.20	632	3. / 20–21
Bodden:				
Stralsund	664	4. / 01.30	663	3. / 22–01
Barhöft	642	4. / 07.00	642	4. / 06–08
Barth	630	4. / 10.00	630	4. / 09–10
Althagen	589	5. / 03.00	589	5. / 02–06

3.2 Begriffe

3.2.1 Terminologie und Definitionen

Hohe Wasserstände werden in der deutschen Sprache meistens einheitlich und unabhängig davon, ob sie an der Nordsee- oder Ostseeküste auftreten, als Sturmfluten bezeichnet. Erst in den 1940er Jahren setzte man sich zunehmend mit der Unterschiedlichkeit der Phänomene an Nordsee- und Ostseeküste auseinander. Während an der gezeitengeprägten Nordsee das Tidegeschehen aufgrund der meteorologischen Einflüsse verstärkt oder abgeschwächt, vor allem aber die astronomische Tide vom Windstau überlagert wird (SIEFERT, 1997), kann in der Ostsee bei ähnlichen meteorologischen Einflüssen nicht von einer ozeanographisch gleichartigen Erscheinung gesprochen werden. In der Ostsee haben einerseits die Gezeiten eine untergeordnete Bedeutung, so dass der Begriff „Sturmflut" im Sinne von „Sturmtide" den dortigen Verhältnissen nicht entspräche. Andererseits ist die fast abgeschlossene Beckengestalt der Ostsee für die Entwicklung von sehr hohen Wasserständen grundsätzlich prägend, so dass auch nicht von einer einfachen Überlagerung des mittleren Wasserstandes durch Windstau ausgegangen werden kann. Allerdings rechtfertigt die Ähnlichkeit des Phänomens an Ost- und Nordseeküste im Hinblick auf die meteorologischen

Grundbedingungen, das äußere Erscheinungsbild und teilweise auch auf die Folgen, den Begriff „Sturmflut" für extrem hohe Wasserstände an der Ostseeküste zu verwenden (KANNENBERG, 1954). So ist nach STIGGE (1996) der Begriff „Sturmflut" für die Ostsee nur als Überflutung sonst vom Wasser unbeeinflusster Küstenabschnitte infolge von Sturm zu interpretieren. KANNENBERG (1954) bezeichnet diese positiven Wasserstandsschwankungen auch als Hochwasser. STIGGE (1996) weist jedoch darauf hin, dass der Begriff Hochwasser einzig und allein den Sachverhalt hoher Wasserstände beschreibt, wobei weder die Ursache Sturm noch die Überflutung impliziert werden. Bereits WASMUND (1939) prägte für extrem niedrige und extrem hohe Wasserstände in der Ostsee die Begriffe „Sturmniedrigwasser" (SNW) und „Sturmhochwasser" (SHW). Diese Begriffe deuten zunächst auf außergewöhnlich niedrige bzw. hohe Wasserstände hin und weisen außerdem einen ursächlichen Zusammenhang auf.

Die Ausführungen verdeutlichen, dass mehrere Begriffe für dasselbe Phänomen stehen können. Sollen Ursache und Erscheinung extrem hoher Wasserstände in der Ostsee begrifflich erfasst werden, bietet sich neben dem Begriff „Sturmflut" der Ausdruck „Sturmhochwasser" an. Bei der Festlegung der DIN-Normen (DEUTSCHES INSTITUT FÜR NORMUNG, 1994) hat man sich inzwischen auf einen einheitlichen Thesaurus „Sturmflut" für Nord- und Ostsee geeinigt. Dabei bleibt jedoch das Phänomen extrem niedriger Wasserstände, die häufig mit den extrem hohen Wasserständen in der Ostsee in Zusammenhang stehen, unberücksichtigt. Allerdings wird in DIN 4049-3, Nr. 2.2.6, der Begriff Windsunk gebraucht. Darunter wird die durch Wind verursachte Absenkung des Wasserstandes als Gegenstück zum Begriff Windstau verwendet. Da das logische Pendant zu „Sturmflut" – „Sturmebbe" sinngemäß nicht vom Tidegeschehen zu trennen wäre, sollte für sehr niedrige Wasserstände in der Ostsee der Begriff „Sturmniedrigwasser" verwendet werden. Für besonders hohe Wasserstände werden im Folgenden beide Begriffe, sowohl „Sturmflut" als auch „Sturmhochwasser" auftauchen, wobei der Begriff Sturmflut jedoch ausdrücklich nicht im Sinne von „Sturmtide" zu verstehen ist. Wenn von Extremereignissen die Rede ist, sind alle Arten von Sturmfluten und/oder Sturmniedrigwasser-Fällen gemeint.

Die Ergebnisse von Sturmflut-Untersuchungen stehen in engem Zusammenhang mit der Definition dieses Phänomens. Entscheidend ist, nach welchen Kriterien ein hoher Wasserstand als Sturmflutereignis gewertet wird. Bei der Definition von Sturmfluten und deren Klassifikation in leichte, schwere und sehr schwere Ereignisse (oder wie in dieser Arbeit in leichte, mittlere und schwere) stehen je nach Fragestellung verschiedene Kriterien im Vordergrund. Auch wenn man die Definition von Ostseesturmfluten in verschiedenen Quellen vergleicht, wird deutlich, dass diese keineswegs einheitlich sind (vgl. Tab. 3.3). KRÜGER (1911) verweist bereits auf die Schwierigkeit einer genauen Bestimmung von Sturmflutkriterien. Soll diese jedoch erfolgen, müssten ganz bestimmte Höhen festgelegt werden, über die sich der Wasserstand erhebt. Mit dem Hinweis auf die Willkür einer solchen Festlegung auch im Hinblick auf die überlieferten Sturmflutereignisse früherer Jahrhunderte, deren Aufzeichnung ebenfalls keine Kriterien zugrunde lagen, definiert er Sturmfluten lediglich mit der Festlegung einer ungefähren untersten Höhengrenze, die er in dem Bereich von 1,25 bis 1,30 m ü. MW ansetzt.

VON BÜLOW (1954a, b) bestimmt Sturmfluten hingegen nach Ausmaß des angerichteten materiellen Schadens und legt über diesen die Grenzen verschieden starker Sturmfluten fest. Demnach sind kleine Sturmfluten Wasserstände, die geringen Schaden anrichteten, während mittlere und große Sturmfluten Ereignisse sind, denen starke Schäden folgten. Wasserstände unter 6 m bzw. 6,25 m ü. PNP verursachen nach Angaben v. BÜLOWs keine nennenswerten Schäden, so dass der Grenzwert dieser Klassifikation seines Erachtens über diesem Höhenbereich angesiedelt werden muss. Schwere Schäden folgen nach diesem Autor erst ab Wasserständen über 650 cm ü. PNP (Tab. 3.3).

Eine andere Definition (vgl. KOHLMETZ, 1964) war die des Seehydrographischen Dienstes der DDR (SHD, bestehend 1950–1990). Sie wird auch heute vom Bundesamt für Seeschifffahrt und Hydrographie (BSH) für die Ostsee verwendet. Im Zuge des Aufbaus eines Sturmflutwarndienstes für die deutschen Küsten entstand diese Klassifikation als ein generalisiertes Maß für hohe Wasserstände, welche die Bevölkerung und deren Güter gefährden können. Nach dieser Definition werden hohe Wasserstände als Sturmflutereignisse gewertet, wenn sie 600 cm ü. PNP erreichen oder überschreiten. Als leichte Sturmfluten gelten Wasserstände zwischen 600 cm und 624 cm ü. PNP. Wasserstände im Bereich von 625 cm bis 649 cm ü. PNP werden als schwere Sturmfluten gewertet. Alle Wasserstände, die Höhen von 650 cm ü. PNP erreichen und überschreiten, sind dann sehr schwere Sturmfluten. Dieser Definition wird in dieser Arbeit im Wesentlichen der Vorzug gegeben, wobei jedoch die Kategorie „schwer" durch „mittel" und die Kategorie „sehr schwer" durch „schwer" (im Fall von Sturmfluten) und „ausgeprägt" im Fall von Sturmniedrigwasser ersetzt werden.

Es sei darauf hingewiesen, dass in der Vorhersage- und Warnpraxis des BSH von einem generalisierten mittleren Wasserstand (MW) ausgegangen wird, der etwa dem Normalnull (NN) und am Pegel genau dem Wasserstand 500 cm ü. PNP entspricht. Wegen der unterschiedlichen geographischen Bedingungen werden für die Bundesländer Schleswig-Holstein und Mecklenburg-Vorpommern verschiedene Schwellenwerte benutzt. So werden Sturmflutwarnungen für die Ostseeküste Schleswig-Holsteins (Mecklenburg-Vorpommern) vor 1,5 m ü. MW (1,0 m) und Sturmniedrigwasserwarnungen einheitlich vor 1,5 m u. MW he-

Tab. 3.3: Klassifikationen von Ostsee-Sturmfluten nach unterschiedlichen Kriterien (nach MEINKE, 1998, ergänzt). MW = Mittelwasser, NN = Normalnull, PNP = Pegelnullpunkt

	KRÜGER (1911)	VON BÜLOW (1954 a,b)	SHD/BSH (1964)	GENERALPLAN '94 (1994)	DIN 4049 (1994)
Kriterium:	Festlegung willkürlich	Ausmaß des materiellen Schadens bestimmt Wassersstandsstufen	Wasserstand, der die Bevölkerung gefährden und ihr materiellen Schaden zufügen kann	Küsten- und Hochwasserschutz der Außen- sowie Haff- und Boddenküsten Mecklenburg-Vorpommerns	Mittlere jährliche Überschreitungszahl von Wasserständen über Mittelwasser
Kategorie[1]	cm ü. MW	cm ü. NN	cm ü. NN	cm ü. NN	
I	ab 125 ... 130	125–150	100–124	100–140 (80–110)[2]	2–0,2
II	Keine Angabe	150–200	125–149	141–170 (111–130)	0,2–0,05
III	Keine Angabe	> 200	≥ 150	> 170 (> 130)	< 0,05

[1] Die Kategorien tragen unterschiedliche Bezeichnungen, am häufigsten werden leichte (I), schwere (II) und sehr schwere Sturmflut (III) verwendet, s. Text. In dieser Arbeit wird den Bezeichnungen leicht, mittel und schwer der Vorzug gegeben.

[2] Die in Klammern stehenden Zahlen beziehen sich auf Bodden- und Haffküsten.

rausgegeben. Auch die Kategorien werden etwas unterschiedlich angewendet: für Schleswig-Holstein (Mecklenburg-Vorpommern) werden Wasserstände über 2,0 m ü. MW (über 1,5 m ü. MW) als schwere und solche über 2,5 m ü. MW (2,0 m ü. MW) als sehr schwere Sturmfluten gewertet (vgl. Tab. 4.3).

Ein Charakteristikum der deutschen Ostseeküste ist die Existenz von Küstengewässern, die mit dem Meer nur durch schmale Verbindungen kommunizieren (Bodden und Haffe). Die unterschiedliche Empfindlichkeit der Außenküste und der Ufer dieser Ästuare gegenüber Sturmfluten sowie die daraus resultierenden Erfordernisse im Küsten- und Hochwasserschutz berücksichtigen die im GENERALPLAN '94 (1994) aufgestellten Definitionen.

Eine weitere Sturmflutdefinition stammt vom DEUTSCHEN INSTITUT FÜR NORMUNG (1994) in Form der DIN 4049. Sturmfluten sind demnach hohe Wasserstände über Mittelwasser, die mit einer festgelegten mittleren jährlichen Häufigkeit erreicht oder überschritten werden. Alle Wasserstände über Mittelwasser, die durchschnittlich höchstens zweimal im Jahr überschritten werden, gelten als Sturmfluten. Da die Scheitelhöhen auf Mittelwasser bezogen werden, hat der säkulare Meeresspiegelanstieg keinen Einfluss auf die Sturmflutstatistik. Die Einteilung in leichte, schwere und sehr schwere Sturmfluten erfolgt ebenfalls mit mittleren jährlichen Überschreitungszahlen. Als eine leichte Sturmflut gelten Wasserstände, die durchschnittlich höchstens zweimal in einem Jahr und mindestens einmal in fünf Jahren überschritten werden. Wasserstände, die höchstens einmal in fünf Jahren und mindestens einmal in 20 Jahren überschritten werden, zählen zu den schweren Sturmfluten. Alle Wasserstände, die seltener als einmal in 20 Jahren auftreten, sind sehr schwere Sturmfluten.

Für die Klassifizierung von Sturmniedrigwasser gibt es weniger Quellen. So qualifizierte WASMUND (1939) Sturmniedrigwasser als Wasserstände, die 100 cm u. MW erreichen oder unterschreiten. Geht man von der Einteilung des BSH aus (vgl. Tab. 3.3), entspräche der

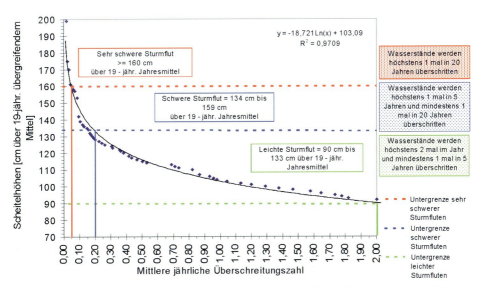

Abb. 3.8: Sturmflutklassifikation nach DIN 4049 am Beispiel des Pegels Warnemünde, nach MEINKE (1998)

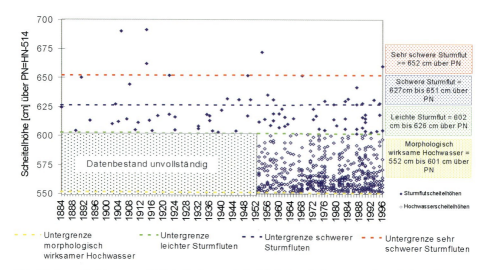

Abb. 3.9: Sturmflutklassen und Scheitelhöhen am Beispiel des Pegels Warnemünde nach der BSH-Klassifikation, erweitert durch die morphologisch wirksamen Hochwasser (hier bezogen auf PNP Warnemünde): PNP = NN + 502 cm, nach Meinke (1998)

Grenzwert von 600 cm ü. PNP für Sturmfluten einem Grenzwert von 400 cm ü. PNP für Sturmniedrigwasser. Im Unterschied zu Wasmund wurde hier der Grenzwert auf eine unveränderliche Höhe bezogen. Außerdem können auch in Anlehnung an die Klassifizierung des BSH leichte, mittlere und niedrige Sturmniedrigwasser unterschieden werden. Diese Klassifizierung von Sturmniedrigwasser wird auch in Arbeiten von Correns (1976), Hupfer (1962; 1978b) und Baerens (1998) vorgenommen. Entsprechend der DIN 4049 könnten Sturmniedrigwasser nach Unterschreitungshäufigkeiten bestimmter Wasserstände klassifiziert werden. Auch bei dieser Methode wäre eine Einteilung in leichte, mittlere und sehr niedrige Sturmniedrigwasser möglich.

In dieser Arbeit werden die Sturmniedrigwasser in Analogie zur Sturmflut-Definition des SHD/BSH wie folgt eingeteilt:

Leichte Sturmniedrigwasser: 400–376 cm ü. PNP,
Mittlere Sturmniedrigwasser: 375–351 cm ü. PNP und
Ausgeprägte Sturmniedrigwasser: ≤ 350 cm ü. PNP.
Die Bezeichnung „ausgeprägt" findet sich zuerst bei Baerens (1998).

3.2.2 Klassifizierungsmöglichkeiten

Für die Wahl der Klassifizierungsmethode ist die Fragestellung von entscheidender Bedeutung. Definitionsbedingte Beeinflussungen der Untersuchungsergebnisse sollen möglichst gering ausfallen. Deshalb ist es sinnvoll, der Kollektivbildung je nach Untersuchungsschwerpunkt am besten geeignete und somit unterschiedliche Sturmflutdefinitionen bzw. -klassifikationen zugrunde zu legen. So ist es zum Beispiel bei der Untersuchung der zeitlichen Entwicklung des Sturmflutgeschehens und dessen mögliche Veränderungen als Folge von veränderten klimatologischen Ursachen zweckmäßig, den Einfluss des Meeresspiegelanstiegs zu eliminieren. Auf diese Weise können die Auswirkung direkt wirksamer sturmflutrelevanter Faktoren des Klimas auf das Sturmflutgeschehen erfasst und möglicherweise vorhandene zeitliche Trends identifiziert werden. Für die Kollektivbildung einer solchen Untersuchung bietet sich die Verwendung der Sturmflutklassifikation nach DIN 4049 an. Neben der Eliminierung des Einflusses des Meeresspiegelanstiegs auf die Kollektivbildung zeigt sich ein weiterer Vorteil dieser Klassifikation bezüglich der Ursachenforschung. Aufgrund der Definition nach Überschreitungshäufigkeiten werden, im Gegensatz zur Einteilung der Sturmfluten nach unveränderlichen Höhengrenzen, lokale Besonderheiten wie die Exposition der Küste (Auftreten von Buchteneffekten) und das submarine Relief mit einbezogen. Damit wird der Tatsache Rechnung getragen, dass gleicher Energieeintrag bei lokal unterschiedlichen geomorphologischen Verhältnissen zu verschieden hohen Wasserständen führen kann.

Entsprechend der in DIN 4049 festgelegten mittleren jährlichen Überschreitungszahl gelten in Warnemünde alle hohen Wasserstände als Sturmfluten, die 90 cm über Mittelwasser (hier 19-jährig übergreifendes Mittel für den Zeitraum 1884–1996) erreichen oder überschreiten (Abb. 3.8 und Tab. 3.4). Davon zählen alle Ereignisse als leichte Sturmfluten, deren Scheitelhöhen zwischen 90 cm und 133 cm ü. MW liegen. Als schwere (oder mittlere) Ereignisse werden solche mit Scheitelhöhen zwischen 134 cm und 159 cm gewertet, während die Scheitelhöhen sehr schwerer (oder schwerer) Sturmfluten 160 cm ü. MW erreichen oder überschreiten.

Tab. 3.4: Sturmflutklassifikation nach DIN 4049 und entsprechende Wasserstände in Warnemünde, nach MEINKE (1998)

Kategorie	Jährliche Überschreitungszahl von Wasserständen ü. MW[1]	Korrespondierende Wasserstandsintervalle cm ü. MW[1]
Leichte Sturmflut	2–0,2	90–133
Schwere bzw. mittlere Sturmflut	0,2–0,05	134–159
Sehr schwere bzw. schwere Sturmflut	< 0,05	≥ 160

[1] 19-jährig übergreifend gemittelte jährliche Mittelwasserwerte

Für die Untersuchung der Auswirkungen von Sturmfluten auf die Küste und den möglichen zeitlichen Veränderungen der Auswirkungen sind alle wasserstandserhöhenden Faktoren und somit auch der Einfluss des Meeresspiegelanstiegs von Bedeutung. Deshalb bietet sich für die Untersuchung der Auswirkungen die Sturmflutklassifikation des Bundesamtes für Seeschifffahrt und Hydrographie (BSH) an. Sturmfluten werden nach unveränderlichen Höhen ü. NN definiert. Bei der Bestimmung einer geeigneten Sturmflutklassifikation zur Untersuchung der Auswirkungen auf die Küste zeigt sich jedoch, dass es, zumindest bezüglich der geomorphologischen Auswirkungen, einer Erweiterung bedarf. So stimmen HUPFER (1965) und STUDEMUND (cit. HUPFER, 1965) sowie STERR (1985) darin überein, dass der Prozess der Küstenzerstörung im Bereich der südwestlichen Ostsee insbesondere durch die leichten Sturmfluten und durch die Hochwasser zwischen 50 cm und 99 cm ü. NN begünstigt wird (s. a. MEINKE, 1998). Die BSH-Klassifikation sollte deshalb um die Klasse dieser geomorphologisch besonders wirksamen Hochwasser von 50 cm bis 99 cm ü. NN erweitert werden (s. Abb. 3.9).

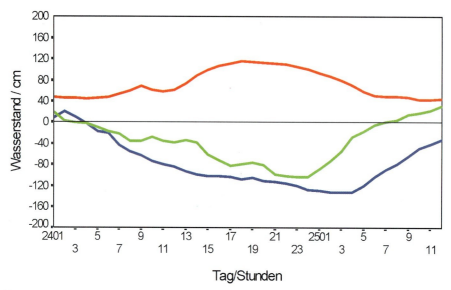

Abb. 3.10: Hoch- und Niedrigwasser an den Ostseeküsten. Der „Badewanneneffekt" am 24./25.11.1981 mit den Pegelanomalie-Kurven für Helsinki (rot), Ystad (grün) und Warnemünde (blau), nach SCHMAGER (2001)

3.3 Ursachen und Besonderheiten

Die Ursachen für das Auftreten extremer Wasserstände an der deutschen Ostseeküste sind durch zahlreiche Untersuchungen weitgehend aufgedeckt, von denen hier nur KOHLMETZ (1967), SCHMAGER (1984), STIGGE (1994), BECKMANN (1997a), BAERENS (1998) und MEINKE (1999) genannt seien.

Für extreme Wasserstände gemäß der in Abschn. 3.2 erörterten Definitionen kommen folgende Ursachen in Betracht (vgl. auch Abschn. 2.1):
– Luftdruck- und Windverteilung an der Meeresoberfläche von Nord- und Ostsee, und damit verbunden
– Richtung und Geschwindigkeit der Verlagerung atmosphärischer Fronten sowie von Hoch- und Tiefdruckgebieten, insbesondere der Zugbahnen von Sturmtiefs,
– Beckenstruktur der Ostsee, Bathymetrie und Topographie des Meeresbodens sowie Küstenart und -verlauf,
– Füllungsgrad der Ostsee,
– Hydrodynamische Schwingungen (Eigenschwingungen, Seebär-Erscheinungen) und
– Gezeiten (Tidenhub in Wismar etwa 30 cm).

Sturmfluten, auch als Sturmhochwasser bezeichnet, werden in erster Linie durch Winde ausgelöst, die in Zusammenhang mit aus Richtung Nordatlantik oder Mittelmeerraum zum Baltikum ziehenden Zyklonen stehen. Auf deren Rückseite treten Nordostwinde mit hoher Geschwindigkeit und großer Windwirklänge (engl. fetch) und hinreichender Windwirkdauer über der zentralen Ostsee auf. Verdienst von SAGER u. MIEHLKE (1956) ist der Nachweis, dass sich die Ausprägung einer Sturmflut an der deutschen Ostseeküste in erster Linie durch die vorausgegangene Luftdruck- und Windentwicklung über bestimmten stauwirksamen Seegebieten ergibt, wobei auch die Windverhältnisse an der Küste und im vorgelagerten Seegebiet

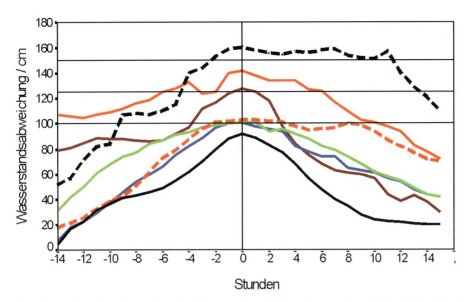

Abb. 3.11: Verlauf einiger Sturmfluten in Warnemünde je 14 Stunden vor und nach dem Zeitpunkt des Hochwasserscheitels, nach SCHMAGER (2001)
Schwarz: 7.12.1986, 09.00; Grün: 6.1.1987, 17.00; Blau: 9.1.1987, 14.00; Rot: 12.1.1987, 23.00;
Braun: 3.1.1995, 05.00; Schwarz, gestr.: 3.12.1995, 23.00; Rot, gestr.: 19.2.1996,15.00. Zeiten in UTC

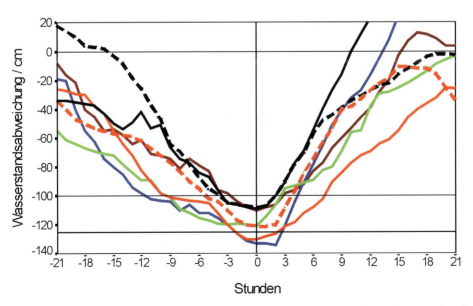

Abb. 3.12: Verlauf einiger Sturmniedrigwasser-Ereignisse in Warnemünde je 21 Stunden vor und nach dem niedrigsten Wasserstand, nach SCHMAGER (2001)
Schwarz: 24.12.1977, 18.00; Rot: 7.1.1979, 18.00; Grün: 4.11.1979, 18.00; Blau: 26.11.1981, 02.00;
Braun: 6.11.1985, 20.00; Schwarz, gestr.: 30.1.1987, 21.00; Rot, gestr.: 16.2.1996, 01.00. Zeiten in UTC

eine nicht zu vernachlässigende Rolle spielen. Das Erreichen des Schwellenwertes des Wasserstandes (100 cm ü. NN) hängt von der Stärke, Dauer und Wirklänge des Windes in Abhängigkeit von den Tiefenverhältnissen vor dem interessierenden Küstenabschnitt und von der jeweiligen Wasserfüllung der Ostsee vor und während des Ereignisses ab (vgl. Abschn. 2.1).

Die gegenseitige Bedingtheit der Wasserstandsverhältnisse an weit entfernten Küstenabschnitten der Ostsee verdeutlichen die in Abb. 3.10 dargestellten Wasserstandsgänge. Wenn an der finnischen Küste (in der Abb. durch den Wasserstandsverlauf am Pegels Helsinki dargestellt) Sturmflut herrscht, weisen die Wasserstände im südwestlichen und westlichen Bereich Tiefstände bei charakteristischen, von der Lage abhängigen Phasendifferenzen auf.

Neben dem Windstaueffekt können gleichfalls meteorologisch bedingte Eigenschwingungen der Ostsee zu hohen und niedrigen Wasserständen beitragen. Beispiele für den Ablauf von Sturmfluten in Warnemünde zeigt Abb. 3.11. Untersuchungen zur Genese von Sturmniedrigwasser-Ereignissen im interessierenden Gebiet sind nicht sehr zahlreich (MEWES, 1987; BAERENS et al., 1995; BAERENS u. HUPFER, 1999; HUPFER et al., 1998). Die SNW werden durch starke Südwestwinde über der Ostsee hervorgerufen, die auf der Vorderseite eines vom Atlantik kommenden, über Skandinavien ziehenden Tiefdruckgebietes auftreten. Diese Windverteilung bewirkt, dass das Wasser in die zentralen und nördlichen Teile der Ostsee strömt und an der deutschen Küste der Wasserstand sinkt („negativer Windstau"). Der in Abb. 3.10 erkennbare Wasserstandsfall an den Leeküsten der westlichen (Warnemünde) und südwestlichen Ostsee (Ystad) ist auf stürmische Südwestwinde zurückzuführen, während Stau und Hochwasser am anderen Ende des „Kanals", im Westteil des Finnischen Meerbusens (Helsinki), registriert wird. In Abb. 3.12 sind Beispiele für den Ablauf von Sturmniedrigwasser-Ereignissen in Warnemünde dargestellt.

3.3.1 Meteorologische Prozesse

3.3.1.1 Luftdruck

In einem Luftdruckfeld stellt sich im nicht-beschleunigten Fall zwischen der Luftdruckgradientkraft und der ablenkenden Kraft der Erdrotation sowie der Zentrifugalkraft (nur im Fall gekrümmter Isobaren) als Gleichgewichtsströmung ein Wind ein, der längs der Isobaren so weht, dass auf der Nordhalbkugel der höhere Druck rechts, der tiefere Druck dagegen links von der Strömung liegt (Barisches Windgesetz, s. PETHE, 1998). Über dem Meer kann die Wirkung der Bodenreibung weitgehend vernachlässigt werden. Den Luftdruckverhältnissen kommt somit primär infolge der engen Koppelung zwischen Luftdruck- und Windfeld in Zusammenhang mit dem Auftreten extremer Wasserstandsereignisse an der Küste große Bedeutung zu, sekundär aber auch infolge des statischen Luftdruckeffektes (s. Abschn. 2.1).

3.3.1.1.1 Mittlere Entwicklung des Luftdruckfeldes

Für einen Zeitraum von 15 Tagen vor bis 10 Tagen nach jeder Sturmflut sowie nach jedem Sturmniedrigwasser wurde für den Zeitraum 1901–1990 das mittlere Bodenluftdruckfeld berechnet (BAERENS, 1998). Die Luftdruckfelder sind hier für die Tage –5, 0 und +5 in den Abb. 3.13 und 3.14 dargestellt.

5. Tag **vor** dem SHW

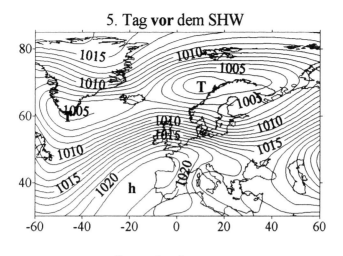

Sturmhochwassertag

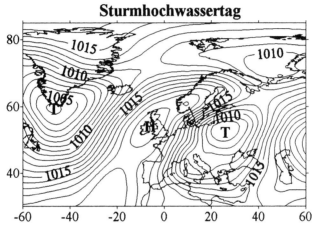

5. Tag **nach** dem SHW

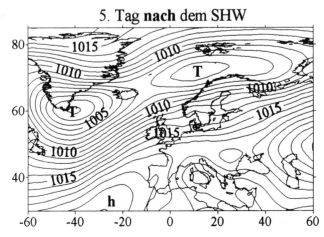

Abb. 3.13: Mittleres Bodenluftdruckfeld vor, während und nach Sturmhochwasser an der deutschen Ostseeküste. Mittel über alle Ereignisse 1901–1990. Isobarenabstand 1 hPa, nach BAERENS (1998)

Das Initialstadium der zu einer Sturmflut führenden Luftdruckverteilung besteht im Mittel über alle untersuchten Fälle in einer straffen südwestlichen Strömung über dem atlantisch-europäischen Raum, die sich aus der Lage der Druckzentren (Tief bei Island, Hoch bei den Azoren) ergibt. Bis zum Tag 0 (Tag des SHW bzw. SNW) verlagern sich die Aktionszentren so, dass sich zwischen einem Hoch über England und einem Tief über dem Baltikum ein starker Nordostwind über dem Baltikum entwickelt (Abb. 3.13). Die Sturmflut erzeugende Luftdruckentwicklung ist mit der Wiederherstellung der Ausgangslage etwa fünf Tage nach dem Ereignis abgeschlossen. Die hier nicht dargestellten Ergebnisse von Berechnungen der zugehörigen Luftdruckanomaliefelder (Abweichungen vom langjährigen Mittelwert) zeigen am Tag 0 sowohl auf der Hochdruck- als auch auf der Tiefdruckseite mittlere Anomalien von 13 bzw. 10 hPa. Unter Berücksichtigung der Beziehungen zwischen Luftdruck- und Windfeld ergibt sich, dass die Hauptursache für die Schwere der Ereignisse die Geschwindigkeit des Nordostwindes über der zentralen Ostsee ist. Kennzahlen der gefundenen Verhältnisse können auch der Tab. 3.5 entnommen werden.

Wenn auch für das Auftreten von Sturmfluten die Luftdruck- bzw. Windverhältnisse am Boden wegen der unmittelbaren Wechselwirkung mit dem Wasserkörper von entscheidender Bedeutung sind, so werden jene doch durch die Verhältnisse in der Höhe gesteuert (vgl. Abschn. 3.3.1.3.4). Das mittlere Strömungsfeld wurde in einer Höhe von etwa 5,5 km (500 hPa-Niveau) für den Zeitraum 1946–1990 an Sturmfluttagen (135 Fälle) bestimmt. Danach liegt der östliche Atlantik unter dem Einfluss eines Höhenhochkeils, dessen Achse auf der Linie Azoren–Norwegisches Becken verläuft. Dieser drückt sich am Boden durch das Hoch über den Britischen Inseln aus. Von der Barentssee bis nach Mitteleuropa reicht ein Höhentrog. In der Bodenwetterkarte ist entsprechend ein Tief über dem Baltikum zu finden.

Die Ostsee befindet sich auf der Rückseite der Trogachse, die sich etwa von der Halbinsel Kola über das Baltikum bis nach Mitteleuropa erstreckt. Über der gesamten Ostsee besteht eine nordnordwestliche Höhenströmung. Somit sind die atmosphärischen Verhältnisse im 500 hPa-Niveau und die Luftdruck- und Windverhältnisse am Boden ähnlich.

In Abb. 3.14 sind die mittleren Luftdruckverteilungen vor und nach einem Sturmniedrigwasser enthalten. Schon 15 Tage vor einem SNW herrscht über dem Nordatlantik im Mittel eine gut ausgebildete Zonalzirkulation vor (positive Phase der Nordatlantischen Oszillation, NAO), die auch noch am Tag −5 anhält. Bis zum Tag 0 zieht das Tief unter Verstärkung nach Skandinavien (mittlerer Kerndruck 988,3 hPa). Das Azorenhoch verlagert sich indes nordostwärts zur Iberischen Halbinsel. Über der Ostsee bildet sich ein starker Luftdruckgradient aus, wobei der Wind über der südlichen Ostsee aus WNW kommt, wodurch gute Bedingungen für die Abdrift des Wassers entstehen. Schon fünf Tage später hat sich diese Wetterlage umgewandelt (Abb. 3.14), wobei nach 15 Tagen die Anfangssituation wiederhergestellt ist. Die zugehörigen Luftdruckanomaliefelder weisen aus, dass sich mit der Stärke der Aktionszentren des Luftdruckes auch der Grad des Wasserstandsereignisses erhöht.

Vergleicht man die kennzeichnenden Parameter der Luftdruckfelder, die zu besonders hohen oder besonders niedrigen Wasserständen an der deutschen Ostseeküste führen, miteinander (Tab. 3.5), sieht man, dass die Aktionszentren im mittleren Luftdruckfeld bei SNW stärker entwickelt und von geringerer Veränderlichkeit sind als die korrespondierenden Tiefs und Hochs bei den Sturmfluten. Die zu letzteren führenden Lagen variieren stärker. Das weist darauf hin, dass die mittleren Verhältnisse zwar die charakteristische und häufigste Situation für die Entstehung von Sturmfluten wiedergeben, dass aber auch andere Verteilungen zu den wirksamen Windfeldern führen können. Darauf wird in Abschn. 3.3.1.2 näher eingegangen.

Tab. 3.5: Mittlerer Kerndruck der beiden Luftdruckzentren und die dazugehörigen Luftdruckanomaliewerte (bezogen auf den jeweiligen mittleren täglichen Luftdruck 1901/1990) sowie die Standardabweichungen und Differenzen am Ereignistag für Sturmfluten und Sturmniedrigwasser. Luftdruckangaben in Hektopascal (hPa), nach Baerens (1998)

	Alle SHW/SNW	Leichte SHW/SNW	Mittlere SHW/SNW	Schwere SHW/ ausgeprägte SNW
Anzahl	188/244	116/158	45/60	27/26
Minimaler Luftdruck	1006,8/988,3	1009,3/990,6	1003,3/985,6	1004,4/980,1
Standardabweichung	13,8/13,8	13,7/15,1	15,0/12,0	10,4/14,3
Maximaler Luftdruck	1020,9/1022,8	1020,1/1022,3	1021,2/1023,9	1024,0/1024,4
Standardabweichung	12,5/8,3	13,4/8,5	11,5/7,8	10,1/6,9
Differenz	14,1/34,5	10,8/31,7	17,9/38,3	19,6/44,3
Maximale negative Anomalie	−10,1/−21,9	−7,7/−19,0	−15,2/−25,7	−14,2/−30,7
Standardabweichung	10,4/13,9	9,6/13,9	9,4/11,9	8,5/14,8
Maximale positive Anomalie	12,7/4,0	11,5/4,9	13,6/4,6	17,6/4,9
Standardabweichung	12,8/13,1	13,3/12,9	12,7/11,3	11,3/7,1
Differenz	22,8/25,9	19,2/23,9	28,8/30,3	31,6/35,6

3.3.1.1.2 Mittlerer Verlauf von Luftdruckindizes

Druckindizes sind Differenzen des Luftdruckes zwischen zwei Stationen bzw. Gitterpunkten, die bestimmte Eigenschaften der atmosphärischen Zirkulation beschreiben. Zur Untersuchung der mittleren Bedingungen, die zur Auslösung von Sturmfluten und SNW führen, wurden folgende Indizes des Bodenluftdruckes gebildet:

Baltischer Meridionalindex (BMI): 5 °W 55 °N minus 25 °O 55 °N. Dieser Index beschreibt die Nord-Süd-Komponente der Luftströmung über der Ostsee. Die Koordinaten entsprechen etwa der Lage der SHW-Druckzentren am Ereignistag.

Baltischer Zonalindex (BZI): 15 °O 50 °N minus 15 °O 65 °N. Die Größe dieser Druckdifferenz gibt die Stärke der vorherrschenden West-Ost-Strömung an. Die Lage des nördlichen Berechnungspunktes entspricht etwa der des Kerns des skandinavischen Tiefs, das mit der Auslösung von SNW verbunden ist.

Baltischer Nordostindex (BNI): 15 °O 60 °N minus 25 °O 50 °N. Mit Hilfe dieses Index kann das Umschlagen des Windes über der zentralen Ostsee auf Nordost in Zusammenhang mit der Entwicklung einer Sturmflut untersucht werden. Für jeden einzelnen Tag des Jahres wurden für die genannten Gitterpunkte die Mittelwerte des Luftdrucks über den gesamten Zeitraum von 1901–1990 gebildet. Die so erhaltenen mittleren Jahresgänge wurden von den täglichen Luftdruckwerten des Gesamtzeitraumes abgezogen. Die erhaltenen Anomalien bildeten die Grundlage für die Berechnung der genannten Indizes für alle extremen Wasserstandsereignisse an der deutschen Ostseeküste in einem Zeitabschnitt von 100 Tagen vor bis 100 Tage nach einem Ereignis. Im Fall der Sturmfluten (Abb. 3.16a) zeigen die drei Indizes ausgeprägte, statistisch auf dem 95 %-Niveau signifikant von Null verschiedene, nadelförmige Anomalien um den Tag 0.

Der BMI steigt ab etwa zwei Wochen vor dem Ereignis an und erreicht am Ereignistag ein Maximum von 17,8 hPa (entsprechende Werte für leichte SHW 15,2, für mittlere 22,4 und

5. Tag **vor** dem SNW

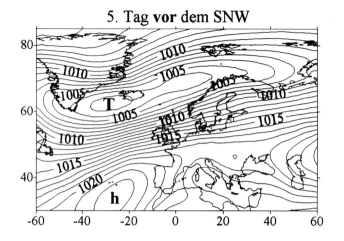

Sturmniedrigwassertag

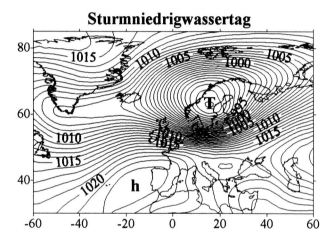

5. Tag **nach** dem SNW

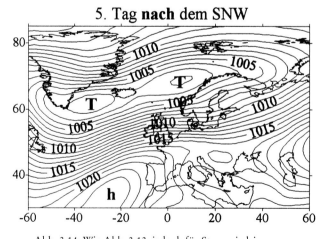

Abb. 3.14: Wie Abb. 3.13, jedoch für Sturmniedrigwasser

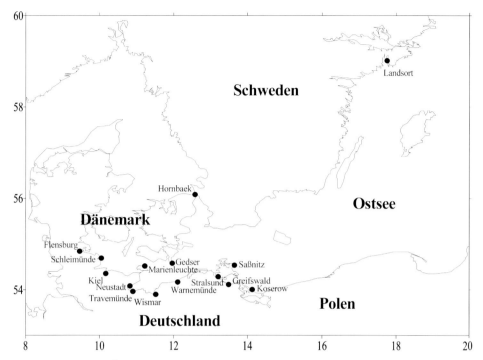

Abb. 3.15: Übersichtskarte mit den in Kapitel 3 herangezogenen Pegel-Stationen

für schwere 19,8 hPa). Der Zeitraum, in der die BMI-Anomalie signifikant von Null abweicht, liegt zwischen 13 (schwere Fälle) und 19 Tagen (Mittel über alle Fälle). Der BZI weicht im Mittel schon von etwa vier Wochen vor dem Tag 0 signifikant von den mittleren Verhältnissen ab. Die Abweichung ist zunächst positiv (westliche Strömung), und ab 2–3 Tage vor dem Ereignis markiert der Übergang zu hohen negativen Werten das Umschlagen auf eine östliche Strömungskomponente (Scheitelwert –17 hPa; bei leichten SHW –14,5, bei mittleren –19,2 und bei schweren –24,9 hPa). Die negativen Anomalien liegen nur 2–3 Tage im Signifikanzbereich. Schon kurz nach dem Ereignis nimmt dieser Index wieder normale Werte an. Der BNI verläuft während der gesamten Zeit vor der Sturmflut nur zwischen –2,7 und 1,1 hPa. Erst zwei Tage vor dem Ereignis steigt der Index rasch und kräftig an (am Ereignistag 16,9 hPa; bei leichten SHW 14,3, bei mittleren 20,0 und bei schweren 24,0 hPa). Die Periode signifikanter Werte liegt bei 3–5 Tagen.

Im Fall von SNW schwankt der BZI bis zum Ereignis ca. 2 hPa um die Nulllinie (Abb. 3.16). Ab etwa 33 Tage vor dem Ereignis verläuft er überwiegend im negativen Bereich (Ostkomponente), bis der Index etwa eine Woche vor dem Tag 0 das Drehen der Strömung auf West und ihre Zunahme anzeigt. Am Ereignistag beträgt die Anomalie im Mittel 17 hPa (leichte Fälle 15,9, mittlere 19,0 und schwere 20,0 hPa), wobei die statistisch gesicherte Dauer des wiederum im Zentrum nadelförmig anmutenden Anomaliebereiches 10–11 Tage beträgt. Auch der BNI (Abb. 3.16b) variiert vor und nach dem Ereignis nur wenig um die Nulllinie. Man erkennt jedoch, dass etwa sechs Wochen vor dem SNW eine Phase leicht positiver Werte beginnt (nordöstliche Windkomponente), die mit einem Ausstrom von Wasser aus der Ostsee einhergeht. Fünf Tage vor dem Ereignis beginnt der scharfe Abfall des BNI. Das Minimum fällt auch hier auf den Ereignistag mit –18,9 hPa (leichte SNW –16,7, mittlere –22,3 und

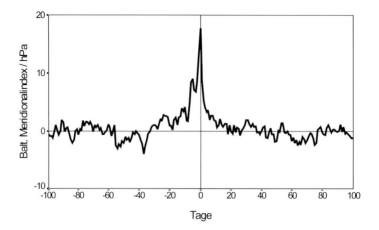

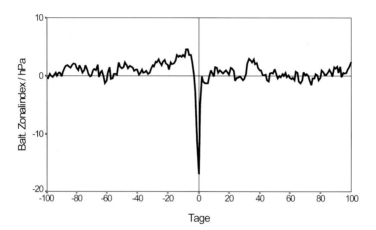

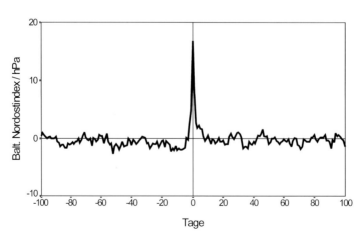

Abb. 3.16a: Verläufe der Luftdruckindizes BMI (oben), BZI (Mitte) und BNI (unten) vor und nach Sturmfluten, gemittelt für den Zeitraum 1901–1993, nach BAERENS (1998)

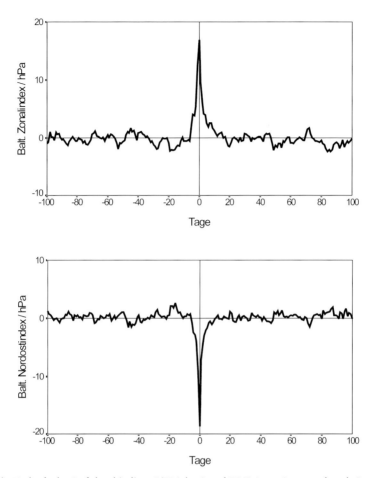

Abb. 3.16b: Verläufe der Luftdruckindizes BZI (oben) und BNI (unten) vor und nach Sturmniedrigwasser-Ereignissen, gemittelt für den Zeitraum 1901–1993, nach BAERENS (1998)

ausgeprägte –22,8). Die Signifikanzperiode schwankt zwischen sieben und zehn Tagen. Nach
dem Ereignis nimmt dieser Index rasch zu und verläuft dann um die Nulllinie. Der BMI
wurde für SNW nicht abgebildet, da er bei den dann herrschenden Luftdruckverhältnissen
(Abb. 3.14) nicht relevant ist.

Es muss nochmals betont werden, dass es sich bei den Darstellungen der genannten Indizes um Mittelwerte über alle Sturmflut- oder SNW-Ereignisse zwischen 1901–1990 handelt. Dadurch bekommen die Kurven der Anomalien einen „idealen" Verlauf, der im Einzelfall meist nur mehr oder weniger verdeckt zum Ausdruck kommt. Als Beispiel dienen die
Verläufe, die in den Abb. 3.17 und 3.18 dargestellt sind. Die Abweichungen von den mittleren Verhältnissen lassen im aktuellen Fall eine prognostische Nutzung der Index-Verläufe
nur eingeschränkt zu.

Es sei jedoch in diesem Zusammenhang auf zwei Algorithmen hingewiesen, die BAE-
RENS (1998) mit dem Ziel entwickelt hat, aus der Entwicklung der Luftdruck- und Windver-
hältnisse mit einer bestimmten Wahrscheinlichkeit Rückschlüsse auf die Entstehung von
SHW und SNW zu ziehen (Tab. 3.6 bis 3.8).

Tab. 3.6: Algorithmus 1a. Schwellenwerte von Luftdruck- und Windgrößen, die mit hohen Wasserständen in Warnemünde verbunden sind, vorausgesetzt, dass ein Tief mit seinem Kern (Kerndruck p_{Kern} ≤ 1005 hPa) in das Baltikum zieht. Entwicklungszeitraum: 1.11.1977–31.12.1993, nach BAERENS (1998)

p_{Kern}/hPa	≤ 1005	≤ 1000		≤ 995			≤ 990		≤ 985		≤ 980
v_{geo}/m s^{-1}	≥ 10,0	≥ 8,7	≥ 19,0	≥ 12,7	≥ 13,8	≥ 7,9	≥ 12,8	≥ 7,8	≥ 7,7	≥ 9,8	≥ 11,6
φ/Grad	30–75	15–60	345–359	30–90	345–359	0–60	330–345	30–75	330–360	30–105	305–15
BZI/hPa	≤ –1,6	≤ 2,8		≤ –4,8	≤ 5,2		≤ 7,6				
BMI/hPa	≥ –5,5	≥ –7,1		≥ 10,7	≥ 20,0	≥ 11,4	≥ 20,0	≥ –5,8	≥ 10,7		≥ 20,2
BNI/hPa	≥ 6,5	≥ 6,0		≥ 3,4		≥ 3,7		≥ –2,0	≥ –5,4		
DIU/hPa	≥ 11,2	≥ –0,9		≥ –0,1	≥ 15,0	≥ 12,1	≥ 15,0	≥ 7,0	≥ –0,1	≥ 17,8	≥ 16,8
Zahl der Fälle	6	10		8			8		14		20
Wasserstandsbereich/cm	565–600	523–618		569–602			557–616		536–631		545–632
P (Wasserstand) ≥ 70 cm ü. NN)/%	83	70		88			88		86		85

Abkürzungen: v_{geo} – geostrophischer Wind, φ – Windrichtung, BZI – Baltischer Zonalindex, BMI – Baltischer Meridionalindex, BNI – Baltischer Nordostindex, DIU – BNI-Differenz Ereignistag-Vortag, P – Wahrscheinlichkeit

Tab. 3.7: Algorithmus 1b. Schwellenwerte von Luftdruck- und Windgrößen, die mit hohen Wasserständen in Warnemünde verbunden sind, vorausgesetzt, dass das Tief *nicht* in das Baltikum zieht. Entwicklungszeitraum: 1.11.1977–31.12.1993, nach BAERENS (1998). Abkürzungen s. Tab. 3.6

	v_{geo}/m s^{-1}	≥ 12,2
UND	BZI	≤ – 11,5
UND	BNI	≥ 9,4
ODER	BMI	≥ 9,7
ODER	DIU	≥ 14,5
	Anzahl der Fälle	60
	Wasserstandsschwankung /cm	504–642
	P (Wasserstand) ≥ 70 cm ü. NN) /%	35

Tab. 3.8: Algorithmus 2. Schwellenwerte von Luftdruck- und Windgrößen, die mit niedrigen Wasserständen in Warnemünde verbunden sind, vorausgesetzt, dass das Tief *nicht* in das Baltikum zieht. Entwicklungszeitraum: 1.11.1977–31.12.1993, nach BAERENS (1998). Abkürzungen s. Tab. 3.6

p_{Kern}/hPa	995	900	985	980	975	970	965	≤ 960
v_{geo}/m s^{-1}	≥ 10,8	≥ 7,7	≥ 13,8	≥ 13,1	≥ 12,9	≥ 20,0	≥ 11,2	≥ 16,3
φ/Grad	255–340	205–280	238–295	207–310	200–315	245–275	220–315	230–300
BZI/hPa	≥ 24,0	≥ 14,0	≥ 18,2	≥ 23,2	≥ 20,1	≥ 29,0	≥ 18,7	≥ 36,0
BNI/hPa	≤ –20,3	≤ –14,5	≤ –12,5	≤ –19,0	≤ –22,0	≤ –18,2	≤ –27,8	≤ –25,3
Anzahl der Fälle	7	31	25	24	12	3	9	9
Wasserstandsbereich /cm	423–471	411–480	393–480	389–476	370–483	414–431	366–479	389–464
P (Wasserstand) ≤ 70 cm u. NN)/%	43	39	36	42	58	67	56	56

3.3.1.2 Wetterlagen

3.3.1.2.1 Großwetterlagen in Zusammenhang mit extremen Wasserständen

Ein erprobtes Hilfsmittel zur Bewertung der atmosphärischen Zirkulation über einem größeren Gebiet ist das Konzept der Großwetterlagen. Man versteht darunter eine charakteristische Luftdruck- und Strömungsverteilung, die in der Regel ≥ 3 Tage anhält (vgl. HUPFER, 1996). Für Mitteleuropa ist die Einteilung von HESS u. BREZOWSKY (1952) am bekanntesten, in der 29 Großwetterlagen (GWL) und 10 Großwettertypen (GWT) unterschieden werden (Tab. 3.9). Die Klassifikation liegt seit dem 1.1.1881 täglich fortlaufend vor (GERSTENGARBE et al., 1999). Der große Vorteil der GWL/GWT liegt in ihrer Übersichtlichkeit (komplexe Strömungsstrukturen werden durch einen Begriff erfasst) und leichten Verfügbarkeit, was allerdings häufig auch zu einer unkritischen Anwendung verleitet. Nachteile bestehen darin, dass die Stärke der Bewegungen nicht erfasst wird und dass die Zuordnung auf der Basis des Bodenluftdruckfeldes und der Strömungsverhältnisse im 500 hPa-Niveau (etwa 5,5 km Höhe in mittleren Breiten) subjektiv erfolgt, d. h., dass ein Ermessensspielraum bei der Klassifizierung vorhanden ist. Gegenwärtig werden objektive Wetterlagenklassifikationen nach nummerischen Kriterien entwickelt (z.B. DITTMANN et al., 1995). Für alle praktischen Anwendungen, insbesondere für Langzeitstatistiken, sind diese im Allgemeinen jedoch noch nicht geeignet.

Die Untersuchung des Auftretens extremer Wasserstände an der deutschen Ostseeküste in Zusammenhang mit den GWL/GWT ist zusätzlich insofern kritisch zu beurteilen, da diese Klassifikation vor allem mit Blickpunkt Mitteleuropa aufgestellt worden ist. Dadurch kann sich die Zuordnung Wasserstandsereignis/Großwetterlage mitunter nicht eindeutig ergeben.

a)

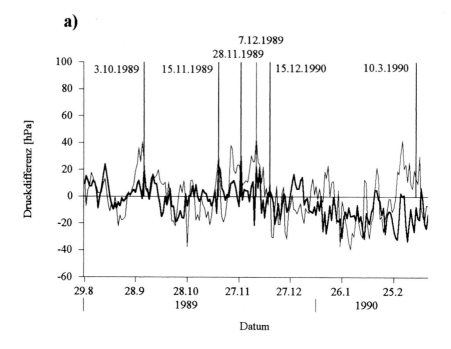

b)

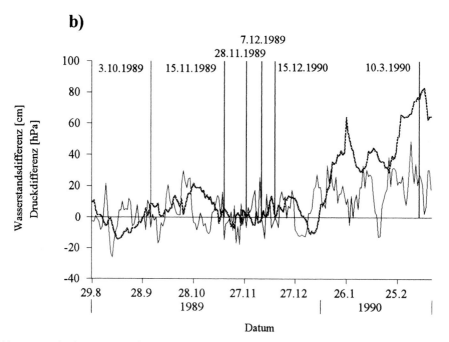

Abb. 3.17: Verlauf von BMI und BNI (a, dicke Linie BNI, dünne Linie: BMI) sowie des BZI und des Wasserstandes von Landsort (b, dicke Linie Landsort, dünne Linie BZI) in der Zeit vom 29.8.1989 bis zum 17.3.1990. Von den Werten wurde der mittlere Jahresgang, bezogen auf den Zeitraum 1901–1993, abgezogen. Die senkrechten Linien weisen auf die SHW-Termine hin. Zum Pegel Landsort s. Abschn. 3.3.3.1, nach BAERENS (1998)

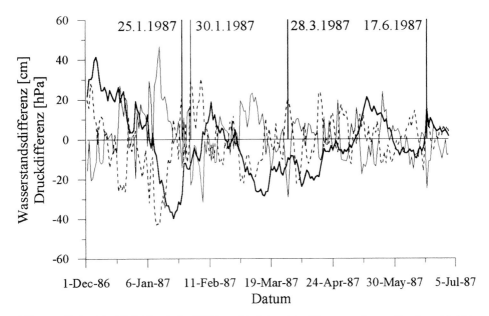

Abb. 3.18: Verlauf des BNI (dünn), des BZI (gestrichelt) und des Wasserstandes von Landsort (dick) in der Zeit vom 1.12.1986 bis zum 30.6.1987. Von den Werten wurde der mittlere Jahresgang, bezogen auf den Zeitraum 1901–1993, abgezogen. Die senkrechten Linien weisen auf die SHW-Termine hin. Zum Pegel Landsort siehe Abschn. 3.3.3.1, nach BAERENS (1998)

So ist die Aussagekraft der herangezogenen Klassifikation bezüglich kleinerer Teilräume, wie beispielsweise des Ostseeraumes, eingeschränkt. Im Gebiet der Ostsee können dieselben Zyklonenbahnen bei ganz verschiedenen Großwetterlagen auftreten (vgl. LÜKENGA, 1970), wodurch es zwangsläufig zu Ungenauigkeiten bzw. Unübersichtlichkeiten bei der Zuordnung kommt.

Sturmfluten: Um festzustellen, ob Sturmhochwasser bei bestimmten Großwetterlagen besonders häufig vorkommen, wurde für alle diese Fälle im Zeitraum 1901–1990 die Häufigkeiten der GWL ermittelt. Der Unterschied zwischen der relativen Häufigkeit einer bestimmten Großwetterlage (bzw. Großwettertyp) bei Sturmfluten und der relativen Häufigkeit dieser über den gesamten Untersuchungszeitraum aufgetretenen Großwetterlage (bzw. Großwettertyp) wurde mit einem Vierfeldertest auf Signifikanz geprüft (s. SCHÖNWIESE, 2000). Die 188 zwischen 1901 und 1990 aufgetretenen Fälle wurden dazu in zwei Gruppen unterteilt.

Eine Gruppe enthielt die Zahl der Fälle, bei denen eine bestimmte GWL (bzw. GWT) am Sturmfluttag auftrat. Die Komplementärgruppe beinhaltete die Zahl der Fälle, bei denen diese GWL (bzw. GWT) an solchen Tagen nicht existierte. Analog wurde mit den Großwetterlagen (bzw. GWT), die im gesamten Untersuchungszeitraum vorkamen, verfahren. In Tab. 3.10 sind alle diejenigen GWL aufgeführt, die mindestens fünfmal an Sturmflut-Tagen herrschten. Man sieht, dass Sturmfluten unter sehr verschiedenen Großwetterlagen vorkommen können. Nur die zyklonale Südlage (Sz) war in dem Zeitraum an keinem Ereignistag vertreten. Am häufigsten sind Sturmfluten mit zyklonalen Nordwestlagen (NWz) verbunden (etwa 12 % aller Ereignisse). Damit traten sie im Vergleich zur Häufigkeit dieser GWL im gesamten Zeitraum überdurchschnittlich auf. Dies gilt auch für eine Reihe anderer Großwetterlagen, nicht jedoch für die zyklonale Westlage (Wz) sowie für die Großwetterlage Hochdruckgebiet über Mitteleuropa (HM). Mehr als ein Viertel aller Sturmhochwassertage kann dem GWT Nord zugeordnet werden (ebenfalls Tab. 3.10). Diesem folgt der GWT West mit einer relativen Häufigkeit von ca. 17 %.

Bei den vier am häufigsten bei Hochwasser aufgetretenen Großwettertypen herrschen im Meeresniveau nördliche bis östliche Luftströmungen über der Ostsee am Stichtag vor. Jedoch ist die Lage und Stärke der Druckzentren uneinheitlich. Die Luftdruckverteilung bei Auftreten des GWT Nord weist die stärkste Ähnlichkeit mit den mittleren Verhältnissen auf. Beim GWT Nordwest ist die Lage der Druckzentren ähnlich wie beim Nord-Typ, allerdings ist bei Ersterem das Baltische Tief stärker ausgeprägt, so dass ein schärferer Luftdruckgradient über der Ostsee besteht. Beim Großwettertyp West fehlt das Hoch über den Britischen Inseln völlig, nur ein Keil des Azorenhochs reicht bis nach Westeuropa. Wie beim Nord- und Nordwest-Typ liegt das die Sturmflut auslösende Tief über dem Baltikum. Im Gegensatz zu den GWT Nord, West und Nordwest herrscht beim GWT Ost eine straffe Ostströmung über der Ostsee, die durch ein mächtiges Hochdruckgebiet über Skandinavien mit einem Kerndruck > 1030 hPa und ein Tief, das mit seinem Kern über dem Ligurischen Meer liegt, verursacht wird.

Sturmniedrigwasser: Bei analoger Betrachtungsweise findet man für die GWT West und Nordwest signifikant größere Häufigkeiten an Sturmniedrigwasser-Tagen (Tab. 3.11). In über 92 % der Fälle kommen diese Lagen zusammen mit den GWT N und HM vor. Bei diesen vier Großwettertypen besteht eine straffe westliche bzw. südwestliche Strömung über der Ostsee. Die Bodenluftdruckverteilung bei Auftreten des GWT West zeigt die größte Ähnlichkeit mit dem mittleren Bodenluftdruckmuster für alle SNW-Fälle. Dies ist verständlich, da in mehr als der Hälfte aller Fälle dieser GWT bei Sturmniedrigwasser vorkam. Beim GWT NW ist das Zentrum des Hochs weit nach Norden verlagert, wodurch über Mitteleuropa eine nordwestliche Strömung besteht. Das Skandinavische Tief ist beim GWT NW etwa gleich stark entwickelt wie bei dem GWT W, der Kerndruck der Antizyklone ist jedoch höher, was zu einem stärkeren Druckgradienten über der Ostsee führt. Beim GWT N ist das Skandinavische Tief nach Osten verlagert und liegt mit seinem Kern über dem Bottnischen Meerbusen. Das Zentrum des Hochs befindet sich westlich der Britischen Inseln, so dass über der südwestlichen Ostsee die atmosphärische Strömung eine nordwestliche Richtung annimmt und weiter nördlich auf West dreht. Ganz anders ist die Lage der Druckzentren beim GWT HM. Das Sturmniedrigwasser auslösende Tiefdruckgebiet liegt mit seinem Kern über Nordskandinavien, das Hoch befindet sich über Südosteuropa. Damit ist die gesamte Ostsee von einer westlichen Strömung erfasst.

In den Tab. 3.10 und 3.11 sind zu den GWT korrespondierende Windgrößen enthalten. Die Beständigkeit des Windes drückt den Grad der Richtungskonstanz (Quotient aus dem Betrag des resultierenden Windvektors und der skalaren Windgeschwindigkeit, angegeben in Prozent) in dem Sinn aus, dass bei Werten von ~ 0 % alle Richtungen gleichmäßig vertreten sind, während bei 100 % nur eine Windrichtung herrscht. Die resultierende Windrichtung gibt die Richtung des Windvektors an, der nach vektorieller Addition der Windwerte erhalten wird.

Ein Zusammenhang zwischen stauwirksamer Windrichtung und Sturmflutvorkommen (Tab. 3.10) besteht für die GWT E, N, TM und N, während die vorherrschende Windrichtung bei allen anderen GWT erheblich von der stauwirksamen Windrichtung abweicht. Für SNW (Tab. 3.11) ist der Zusammenhang zwischen der wirksamsten Windrichtung und der resultierenden Windrichtung des jeweiligen GWT ausgeprägter als für die SHW.

Tab. 3.9: Klassifikation der Großwetterlagen Europas nach HESS u. BREZOWSKY (1952)

Zirkulations-form	Großwettertyp (GWT)	Großwetterlage	Ab-kürzung
Zonal	West (W)	1. West, antizyklonal	Wa
		2. West, zyklonal	Wz
		3. Südliche Westlage	Ws
		4. Winkelförmige Westlage	Ww
Gemischt	Südwest (SW)	5. Südwest, antizyklonal	SWa
		6. Südwest, zyklonal	SWz
	Nordwest (NW)	7. Nordwest, antizyklonal	NWa
		8. Nordwest, zyklonal	NWz
	Hoch Mitteleuropa (HM)	9. Hoch über Mitteleuropa	HM
		10. Hochdruckbrücke über Mitteleuropa	BM
	Tief Mitteleuropa (TM)	11. Tief über Mitteleuropa	TM
Meridional	Nord (N)	12. Nord, antizyklonal	Na
		13. Nord, zyklonal	Nz
		14. Hoch Nordmeer-Island, antizyklonal	HNa
		15. Hoch Nordmeer-Island, zyklonal	HNz
		16. Hoch Britische Inseln	HB
		17. Trog Mitteleuropa	TrM
	Nordost (NE)	18. Nordost, antizyklonal	NEa
		19. Nordost, zyklonal	NEz
	Ost (E)	20. Hoch Fennoskandien, antizyklonal	HFa
		21. Hoch Fennoskandien, zyklonal	HFz
		22. Hoch Nordmeer-Fennoskandien, antizyklonal	HNFa
		23. Hoch Nordmeer-Fennoskandien, zyklonal	HNFz
	Südost (SE)	24. Südost, antizyklonal	SEa
		25. Südost, zyklonal	SEz
	Süd (S)	26. Süd, antizyklonal	Sa
		27. Süd, zyklonal	Sz
		28. Tief Britische Inseln	TB
		29. Trog über Westeuropa	TrW

Wie für die Sturmfluttage wurde der Unterschied zwischen der relativen Häufigkeit einer GWL (bzw. eines GWT) bei SNW und der relativen Häufigkeit dieser GWL (bzw. dieses GWT) auf Zufälligkeit bzw. Überzufälligkeit mittels eines Vierfeldertestes geprüft (s. o.). Wie schon erwähnt, trat im Beobachtungszeitraum von 1901–1990 an mehr als der Hälfte der SNW-Tage der GWT W auf (Tab. 3.11). Damit kam dieser Typ im Vergleich zur Häufigkeit im gesamten Zeitraum von 1901–1990 bei SNW doppelt so oft vor. Vor allem die Großwetterlage Wz bedingt die hohe Zahl des GWT West. Die zyklonale Westlage herrschte in neun Fällen vor. Sie und die zyklonale Nordwestlage, die zwar bedeutend seltener vorkommt (26 Fälle), sind bei SNW dominant. Bis auf den GWT Südwest ist die relative Häufigkeit aller anderen GWT bei SNW niedriger als für alle Tage des Gesamtzeitraumes 1901–1990. Noch nie gab es bei Sturmniedrigwasser GWL, die den Großwettertypen TM, NE bzw. E zuzuordnen sind.

Die Untersuchungen der Großwetterlagen an Tagen mit extremen Wasserständen an der deutschen Ostseeküste bestätigt die Erkenntnis, dass sehr unterschiedliche Zirkulationsverhältnisse zu Sturmhochwasser führen können, was aus den mittleren Verhältnissen nicht zu entnehmen ist (s. Abschn. 3.3.1.1).

Tab. 3.10: Relative Häufigkeiten ausgewählter Großwetterlagen (GWL) und der Großwettertypen (GWT) nach Hess u. Brezowsky im Zeitraum 1901–1990 für Sturmfluttage an der deutschen Ostseeküste im Vergleich mit den relativen Häufigkeiten an allen Tagen. Statistisch signifikante Unterschiede sind kenntlich gemacht (Signifikanzniveau: *95 %*, **99 %**, <u>99,9 %</u>), nach Baerens (1998) und Meteorologischer Dienst (1982). Ü = Übergangslage. Die Winddaten wurden aus Messungen am FS Fehmarnbelt, Arkona und Dueodde (Bornholm) gemittelt. H = Herbst (SON), W = Winter (DJF)

GWL	Relative Häufigkeit für Sturm- flut-Tage %	Relative Häufigkeit für alle Tage 1901/90 %	GWT	Relative Häufigkeit für Sturm- flut-Tage %	Relative Häufigkeit für alle Tage 1901/90 %	Beständig- keit des Windes H/W	Resultier. Wind- richtung H/W
NWz	11,6	4,5	N	28,6	15,7	50/43	305/315
Wz	9,4	15,0	W	16,9	26,7	75/72	255/245
Nz	9,4	2,18	NW	13,2	8,4	80/76	285/285
HB	8,8	3,3	E	13,2	6,5	72/73	080/080
NEz	7,7	2,1	NE	9,0	4,5	57/74	030/030
TM	7,7	2,5	TM	7,4	2,5	35/45	050/065
HNFz	5,5	1,6	HM	4,7	16,7	49/60	250/250
HNz	4,4	1,5	SE	3,7	3,5	72/74	110/115
HM	4,4	9,2	S	1,6	8,6	52/67	160/150
Ws	4,4	3,3	SW	1,1	4,6	72/75	224/215
TrM	3,9	4,0					
Wa	3,3	5,8	Ü	0,5	0,9		
HNFa	3,3	1,2					
SEz	3,3	1,5					
NWa	2,8	3,9					
NWz	2,8	1,1					

Tab. 3.11: Relative Häufigkeiten ausgewählter Großwetterlagen (GWL) und der Großwettertypen (GWT) nach Hess u. Brezowsky im Zeitraum 1901–1990 für Sturmniedrigwasser-Tage an der deutschen Ostseeküste im Vergleich mit den relativen Häufigkeiten an allen Tagen. Statistisch signifikante Unterschiede sind kenntlich gemacht (Signifikanzniveau: *95 %*, **99 %**, <u>99,9 %</u>), nach Baerens (1998) und Meteorologischer Dienst (1982). Die Winddaten wurden aus Messungen am FS Fehmarnbelt, Arkona und Dueodde (Bornholm) gemittelt. H = Herbst (SON), W = Winter (DJF)

GWL	Relative Häufigkeit für SNW- Tage %	Relative Häufigkeit für alle Tage 1901/90 %	GWT	Relative Häufigkeit für SNW- Tage %	Relative Häufigkeit für alle Tage 1901/90 %	Beständig- keit des Windes H/W	Resultier. Wind- richtung H/W
Wz	39,9	15,0	W	52,4	26,7	75/72	255/245
NWz	10,6	4,5	NW	13,8	8,4	80/76	285/285
BM	8,5	7,5	N	13,4	15,7	50/43	305/315
Wa	7,7	5,8	HM	12,6	16,7	49/60	250/250
Nz	4,9	2,8	SW	5,3	4,6	52/67	160/150
Ws	4,5	3,3	S	1,2	8,6	72/75	225/215
SWz	4,1	2,4	SE	0,8	3,5	72/74	110/115
HM	4,1	9,2	E	0,4	6,5	72/73	080/080
NWa	3,3	3,9					

3.3.1.2.2 Zugbahnen wasserstandsrelevanter Tiefdruckgebiete

Die meteorologischen Verhältnisse, die zu Sturmfluten an der deutschen Ostseeküste führen, gehen mit den wandernden Zyklonen der atmosphärischen Westwinddrift einher. Dabei sind Wetterlagen von Bedeutung, bei denen die Zyklonen auf bestimmte Weise die Ostsee überqueren. Damit entscheidet sich, in welcher Form die wasserstandserhöhenden Faktoren (Füllungsgrad, Windstau und lange Wellen) zusammengeführt werden, was den Verlauf einer Sturmflut bestimmt. Deshalb ist die Art der Zyklonenzugbahnen über dem Ostseegebiet das entscheidende Kriterium zur Bestimmung spezifischer Sturmflutwetterlagen. In der neueren Literatur (so BAERENS et al., 1994; BAERENS, 1998; BECKMANN u. TETZLAFF, 1996; BECKMANN, 1997a; MEINKE, 1998, 1999) stützen sich die Angaben bezüglich der Sturmflutwetterlagen hauptsächlich auf die Untersuchungen von KOHLMETZ (1964, 1967). Im Rahmen seiner Dissertation bearbeitete er 39 Ostsee-Sturmfluten im Zeitraum von 1883–1961 sowie die extreme Sturmflut vom 12.–13.11.1872. Er untersuchte zunächst ausschließlich den Zugbahnverlauf der auslösenden Zyklonen über dem Ostseeraum. Dabei haben sich Zyklonen aus NW, aus W, aus S bis SW sowie Zyklonen aus NO als typische Zugbahnen sturmflutrelevanter Tiefs herauskristallisiert (Abb. 3.19 bis 3.22). Bei den Zyklonen aus S bis SW handelt es sich um Vb-Lagen (sprich: 5-b). Die Bezeichnung entstammt der klassischen Zyklonen-Zugbahnklassifikation von VAN BEBBER (1893). Sie sind besonders wegen der mit ihnen verbundenen starken Niederschläge bekannt.

Überqueren die Zyklonen die Ostsee aus Nordwest, so kommen sie vom östlichen Nordatlantik und ziehen südostwärts. In dieser Ausrichtung überqueren sie entweder die südliche Ostsee (Typ NW-a), die zentrale Ostsee (Typ NW-b) oder den Bottnischen Meerbusen (Typ NW-c) (vgl. Abb. 3.19). Dabei wirken zunächst südliche und westliche Winde auf die Wassermassen der Ostsee ein. Die südöstliche Verlagerung der Tiefdruckgebiete erfolgt mit dem Durchzug der Kaltfront und einem Kaltluftvorstoß auf der Rückseite, mit dem ein Windrichtungswechsel über West und Nordwest auf Nord bzw. Nordost über der Ostsee verbunden ist.

Zyklonen aus West wandern westlich von Großbritannien über die Deutsche Bucht bzw. über Holland nach Norddeutschland und ziehen an der südlichen Ostseeküste nach Nordpolen (Abb. 3.20). Damit wirken über der Ostsee zunächst östliche Winde, die über Nord auf westliche Richtungen drehen. Windverhältnisse, die mit dem südlichen Teil der Zyklonen in Zusammenhang stehen, haben auf die Wassermassen der Ostsee seltener Einfluss.

Zyklonen auf Vb-artigen Zugbahnen ziehen in der Regel aus Südwesteuropa über Ungarn nordwärts nach Südpolen. Von hier verlaufen ihre Zugbahnen entweder in nordwestliche oder in nördliche bzw. östliche Richtungen (Abb. 3.21). Der Windrichtungswechsel ist je nach Verlauf recht heterogen. Südliche Winde sind bei dieser Zugbahn über den Wassermassen der Ostsee nicht sehr häufig.

Die vierte Zugbahn sturmflutrelevanter Zyklonen führt aus dem Gebiet südwestlich Islands zunächst ost-, dann ostsüdostwärts über den Nordatlantik und Mittelskandinavien zur östlichen Ostseeküste. Von dort aus verlagern sich die Tiefs südwärts und ziehen schließlich auf einer Nordost-Südwest-Achse in das Gebiet der südwestlichen Ostsee (Abb. 3.22). Die Winde drehen über der Ostsee von Süd über West auf nördliche und nordöstliche Richtungen.

Neben der hier wiedergegebenen ausführlichen Analyse gibt es auch Ansätze, nur zwei derartige Sturmflutwetterlagen zu unterscheiden. Dabei werden die Zyklonen aus Nordwest, aus West und aus Nordost zu einer Lage zusammengefasst und von den Vb-artigen Zugbahnen unterschieden (s. KANNENBERG, 1954; BAERENS et al., 1994; BAERENS, 1998; STIGGE, 1995).

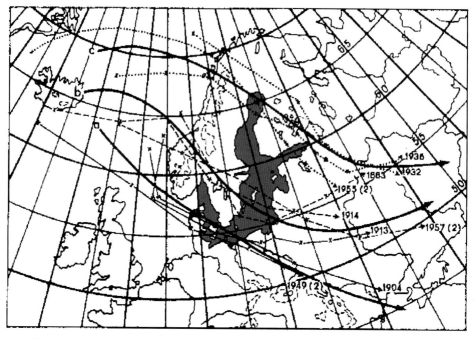

Abb. 3.19: Zyklonen aus Nordwest, nach KOHLMETZ (1967), verändert durch MEINKE (1998)

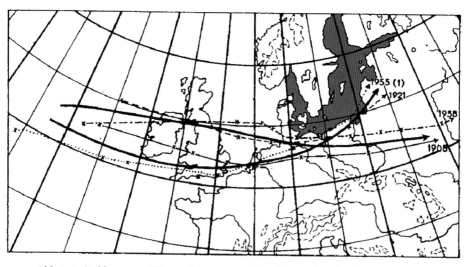

Abb. 3.20: Zyklonen aus West, nach KOHLMETZ (1967), verändert durch MEINKE (1998)

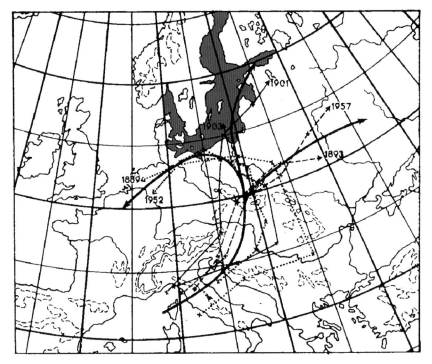

Abb. 3.21: Zyklonen auf Vb-artigen Zugbahnen, nach KOHLMETZ (1967), verändert durch MEINKE (1998)

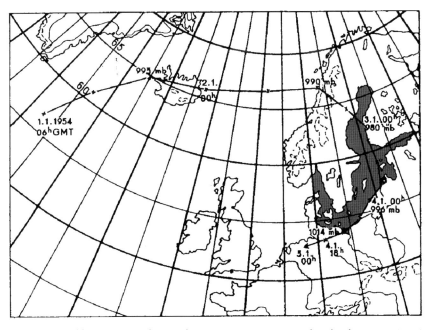

Abb. 3.22: Zyklonen aus Nordost, nach KOHLMETZ (1967), verändert durch MEINKE (1998)

Dabei muss jedoch weiterhin beachtet werden, dass bei den Tiefdruckgebieten aus West hauptsächlich die Winde des nördlichen Teils der Zyklonen die Wassermassen der Ostsee anregen, während bei der Nordwest-Lage zusätzlich die Winde des südlichen Teils des Tiefs von Bedeutung sind. So erfolgt bei den Zyklonen aus West ein anderer Windrichtungswechsel als es bei denen aus Nordwest der Fall ist. Windrichtungen und Windrichtungswechsel, die mit Sturmflut erzeugenden Tiefs auftreten, sind vor allem dann von entscheidender Bedeutung, wenn der zeitliche Verlauf von Sturmfluten Gegenstand der Untersuchung ist. Sturmfluten, bei denen der Wasserstand nur durch den Windstau auf ein höheres Niveau angehoben wird, treten hauptsächlich bei den Zyklonen aus West und denen auf Vb-artigen Zugbahnen auf, während Sturmfluten in Verbindung mit Eigenschwingungen, mit denen auch Sturmniedrigwasser verbunden sein können, am häufigsten bei den Zyklonen aus Nordwest entstehen (MEINKE, 1998).

Anhand von Bodenwetterkarten des täglichen Wetterberichtes des Deutschen Wetterdienstes (DWD) von 1953–1997 sind die Zugbahnen Sturmflut-relevanter Tiefdruckgebiete in Zusammenhang mit den nach DIN 4049 klassifizierten Sturmfluten (s. Abschn. 3.2.1) für den gleichen Zeitraum für Warnemünde untersucht worden (MEINKE, 1998). Alle Zugbahnen, die während der Ereignisse aufgetreten sind, können den vier oben beschriebenen Sturmflutwetterlagen zugeordnet werden. Weitere Sturmflutwetterlagen sind nicht festgestellt worden. Am häufigsten sind die Sturmfluten der südwestlichen Ostsee mit Zyklonen aus Nordwest, gefolgt von solchen aus West und auf Vb-artigen Zugbahnen verbunden. Am seltensten sind Tiefs aus Nordost (Tab. 3.12).

Eine aus der Praxis der täglichen Wasserstandsvorhersage stammende Einteilung der Zugbahnen von Tiefs, die Hochwasser auslösen, hat STIGGE (1995) vorgestellt. Hier werden die Tiefdruckgebiete und ihre Zugbahnen in Abhängigkeit davon unterteilt, ob die Zugbahnen der Zyklonen in der Nähe oder entlang der südlichen Ostseeküste (Typ a) oder weiter entfernt davon in der zentralen und nördlichen Ostsee (Typ b, s. Abb. 3.23) verlaufen. Wenn man die Hochwassergipfel vergleicht, so ist das Ergebnis auf den ersten Blick überraschend. Tiefs vom Typ (a) erzeugen in der Mehrheit der Fälle die höheren Wasserstände (Tab. 3.13).

Voraussetzung für die Entwicklung extremer Sturmflutwasserstände ist offensichtlich nicht notwendigerweise ein die gesamte Ostsee erfassendes Windfeld, sondern dessen Intensität in den stauwirksamsten Gebieten. Simulationsrechnungen von KOOP (1973) mit einem HN-Modell und weitere Untersuchungen von ENDERLE (1989) haben zur Klärung der Frage nach den stauwirksamsten Gebieten für die deutsche Ostseeküste beigetragen. Im KOOPschen Modell wird die Ostsee in Stauräume aufgeteilt und der dem Windstau entspringende

Tab. 3.12: Häufigkeiten von Tiefdruckgebieten und Sturmfluten in Warnemünde für den Zeitraum 1953–1997, nach MEINKE (1998)

Zugbahn	Sturmflutklassifikation nach DIN 4049 Grenzwert 90 cm ü. Mittelwasser	
	Anzahl der Sturmfluten	Relative Häufigkeit %
Zyklonen aus Nordwest	60	62,5
Zyklonen aus West	19	19,8
Zyklonen auf Vb-artigen Zugbahnen	14	14,6
Zyklonen aus Nordost	3	3,1

Tab. 3.13: Maximale Wasserstände in Warnemünde, die in Zusammenhang mit verschiedenen Zyklonen-Zugbahnen auftraten, nach STIGGE (1995)

Zyklonen-Zugbahn Typ a		Zyklonen-Zugbahn Typ b	
Maximaler Wasserstand cm ü. NN	Datum	Maximaler Wasserstand cm ü. NN	Datum
243	Nov. 1872	154	Jan. 1914
180	Dez. 1913	133	Nov. 1955
188	Dez. 1904	129	Jan. 1946
170	Apr. 1954	126	Nov. 1988
150	Nov. 1921	122	Dez. 1983
150	März 1949	121	Dez. 1971
150	Jan. 1968	117	Nov. 1957
148	Nov. 1890	115	Jan. 1949
140	Jan. 1987	115	Jan. 1983
135	Dez. 1957	114	Feb. 1962

Wasserstand an einem Ort ergibt sich als Summe der Teilstaus (Superpositionsprinzip). KOOP konnte zeigen, dass die Stauanteile des Gebietes südlich 56° N (Abb. 3.15 und 3.23) ca. 70 bis 90 % des Gesamtstaus für die Pegel zwischen Rügen und Kiel liefern. Dieser Befund wird durch die synoptische Praxis bestätigt. Denn Tiefs vom Typ a werden von einem stauwirksamen Windfeld begleitet, das sich in der Regel südlich von 56° N ausbildet und die südliche und westliche Ostsee bis zur polnischen und deutschen Küste erfasst.

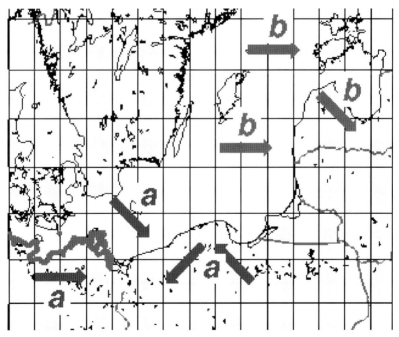

Abb. 3.23: Charakteristische Zugbahnen von Sturmtiefs, die an der deutschen Ostseeküste Hochwasser auslösen, nach STIGGE (1995)

Zu den Zyklonenzugbahnen, bei denen Sturmniedrigwasserereignisse auftreten, gibt es bisher nur wenig Auswertungen. Jedoch ist klar zu erkennen, dass solche Ereignisse häufig mit sturmflutrelevanten Zyklonen aus Nord-West auftreten (vgl. oben). MEWES (1987) hat Entstehungsgebiete und Zugbahnen von Sturmtiefs, die in Wismar und Warnemünde im Zeitraum 1952–1985 Sturmniedrigwasser auslösten, analysiert. Diese Tiefs entstehen überwiegend im Seegebiet zwischen Island und 50° N, in nur zwei Fällen im Nordmeer. Die Tiefs ziehen über die Nordsee und Skandinavien ost- bzw. nordostwärts Richtung Finnland/Finnischer Meerbusen. MEWES hat die Zugbahnen in drei Klassen eingeteilt, wobei bemerkenswert ist, dass die Tiefdruckzentren die Ostsee entlang des 60. Breitengrades überqueren. In nur zwei Fällen ist ein etwas südlicherer Verlauf beobachtet worden. Bei der Verlagerung dieser Tiefs bildet sich eine solche Luftdruckverteilung über weite Gebiete der westlichen, südlichen und zentralen Ostsee aus, die mit stürmischem Wind oder Sturm aus Südwest verbunden ist.

3.3.1.2.3   Zum Zusammenhang von Zyklonen-Zugbahnen und Großwetterlagen bei Sturmfluten

Die Betrachtung der Großwetterlagen (s. Abschn. 3.3.1.2.1) ist zwar zur Erfassung Sturmflut-relevanter Zyklonenzugbahnen nicht genau genug, sie kann aber Aufschluss über die Entstehung solcher Zugbahnen geben. Bei der Zuordnung Großwetterlage (GWL) und Sturmfluttag wurde hier berücksichtigt, dass sich in einigen Fällen am Tag des Sturmflutscheitels ein Wechsel der GWL vollzieht, nachdem eine bestimmte Wetterlage über einige Tage hinweg angehalten hat. Es ist davon auszugehen, dass die Ausrichtung der Zyklonenzugbahnen, mit denen die sturmfluterzeugenden Prozesse einhergehen, maßgeblich von der Großwetterlage bzw. der Zirkulationsform beeinflusst worden ist, die tagelang vor dem Eintrittszeitpunkt des Sturmflutscheitels angedauert hat. Deshalb wird bei einem Wechsel der GWL am Tag des Sturmflutscheitels nicht die Lage des Stichtages, sondern die der vorherigen Tage den Untersuchungen zugrunde gelegt (MEINKE, 1998).

Wie zuvor vermutet, zeigt sich eine starke Streuung der Zugbahnen Sturmflut auslösender Zyklonen bezüglich der verschiedenen GWL und Zirkulationsformen. Die vier oben erörterten Zugbahnen solcher Tiefs sind von 1953–1997 bei 21 von den insgesamt 29 GWL aufgetreten (Tab. 3.14). Am häufigsten sind in Übereinstimmung mit den Ergebnissen in Abschn. 3.3.1.2.1 Sturmflutwetterlagen bei den GWL Nordwest zyklonal (18,6 %), West zyklonal (17,4 %) und Nord zyklonal vorgekommen. Ausgehend von den Großwetterlagen zeigt sich, dass mit bestimmten GWL fast ausschließlich Zyklonen aus Nordwest und West einher gehen, während mit anderen außerdem Vb-artige Zugbahnen und Zyklonen aus Nordost vorkommen. Wesentlich deutlicher zeigen sich diese Zusammenhänge vor dem Hintergrund der Zugehörigkeit der GWL zu den Zirkulationsformen. Bei zonaler und gemischter Zirkulationsform erscheinen bis auf eine Ausnahme ausschließlich Zyklonen, die aus West oder Nordwest die Ostsee überqueren, während bei meridionaler Zirkulationsform alle Sturmflut-relevanten Zyklonenbahnen festzustellen sind. Die Wahrscheinlichkeit, dass Zyklonen auf Vb-artigen Zugbahnen und Zyklonen aus Nordost vorkommen, ist bei meridionaler Zirkulationsform am größten.

Zusätzlich wurden die sturmflutrelevanten Zyklonen bezüglich der Zuggeschwindigkeit und des Kerndruckes untersucht (MEINKE, 1998). Der durchschnittliche Kerndruck aller zwischen 1953 und 1997 analysierten Zyklonen beträgt 990 hPa (auf 5 hPa gerundet).

Tab. 3.14: Zugbahnen Sturmflut-relevanter Zyklonen in Abhängigkeit von Großwetterlagen (GWL) und Zirkulationsformen am Beispiel der Daten für Warnemünde aus dem Zeitraum 1953–1997, nach MEINKE (1998). Die Sturmfluten sind nach DIN 4049 klassifiziert.

Zirkulations-form	GWL	Zyklonen aus Nordwest		Zyklonen aus West		Vb-artige Zug-bahnen		Zyklonen aus Nordost		Gesamt Anzahl	Gesamt Prozent
Zonal	Wa	1		0		0		0		1	1,2
	Wz	12		3		0		0		15	17,4
	Ws	0	13	5	8	0	0	0	0	5	5,8
Gemischt	SWa	1		0		0		0		1	1,2
	SWz	0		2		0		0		2	2,3
	NWa	1		0		0		0		1	1,2
	NWz	13		3		0		0		16	18,6
	HM	0		0		0		1		1	1,2
	BM	2	17	0	5	0	0	0	1	2	2,3
Meridional	Na	1		0		0		0		1	1,2
	Nz	8		1		0		1		10	11,6
	HNa	1		0		0		0		1	1,2
	HNz	1		2		0		0		3	3,5
	HB	7		0		0		0		7	8,1
	TrM	0		1		2		0		3	3,5
	NEa	2		0		0		0		2	2,3
	NEz	1		1		2		1		5	5,8
	HFz	0		0		1		0		1	1,2
	HNFa	1		0		0		0		1	1,2
	HNFz	1		0		4		0		5	5,8
	TM	1	24	0	5	2	11	0	2	3	3,5

Dieser Wert liegt deutlich unter dem Wert für die Tiefdruckgebiete, die aus der Mittelung aller Bodenluftdruckfelder an Sturmfluttagen im Zeitraum 1901–1990 resultieren (vgl. Tab. 3.5). Die durchschnittliche Zuggeschwindigkeit dieser Tiefs beträgt 920 km/Tag (auf fünf km/Tag gerundet).

3.3.1.3 Windklimatologie für die Küste Mecklenburg-Vorpommerns

3.3.1.3.1 Zeitliche Veränderungen der Windgeschwindigkeit

Da die hier behandelten Prozesse ausgeprägter Wasserstandsänderungen sehr eng mit den Windverhältnissen zusammenhängen, ist es zweckmäßig, den von der unmittelbaren Küstennähe vorliegenden langen Windmessreihen verstärkte Aufmerksamkeit zu widmen. Allerdings stößt die Aufstellung zuverlässiger Windklimatologien auf spezifische Schwierigkeiten. Windmessungen unterliegen leider oft schleichend in Erscheinung tretenden Messfehlern. Gerätewechsel und Änderungen in der Höhe der Messungen beeinträchtigen die Homogenität der Messreihen. Schätzungen der Windgeschwindigkeit nach der Beaufort-Skala bedürfen einer aus verschiedenen Gründen nicht-trivialen Umrechnung. Dazu kommt, dass die Windwerte empfindlich von der Art der Unterlage abhängen, was eine Reduktion der Daten auf Verhältnisse über See erforderlich macht.

Sorgfältig aufgestellte Windklimatologien sind nicht nur in Zusammenhang mit Wasserstandsschwankungen von Bedeutung, sondern auch zur Beurteilung von küstendynamischen Änderungen (SCHÖNFELDT u. STEPHAN, 2000).

3.3.1.3.1 Zeitliche Veränderungen der Windgeschwindigkeit

Um längere Windzeitreihen zu untersuchen, werden hier Bodenwindzeitreihen verwendet. Jedoch existieren für die Küste Mecklenburg-Vorpommerns keine durchgehenden und homogenen Windzeitreihen, die der Länge der vorhandenen Zeitreihen der Sturmhoch- oder Sturmniedrigwasser entsprechen. Die einzige zur Verfügung stehende historische Bodenwindzeitreihe in unmittelbarer Küstennähe ist die von der Seefahrtsschule in Wustrow von 1876 bis 1920. Es handelt sich bei diesen Daten bereits um Zehnminuten-Mittelwerte, die mit einem Anemometer auf dem Dach des Schulgebäudes gemessen wurden. Für den Zeitraum 1920 bis 1945 sind lediglich geschätzte Daten nach der Beaufort-Skala für Warnemünde vorhanden. Diese Schätzwerte wurden mittels der Beaufort-Äquivalentskala von LINDAU (1994) in Windgeschwindigkeitsdaten transformiert. Seit 1946 werden Zehnminuten-Mittelwerte der Windgeschwindigkeit und der Windrichtung von der Wetterstation in Warnemünde gemessen. Doch bedauerlicherweise veränderte sich des Öfteren die Bebauung rund um diesen Messstandort. Eine weitere längere Zeitreihe von Windmessungen existiert von Arkona (Insel Rügen), die ab 1950 zur Verfügung steht. Es muss erwähnt werden, dass eine gemeinsame Auswertung aller dieser Rohdaten ab 1880 nicht ohne Weiteres erfolgen kann, weil die gemessenen Bodendaten dem Einfluss der lokalen und regionalen Oberflächeneigenschaften unterliegen. Um aus den Messungen der verschiedenen Stationen eine gemeinsam zusammenhängende Zeitreihe zu bilden, ist es erforderlich, die Rohdaten zu homogenisieren und auf einheitliche Eigenschaften der Oberfläche zu normieren. Die Homogenisierung der Zeitreihen von Wustrow, Warnemünde und Arkona in Bezug auf die Orographie, die Bodenrauigkeit und die Hindernisse des umgebenden Messstandortes sowie die anschließende Normierung auf einheitlichen Untergrund und eine einheitliche Messhöhe erfolgten mittels eines kleinskaligen Modells (MORTENSEN et. al., 1993). Als einheitliche Oberfläche wurde eine Wasseroberfläche (Rauigkeitslänge von 0,0002 m) und eine Höhe über Grund von 10 m gewählt. Das kleinskalige Modell berechnet aus den Messwerten und der vorgegebenen Beschreibung des Messstandortes (Orographie, Rauigkeit und Hindernisse) die für die ausgewählte Wasseroberfläche entsprechend geltenden Weibull-Parameter. Die Weibull-Verteilung (s. SCHÖNWIESE, 2000) ist eine generell bewährte zweiparametrige Verteilungsfunktion.

Diese Funktionen dienen zur Beschreibung der Häufigkeitsverteilung von Windgeschwindigkeiten. Damit die empirischen Verteilungen möglichst gut durch die Weibull-Verteilungen approximiert werden, wurden Zeitreihenabschnitte von fünf Jahren als Stichproben gewählt. Von 1880 bis 1995 wurden dann für Perioden von fünf Jahren Weibull-Verteilungen bestimmt. Diese Verteilungen dienten zur Bildung von Zeitreihen der 1 %-, 10 %- und 50%-Perzentile (s. Abb. 3.24).

Ein p %-Perzentil repräsentiert hier die Windgeschwindigkeit, welche mit einer Wahrscheinlichkeit von p % überschritten wird. Die zum p %-Perzentil zugehörige Windgeschwindigkeit kann bestimmt werden, wenn die Verteilung in der Form der Überschreitungswahrscheinlichkeit gegeben ist. Die Auswahl der 1 %-, 10 %- und 50 %-Perzentile gibt eine gute Information über die Verteilung.

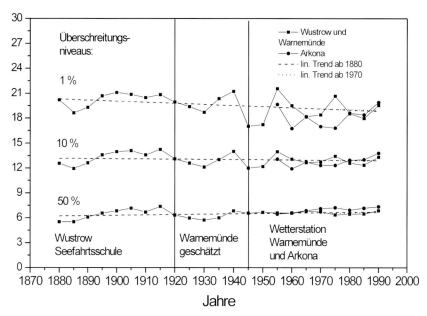

Abb. 3.24: Zeitreihen der 1%-,10%- und 50%-Perzentile, ermittelt aus den fünfjährigen, auf Meeresoberflächeneigenschaften normierten Weibull-Häufigkeitsverteilungen von Wustrow, Warnemünde und Arkona, nach BECKMANN (1997a) (Ordinate: Windgeschwindigkeit in m.s⁻¹)

Die Trendanalyse zeigt für die drei Zeitreihen der Perzentile, gebildet aus Weibull-Verteilungen von Wustrow und Warnemünde, nur minimale Veränderungen. Der Trend der Zeitreihe des 1%-Perzentils ist –0,014 m/s in fünf Jahren mit 95% Signifikanz. Der Trend der 10%-Perzentil-Zeitreihe beträgt –0,002 m/s in fünf Jahren. Jedoch ist dieser Trend nicht signifikant (p < 90 %). Der Trend der 50%-Perzentil-Zeitreihe ist +0,005 m/s in fünf Jahren und auf dem 90% Signifikanz-Niveau von Null verschieden. Es ist festzustellen, dass diese Trends kleiner sind als die aus den kürzeren aerologischen Zeitreihen abgeleiteten (s. Abschn. 3.3.1.3.4). Abb. 3.24 zeigt außerdem, dass die Zeitreihen der Perzentile, gebildet aus den korrigierten Weibull-Verteilungen von Warnemünde und Arkona, miteinander vergleichbar sind. Damit wird die hier angewendete Methode zur Korrektur von Bodenwindzeitreihen mittels eines kleinskaligen nummerischen Modells bestätigt. Ein direkter Vergleich der beiden Originalzeitreihen von Warnemünde und Arkona ist unmöglich, weil die beiden Standorte sich sehr unterscheiden. Der Messstandort Warnemünde ist von einer dichten Bebauung umgeben, während die Wetterstation Arkona unmittelbar an einer 42 m hohen Steilküste liegt und durch eine hügelig gegliederte Orographie mit wenig Bebauung charakterisiert ist.

3.3.1.3.2 Mittlere Andauer von Windereignissen

Für viele Fragestellungen in der Küstenforschung sind neben den Häufigkeitsverteilungen von Windgeschwindigkeit und Windrichtung die mittleren Andauerwerte verschiedener Windereignisse gefragt. Unter der Andauer eines Windereignisses ist die Verweildauer von Windgeschwindigkeit und Windrichtung in derselben Klasse der Geschwindigkeit und Richtung zu verstehen. Es bietet sich an, die mittleren Andauern aus der Markov-Matrix (KA-

MINSKY et al., 1991; KIRCHHOFF et al.,1989) zu berechnen, sofern das Autokorrelationsspektrum der zu untersuchenden Zeitreihe rotes Rauschen zeigt und damit die Messungen einer Persistenz unterliegen. Die Elemente der Markov-Matrix geben die Übergangswahrscheinlichkeiten an, mit der Windgeschwindigkeit und Windrichtung vom Zeitpunkt t_n zum darauf folgenden t_{n+1} von einer Klasse in eine andere wechseln. Zur Berechnung der mittleren Andauer sind nur die Wahrscheinlichkeiten, die in der Hauptdiagonalen der Markov-Matrix stehen, von Bedeutung. Diese Matrixelemente geben die Wahrscheinlichkeit für den Klassenerhalt an. Die Häufigkeit des Klassenerhalts vom Zeitpunkt t_n zum darauf folgendem t_{n+1} der Windgeschwindigkeit in der Windgeschwindigkeitsklasse i und der Windrichtung in der Windrichtungsklasse j wird durch die Anzahl ausgedrückt. Die Häufigkeit der Messungen mit Windgeschwindigkeiten in der Windgeschwindigkeitsklasse i und mit Windrichtungen in der Windrichtungsklasse j zum gemeinsamen Zeitpunkt ist durch die Anzahl l_i^j gegeben. Die Übergangswahrscheinlichkeit p_{ii}^{jj} wird dann durch Gl. (3.1) angegeben:

$$p_{ii}^{jj} = \frac{m_{ii}^{jj}}{l_{ii}^{jj}} \tag{3.1}$$

Die mittlere Andauer des Klassenerhalts der Windgeschwindigkeit und Windrichtung berechnet sich aus der Übergangswahrscheinlichkeit wie folgt:

$$D_{ii}^{jj} = \frac{1}{1 - p_{ii}^{jj}} \tag{3.2}$$

Im Zusammenhang mit der Küstenforschung sollen die Windereignisse nach Möglichkeit über der Meeresoberfläche repräsentativ sein. Die im Abschn. 3.3.1.3.1 vorgestellten korrigierten Weibull-Häufigkeitsverteilungen können jedoch nicht verwendet werden, da zur Berechnung der Markov-Matrixelemente Terminwerte erforderlich sind. Es wird ein Korrekturverfahren benötigt, welches jedes einzelne Zeitreihenelement auf die Eigenschaften der Meeresoberfläche transformiert. Für Boltenhagen existieren Korrekturfaktoren zur Transformation der Windgeschwindigkeit vom Messstandort auf die Unterlage Meer ($z_0 = 0,00025$ m), die vom Deutschen Wetterdienst in Hamburg (Geschäftsfeld Seeschifffahrt) berechnet wurden. Die Messwerte Boltenhagens sind als 10-Minuten-Mittelwerte stündlich von 1973 bis 1993 verfügbar. Die Korrekturfaktoren für Boltenhagen sind in der Tab. 3.15 angegeben. Sie sind lediglich windrichtungsabhängig. Näheres über das Homogenisierungsverfahren ist bei SCHMIDT u. PÄTSCH (1992) zu finden, wo nach dem gleichen Verfahren Übertragungsfaktoren für die Nordsee-Inselstation Norderney berechnet wurden. Mittels des logarithmischen Windgesetzes (vgl. Abschn. 3.3.2.1) wird die Zeitreihe von 18 m, der ursprünglichen Messhöhe, auf 10 m Höhe normiert. Zur Berechnung der mittleren Andauer werden Klassenbreiten der Windgeschwindigkeit von 5 m/s und der Windrichtung von 90° gewählt. Die Klassen der Windgeschwindigkeit n_i werden stufenweise um 1 m/s erhöht, d. h. die erste Klasse ist das Intervall von 0 m/s bis 5 m/s mit dem Mittelwert von 2,5 m/s, die zweite Klasse geht von 1 m/s bis 6 m/s mit dem Mittelwert von 3,5 m/s usw. Die Klassen der Windrichtungen erhöhen sich stufenweise um 10°, d.h. der erste Sektor liegt im Bereich zwischen 0° und 90°. Ihm wird die mittlere Windrichtung von 45° zugeordnet. Der zweite Sektor liegt dann im Bereich von 10° bis 100° mit dem Mittelwert von 55°. In 10°-Schritten geht es dann bis zum letzten Sektor mit dem Bereich von 350° bis 80° und 35° als mittlere Richtung weiter. Für jede Kombination aus Windgeschwindigkeitsklasse und Windrichtungssektor wird die Übergangswahrscheinlichkeit nach der Gleichung des Klassenerhalts bestimmt. Im Bereich der hohen Windgeschwindigkeiten im Nord- bis Südsektor sind in einigen Klassen die Aussagen aufgrund geringer Anzahl von Stichprobenelementen nicht signifikant. Aus diesem Grund wurden die Daten der mittleren Andauer mittels einer über drei Klassen der Windgeschwindigkeit übergreifenden Mittelwertbildung gefiltert.

In Abb. 3.25 sind die mittleren Andauerwerte von Windereignissen in Abhängigkeit von Richtung und Geschwindigkeit dargestellt. Auf diesem Bild ist zu erkennen, dass Maxima der mittleren Andauer von 3,8 Stunden (3 h 50 min) bei etwa 10 m/s und 55° sowie von 3,20 Stunden (3 h 12 min) bei etwa 255° liegen. Bei der zur graphischen Darstellung notwendigen Interpolation und bei der vorgenommenen Filterung der Ursprungsdaten der mittleren Andauerwerte kommt es in Abb. 3.25 zu bestimmten Unterschätzungen, u. a. der maximalen mittleren Andauerbeträge. Die tatsächlich ermittelten maximalen mittleren Andauerwerte betragen 4 Stunden und 20 Minuten für 9,5 m/s bei einer Windrichtung von 65° und 3 Stunden und 55 Minuten für 9,5 m/s bei einer Windrichtung von 255°.

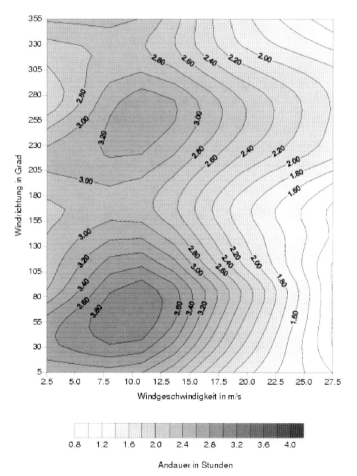

Abb. 3.25: Mittlere Andauer von Windgeschwindigkeit und -richtung in Stunden für eine homogene Wasseroberfläche (Rauigkeitslänge z_0 = 0,00025 m) in einer Höhe von 10 m ü. Gr. Die Angaben wurden aus der vom DWD Hamburg korrigierten Zeitreihe Boltenhagen ermittelt, nach BECKMANN u. TETZLAFF (1997)

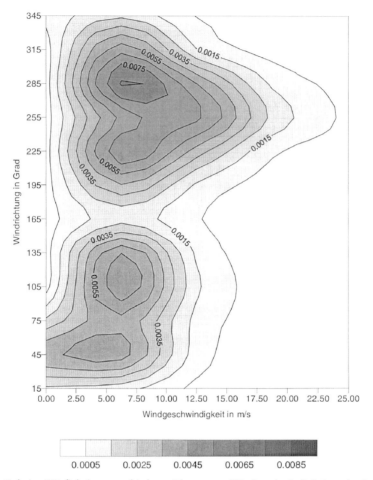

Abb. 3.26: Relative Häufigkeiten verschiedener Klassen von Windgeschwindigkeit und Windrichtung ($\Delta v = 1$ m/s und $\Delta\varphi = 30°$), bestimmt aus der auf die Bedingungen der Meeresoberfläche und 10 m Höhe ü. Gr. normierten Windzeitreihe Boltenhagens, nach BECKMANN (1997a)

Um zu zeigen, dass es einen Bezug zwischen den einzelnen Klassen der mittleren Andauern von Windgeschwindigkeiten und der Auftrittswahrscheinlichkeit von Ereignissen in diesen Klassen gibt, werden die relativen Häufigkeiten verschiedener Klassen von Windgeschwindigkeit und Windrichtung mit $\Delta v = 1$ m/s und $\Delta\varphi = 30°$ aus der auf die Meeresoberfläche und 10 m Höhe normierten Zeitreihe Boltenhagens gebildet und in der Abb. 3.26 dargestellt. Es wird bei der Angabe der Windgeschwindigkeitsklassen die Windgeschwindigkeitsuntergrenze der jeweiligen Klasse gewählt (z. B. 0 m/s steht für das Intervall 0 m/s bis 1 m/s). Für den Windrichtungssektor wird der Mittelwert des Intervalls angegeben (z. B. 15° für den Sektor 0° bis 30°). Die Richtungssektoren laufen vom Sektor 0° bis 30° mit 15° als Mittelwert bis zum Sektor 330° bis 360° mit 345° als Mittelwert. Wie der Abb. 3.26 zu entnehmen ist, haben Windgeschwindigkeiten ab etwa 15 m/s im Nord-, Ost- und Südsektor eine derart geringe Auftrittswahrscheinlichkeit, so dass sie aus der Darstellung herausfallen. Im Westsektor bei 255° wird noch eine von Null verschiedene Auftrittswahrscheinlichkeit bis zu einer Windgeschwindigkeit von etwa 23 m/s ermittelt. Es ist aber zu beachten, dass es im Bereich von 45° bis 135° und bei etwa 6 m/s zu ebenso hohen relativen Häufigkeiten kommen kann wie im Westwindbereich.

Vergleicht man nun die Abb. 3.25 mit den mittleren Andauern in der Abb. 3.26, so ist festzustellen, dass Ereignisse mit relativ hoher Häufigkeit ebenfalls relativ lange mittlere Verweildauern besitzen. Dieses liegt daran, dass die Wahrscheinlichkeit geringer ist, eine Klasse zu verlassen, die relativ häufig vertreten ist, als Klassen, die seltener besetzt sind.

Tab. 3.15: Korrekturfaktoren zur Normierung der Boltenhagener Windzeitreihe auf Meeresoberfläche (z_0 = 0,00025 m) durch das Mesoskalenmodell des Deutschen Wetterdienstes in Hamburg (Geschäftsfeld Seeschifffahrt), nach BECKMANN (1997a)

Windrichtungssektor	Korrekturfaktor
0° bis 70°	1,00
70° bis 100°	1,15
100° bis 130°	1,30
130° bis 220°	1,55
220° bis 280°	1,50
280° bis 310°	1,30
310° bis 340°	1,25
340° bis 360°	1,00

3.3.1.3.3 Extremwertstatistik von Windgeschwindigkeiten

Für viele Fragestellungen wie z. B. Küstenschutz oder Bebauung sind Häufigkeiten extremer Windgeschwindigkeiten von Bedeutung. Mittels der Gumbel-Statistik (s. bspw. SCHÖNWIESE, 2000) sollen Wiederholungszeiten von Extremwerten der 10-Minuten-Mittelwerte für die Standorte Boltenhagen, Warnemünde, Arkona und der vom Deutschen Wetterdienst Hamburg auf die Meeresoberfläche normierten Zeitreihe Boltenhagens abgeschätzt werden.

Die Gumbel-Verteilung gibt die Verteilung der voneinander unabhängigen Jahresmaxima der Windgeschwindigkeit der zu untersuchenden Zeitreihe an.

Auf den Berechnungsgang wird in Abschn. 2.5.1.1 eingegangen. In Tab. 3.16 sind die Windgeschwindigkeiten, die sich nach 10, 30, 50 und 100 Jahren wiederholen, angegeben. Gleichzeitig findet man die zugehörigen Standardabweichungen, die Mittelwerte und die Standardabweichungen der Jahresmaxima. Die Extremwerte aus der auf die Meeresoberfläche für Boltenhagen normierten Zeitreihe fallen etwa um den Faktor 1,5 höher aus als die Extremwerte aus der Originalzeitreihe.

Zur genaueren jahreszeitlichen Quantifizierung der Extremwerte wurden separate Wiederkehrzeiten für die Quartale Dezember–Januar–Februar (DJF), März–April–Mai (MAM), Juni–Juli–August (JJA) und September–Oktober–November (SON) berechnet. Quantitative Angaben sind bei BECKMANN (1997a) zu finden. Im Winterquartal DJF sind die Extremwerte in der Regel am größten und im Sommerquartal JJA am kleinsten. Nur für die homogenisierte Zeitreihe Boltenhagens ergeben sich für den Zeitraum März, April und Mai die größten Werte ab einer Wiederkehrzeit von 10 Jahren, für kleinere Wiederkehrzeiten sind auch in dieser Zeitreihe die größten Extremwerte im Quartal DJF zu erwarten. Der Mittelwert der Maxima vom Frühjahrsquartal MAM ist zwar kleiner als der vom Winterquartal

152

Tab. 3.16: Maximale Windgeschwindigkeiten mit Wiederkehrzeiten von 10, 30, 50 und 100 Jahren und die zugehörigen Stichprobenfehler, ermittelt aus der Gumbel-Statistik der 10-Minuten-Mittelwerte (Zeitraum 1973–1993) von Arkona, Warnemünde, Boltenhagen und der korrigierten Zeitreihe Boltenhagens, nach BECKMANN (1997a). v = Windgeschwindigkeit, s = Standardabweichung.
Unter den Stationsnamen sind die mittleren jährlichen maximalen Windgeschwindigkeiten und die zugehörigen Standardabweichungen angegeben

| Station | Wiederkehrzeit in Jahren | | | | | | | |
| | 10 | | 30 | | 50 | | 100 | |
	v m/s	s m/s	v m/s	s m/s	v m/s	s sm/s	v m/s	m/s
Arkona $v_{Jahr} = 25{,}3$ m/s $s_{Jahr} = 1{,}41$ m/s	27,5	0,7	28,9	1,1	29,6	1,2	30,5	1,4
Warnemünde $v_{Jahr} = 22{,}2$ m/s $s_{Jahr} = 2{,}15$ m/s	25,6	1,1	27,8	1,6	28,8	1,8	30,2	2.2
Boltenhagen $v_{Jahr} = 21{,}4$ m/s $s_{Jahr} = 2{,}08$ m/s	25,2	1,2	27,7	1,8	28,9	2,1	30,4	2,4
Boltenhagen (korr.) $v_{Jahr} = 29{,}7$ m/s $s_{Jaghr} = 3{,}90$ m/s	35,9	1,9	39,9	2,8	41,7	3,3	44,2	3,8

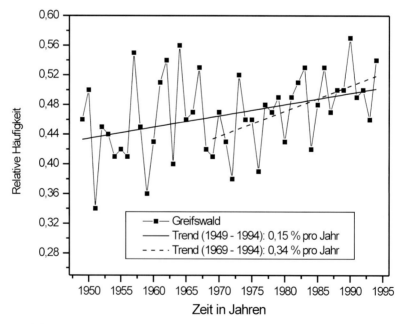

Abb. 3.27: Jährliche relative Häufigkeit von Windrichtungen zwischen 225° und 315° (Westsektor) im 850 hPa-Niveau (ca. 1,5 km Höhe) der Radiosondenaufstiegsstation Greifswald von 1949 bis 1994 mit linearen Trends für den Gesamtzeitraum und für 1969–1994, nach BECKMANN (1997a)

relative Häufigkeit

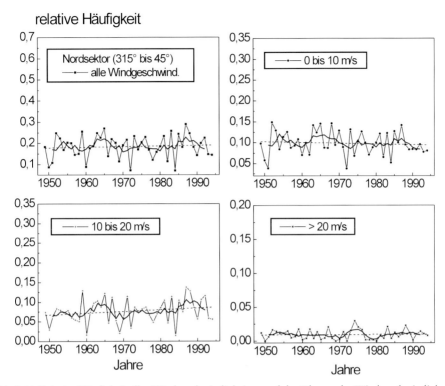

Abb. 3.28: Relative Häufigkeit aller Windgeschwindigkeiten und der Klassen der Windgeschwindigkeit für den Nordsektor (315° bis 45°) in Greifswald im 850 hPa-Niveau für die Monate November bis Februar (1949–1954), nach BECKMANN (1997a). Dünne Linie: jährliche relative Häufigkeit; dicke Linie: dasselbe, fünf Jahre übergreifend gemittelt; gestrichelte Linie: linearer Trend

DJF, aber die Standardabweichung der Maxima ist im Frühjahr größer als im Winter. Dieses anomale Verhalten der korrigierten Zeitreihe bzgl. des saisonalen Auftretens von Extremwerten muss aber nicht generell typisch für auf die Meeresoberfläche korrigierte Zeitreihen sein. Zum Beispiel für die ebenfalls im gleichen Zeitraum vorliegende und vom Deutschen Wetterdienst Hamburg auf die Meeresoberfläche korrigierte Zeitreihe der Nordseeinsel Norderney ergeben sich die größten Extremwerte im Quartal DJF und die kleinsten im Quartal JJA. Im Quartal MAM und SON sind über See vor der Küste Norderneys etwa gleich große Extremwerte zu erwarten.

Eine weitere Klassifizierung nach Windrichtungen soll genaueren Aufschluss über das Vorkommen extremer Windgeschwindigkeiten liefern. Für alle Standorte sind mit Windrichtungen aus dem Westsektor die höchsten und aus dem Südsektor die niedrigsten Extremwerte zu erwarten. Das liegt daran, dass die Mittelwerte der Jahresmaxima im Westwindsektor am größten und aus dem Südsektor am kleinsten sind. Anders verhält sich die auf die Meeresoberfläche normierte Zeitreihe Boltenhagens. Für Wiederkehrzeiten ab zehn Jahren ergeben sich auch hier die größten Extremwerte für westliche Winde. Für kleinere Wiederkehrzeiten kommen hier allerdings die größten Extremwerte aus südlichen Richtungen vor. Die geringsten Extremwerte treten bei Winden aus östlicher Richtung auf. Der Mittelwert der Jahresmaxima ist zwar auch bei der korrigierten Zeitreihe bei westlichen Winden am größten. Aber die zugehörige Standardabweichung der Jahresmaxima ist ziemlich klein, so dass hier ab zehn Jahre Wiederholungszeit geringere Extremwerte als bei Winden aus südlichen Richtungen zu erwarten sind. Um zu überprüfen, ob das Verhalten der Extremwerte der korrigierten Zeitreihe Boltenhagens in den vier Richtungssektoren typisch für auf die Meeresoberfläche korrigierten Wind ist, wurde die gleiche Untersuchung für die korrigierte Zeitreihe Norderneys wiederholt. Es stellt sich heraus, dass für Norderney die höchsten Extremwerte aus Osten und die geringsten aus Norden zu erwarten sind. Für westliche Richtungen ergeben sich etwas höhere Extremwerte als für südliche Richtungen. Das Ergebnis zeigt, dass es kein typisches richtungsabhängiges Verhalten von Extremwerten der Windgeschwindigkeit verschiedener, auf gleiche Oberflächeneigenschaften normierten Zeitreihen im norddeutschen Küstengebiet gibt.

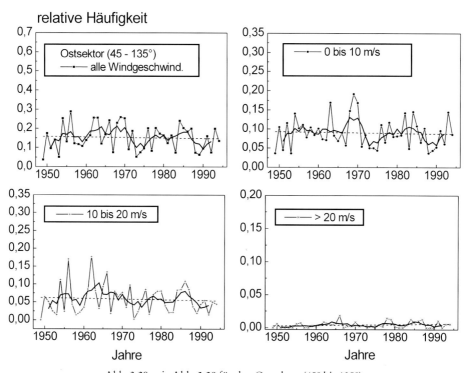

Abb. 3.29: wie Abb. 3.28 für den Ostsektor (45° bis 135°)

3.1.3.4 Zur Höhenwindentwicklung im Ostseeraum

Auf der Grundlage von vier Höhenwind-Zeitreihen im Ostseeraum wird in diesem Abschnitt versucht, die in den letzten Jahrzehnten eingetretenen Veränderungen der Häufigkeit von Sturmhochwassern an der deutschen Ostseeküste (s. Abschn. 3.4.3.1) mit der Windklimatologie in Einklang zu bringen. Der Analyse dienten Daten im 850 hPa-Niveau (etwa 1,5 km Höhe) der aerologischen Stationen Kopenhagen, Greifswald, Riga und Tallinn. Es ist anzumerken, dass Höhenwinddaten in diesem Niveau nicht mehr dem orographischen Einfluss des Messstandortes und seiner Umgebung unterliegen. Sie können somit im Gegensatz zu Bodenwindmessungen für ein größeres Gebiet als repräsentativ angesehen werden. Die

Greifswalder Zeitreihe stand für den Zeitraum 1949–1994, die anderen für 1969–1994 zur Verfügung (BECKMANN, 1997a).

Es sollen insbesondere die Windverhältnisse untersucht werden, die potenziell Sturmhochwasser verursachen. Dazu zählen, wie auch an anderer Stelle erläutert, neben den an der deutschen Küste Windstau erzeugenden Stürmen aus nordöstlichen Richtungen in der Regel mehrere Tage andauernde stärkere Winde aus westlichen Richtungen vor dem eigentlichen Sturmhochwasserereignis, die zur Erhöhung des Füllungsgrades der Ostsee führen. Um die Veränderungen in der Häufigkeit von westlichen Winden zu bestimmen, wurden die jährlichen relativen Häufigkeiten für Windrichtungen innerhalb des Sektors von 225° bis 315° für die vier verschiedenen Standorte bestimmt. Für alle Stationen kann mittels einer linearen Regression eine Zunahme der Häufigkeit dieser Windrichtungen nachgewiesen werden. Die Häufigkeit von Windrichtungen innerhalb dieses Sektors zwischen 225° und 315° hat zwischen etwa 8,5 % in Greifswald und etwa 2,5 % in Tallinn in den letzten 25 Jahren zugenommen.

Für die Greifswalder Zeitreihe ergibt sich zudem, dass es zu einer Zunahme der Häufigkeit westlicher Winde sowohl im Zeitraum von 1949–1994 als auch von 1969–1994 kam (s. Abb. 3.27). Dagegen konnte eine signifikante Veränderung in der Häufigkeit der gemessenen Windgeschwindigkeiten innerhalb des Nord- und Ostsektors zwischen 315° und 135° weder in den vier Zeitreihen von 1969–1994 noch in der gesamten Zeitreihe von Greifswald von 1949–1994 nachgewiesen werden. Die Untersuchung von länger andauerndem Winden innerhalb eines Windrichtungssektors zeigt, dass die jährliche Häufigkeit von westlichen Winden zwischen 225° und 315° für Windandauer-Zeiten von ≥ 5 Tagen zugenommen hat.

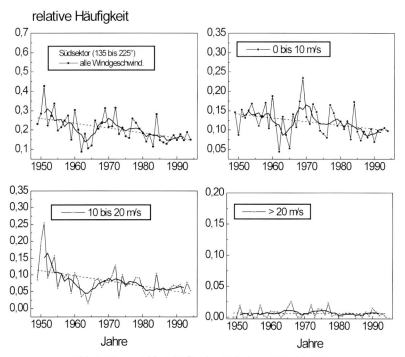

Abb. 3.30: wie Abb. 3.28 für den Südsektor (135° bis 225°)

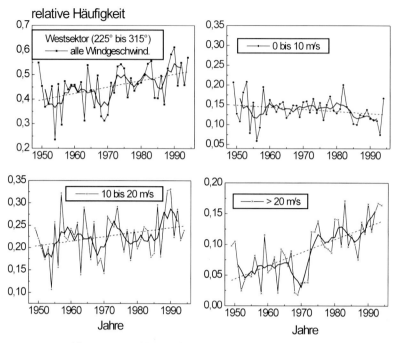

Abb. 3.31: wie Abb. 3.28 für den Westsektor (225° bis 315°)

Weiterhin werden hier für die Greifswalder Zeitreihe von 1949 bis 1994 die Veränderungen in der Häufigkeit von verschiedenen Klassen der Windgeschwindigkeit und verschiedenen Sektoren der Windrichtung für die Wintermonate November bis Februar vorgestellt (Abb. 3.28 bis 3.31).

Sturmhochwasser treten überwiegend während dieses Zeitraumes auf. Die Klassen der Windgeschwindigkeiten betragen 0 bis 10 m/s, 10 bis 20 m/s und >20 m/s. Die Sektoren der Windrichtung sind die vier Sektoren mit einer Breite von 90° um die Hauptwindrichtungen N, E, S und W. Die Signifikanz der Trends wurde mittels eines zweiseitigen t-Tests bestimmt (s. z.B. SCHÖNWIESE, 2000). In diesem Abschnitt soll ein Ergebnis als statistisch signifikant von Null verschieden gelten, wenn die angewendete Testmethode eine Irrtumswahrscheinlichkeit von ≤ 10 % ergibt. Die Abb. 3.28 bis 3.31 zeigen die relativen Häufigkeiten für die verschiedenen Klassen der Windgeschwindigkeiten und -richtungen für die Monate November bis Februar. Die Trendanalysen machen deutlich, dass es keine signifikanten Veränderungen in der Häufigkeit innerhalb des Nord- und des Ostsektors von 1949–1994 gab (s. Abb. 3.28 und 3.29).

Demgegenüber ist es im Südsektor und im Westsektor im Untersuchungszeitraum zu Veränderungen in der Häufigkeit gekommen (Abb. 3.30 und 3.31). Im Südsektor hat sich die Häufigkeit von Windgeschwindigkeiten >20 m/s nicht signifikant verändert, während Windgeschwindigkeiten ≤ 20 m/s in der Häufigkeit ihres Vorkommens abnahmen. Im Westsektor dagegen haben Winde zwischen 10 und 20 m/s und >20 m/s in der Häufigkeit signifikant zugenommen, während Winde <10 m/s in diesem Sektor in ihrer Häufigkeit leicht zurück gingen. Die Zunahme westlicher Winde >20 m/s erfolgte in erster Linie auf Kosten von südlichen Winden zwischen 0 und 20 m/s. Die Zunahme in der Häufigkeit von Tagen mit star-

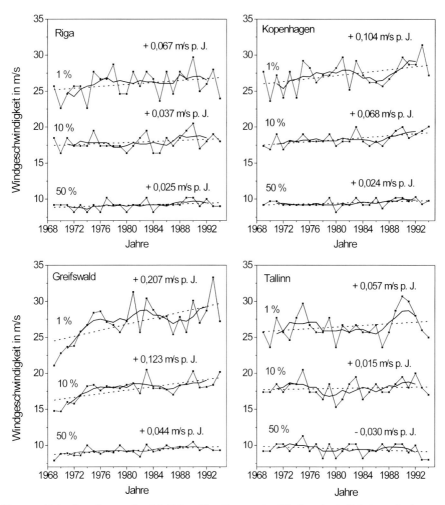

Abb. 3.32: Zeitreihen der aus den jährlichen Verteilungen der Windgeschwindigkeit ermittelten 1%-, 10%- und 50%-Perzentile im 850 hPa-Niveau (ausgezogen dünn) für die aerologischen Stationen Kopenhagen, Tallinn, Riga und Greifswald im Zeitraum 1969–1994, nach BECKMANN (1997a). Ausgezogen dick: 5-jährig übergreifendes Mittel; gestrichelt: linearer Trend

ken westlichen Winden beträgt etwa 0,75 Tage/Saison (Monate November bis Februar), was für den untersuchten Gesamtzeitraum etwa 34 Tage ausmacht. Eine Trendanalyse für die jährlichen Häufigkeiten ergibt gleiche Vorzeichen für die verschiedenen Klassen der Windgeschwindigkeit und verschiedenen Sektoren der Windrichtung. Die anderen Stationen zeigen prinzipiell ähnliche Veränderungen der Windverhältnisse.

Als weitere Möglichkeit zur Analyse von Windzeitreihen wurden die Zeitreihen der 1%-, 10%- und 50%-Perzentile aus den jährlichen Häufigkeitsverteilungen der vier aerologischen Windzeitreihen für den Zeitraum von 1969–1994 bestimmt (s. Abb. 3.32). Das 1%-Perzentil gilt als extrem. Die Zunahme der Trends der 1%-Perzentile variiert zwischen + 0,06 m/s pro Jahr in Tallinn (1,5 m/s im Gesamtzeitraum) und +0,2 m/s pro Jahr in Greifswald (5 m/s). Die Trends der 50%-Perzentile sind am geringsten ausgeprägt und nicht signi-

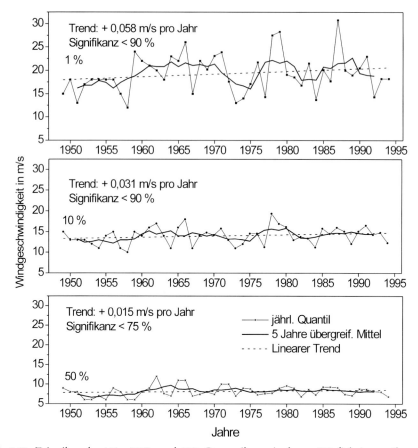

Abb. 3.33: Zeitreihen der 1%-, 10%- und 50%-Perzentile ermittelt aus Häufigkeitsverteilungen der Windgeschwindigkeit für Windrichtungen zwischen 0° und 90° (Windstausektor) an der aerologischen Station Greifswald für die Monate November bis Februar, nach BECKMANN (1997a)

fikant. Alle ermittelten Trends sind bis auf die 50%-Reihe von Tallinn positiv. Dieses Trendverhalten ist auf eine zunehmende Häufigkeit von stärkeren Winden im Untersuchungszeitraum zurückzuführen. Wie die Untersuchungen für Greifswald zeigen, lässt sich dieser Sachverhalt mit der Zunahme stärkerer westlicher Winde zugunsten einer Abnahme schwächerer südlicher Winde erklären. Für die Greifswalder Zeitreihe von 1949–1994 betragen die entsprechenden Trends +0,1 m/s pro Jahr für die 1%-Perzentile (im Gesamtzeitraum 4,5 m/s), +0,08 m/s pro Jahr für die 10%-Perzentile (3,6 m/s) und +0,03 m/s pro Jahr für die 50%-Perzentile (0,75 m/s).

Zusätzliche Informationen von möglichen Veränderungen in der Häufigkeit extremer Windgeschwindigkeiten vermittelt Abb. 3.33. Jedoch zeigen die Kurven keine signifikanten Veränderungen in der Häufigkeit von mittleren wie auch von extremen Windgeschwindigkeiten für den dargestellten Sektor. Das steht in Übereinstimmung mit der oben diskutieren Analyse von Häufigkeiten verschiedener Windgeschwindigkeitsklassen im Nord- und Ostsektor während der genannten Wintermonate.

3.3.2 Windstau

3.3.2.1 Die tangentiale Schubkraft des Windes an der Meeresoberfläche

Alle größeren Wasserstandsschwankungen an der deutschen Ostseeküste sind in erster Linie windbedingt. Der Übergang von Bewegungsenergie von der Atmosphäre zum Meer erfolgt durch den Prozess der Reibung zwischen Schichten verschiedener Geschwindigkeit. Die Reibungskraft pro Flächeneinheit, die sowohl in der untersten Atmosphäre als auch im Meer wirkt, wird besonders augenfällig an der Meeresoberfläche ausgeübt und als tangentiale Schubkraft des Windes τ (in kg s⁻² m⁻¹) bezeichnet. Sie ist entscheidend für die Generierung von Windwellen und Triftströmungen. Der mit den letzteren verbundene Wassertransport führt bei Anwesenheit von Küsten (oder variablen Windfeldern) zur Schiefstellung der Meeresoberfläche. Dadurch werden Strömungen ausgelöst, und an Küsten kommt es zu Windstau.

Die Reibungskraft/Flächeneinheit [kg s⁻² m⁻¹] („Newtonsche Reibung") ergibt sich allgemein zu

$$\tau_{sn} = \mu \, (\delta u_s / \delta n) \tag{3.3}$$

mit μ = dynamische Viskosität [kg s⁻¹ m⁻¹], u_s = horizontale Geschwindigkeit [m s⁻¹] in die Richtung s, n = Länge auf der zur Strömungsrichtung senkrechten Richtung [m]. Der Index n bezeichnet dem entsprechend die zur Strömungsebene senkrechte Richtung.

Im Fall der turbulent strömenden Kontinua Luft und Wasser wird die jeweilige dynamische Viskosität durch das Produkt der Dichte (für Wasser ρ_w [kg m⁻³]) und des Koeffizienten der turbulenten Diffusion („Turbulenzkoeffizient") K_{sn} [m² s⁻¹] ersetzt, so dass

$$\tau_{sn} = \rho_w \, K_{sn} \, (\delta u_s / \delta n). \tag{3.4}$$

Die effektive Reibungskraft, die auf ein Wasservolumen dxdydz in einem kartesischen Koordinatensystem ausgeübt wird, ist die Differenz zwischen den an gegenüberliegenden Seiten eines Volumenelementes angreifenden Reibungskräften. Bei Betrachtung der Reibungskraft in x-Richtung ergibt sich

$$[\tau_{xz} + (\delta\tau_{xz}/\delta z)] \, dx \, dy - \tau_{xz} \, dx \, dy = (\delta\tau_{xz}/\delta z) \, dx \, dy \, dz. \tag{3.5}$$

Der erste Term ist die Schubspannung an der unteren Fläche des Volumenelementes, bestehend aus der Schubspannung an der oberen Begrenzung zuzüglich der Änderung der Größe entlang dz und der zweite Term die Schubspannung an der unteren Fläche.

Die Reibungskraft/Masseneinheit, wie sie in die Bewegungsgleichungen Eingang findet, ist dann für das gewählte Beispiel unter Beachtung von Gl. (3.4)

$$(\delta\tau_{xz}/\delta z)/\rho_w = [\delta(K_{xz}\{\delta u_x/\delta z\})/\delta z] \tag{3.6}$$

mit u_x = Geschwindigkeitkomponente in x-Richtung.

Die an der Meeresoberfläche ausgeübte Reibungskraft geht in Modelle der windbedingten Meeresströmungen als Randbedingung ein (so in der Triftstromtheorie von V. W. EKMAN s. DEFANT, 1961).

Betrachtet man stark vereinfachend die Ostsee als einen von West nach Ost (x-Richtung) verlaufenden Kanal, so lautet die Bewegungsgleichung für die x-Richtung unter Vernachlässigung der ablenkenden Kraft der Erdrotation und äußerer Kräfte (außer der Schwerebeschleunigung)

$$du_x/dt = -1/\rho_w \, (\delta p/\delta x) + 1/\rho_w (\delta \tau_x / \delta z). \tag{3.7}$$

Der Kanal habe eine konstante Tiefe (= 50 m) und der Wasserkörper sei homogen. Dann gilt für den Druckgradienten in x-Richtung

$$\delta p/\delta x = \delta p_a/\delta x + \rho_w \, g \, (\delta \zeta/\delta x) \tag{3.8}$$

mit p_a = Luftdruck [Pa] (= [kg s^{-2} m^{-1}], praktische Einheit ist hPa) g = Schwerebeschleunigung [m s^{-2}] und ξ = Abweichung des Meeresspiegels von der Bezugsfläche (z. B. NN) [m].

Der erste Term beschreibt den Einfluss von Luftdruckunterschieden auf die horizontale Druckverteilung im Kanal, während der zweite Term den Einfluss der Auslenkung des Meeresspiegels auf den horizontalen Druckgradienten ausdrückt. Um diesen Term zu erhalten, wurde die statische Grundgleichung in der Form

$$\delta p = -g \, \rho_w \, \delta \zeta \tag{3.9}$$

angewendet und Gl. (3.7) in Gl. (3.8) eingesetzt; es folgt

$$du/dt = 1/\rho_w \, [(\delta p_a/\delta x) + \rho_w \, g \, (\delta \zeta/\delta x)] + 1/\rho_w \, (\delta \tau_x/\delta z). \tag{3.10}$$

Wird schließlich angenommen, dass der Wind mit konstanter Geschwindigkeit längere Zeit weht, so kann der unbeschleunigte Bewegungszustand du/dt = 0 angenommen werden. Aus Gl. (3.10) erhält man nach wenigen Umformungen

$$\delta \zeta/\delta x = 1/(\rho_w \, g) \, [(\delta \tau_x/\delta x) - (\delta p_a/\delta x)]. \tag{3.11}$$

Nach Integration und Übergang zu Differenzen folgt

$$\zeta = 1/(\rho_w \, g) \, [(\tau_x/\Delta z)(\Delta x - \Delta p_a]. \tag{3.12}$$

Der erste Term in der Klammer beschreibt den windbedingten Anteil, der zweite Term den statischen Luftdruckeffekt an der Auslenkung der Meeresoberfläche von der Ruhelage.

Bevor die sich in dem Modellkanal einstellende Größe ζ abgeschätzt werden kann, muss die tangentiale Schubspannung des Windes an der Meeresoberfläche berechnet werden. Diese Größe hängt eng mit dem vertikalen Windprofil in der untersten Atmosphäre über dem Meer zusammen. Bei neutraler vertikaler Dichteschichtung in der wassernahen Luftschicht nimmt die Windgeschwindigkeit logarithmisch mit der Höhe zu:

$$v(z) = (u_*/k) \ln (z/z_0) \tag{3.13}$$

mit v(z) = horizontale Windgeschwindigkeit in der Höhe z (meist v_{10} für z = 10 m), z_0 = Rauigkeitslänge, ausgedrückt als die Höhe, in der v(z) = 0, k = 0,4 (dimensionslose Karman-Konstante) und u_* = Schubspannungsgeschwindigkeit (= $(\tau/\rho a)^{0,5}$, s. GARRAT, 1992). Die Rauigkeitslänge z_0 besitzt über Wasser Werte der Größenordnung 10^{-4} m und kleiner.

Aus Gl. (3.13) ergibt sich so für die tangentiale Schubspannung an der Oberfläche für die Bezugsfläche z = 10 m

$$\tau = \rho_a \, k^2 \, v_{z10})^2 \, / \, \{\ln(z_{10}/z_0)\}^2. \tag{3.14}$$

Zur praktischen Anwendung werden die parametrisierten Beziehungen

$$\tau_x = \rho_a \, C_{D10} \, v_{x10} \, |v_{10}|$$

$$\tau_y = \rho_a \, C_{D10} \, v_{y10} \, |v_{10}|$$

bzw.
$$\tau = \rho a \, C_{D10} \, |v_{10}|^2 \tag{3.15}$$

herangezogen. v_y bezeichnet die Windgeschwindigkeit in y-Richtung und der Index 10 wiederum die Bezugshöhe 10 m ü. Meeresspiegel. C_D ist der dimensionslose Spannungskoeffizient (engl. drag coefficient), der sich nach Gl. (3.14) rechnerisch zu etwa $1,2 \cdot 10^{-3}$ ergibt. Über die Ergebnisse der experimentellen Bestimmung des jedoch von der Windgeschwindigkeit und von der Stabilität der Dichteschichtung abhängigen Spannungskoeffizienten kann man zahlreiche Arbeiten in der Literatur finden (GEEMAERT, 1999). Als mittlerer Wert dieses Koeffizienten kann nach GARRAT (1992)

$$C_{D10} = (a + b \cdot v_{10}) \, 10^{-3}$$

mit a = 0,75 und b = 0,067 für Windgeschwindigkeiten 3,5 m s^{-1} < v < 20 m s^{-1} angenommen werden. Bei niedrigeren Windgeschwindigkeiten kann mit $C_{D10} = 1 \cdot 10^{-3}$ gerechnet werden.

Zu beachten ist auch, dass bei kurzen Windwirklängen (bspw. in der ufernahen Zone des Meeres bei ablandigem Wind) die Beziehung (3.15) durch einen von der Windwirklänge abhängigen Korrekturterm ergänzt werden muss (HUPFER, 1978a). In Küstennähe variiert C_{D10} zudem stark in Abhängigkeit von der Windrichtung (RAABE, 1978).

Für die Auslenkung des Meeresspiegels gilt schließlich Gl. (3.16), in der der erste Term den Windstau, der zweite den Luftdruckeffekt beschreibt:

$$\zeta = (\rho_a C_{D10}/\rho_w \, g) \, v_{10}{}^2 \, (\Delta x/\Delta z) - \Delta p_a/\rho_w \, g \tag{3.16}$$

Zur Abschätzung eines möglichen Wertes von ζ für das einfache Modell der Ostsee wird die aus Gl. (3.12) und Gl. (3.15) hervorgehende Beziehung (3.16) genutzt, in die folgende Größen eingesetzt werden: Δz = 50 m (mittlere Tiefe), Δx = $1,5 \cdot 10^6$ m (maximale Windwirklänge, engl. fetch), $C_{D10} = 2 \cdot 10^{-3}$, $v_{10} = 20$ m s^{-1} (angenommene konstante Windgeschwindigkeit), $\rho_a = 1,225$ kg m^{-3} (Luftdichte), $\rho_w = 1 \cdot 10^3$ kg m^{-3} (Wasserdichte) und g = 9,81 m s^{-2} (Schwerebeschleunigung). Für die Luftdruckänderung über dem Kanal wird Δp_a = 50 hPa angenommen (über das Meer ziehende Starkzyklone).

Die Auswertung der Gl. (3.16) ergibt für den Windterm einen Windstau von etwa 2 m und für den Luftdruckterm eine Wasserstandsänderung von knapp 0,51 m. Der Luftdruckterm ist Ausdruck für die bekannte Relation, dass ein hPa Luftdruckänderung etwa 1 cm Wasserstandsänderung entspricht (unter einem Tief Zunahme, unter einem Hoch Abnahme des Wasserstandes).

Wenn das Sturmhochwasser mit dem Durchzug eines Tiefs korrespondiert, verringert der Luftdruckterm die windbedingte Wasserstandsänderung. Das erfolgt allerdings nur, wenn das Luftdruck- und Wasserstandsfeld sich über eine hinreichend lange Zeit angleichen können. Das ist meist nicht der Fall, so dass in unserem Beispiel ein Wasserstand an der deutschen Küste zwischen 2 m und 1,50 m ü. NN erreicht würde. Dieser Wert entspricht einer schweren Sturmflut. Es ist jedoch stets zu berücksichtigen, dass das zugrunde liegende Modell sehr stark vereinfacht ist. Bei der Beurteilung dieser Abschätzung muss aber berücksichtigt werden, dass diese auf der Grundlage eines nichtbeschleunigten, stationären Zustandes erfolgt ist. Gerade bei rasch wandernden Starkwindgebieten und entsprechenden stark veränderlichen Einwirkungen auf die Meeresoberfläche ist diese zur vereinfachten Ableitung erforderliche Voraussetzung nicht gegeben. Daher muss mit größeren Windstauwerten gerechnet werden.

In der ozeanographischen Literatur ist die Relation zwischen der tangentialen Schubspannung des Windes und dem Windstau an einer Küste wiederholt diskutiert worden, genannt seien hier NEUMANN (1948), DEFANT (1961) und ERTEL (1973). Bereits 1881 hat A. COLDING (cit. DEFANT, 1961) die Formel

$$\zeta = a_1 \, (L/H_{max})v^2 \tag{3.17}$$

für die Berechnung des Windstaus vorgeschlagen. Der empirische Koeffizient a_1 entspricht nach der obigen Ableitung dem Ausdruck $\rho_a C_D/\rho_w g$, H_{max} der maximalen Tiefe des Seegebietes und L der Windwirklänge. Mit den oben genannten Zahlenwerten und der Annahme, dass die maximale gleich der mittleren Tiefe ist, erhält man identische Werte für die windbedingte Wasserstandsänderung.

ERTEL (1973) hat die empirische Formel von COLDING unter ganz allgemeinen Voraussetzungen theoretisch abgeleitet und eine Ungleichung gefunden, die besagt, dass der Windstaueffekt (ζ) größer oder mindestens gleich dem Quotienten Fetch/maximale Tiefe multipliziert mit dem Quotienten $\tau/\rho_w g$ ist. Bei Zutreffen dieser Ungleichung kann die Schlussfolgerung gezogen werden, dass die nach Gl. (3.16) bestimmte Wasserstandsänderung die erreichbare Mindesthöhe darstellt.

3.3.2.2 Stauwindrichtungen und Windwirkzeit an der deutschen Ostseeküste

Für die praktische Wasserstandsvorhersage, insbesondere für den Warndienst ist die Frage von Interesse, bei welcher Windrichtung Hochwassergefahr besteht und wie lange eine Windsituation (Mindestwindwirkzeit) andauern muss, bis sich annähernd quasistationäre Wasserstände einstellen.

Sowohl empirisch (SCHMAGER, 1984) als auch von ENDERLE (1989) auf der Grundlage der Modelloutputs des HN-Modells von KOOP (1973) bestimmt, sind stauwirksame Windrichtungen in Abhängigkeit vom Wind in Arkona (s. Abb. 2.25) bzw. über der gesamten Ostsee (ENDERLE) bestimmt und in der Tab 3.17 für die Pegel von Warnemünde und Wismar bzw. Travemünde gegenübergestellt worden.

Die stauwirksamsten Windrichtungen vom HN-Modell und empirisch-statistischem Ansatz weichen nur unerheblich voneinander ab. Beide Modelle zeigen ein Rechtsdrehen der stauwirksamen Windrichtung mit zunehmender Windgeschwindigkeit.

Eine weitere interessante Schlussfolgerung aus dem Vergleich von HN-Modell und empirischem Ansatz lautet, dass die Windverhältnisse an der Wetterstation Arkona repräsentativ sind für die Beurteilung der Wasserstandsentwicklung an der deutschen Ostseeküste!

Tab. 3.17: Stauwirksamste Windrichtung in Grad am Pegel Warnemünde in Abhängigkeit von der Windgeschwindigkeit, nach SCHMAGER (2001)

Autor	Windgeschwindigkeit/m s^{-1}								
	5,0	7,5	10,0	12,5	15,0	17,5	20,0	22,5	25,0
SCHMAGER (1984)	0,0	10,0	16,5	21,0	24,5	27,0	29,0	30,5	31,5
ENDERLE (1989)	0,8	7,8	12,7	16,4	19,3	21,6	23,6	25,3	26,7
Differenz	−0,8	2,2	3,8	4,6	5,2	5,4	5,4	5,2	4,8

Tab. 3.18: Stauwirksamste Windrichtung in Grad für Wismar und Travemünde, nach SCHMAGER (2001)

Pegel	Windgeschwindigkeit/m s^{-1}								
	5,0	7,5	10,0	12,5	15,0	17,5	20,0	22,5	25,0
Wismar (SCHMAGER, 1984)	3,5	13,5	20,5	25,0	28,5	31,0	33,0	35,0	36,0
Travemünde (ENDERLE, 1989)	11,9	18,9	23,8	27,3	30,1	32,2	34,0	35,5	36,7
Differenz	−8,4	−5,4	−3,3	−2,3	−1,6	−1,2	−1,0	−0,5	−0,7

Mit dem HN-Modell der Ostsee von KOOP (1973), das in einer weiterentwickelten Version Kattegat und Skagerrak und damit den Wasseraustausch mit der Nordsee einbezieht, sind zahlreiche Modellrechnungen zur Beantwortung der Frage nach der Mindestwindwirkzeit durchgeführt worden, um ein stationäres Wasserstandsregime zu erzeugen. Über Ergebnisse berichtet ENDERLE (1989). Mit einer stationären Windverteilung ist die Entwicklung des Wasserstandes für einen Zeitraum von fünf Tagen simuliert worden. Erwartungsgemäß verschiebt sich der Zeitpunkt für das Erreichen quasistationärer Verhältnisse mit Zunahme der Windgeschwindigkeit und hängt von der Windrichtung ab. Ein stationärer Endzustand ist nur schwer zu definieren, da der „stationäre" Wasserstand von Schwingungen überlagert ist und nach einer bestimmten Zeit wieder zu fallen beginnt.

Aus ENDERLEs Untersuchungen kann man ableiten, dass der Wind mindestens acht Stunden wehen muss, damit sich die aus statistischen Beziehungen abgeleiteten Windstauwerte an den Pegeln einstellen.

3.3.2.3 Beispiel: Windstauverhältnisse in der Mecklenburger Bucht

Aufgrund der relativ geringen Wassertiefen der Mecklenburger Bucht fällt der Windstau hier, beispielsweise im Vergleich zu den tiefen Fjord-Schären-Küsten Schwedens bei Winden gleicher Geschwindigkeit und Windrichtungen gleicher Stauwirksamkeit, höher aus. In flachen Gewässern kann die winderzeugte Wasserbewegung oft bis zum Meeresgrund reichen. Somit ist die Wasserschicht, die dem Rückstrom zur Verfügung steht, nicht mächtig genug bzw. gar nicht vorhanden. Außerdem unterliegt der Rückstrom der Bodenreibung. Aus diesen Gründen kommt es in flachen Küstenmeeren zu höheren Windstauwerten als an steil abfallenden (vgl. Gl. 3.16 im Abschn. 3.3.2.1).

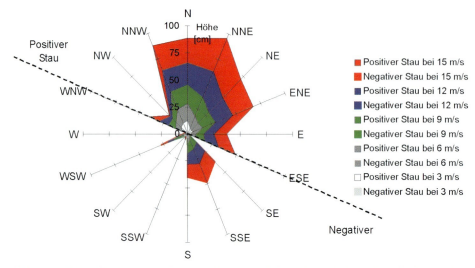

Abb. 3.34: Mittlere Windstauwerte in cm für Warnemünde in Abhängigkeit von den lokalen Windverhältnissen (Warnemünde), nach MEINKE (1998)

Bei Winden aus nordöstlichen und südwestlichen Richtungen weisen die Streichlängen die höchsten Werte auf (vgl. SAGER, 1972). Das ist auf die Längserstreckung der Ostsee von Südwest nach Nordost und die Lage der Mecklenburger Bucht im südwestlichen Teil der Ostsee zurückzuführen. Die Streichlängen können bis zu 800 km betragen. Zur Abschätzung des Windstaus kommt es weiterhin darauf an, möglichst alle stauwirksamen Gebiete der Ostsee zu betrachten (ENDERLE, 1981). SAGER u. MIEHLKE (1956) berücksichtigen drei Seegebiete der Ostsee, und zwar die Beltsee, die Arkona- und Bornholmsee sowie die Gotlandsee und berechnen für einige Fälle den Anteil, den die Windfelder über diesen drei Seegebieten zur Erhöhung bzw. zur Erniedrigung des Wasserstandes in Warnemünde beitragen. Die Untersuchung zeigt, dass man für Wasserstandsänderungen am Pegel Warnemünde schon zufriedenstellende Werte erhält, wenn man ihre Abhängigkeit lediglich vom Windfeld über der zentralen Ostsee (Gotlandsee) betrachtet. Die von den Winden über den beiden anderen Seegebieten verursachte Stauwirkung (südwestliche und südöstliche Ostsee) sei demgegenüber relativ gering. STIGGE (1995) verweist dagegen auf die große Bedeutung der lokalen Windverhältnisse für die Wasserstände der südwestlichen Ostseeküste. Die Abb. 3.34 und 3.35 zeigen die Zusammenhänge zwischen Windstau in Warnemünde und den lokalen Windverhältnissen sowie den Windverhältnissen über der zentralen Ostsee (vgl. dazu Abschn. 2.4.1.3). Durch die äußere Begrenzung der Flächen gleicher Windgeschwindigkeiten werden, je nach Windrichtung, die jeweiligen mittleren Windstauwerte angezeigt. Alle Flächen treffen im Koordinatenmittelpunkt aufeinander. Hier wechseln die Vorzeichen der Windstauwerte. Für beide Windfelder lässt sich deutlich eine Achse erkennen, an der sich dieser Vorzeichenwechsel von positivem zu negativem Windstau vollzieht. Bei den Windstauwerten in Abhängigkeit von den lokalen Windverhältnissen (Abb. 3.34) verläuft diese Achse von Westnordwest nach Ostsüdost. Die höchsten positiven Windstauwerte treten hier bei nördlichen Winden auf. Das Maximum des positiven Windstaus tritt bei Winden aus Nordnordost auf. Die höchsten negativen Windstauwerte werden hingegen von südlichen bis südöstlichen sowie westsüdwestlichen Winden hervorgerufen. Das Maximum befindet sich hier bei Winden aus Südsüdost. Der Windstau in Abhängigkeit von den Windverhältnissen über der zentra-

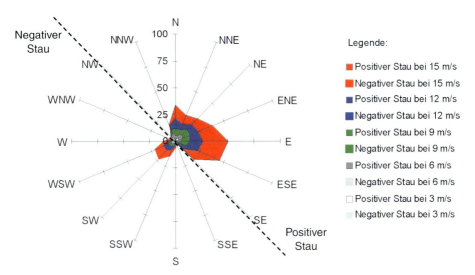

Abb. 3.35: Mittlere Windstauwerte in cm für Warnemünde in Abhängigkeit von den Windverhältnissen über der zentralen Ostsee (Gotlandsee), nach MEINKE (1998)

len Ostsee weist einen Vorzeichenwechsel an einer von Nordwest nach Südost verlaufenden Achse auf (Abb. 3.35). Die höchsten positiven Windstauwerte gehen mit Winden aus nördlichen und östlichen Richtungen einher, wobei die maximalen Werte von Winden aus Ost hervorgerufen werden. Winde aus dem westlichen und südwestlichen Sektor bewirken negativen Windstau. Ein Maximum tritt hier bei südwestlichen Winden auf.

Aus diesen Befunden ergibt sich die Schlussfolgerung, dass die Ergebnisse von STIGGE (1995) bestätigt werden können, dass die lokalen Windverhältnisse für den Windstau sehr wichtig sind.

Im Wesentlichen verhalten sich die Windstauwerte in Warnemünde bei gleicher Windgeschwindigkeit proportional zur Streichlänge der jeweiligen Windrichtung. Bei den Windstauwerten des lokalen Windes hat es den Anschein, dass zusätzlich die Öffnung des Ostseebeckens zur Nordsee eine besondere Bedeutung besitzt. Trotz verhältnismäßig kurzer Streichlängen sind bei Winden aus Nord und Nordwest sowie Süd und Südost große mittlere Windstauwerte vorhanden, was die Bedeutung der Wasseraustauschdynamik unterstreicht. Sowohl bei den lokalen Winden als auch bei den Winden über der zentralen Ostsee überwiegt der positive Windstaueffekt gegenüber dem negativen. Dieses muss im Zusammenhang mit der Vielfalt hydrodynamischer Prozesse in der Ostsee, die gleichzeitig auf dasselbe Gebiet einwirken, gesehen werden. So ist eine häufige Folge negativen Windstaus in der südwestlichen Ostsee der Einstrom von Nordseewasser, mit dem die Wirkung des negativen Windstaueffektes reduziert wird. Aus diesem Grund gibt es Windrichtungen, bei denen sich weder eindeutig positiver noch eindeutig negativer Windstau ausprägt. Je nach den Verhältnissen in den übrigen stauwirksamen Gebieten der Ostsee prägt sich das eine oder andere aus. Sind also für manche Windrichtungen keine Windstauwerte angegeben, so bedeutet das nicht, dass der Wind aus dieser Richtung keinen Einfluss auf den Wasserstand in Warnemünde hat. Vielmehr handelt es sich um die Summe verschiedener Faktoren, die sich gegenseitig aufheben (Abb. 3.35).

Es ist jedoch zu beachten, dass die Korrelation zwischen höchstem Windstau und dem Wind zum gleichen Termin nicht immer maximal ist. Wie die Erfahrung zeigt, liegt zwischen

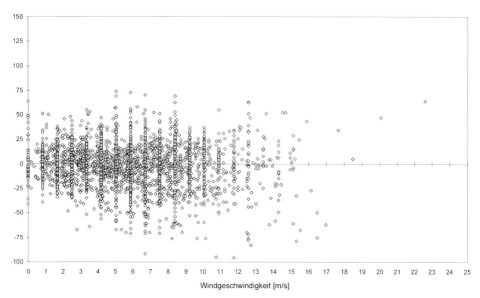

Abb. 3.36: Stau in cm bei Westwind in Warnemünde. Die verschiedenen Effekte heben sich im Mittel auf, nach MEINKE (1998)

einem Windereignis über der westlichen und südlichen Ostsee und dem Hochwasser im allgemeinen eine Phasenverschiebung von etwa sechs Stunden. In diesem Zeitraum kann sich ein Tief im Mittel um 200–250 km verlagern. Dadurch wird die Bestimmung des lokalen Bezugs von Wind und Hochwasser eingeschränkt.

Bei der Beurteilung von Einzelheiten der für dieses Beispiel gefundenen Beziehungen zwischen Wind und Wasserstand ist zu beachten, dass, wie schon in den Abschnitten 3.3.1.3 und 3.3.2.2 erwähnt, die Windmessungen an der meteorologischen Station Warnemünde infolge der orographischen Bedingungen und der wechselnden Bebauung im Umfeld je nach Windrichtung unterschiedlich repräsentativ sind. Nach einjährigen Vergleichsmessungen 1989/90 zwischen den Messstationen Hohe Düne (östlich von Warnemünde) und Seewetterdienststelle (Seestraße) ergeben sich stark richtungsabhängige Differenzen der Windgeschwindigkeit. Bei im Mittel um 0,7 m s^{-1} höheren Geschwindigkeit an der Station Hohe Düne ist dieser Effekt bei Südost-, Süd- und Südwest-Winden mit bis zu 2,6 m s^{-1} im Mittel am stärksten, während die Windgeschwindigkeit bei Winden aus West bis Nord an der Seewetterdienststelle bis über 2 m s^{-1} im Mittel der Messperiode höher gewesen ist. Aus diesem Beispiel ist zu ersehen, dass auch in unmittelbarer Nähe der Küstenlinie befindliche Windmessstationen erhebliche Inhomogenitäten aufweisen können. Daher werden für die Berechnung belastungsfähiger Windstau-Diagramme für den östlichen Teil der deutschen Ostseeküste (s. Abschn. 2.4.1) meist Winddaten der Station Arkona bevorzugt.

3.3.3 Ozeanographische Faktoren

3.3.3.1 Der Füllungsgrad der Ostsee

Als ozeanographische Größe spielt sowohl der über einen längeren Zeitraum (Jahre und mehr) gemittelte Wasserstand der Ostsee, der als mittlerer Füllungsgrad des Meeres (Abschn. 2.1) angesehen werden kann, als auch der über einen kürzeren Zeitraum (Tage) vor einem extremen Wasserstandsereignis an der deutschen Ostseeküste gemittelte Wasserstand des Meeres für die Ausprägung von Sturmfluten und Sturmniedrigwasser eine wichtige Rolle. Infolge von Änderungen der Wasserhaushaltskomponenten des Meeres, insbesondere von Variationen des Ein- und Ausstromes durch Belte und Sund, kann der mittlere Wasserstand des „Kanals" Ostsee ansteigen oder absinken. Dabei sind Abweichungen von 50 bis 60 cm sowohl nach oben (hoher Füllungsgrad nach einer intensiven Einstromperiode) als auch nach unten (geringer Füllungsgrad nach einer Periode lange anhaltenden Ausstromes) möglich. Hinsichtlich der Entwicklung von Hochwasser leuchtet ein, dass die „Badewanne" Ostsee bei hohem Füllungsgrad schneller zum Überlaufen kommt bzw. die Extreme höher ausfallen als bei geringem Füllungsgrad, wenn gleiche Windeinwirkung vorausgesetzt wird.

Als Indikator für den mittleren Wasserstand der Ostsee werden die Änderungen am schwedischen Pegel Landsort (südlich Stockholm) herangezogen (s. Abschn. 2.1). Um diese Schwankungen in Zusammenhang mit dem Auftreten extremer Wasserstandsereignisse an der deutschen Küste darzustellen, wurden Daten der Periode 1899–1993 verwendet, die von dem durch Landhebungsprozesse verursachten Trend befreit worden sind (SCHINKE, 1996). Die herangezogenen Tagesmittel können als Anomalien des mittleren Wasserstandes der Ostsee betrachtet werden. Als Anhaltspunkt für den Wassertransport durch Belte und Sund wurde die Wasserstandsdifferenz Hornbæk (nördliches Seeland) minus Gedser (Südfalster) trendbereinigt genutzt (s. Abb. 3.15).

Bei Sturmhochwasser zeigt der Wasserstand von Landsort (Abb. 3.37) ähnlich wie die in Abschn. 3.3.1.1.2 erörterten Luftdruckindizes einen markanten mittleren Verlauf. Ab dem 24. Tag vor dem SHW weichen die Anomalien signifikant positiv von der mittleren Füllung ab, da die Windverhältnisse einen Einstrom in die Ostsee begünstigen. Das zeigt sich auch am Verlauf der Wasserstandsdifferenz Hornbæk-Gedser, die etwa ab dem 30. Tag vor dem Hochwasser (mit einer sehr kurzen Unterbrechung) positiv ist und bis fünf Tage vor dem Ereignis ansteigt. Der Füllungsgrad erreicht am Sturmflut-Tag das Maximum (für alle Fälle 14,4 cm, für leichte 12,2, für mittlere 15,6 und für schwere 18,1 cm). Die Wasserstandsdifferenz Hornbæk-Gedser weist an diesem Tag einen nadelförmig anmutenden Verlauf (Scheitelwerte für alle Sturmfluten –49,6 cm, für leichte –40,8, für mittlere –60,5 und für schwere –85,7 cm) auf. Das bedeutet, dass im Mittel kurzzeitig Wasser aus der Ostsee zum Kattegat strömt. Der Gang des Wasserstandes von Landsort ist bei individuellen Sturmfluten mehr oder weniger von den mittleren Verhältnissen verschieden (s. Abb. 3.17 und 3.18).

Im Fall von Sturmniedrigwasser beginnt im Mittel ab dem 30. Tag vor dem Ereignis in Landsort eine Abnahme des Wasserstandes (Abb. 3.37). Diese Abnahme korrespondiert mit der Wasserstandsdifferenz Hornbæk–Gedser, die einen Ausstrom aus der Ostsee anzeigt. Die vor dem Ereignis erreichten Minimalwerte betragen im Mittel –4,0 cm (leichte Fälle –5,6, mittlere –5,3 cm, ausgeprägte SNW nicht anzugeben). Erst drei Tage vor dem SNW beginnt der Wasserstand in Landsort wieder anzusteigen. Bis zum Tag 0 erreicht er im Mittel 9,8 cm (leichte SNW 6,8, mittlere 13,9 und ausgeprägte 23,6 cm). Dem raschen Anstieg folgt ein langandauerndes Sinken des Wasserstandes auf ein mittleres Niveau. Die Periode eines signifikant überhöhten Wasserstandes der Ostsee dauert vier Wochen an. Im Einzelfall differiert der Wasserstandsverlauf von Landsort von den mittleren Verhältnissen. Die Wasserstandsdifferenz Hornbæk–Gedser (Abb. 3.37) zeigt im Wesentlichen um die Nulllinie schwankende Werte, die durch einen starken Anstieg vor, zum und nach dem Ereignis unterbrochen werden, was entsprechend der mittleren Luftdruckverteilung an diesen Tagen auf einen starken Einstrom hindeutet. Die maximale Differenz beträgt im Mittel 74,2 cm, bei leichten SNW 65,4, bei mittleren 85,5 und bei ausgeprägten sogar 98,8 cm, wobei die Signifikanzperiode der erhöhten Differenzwerte nur zwischen sechs und neun Tagen liegt.

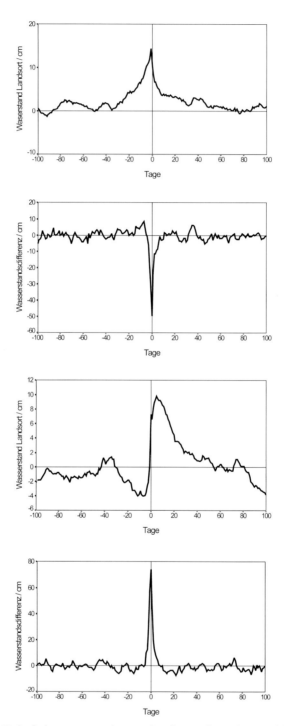

Abb. 3.37: Mittlere Verläufe der Wasserstandsanomalien des Pegels Landsort und der Wasserstandsdifferenz Hornbæk–Gedser vor und nach Sturmflut- (erstes und zweites Bild von oben) und SNW-Ereignissen (drittes und viertes Bild von oben) im Zeitraum 1901–1990, nach BAERENS (1998)

In quantitativer Weise hat JACOBSEN (1980) die Volumenbilanz und damit den Füllungsgrad der Ostsee abgeschätzt, wobei angenommen wird, dass die Strömung beschleunigungsfrei ist sowie nur durch die Druckgradientkraft und ablenkende Kraft der Erdrotation ausbalanciert wird (geostrophisches Gleichgewicht):

$$V_B(t) - V_B(0) = F_B \cdot \left(h_B(t) - h_B(0)\right) = B \cdot H \cdot \int_0^t \left(U(t') - U_f\right) \cdot dt' \tag{3.18}$$

mit:

V_B = Volumen der Ostsee,
F_B = Fläche der Ostsee ($\approx 4 \cdot 10^{11}$ m²),
h_B = mittlerer Wasserstand der Ostsee,
$U(t')$ = mittlere Strömung in einem Querschnitt der Beltsee (Warnemünde–Gedser),
U_f = durch Süßwasserüberschuss bedingter Strömungsanteil,
B = mittlere Breite des Beltseekanals (= 36114 m),
H = mittlere Tiefe des Beltseekanals (= 16,5 m),
f = Coriolisparameter ($2\omega\sin\varphi = 1,2 \cdot 10^{-4}$ s^{-1}),
φ = geographische Breite,
ω = Winkelgeschwindigkeit der Erdrotation,
g = Schwerebeschleunigung ($\approx 9,81$ m s^{-2}),
t = Zeit,
h = Wasserstand und
y = nach Norden positiv gerichtete Koordinate.

Mehr als 70 % des Wasseraustausches mit der Nordsee erfolgen über die Belte, d. h. der Wasseraustausch kann durch die Wasserstandsdifferenz zwischen Warnemünde (WDE) und Gedser (GED) kontrolliert werden (LASS, 1988). Die mittlere Strömung lässt sich durch den geostrophisch approximierten Strom wie folgt berechnen:

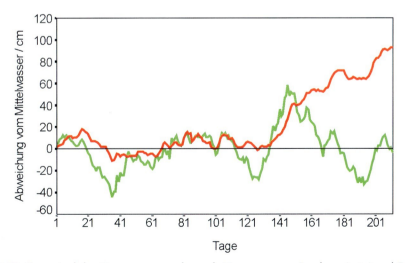

Abb. 3.38: Tagesmittel des Ostseewasserstandes nach Messungen von Landsort (grün) und Berechnungen gemäß Gl. 3.22 (rot) für den Zeitraum vom 1.9.1992 bis zum 28.2.1993 (= 212 Tage), nach SCHMAGER (2001)

$$U\,(y,z=H) = \frac{g}{f} \cdot \frac{(h_{WDE} - h_{GED})}{B}$$

$$(3.20)$$

$$U(t) = \int_0^L dy \int_{-H(y)}^0 dz \cdot u(y,z,t) = \frac{g \cdot H}{f} \cdot (h_{WDE} - h_{GED})$$

Nach entsprechenden Integrationen und Umformungen erhält man folgende Beziehung für die Änderung des mittleren Wasserstandes der Ostsee:

$$h_B(t) - h(t=0) = \frac{g \cdot H}{F_B \cdot f} \int_0^t (h_{WDE} - h_{GED})\, dt'$$

$$(3.21)$$

Für die Wasserstandsdifferenz zwischen Warnemünde und Gedser hat SCHMAGER (2001) folgende empirische Beziehung abgeleitet:

$$\delta h_{WDE\text{-}GED} = \sin\alpha\,(-0.225V^2 - 0.605V) + 0.^{085}V^2\cos\alpha$$

$$(3.22)$$

mit

$\delta h_{WDE\text{-}GED}$ = Wasserstandsdifferenz Warnemünde minus Gedser/cm,

α　　　　= Windrichtung /Grad in Arkona und

V　　　　= Windgeschwindigkeit/m s^{-1} in Arkona.

Setzt man diese Beziehung in das Integral ein und wertet diese Beziehung für Tagesmittel der Windgeschwindigkeit in Arkona aus, so ergibt sich das in Abb. 3.38 dargestellte Beispiel für den Verlauf des mittleren Wasserstandes der Ostsee.

Bis Ende Dezember 1992 ist die Übereinstimmung von Modell und Beobachtung befriedigend, aber der kräftige Einstrom und der anschließende Ausstrom lassen sich mit einem stationären Modell nicht hinreichend erfassen.

3.3.3.2 Eigenschwingungen

3.3.3.2.1 Sturmfluten als Windstauereignis und als Ergebnis hydrodynamischer Schwingungen

Hinsichtlich der allgemeinen Bedeutung von Eigenschwingungen des Wasserkörpers der Ostsee wird auf die Ausführungen im Abschn. 2.1 verwiesen.

Nachfolgend soll auf Sturmfluten eingegangen werden, die unter Beteiligung von Eigenschwingungen (Seiches), Seebärerscheinungen (s. Abschn. 3.3.3.3) und gegebenenfalls auch Gezeiten ablaufen und von den reinen Windstauereignissen zu unterscheiden sind. Die genannten Phänomene werden unter dem Begriff „hydrodynamische Schwingungen" zusammengefasst.

Die meteorologischen Verhältnisse, die für die Entstehung von Sturmfluten von Bedeutung sind, unterscheiden sich je nach den ozeanographischen Begleiterscheinungen. Daher werden die Sturmfluten hinsichtlich ihrer Genese unterschieden und anschließend im Hinblick auf die vorherrschenden Wind- und Zirkulationsverhältnisse untersucht. Grundsätzlich wird dabei zwischen Windstauereignissen einerseits und Sturmfluten unter Beteiligung von hydrodynamischen Schwingungen andererseits unterschieden (Abb. 3.39). Die Unterscheidung dieser beiden Sturmfluttypen ist sinnvoll, da es in ihrer Entstehung entscheidende Unterschiede gibt. Ausgehend vom jeweiligen Füllungsgrad der Ostsee (s. Abschn. 3.3.3.1) wird der Sturmflutgrenzwert bei Windstauereignissen allein durch den Anstau von Wassermassen unter Einwirkung der oben erörterten Windfelder erreicht. Demgegenüber besteht bei den Sturmfluten, die unter Beteiligung von hydrodynamischen Schwingungen entstehen, die Möglichkeit, dass der Sturmflutgrenzwert auch ohne Präsenz stauwirksamer Winde erreicht wird. Hier können allein rückschwingende Wassermassen eines zu Schwingungen angeregten Beckensystems den Wasserstand auf Sturmflutniveau anheben. Dieser Vorgang ist prinzipiell auch für die Unterschreitung der Grenzwerte für Sturmniedrigwasser möglich, er wurde jedoch noch nicht näher untersucht.

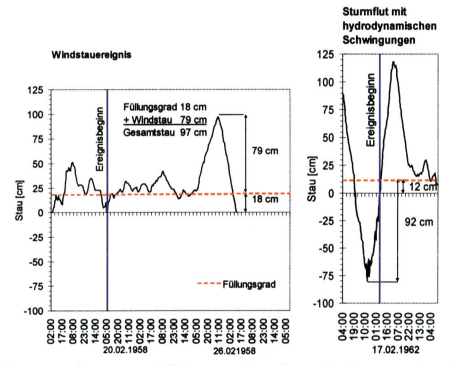

Abb. 3.39: Sturmfluttypen unterschiedlicher Genese, dargestellt am Beispiel für Warnemünde, nach MEINKE (1999)

3.3.3.2.2 Unterscheidungsmöglichkeiten

Entscheidend ist zunächst die Ausgangssituation einer Sturmflut, das heißt, der mittlere Wasserstand, der zu Ereignisbeginn vorhanden war. Ereignisbeginn sei der Zeitpunkt der ersten Erhebung des Wasserspiegels über den 19-jährig übergreifend gemittelten Mittelwert des Wasserstandes vor dem Sturmflutscheitel (ausgeführt für Warnemünde). Das Ereignisende wird dementsprechend mit dem Zeitpunkt des Wiedererreichens des 19-jährig übergreifend gemittelten Mittelwasser-Wertes nach dem Sturmflutscheitel definiert. Folgen zwei

Sturmfluten direkt aufeinander, werden sie zum Zeitpunkt des niedrigsten Wasserstandes, der zwischen den beiden Scheiteln auftritt, voneinander getrennt. Die Ausgangslage zu Ereignisbeginn wird im Wesentlichen durch den Füllungsgrad der Ostsee beeinflusst. Nennenswerte Ein- und Ausstromsituationen, durch die der Füllungsgrad im Winter maßgeblich gesteuert wird, dauern im Mittel 15 Tage an (BECKMANN, 1997a; BECKMANN u. TETZLAFF, 1996; MATTHÄUS, 1996; s. auch vorausgegangener Abschnitt). Zur Erfassung der Ausgangssituation wird deshalb ein 15-tägiger Zeitraum vor dem Tag, an dem der Sturmflutscheitel auftritt, im Hinblick auf die füllungsgradbedingten Wasserstandsänderungen untersucht. Solche mittelfristigen füllungsgradbedingten Wasserstandsänderungen können kurzfristig durch direkt wirksame meteorologische Faktoren beeinflusst werden. Um diese Einflüsse zu reduzieren, werden jeweils Tagesmittelwerte der Wasserstände gebildet. Unter Annahme eines linearen Verlaufs der Ein- und Ausstromvorgänge werden die zeitlichen Veränderungen dieser Tagesmittelwerte nach der Methode der kleinsten quadratischen Abweichungen durch eine lineare Regression angenähert. Mit Hilfe der Regressionsanalysen kann der mittlere Wasserstand am Tag des jeweiligen Ereignisbeginns ermittelt werden. Alle Wasserstände, die diesen so ermittelten Ruhewasserstand überschreiten, haben weitgehend andere Ursachen. Zwar ist nicht auszuschließen, dass sich die füllungsgradbedingte Abweichung vom Mittelwasser nach Ereignisbeginn weiterhin verändert. Es ist jedoch anzunehmen, dass nach Ereignisbeginn andere Sturmflut erzeugende Faktoren in ihrer Wirksamkeit bei weitem überwiegen. Innerhalb der 15-tägigen Ein- und Ausstromvorgänge wurden Abweichungen von 45 cm vom Mittelwasserstand seit 1953 nicht überschritten (MEINKE, 1998). Auf der Grundlage dieser Beobachtungen beträgt die maximale mittlere Zunahme der füllungsgradbedingten Abweichung pro Tag durchschnittlich drei cm. Im Mittel wird der Sturmflutscheitel, ausgehend vom Ereignisbeginn, nach etwa 1,5 Tagen erreicht. Demzufolge ist eine Ungenauigkeit der füllungsgradbedingten Abweichung von höchstens ± 5 cm zu erwarten. Dennoch kann auf diese Weise die jeweilige Ausgangssituation von Sturmfluten recht gut angenähert werden. Dieses wäre bei Zugrundelegen des 19-jährig übergreifenden Mittelwertes nicht der Fall. Die möglichen Ungenauigkeiten von maximal ± 5 cm müssen deshalb in Kauf genommen werden.

Das eigentliche Kriterium zur Sturmfluttypisierung ist der Wasserstandsgang, der sich ein bis zwei Tage vor Ereignisbeginn vollzogen hat. Ausgehend von dem zuvor ermittelten Ausgangswasserstand einer Sturmflut wird untersucht, ob die Ganglinie in diesem Zeitraum vor Ereignisbeginn ein Minimum aufweist, das um 20 cm den Ausgangswasserstand unterschreitet. Ist dieses der Fall, können gezeitenbedingte Wasserstandserniedrigungen als Ursache ausgeschlossen werden, weil der Springtidenhub in Warnemünde 20 cm kaum überschreitet. Da es sich um ein Minimum größeren Ausmaßes handelt, dessen Periodenlänge außerdem in das Spektrum der möglichen Periodenlängen hydrodynamischer Schwingungen fällt, ist es naheliegend, diese als Ursache anzunehmen. Deshalb werden im Folgenden alle Sturmfluten, die ein bis zwei Tage vor Ereignisbeginn ein Wasserstandsminimum aufweisen, das 20 cm unter dem Ausgangswasserstand unterschreitet, zum Typ *Sturmflut mit hydrodynamischen Schwingungen* gezählt. Liegt ein solches Minimum nicht vor, wird die Sturmflut als *Windstauereignis* gewertet (MEINKE, 1998; 1999).

Es ist naturgemäß schwierig, auf der Datengrundlage eines einzigen Pegels auf solche Schwingungen zu schließen, die im Fall von Eigenschwingungen großräumig in der Ostsee wirksam sind. Da zur Unterscheidung der Sturmfluttypen jedoch nicht in erster Linie von Bedeutung ist, welches Beckensystem zu Schwingungen angeregt wurde, sondern ob hydrodynamische Schwingungen überhaupt, gleichgültig in welcher Form, stattgefunden haben, ist das Zugrundelegen nur eines Pegels in diesem Rahmen ausreichend.

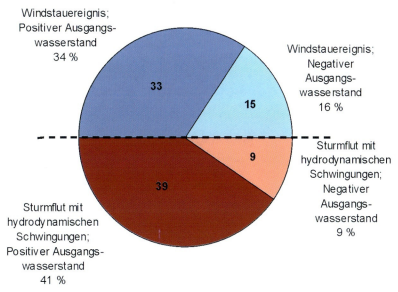

Windstauereignis;
Positiver Ausgangs-
wasserstand
34 %

33

Windstauereignis;
Negativer
Ausgangs-
wasserstand
16 %

15

9

Sturmflut mit
hydrodynamischen
Schwingungen;
Negativer
Ausgangs-
wasserstand
9 %

39

Sturmflut mit
hydrodynamischen
Schwingungen;
Positiver Ausgangs-
wasserstand
41 %

Abb. 3.40: Sturmfluttypen und Ausgangssituationen seit 1953. Im Kreis: Absolute Häufigkeit. Die Angaben der relativen Häufigkeit in % sind auf die Gesamtzahl bezogen, nach MEINKE (1998)

3.3.3.2.3 Ergebnisse der Sturmfluttypisierung

Nach Untersuchung des Verlaufs aller Sturmfluten in Warnemünde im Zeitraum von 1953 bis 1997 hinsichtlich der jeweiligen Ausgangssituation und des Sturmfluttyps zeigt sich, dass von den 96 Ereignissen 72 Sturmfluten eine Ausgangssituation mit positiver füllungs-gradbedingter Abweichung vom Mittelwasser vorausging. Das entspricht einem Anteil von 75 %. In diesem Beobachtungszeitraum wurden Ausgangswasserstände mit positiven füllungsgradbedingten Abweichungen vom Mittelwasser mit einem maximalen Ausmaß von 45 cm erreicht. Besonders häufig erfolgten die positiven Abweichungen in einem Ausmaß von 11 bis 30 cm über Mittelwasser (65 % der Sturmfluten mit positivem Ausgangswasserstand).

Ausgangssituationen mit negativer füllungsgradbedingter Abweichung vom Mittelwasser weisen insgesamt 24 Sturmfluten auf. Das entspricht 25 % aller Sturmfluten. Die maximale negative Abweichung von 1953 bis 1997 beträgt 39 cm unter Mittelwasser und liegt damit betragsmäßig unter dem maximalen Ausmaß positiver Abweichungen. Auch insgesamt sind die Abweichungen im negativen Bereich geringer als im positiven. Bei 79 % aller Ausgangswasserstände mit negativen Abweichungen (das entspricht 19 Ereignissen), liegt das Ausmaß zwischen 0 und 14 cm unter Mittelwasser.

Bezüglich der Sturmfluttypen sind exakt 50 %, in absoluten Zahlen also 48 der 96 Sturmfluten, den Windstauereignissen zuzuordnen, während die übrigen 50 % (das sind ebenfalls 48 Ereignisse) zu den Sturmfluten unter Beteiligung von hydrodynamischen Schwingungen zählen (vgl. Abb. 3.39, s. MEINKE, 1999).

Die Ausgangslagen der Sturmfluten unter Beteiligung von hydrodynamischen Schwingungen weisen in 39 Fällen eine erhöhte füllungsgradbedingte Abweichung vom Mittelwasser auf. Das entspricht 41 % aller Sturmfluten. Neun Ereignisse dieses Sturmfluttyps, also etwa 9 % der Sturmfluten insgesamt, zeigen eine negative füllungsgradbedingte Abweichung

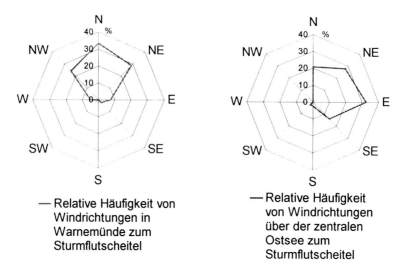

zu Ereignisbeginn. Von den Windstauereignissen haben sich 33 Sturmfluten (34 % aller
Sturmfluten) nach Ausgangssituationen ereignet, die sich durch positive füllungsgradbedingte Abweichungen vom Mittelwasserstand auszeichneten. Ausgangssituationen mit negativen Abweichungen dieser Art sind bei 15 Windstauereignissen (16 % aller Sturmfluten)
aufgetreten.

Für die Entstehung der Windstauereignisse sind in erster Linie die Windverhältnisse entscheidend, die zum Sturmflutscheitel vorherrschen. Hier sind, wie zuvor beschrieben, sowohl die Windverhältnisse über der zentralen Ostsee als auch im näheren Küstenvorfeld von
Bedeutung. In Warnemünde kommen die sturmflutrelevanten Winde hauptsächlich aus
nördlichen Richtungen, während über der zentralen Ostsee zu dieser Zeit größtenteils östliche und nordöstliche Richtungen vertreten sind (vgl. Abb. 3.41).

Bei den Sturmfluten unter Beteiligung von hydrodynamischen Schwingungen ist nicht
in erster Linie der direkte Windeinfluss der wasserstandserhöhende Faktor. Die Windverhältnisse, die zum vorausgegangenen Wasserstandsminimum vorherrschen, haben durch
Schrägstellung der Wassermassen die Ausgangssituation für hydrodynamische Schwingungen geschaffen. Durch einen plötzlich erfolgenden Windrichtungs- bzw. Windgeschwindig-
keitswechsel oder auch schnelle, starke Luftdruckänderungen werden die Eigenschwingungen ausgelöst. Die Windverhältnisse zum Wasserstandsmaximum verweisen einerseits im
Vergleich zu den Windverhältnissen zum Minimum auf den impulsauslösenden Windrichtungswechsel.

Andererseits können hydrodynamische Schwingungen durch direkten Windeinfluss
(Windstau) verstärkt werden. Die Windrichtung solcher direkt auf das Wasser einwirkenden
Winde ist ebenfalls die, die zum Wasserstandsmaximum herrscht. Für diesen Sturmfluttyp
sind also sowohl die Windverhältnisse zum Wasserstandsminimum als auch zum Wasserstandsmaximum relevant (vgl. Abb. 3.42).

Dabei herrschen in Warnemünde zum Wasserstandsminimum am häufigsten Winde aus
südwestlichen Richtungen und zum Wasserstandsmaximum in den meisten Fällen nördliche
Winde vor. Über der zentralen Ostsee standen nur tägliche geostrophische Windwerte zur

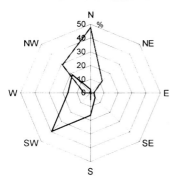

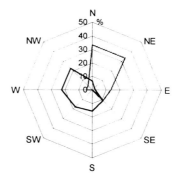

Abb. 3.42: Windrichtungen bei Sturmfluten mit hydrodynamischen Schwingungen in Warnemünde, nach MEINKE (1999)

Verfügung, die aus dem 5° x 5°-Gitterpunktnetz des täglichen Bodendrucks vom National Center for Atmospheric Research in Boulder, USA, entnommen wurden. Nach diesen Daten besteht eine stärkere Verteilung der Winde auf die Richtungssektoren. So sind es gleichermaßen westliche und nordwestliche Winde, die am häufigsten zum Wasserstandsminimum auftreten. Ebenfalls mit gleicher Häufigkeit sind zum Wasserstandsmaximum in den meisten Fällen nördliche und nordöstliche Winde vertreten (Abb. 3.42). Der Zusammenhang plötzlich wechselnder Windverhältnisse während einer Sturmflut mit den Scheitelhöhen der Sturmfluten mit hydrodynamischen Schwingungen kann anhand der maximalen Windrichtungs- und Windgeschwindigkeitsänderung pro Stunde in Warnemünde dargestellt werden (Abb. 3.43). Entsprechend der relativ hohen Datendichte dieser Winddaten können plötzliche Veränderungen der Windverhältnisse mit stundengenauer Auflösung erfasst werden. Gleiches ist bei den Windverhältnissen über der zentralen Ostsee nicht möglich, da die berechneten Daten nur einmal täglich zur Verfügung stehen, so dass plötzliche Änderungen hier nicht erfasst werden können. Es ergibt sich, dass mit zunehmender Stärke der maximalen Veränderungen der Windverhältnisse innerhalb einer Stunde, sei es bei den Windgeschwindigkeiten oder bei den Windrichtungen, im Mittel höhere Scheitelhöhen entstehen (Abb. 3.42).

Die relativ hohen Standardabweichungen der Scheitelhöhen von 9,7 cm bei den Windgeschwindigkeitsänderungen und von 8,4 cm bei den Windrichtungsänderungen sind ein Indiz dafür, dass neben der bloßen Intensität der Veränderung der beiden Windparameter Geschwindigkeit und Richtung noch andere Faktoren für die Höhe der Sturmflutscheitelwerte von Bedeutung sind. Bessere Korrelationen könnten bei zeitversetzten Wind- und Pegeldaten erzielt werden. Diesbezüglich ist außerdem zu bedenken, dass hier der Einfluss der Windverhältnisse über der zentralen Ostsee völlig unberücksichtigt bleibt. Zudem ist von Belang, in welcher Form sich der Wechsel der Windverhältnisse vollzieht. Weht der Wind zum Minimum beispielsweise aus einer wenig stauwirksamen Richtung, vermag er eine geringere Schrägstellung der Wassermassen hervorzurufen als es bei stauwirksameren Winden gleicher Stärke der Fall wäre. Bei diesen unterschiedlichen Ausgangssituationen werden die Scheitel-

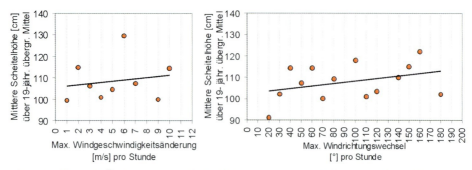

Abb. 3.43: Maximale Änderungen der Windverhältnisse pro Stunde in Warnemünde und diesen entsprechende mittlere Scheitelhöhen, nach MEINKE (1998)

höhen trotz gleicher Richtungsänderung unterschiedlich hoch ausfallen. Außerdem ist anzunehmen, dass das Zusammenwirken von Windrichtungsänderung und Windgeschwindigkeitsänderung Einfluss auf die Scheitelhöhe hat. Erfahren beide Windparameter eine starke Veränderung, ist ein höherer Scheitelwert zu erwarten als bei alleiniger, wenn auch starker Veränderung nur einer der beiden Windgrößen. Zu beachten ist weiterhin, dass zwischen Windänderungen und Wasserstandseffekten eine nicht unerhebliche Phasenverschiebung bestehen kann (s. auch Abschn. 3.3.2.3).

Für die Entstehung von Eigenschwingungen sind rasch wandernde Luftdruckänderungsgebiete ebenfalls von erheblicher Bedeutung. So stellte KOOP (1973) u. a. fest, dass die Luftdruckschwankungen ca. 20 % der Wasserstandsänderungen verursachen. Indiz dafür ist der hohe Anteil von Sturmfluten mit hydrodynamischen Schwingungen bei Zyklonen aus Nordwest (s. u.), die in der Regel mit stärkeren Luftdruckänderungsfeldern verbunden sind.

Bezüglich der Sturmflutwetterlagen (Abschn. 3.3.1.2.2) zeigt sich, dass grundsätzlich beide hier festgestellten Sturmfluttypen bei allen vier Sturmflutwetterlagen auftreten (vgl. Abb. 3.44).

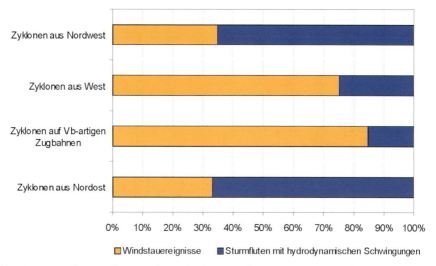

Abb. 3.44: Sturmflutwetterlagen und Anteile der Sturmfluttypen für Warnemünde im Zeitraum von 1953 bis 1997, nach MEINKE (1999)

Allerdings ist bei bestimmten Sturmflutwetterlagen die Entstehung des einen Sturmfluttyps gegenüber der des anderen wahrscheinlicher. So zählen 65 % der Sturmfluten, die durch Zyklonen aus Nordwest verursacht wurden, zu denjenigen unter Beteiligung von hydrodynamischen Schwingungen und nur 35 % zu den Windstauereignissen. Demgegenüber zählen von den Sturmfluten, die mit den Zyklonen aus West aufgetreten sind, nur 25 % zu den Sturmfluten mit hydrodynamischen Schwingungen, während die übrigen 75 % aus Windstauereignissen bestehen. Ähnlich verhält sich die Verteilung der Sturmfluttypen bei den Vb-artigen Zugbahnen. Rund 85 % der Sturmfluten sind Windstauereignisse, die einer relativen Häufigkeit von nur 15 % der Sturmfluten mit hydrodynamischen Schwingungen gegenüberstehen. Bei den Sturmfluten, die durch Zyklonen aus Nordost entstehen, zählen zwei Drittel zu den Sturmfluten mit hydrodynamischen Schwingungen und ein Drittel zu den Windstauereignissen. Aufgrund der geringen absoluten Häufigkeit von nur drei Ereignissen ist die Verteilung der Sturmfluttypen bei dieser Sturmflutwetterlage jedoch wenig aussagekräftig. Die unterschiedlichen Häufigkeitsverteilungen von Windstauereignissen und Sturmfluten mit hydrodynamischen Schwingungen bei den verschiedenen Sturmflutwetterlagen ist mit den Windregimes der jeweiligen Sturmflutwetterlagen erklärbar. Bei den Zyklonen aus Nordwest vollzieht sich häufig ein ausgeprägter Windrichtungswechsel von südlichen und westlichen auf nördliche und östliche Richtungen. Mit dem Durchzug der Fronten erfolgt das in vielen Fällen recht plötzlich. So erhalten die Wassermassen häufig den entscheidenden Impuls, wodurch Sturmfluten mit hydrodynamischen Schwingungen bevorzugt auftreten. Bei den Zyklonen aus West und bei den Vb-artigen Zugbahnen geht der Windrichtungswechsel über der Ostsee meistens nicht so ausgeprägt vor sich. Außerdem sind hier südliche und westliche Winde, die zur Schrägstellung des Wasserspiegels der Ostsee führen und eine Vorstufe hydrodynamischer Schwingungen darstellen, weitaus seltener. Dies erklärt das bevorzugte Auftreten von Windstauereignissen bei derartigen Sturmflutwetterlagen. Bei den Tiefs aus Nordost gibt es zwar einen ausgeprägten Windrichtungswechsel, da sie jedoch zumeist im Küstenbereich der Ostsee ziehen, sind die damit verbundenen Winde in ihrer Wirksamkeit auf Teilbereiche der Ostsee beschränkt. Dennoch dürfte die Entstehung von hydrodynamischen Schwingungen unter diesen Voraussetzungen gut möglich sein (sich rasch ändernde Luftdruck- und Windfelder). Wegen der geringen Anzahl der Sturmfluten, die bei dieser Sturmflutwetterlage bisher stattgefunden haben, bleiben Aussagen über das mögliche Verhältnis der Sturmfluttypen vorerst nur spekulativ.

Bezüglich der Charakteristika sturmflutrelevanter Tiefdruckgebiete lässt sich Folgendes feststellen: Der jeweilige Kerndruck der Zyklonen, die Sturmfluten mit hydrodynamischen Schwingungen erzeugen, unterscheidet sich nicht wesentlich von solchen, mit denen Windstauereignisse verbunden sind. Während der durchschnittliche Kerndruck der Tiefs, die Windstauereignisse zur Folge haben, 992 hPa (Zeitraum 1953–1997) beträgt, liegt er bei denen, die für die Entstehung von Sturmfluten mit hydrodynamischen Schwingungen von Bedeutung sind, bei 990 hPa. Hinsichtlich der Zuggeschwindigkeiten sturmflutrelevanter Zyklonen zeigt sich, dass diejenigen, die Sturmfluten mit hydrodynamischen Schwingungen erzeugen, mit durchschnittlich 978 km/Tag eine deutlich höhere Geschwindigkeit aufweisen als jene, mit denen Windstauereignisse verbunden sind. Hier liegt die mittlere Geschwindigkeit nur bei 862 km/Tag. Dieses lässt sich darauf zurückführen, dass der Windwechsel an den Fronten bei Tiefs höherer Zuggeschwindigkeiten mit größerer Wahrscheinlichkeit sprungartig erfolgt als bei Tiefs geringerer Geschwindigkeiten. Weiterhin hat es den Anschein, dass bei bestimmten (erhöhten) Zuggeschwindigkeiten ein Optimum für das Zusammenwirken von Rückschwingungs- und Windstaueffekt vorhanden ist, bei dem die Überlagerung der je-

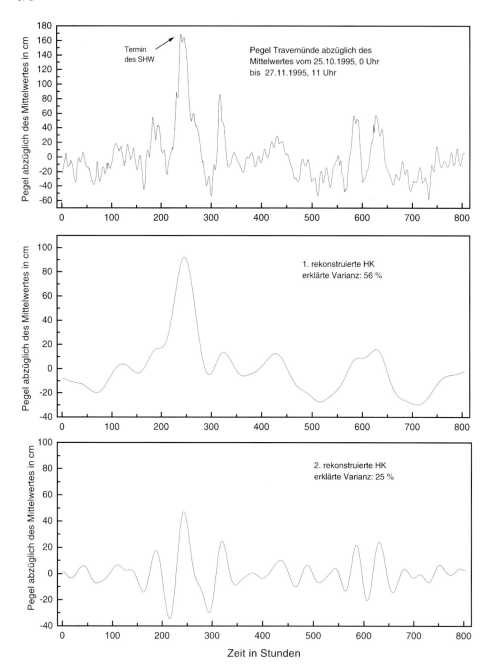

Abb. 3.45: Wasserstands-Zeitreihe für Travemünde abzüglich des Mittelwertes vom 25.10., 0 Uhr UTC bis 27.11.1995, 11 Uhr UTC (oben), und die erste (Mitte) sowie zweite (unten) rekonstruierte Hauptkomponente, die sich aus der singulären Spektralanalyse ergeben, nach BECKMANN u. TETZLAFF (1996)

weiligen Maxima begünstigt wird. Bei derartigen Zuggeschwindigkeiten ist demnach vorrangig mit dem Auftreten von Sturmfluten mit hydrodynamischen Schwingungen zu rechnen (MEINKE 1998; 1999).

3.3.3.2.4 Separierung von Eigenschwingungen durch Spektralanalyse

Eine andere Methode wendet BECKMANN (1997a) zur Bestimmung der Beteiligung von Eigenschwingungen des Wasserkörpers bei Sturmflutereignissen an. Gewählt wird das Beispiel der schweren Sturmflut vom 3. und 4.11.1995 (s. Abschn. 3.1.3). Hinsichtlich der Eigenschaften der Ostsee-Eigenschwingungen wird auf die Arbeit von WÜBBER u. KRAUSS (1979) verwiesen.

Vor Beginn des Ereignisses kam es zu einer Abnahme des Windes am 2. November. Um zu überprüfen, ob das zusammen mit dem Wiederauffrischen des Windes am 3.11. zu beträchtlichen Gleichgewichtsstörungen in der Ostsee geführt hat, so dass dadurch Eigenschwingungen eingeleitet wurden, wird der Wasserstandsverlauf von Travemünde einer singulären Spektralanalyse (Singular Spectrum Analysis, SSA) unterzogen. Die SSA bietet die Möglichkeit, deterministische Signale aus einer ansonsten „verrauschten" Zeitreihe zu ermitteln und damit Oszillationen zu finden. Es ist zu erwarten, dass im Fall der Anregung von Eigenschwingungen zum Sturmhochwassertermin diese mittels der SSA bestimmt werden können. Die SSA wurde von BROOMHEAD u. KING (1986), FRAEDRICH (1986) sowie PLAUT u. VAUTARD (1994) zur Lösung von Problemen der nichtlinearen Dynamik eingebracht und von VAUTARD u. GHIL (1989), GHIL u. VAUTARD (1991) sowie VAUTARD et al. (1992) auf paläoklimatologische Probleme angewandt.

Die SSA liefert unabhängige Komponenten, die als rekonstruierte Hauptkomponenten (HK) bezeichnet werden. Jede dieser rekonstruierten Hauptkomponenten erklärt einen Anteil der Gesamtvarianz. Die HK werden nummeriert angegeben, wobei die erste den größten Teil der Gesamtvarianz und die darauf folgenden Komponenten dementsprechend einen immer geringeren Anteil der Gesamtvarianz der Ausgangszeitreihe erklären. Zur Analyse der Eigenschwingungen genügt es, ein Zeitreihenelement mit der Länge der Periodendauer der Eigenschwingungen genau innerhalb des Zeitraumes, in dem die Eigenschwingungen aufgetreten sind, der SSA zu unterziehen. Um jedoch eine gewisse statistische Sicherheit zu erzielen, ist es notwendig, einen größeren Zeitraum zu analysieren. Die Länge der Zeitreihe, auf die die SSA angewendet wird, sollte so gewählt werden, dass die Struktur der HK im Bereich des eigentlich zu untersuchenden Zeitraumes unabhängig von der Wahl der Länge der Zeitreihe ist. Diese Eigenschaft ist gegeben, wenn zur Untersuchung des Wasserstandsverlaufes am Pegel Travemünde ein Zeitraum z. B. vom 25.10. bis zum 27.11.1995 ausgewählt wird. In den Abb. 3.45 und 3.46 sind die Pegelzeitreihe von Travemünde abzüglich des Mittelwertes des dargestellten Zeitraumes und die ersten sechs HK dargestellt. Der mittlere Wasserstand beträgt 515,3 cm ü. PNP bzw. 15,3 cm ü. NN. In der ersten HK, die 56 % der Gesamtvarianz erklärt, ist der Wasserstandsverlauf in groben Zügen wiedergegeben. Das Sturmhochwasserereignis ist sehr deutlich zu erkennen. Die zweite HK, die 25 % der Gesamtvarianz erklärt, löst die Wasserstands-Oszillation feiner auf als die erste HK. Beide Hauptkomponenten zusammen beschreiben den Pegelverlauf bereits ausreichend, da sie zusammen schon 81% der Varianz erklären. Die in der dritten und vierten HK auftauchenden Schwingungen im Zeitintervall zwischen 220 und 350 Stunden sowie zwischen 540 und 625 Stunden zeigen ein periodisches Verhalten. Diese Bereiche sind in Abb. 3.46 markiert. Im ersten Zeitbereich

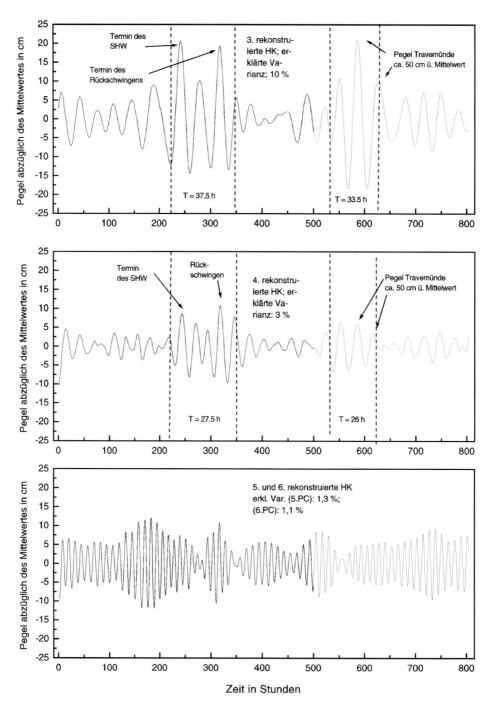

Abb. 3.46: Dritte bis sechste rekonstruierte Hauptkomponenten, die sich aus der singulären Spektral-analyse des Pegels Travemünde während der schweren Sturmhochwasser vom 3. und 4.11.1995 ergeben, nach BECKMANN u. TETZLAFF (1996)

liegt das Sturmflut-Ereignis. Im zweiten markierten Zeitbereich kommt es wiederum zu höheren Pegelständen.

Die in diesen Zeitabschnitten der dritten und vierten HK auftauchenden Frequenzen wurden mittels einer Maximum-Entropie-Spektralanalyse (s. SCHÖNWIESE, 2000) ermittelt. Dieses Spektrum ergibt für die dritte Hauptkomponente, dass die Periodendauer im ersten Zeitabschnitt etwa 37,5 Stunden und im zweiten Abschnitt etwa 33,5 Stunden beträgt. Für die vierte HK ergeben sich 27,5 und 26,0 Stunden. Bei den Oszillationen der dritten HK könnte es sich um die einknotige Eigenschwingung des Systems Bottnischer Meerbusen–Ostsee handeln. Bei den in der vierten HK erscheinenden Oszillationen könnte es die einknotige Schwingung des Systems Finnischer Meerbusen–Ostsee oder/und die zweiknotige Oszillation des Systems Bottnischer Meerbusen–Ostsee sein.

Etwa 67 Stunden nach dem Sturmhochwasserereignis ist in der zeitlichen Darstellung des Travemünder Wasserstandes (abzüglich des Mittelwertes) in der Abb. 3.45 ein erneuter Anstieg des Pegels um etwa 80 cm zu erkennen. Dieser Pegelstand lässt sich nicht auf einen durch Wind erzeugten Wasserstau zurückführen. Vielmehr ist zu vermuten, dass dieser kurz nach der Sturmflut aufgetretene erhöhte Wasserstand durch das Eigenschwingungsverhalten der Ostsee zu erklären ist.

Das Maximum dieser Rückschwingung wird dort erreicht, wo sich zum ersten Mal die Amplituden der dritten und vierten rekonstruierten Hauptkomponente nach dem Ereignis wieder konstruktiv überlagern (s. Abb. 3.46). Da davon ausgegangen werden kann, dass es sich bei den in der Abb. 3.46 markierten Bereichen der dritten und vierten HK um Eigenschwingungen verschiedener Schwingungssysteme der Ostsee handelt, kann der Wasserstand der maximalen Rückschwingung als konstruktive Überlagerung der Amplituden der verschiedenen Eigenschwingungen interpretiert werden. Im zweiten Zeitabschnitt (zwischen 540 und 625 Stunden) sind in der Wasserstands-Zeitreihe (abzüglich des Mittelwertes) zwei aufeinander folgende Pegelausschläge von etwa 60 cm registriert worden (s. Abb. 3.45). Die Oszillationen der dritten und vierten HK im zweiten in Abb. 3.46 markierten Zeitbereich deuten darauf hin, dass auch da wieder Eigenschwingungen der Ostsee eingeleitet wurden. Die fünfte und die sechste HK sind in der Abb. 3.46 zusammen dargestellt, da in diesem Fall die Bedingungen einer gemeinsamen Oszillation erfüllt sind. Näheres zu den Bedingungen einer gemeinsamen Oszillation ist bei PLAUT u. VAUTARD (1994) zu finden. Mittels der Maximum-Entropie-Spektralanalyse wurde hier eine Periodendauer von 12 Stunden festgestellt. Die 5. und 6. Hauptkomponente beschreiben demnach die halbtägige Gezeit der Ostsee. Um den Beitrag der Gezeitenschwingung zur Sturmfluthöhe zu ermitteln, wurden die Amplituden der ersten vier Hauptkomponenten zum Zeitpunkt des maximalen Pegelstandes addiert und von diesem maximalen Pegelstand subtrahiert. Es ergibt sich ein Betrag von etwa drei cm.

Mit diesem methodischen Herangehen ist es möglich, die verschiedenen Ursachen, die zum Höchstwasserstand in Zusammenhang mit einer Sturmflut führen, zu analysieren. Die Anwendung des Verfahrens ist in analoger Weise auch für Sturmniedrigwasser möglich.

3.3.3.3 Lange Wellen: Die Seebär-Erscheinung

Änderungen des Wasserstandes von mehr als einem Meter in 60 Minuten gehören zu den absoluten Extremen und seltenen Ereignissen. Durch fortschreitende lange Wellen können generell an Küsten, so auch an der deutschen Nord- und Ostseeküste, große und schnelle Wasserstandsschwankungen hervorgerufen werden, die die festgelegten Sturmflut- oder auch Sturmniedrigwasser-Schwellen überschreiten können und jahreszeitlich nicht so gebunden sind wie die meteorologischen Verhältnisse, die die extremen Ereignisse gewöhnlich hervorrufen. Diese Erscheinungen sind unter verschiedenen Namen bekannt geworden; an den deutschen Küsten heißen sie „Seebären". Die Bezeichnung leitet sich vom niederdeutschen Wort boeren (= heben) ab. Sie sind den pazifischen Tsunamis ähnlich. Sie setzen unerwartet ein, die See kann völlig ruhig sein. Die vom Meer her – wie Berichte besagen, unter Dröhnen – anrollenden und sich auftürmenden Wellen können Wasserstandsschwankungen von 1–2 m hervorrufen (DEFANT, 1961; DIETRICH et al., 1975).

Nachdem Beschreibungen einzelner Fälle besonders in der älteren Literatur erfolgt waren, gelang GAYE u. WALTHER (1934) die Erklärung der Seebär-Erscheinung durch Analyse des Ereignisses vom 10.8.1932 in der Deutschen Bucht als fortschreitende lange Welle entlang der Küste. Dieser Seebär wies bei einer Höhe von fast 1,5 m eine Periode von 15 min auf, während die Fortpflanzungsgeschwindigkeit nach der bekannten Relation $c = (gH)^{0,5}$ abgeschätzt werden konnte (g = Schwerebeschleunigung, H = mittlere Wassertiefe im küstennahen Bereich). SCHULZ (1957) hat nach der Analyse weiterer Seebären in der Deutschen Bucht auf die Möglichkeit schwerer Badeunfälle infolge der Heftigkeit des Einsetzens dieses Phänomens aufmerksam gemacht. An der östlichen und südlichen Küste der Ostsee seit dem 17. Jahrhundert beobachtete und beschriebene kurzzeitige Wasserstandsanstiege, die im Sommer im allgemeinen ca. 0,5 m betragen, hat MAJEWSKI (1989) zusammengestellt, der zu dem Schluss kommt, dass Seebär-Erscheinungen nicht immer an atmosphärische Fronten und lokale Stürme gebunden sein müssen. Für die deutsche Ostseeküste haben sowohl ENDERLE (1989) wie auch SCHMAGER (1989) und STIGGE (1995) derartige Phänomene für die Flensburger Förde bzw. Mecklenburger Bucht analysiert. HUPFER (1978b) beschreibt ein sommerliches Beispiel für die Küste von Zingst.

Es ist das Verdienst von ERTEL u. KOBE (1966), die Seebär-Erscheinung einer quantitativen hydrodynamischen Erklärung zugeführt zu haben. Als Anregung der Erscheinung wird eine über dem der Küste vorgelagerten Seegebiet küstenparallel sich bewegende Wetterstörung angenommen, die einen instationären Wassertransport auf die Küste zu bewirkt, der zur Ausbildung langer Wellen führen kann, die durch Resonanz im ufernahen Bereich verstärkt werden. Je weniger die Fortpflanzungsgeschwindigkeiten der Wetterstörung und der langen, entlang der Küste laufenden Wellen differieren, desto heftiger ist der Wasserstandseffekt. In ähnlicher Weise formuliert SCHMAGER (1989), dass sich der plötzliche Wasserstandsanstieg wie folgt abschätzen lässt:

$$\delta h = \delta h_{stat}/(1-(u/c)^2) \qquad (3.23)$$

mit:

δh = Änderung des Wasserstandes,

δh_{stat} = Änderung des Wasserstandes infolge des statischen Luftdruckeffekts ($\approx$ 1 cm/1 hPa),

c = Verlagerungsgeschwindigkeit der langen Welle ($c^2 = g \cdot H$),

g = Schwerebeschleunigung ($\approx$ 9,81 m s^{-2}),

H = Wassertiefe und

u = Verlagerungsgeschwindigkeit der atmosphärischen Störung (z. B. eines Sturmtiefs).

Damit wird die Seebär-Erscheinung nicht als Eigenschwingung des Wassers in Buchten oder anderen Teilen des Meeres erklärt, sondern als eine erzwungene fortschreitende lange Welle, deren Amplitude in Ufernähe je nach den Resonanzbedingungen unterschiedlich groß sein kann.

STIGGE (1995) hat heftige, Seebär-ähnliche Wasserstandsänderungen am Pegel Warnemünde mit der küstennormalen Windkomponente korreliert, wobei sich hochsignifikante

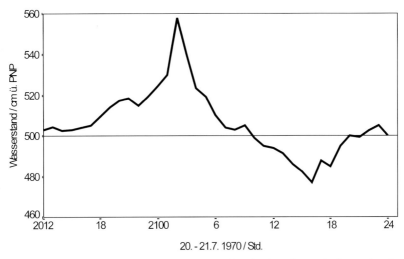

Abb. 3.47: Seebär-ähnliche Erscheinung im Wasserstandsverlauf an der Außenküste der Ostsee bei Zingst in der Nacht vom 20./21.7.1970, nach HUPFER (1978b)

Korrelationskoeffizienten von r > 0,90 in drei untersuchten Fällen ergaben. Im Weiteren führt STIGGE aus, dass die Änderung der Windgeschwindigkeit und das Zeitintervall, über dem die Windzunahme erfolgt, für die Ausbildung solcher Wasserstandsextreme entscheidend sind.

ENDERLE (1989) zitiert Untersuchungsergebnisse des Deutschen Hydrographischen Instituts (jetzt BSH), wonach Drucktendenzfelder Änderungen des Wasserstandes hervorrufen, die das vierfache der dreistündigen Drucktendenz (in hPa/3h) in cm betragen können.

So zeigt sich, dass Seebär-Erscheinungen in ihrer Erscheinungsform offenbar vielfältig sind. Sie können als einzelne Hebung und Senkung des Wasserstandes oder als periodisches Phänomen vorkommen. Es werden nachstehend drei Beispiele vorgestellt.

a) Eine seebär-ähnliche Erscheinung konnte in der Nacht vom 20. zum 21.7.1970 an der sich von West nach Ost erstreckenden Zingster Küste beobachtet werden (Abb. 3.47). Mit dem schnellen Steigen des Wasserstandes von etwa 10 cm/h bis zu 459 cm gegen 2.30 Uhr MEZ wurde der Strand überschwemmt und Strandkörbe zur Überraschung der am nächsten Morgen ankommenden Badegäste unter Wasser gesetzt. Die Wetterlage war durch ein Zentraltief über Mittelnorwegen, verbunden mit dem Einfließen von grönländischer und arktischer Polarluft in den nordostdeutschen Raum, gekennzeichnet. Die Wasserstandserhöhung trat in Zusammenhang mit einem frontartigen Vorrücken von Kaltluft auf, das von Gewitterschauern und damit verbundenen Böen sowie Regen im Umkreis begleitet war. Wellenperioden der oben genannten Größenordnung können jedoch nicht ausgemacht werden. Es handelt sich dabei nicht um ein lokales Ereignis. Die Stundenwerte des Wasserstandes von Warnemünde zeigen ein Maximum am 21.7., 01 Uhr MEZ. Aus der Phasendifferenz von etwa 90 min bei einer Entfernung von etwa 65 km kann geschlossen werden, dass sich die Erscheinung wellenartig mit einer Geschwindigkeit von ca. 12 m s^{-1} entlang der Küste nach Osten ausgebreitet hat, wobei sich nach der in Zusammenhang mit Gl. (3.23) angegebenen Flachwasser-Relation eine mittlere Wassertiefe von ca. 15 m ergibt. Das nachfolgende Minimum trat an beiden Pegelstationen etwa synchron auf.

b) Ein Beispiel für ein besonders heftig einsetzendes Hochwasser ist der Wasserstandsverlauf vom 20./21.10. 1986 an den Pegeln von Wismar und Warnemünde. Das plötzliche

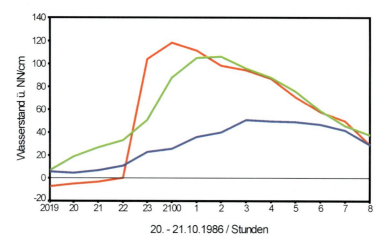

Abb. 3.48: Extreme Wasserstandsänderung in Wismar (rot) und Warnemünde (grün) sowie zum Vergleich von Saßnitz (blau) am 20. und 21.10.1986, nach SCHMAGER (2001)

Ansteigen des Wasserstandes ist am Pegel Wismar besonders intensiv aufgetreten (Anstieg
> 100 cm/h), während der Pegel Saßnitz schon eine stark geglättete Wasserstandskurve zeigt
und von dem Geschehen weitgehend unbeeinflusst blieb (Abb. 3.48). Nach ENDERLE (1989)
sind auch Falltendenzen in derselben Größenordnung möglich. Diese Wasserstandsentwicklung wurde durch ein Sturmtief verursacht, das sich entlang der Küste Mecklenburg-Vorpommerns mit 13 bis 17 m s^{-1} (47 bis 61 km/h) ostwärts bewegte.

Auf dessen Vorderseite kam es zu ablandigem Wind (führt zu Massendivergenz in Küstennähe), auf der Rückseite dagegen zu auflandigem Wind (Massenkonvergenz). Der Wind-
sprung von Süd auf Nord (Zunahme der Meridionalkomponente von 10 m s^{-1} aus Süd auf
25 m s^{-1} aus Nord) um 00 Uhr UTC zwischen Warnemünde und Wustrow trat markant hervor. Zu diesem Zeitpunkt herrschten westlich von Warenmünde stürmische, z. T. orkanartige
Winde aus Nord. Ein Teil des Anstiegs lässt sich durch Resonanz (SCHMAGER, 1989) bei der
Verlagerung des Sturmtiefs und einer durch dieses ausgelösten langen Welle infolge starker
Luftdruckänderung (>10 hPa/3h) erklären. Resonanznahe Bedingungen liegen bei Wassertiefen von 15 bis 18 m vor, wenn sich das Sturmtief mit 44 bis 48 km/h ostwärts bewegt. Ausgehend von den beobachteten Verlagerungsgeschwindigkeiten liegt eine Verstärkung des statischen Luftdruckeffekts um den Faktor 4 bis 8 im Bereich des Möglichen (s. Gl. 3.23).

Aus dem in Abb. 3.48 dargestellten Verlauf der Stundenwerte des Wasserstandes kann
man ableiten, dass es sich hierbei wiederum um eine von West nach Ost fortschreitende lange
Welle gehandelt haben muss, deren Phasengeschwindigkeit zwischen Wismar und Warnemünde etwa 9–10 m s^{-1} (mittlere Wassertiefe < 10 m) und zwischen Warnemünde und Saßnitz annähernd ebenfalls 10 m s^{-1} (mittlere Wassertiefe ca. 10 m) betragen hat. Die Geschwindigkeit liegt damit auch nach dieser Abschätzung im resonanznahen Bereich.

c) In Abb. 3.49 ist die Ganglinie des Wasserstandes am Pegel Koserow (Usedom) für den
22. und 23.6.1995 dargestellt. Dieses Beispiel zeichnet sich weniger durch besonders hohe
(Maximum 538 cm ü. PNP), sondern mehr durch sehr niedrige Wasserstände (Minimum 401
cm) aus. Das Spektrum der Zeitreihe besitzt ein ausgeprägtes Maximum im Periodenbereich
zwischen sechs und acht Stunden, wobei jedoch die Amplituden sehr unterschiedlich sind.
Die Wetterlage war an beiden Tagen durch das Hoch Xanthos über den Britischen Inseln gekennzeichnet (Kerndruck jeweils 1030–1035 hPa). Infolge eines Tiefs am 22.6. mit dem Kern

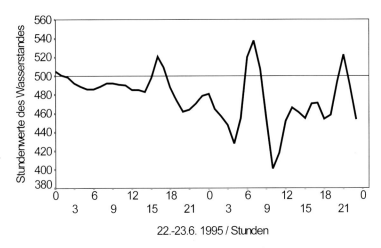

Abb. 3.49: Wasserstandsverlauf in Koserow am 22. und 23.6.1995. Daten: BSH

über den Åland-Inseln (995–1010 hPa) und am 23.6. über Nordwestrussland (ca. 1000 hPa Kerndruck) kam es zu einer straffen auflandigen Strömung im Ostteil der deutschen Küste und östlich davon mit Windstärken von 6–7 Beaufort. Durch diese Windverhältnisse, die in Zusammenhang mit der Bewegung des Tiefs variierten, kam es offenbar zu der beobachteten Erscheinung. Diese lässt sich auch in den Pegelwerten der polnischen Stationen Kołobrzeg und Ustka feststellen, allerdings sind Abschätzungen der Eigenschaften der Welle wegen der Beobachtungsabstände nicht möglich.

Die aufgeführten Beispiele verdeutlichen die mögliche Vielfalt schneller und starker Wasserstandsschwankungen an der deutschen Ostseeküste, die den Seebär-Erscheinungen zugerechnet werden können.

3.3.4 Besonderheiten in Bodden

3.3.4.1 Sturmfluten und Entstehung der Darß-Zingster Boddenkette

Der Wasseraustausch zwischen der Ostsee und den Darß-Zingster Boddengewässern (Abb. 3.50) veränderte sich im Laufe der Genese der Boddenlandschaft ständig. Die Entwicklung verlief vom Zustand des nahezu ungehinderten Wasseraustausches vor etwa 4000 Jahren zwischen den der buchtenreichen Ostseeküste vorgelagerten pleistozänen Inselkernen bis zum heutigen Stadium einer Nehrungs- oder Boddenküste mit nur einem Zugang zur Ostsee (OTTO, 1913). Auslöser dafür war die Litorinatransgression (Meeresspiegelanstieg, s. Kap. 1) um etwa 7500 vor heute (v.h.). Die küstennahe Strömung veränderte durch den Sedimenttransport den Wasseraustausch mit der Ostsee. Weitere Einzelheiten können aus JANKE u. LAMPE (1998) entnommen werden.

Gegen Ende des 12. Jahrhunderts bestand die Nehrung aus den Inseln Fischland, dem Swante Wustrow (ostrow ist wendisch und bedeutet Insel) mit der südlichen Begrenzung, dem Permin (Prahmin ist wendisch und bedeutet Flussarm, s. KOLP, 1955) und der nördlichen Begrenzung, der Hundsbeck (REINHARD, 1953). Der Permin (in einer Urkunde von

1442 erwähnt) stellt zusammen mit der Dierhägener Bucht (die Landbreite bis zur Ostsee beträgt nur ca. 750 m) die Mündungsarme der Urrecknitz dar. Diese Durchlässe zwischen Bodden und Ostsee werden als Fluttore oder Seegatts bezeichnet. Das ehemalige Seegatt Permin (ca. 350 m von der Ostsee entfernt) wurde durch die Sturmflut 1872 über eine Breite von 15 m und eine Tiefe von fünf m kurzzeitig geöffnet. Unmittelbar am nördlichen Steilabfall des Geschiebemergels nach der Niederung von Ahrenshoop bestand bis 1650 ein weiteres Seegatt, das als Loop bezeichnet wurde. Es bildete die Grenze zwischen Mecklenburg und Pommern (heute als Grenzgraben zu Vorpommern erkennbar). An die Hundsbeck (ca. 350 m Ostsee- Entfernung) und die nebenliegende Werre (ca. 800 m bis zur Ostsee, s. KOLP, 1955), im sogenannten Vordarß gelegen, schließt sich der Altdarß mit dem Neudarß als marine Ablagerung bis zum Prerow-Strom (*portus Prerow*) an.

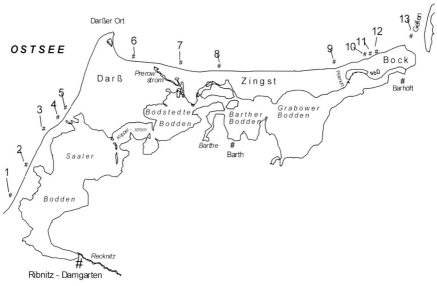

Abb. 3.50: Darß-Zingster Boddengewässer. Die Zahlen bezeichnen die im Text und in Tab. 3.18 aufgeführten Seegatts, nach BAUDLER u. MÜLLER (2001)

Östlich des Prerow-Stromes setzt sich die Nehrung mit der Insel Zingst fort. Der Zingst, entstanden aus dem Inselkern Sundische Wiese, wies zwei Fluttore auf, das Neue Tief (*dat nie Deep*, auch *portus nova reka*), das bereits auf einer Stralsunder Urkunde von 1240 erwähnt wird, und die Straminke, die durch die Sturmflut vom 10. Februar 1625 entstand und später versandete. Auf einem Nachstich der Lubinschen Karte zu Amsterdam von 1653 ist zwar das Neue Tief noch eingetragen, aber bereits auf einer Urkunde der Stadt Barth von 1325 ist nur *portus Prerow* als Fahrstraße erwähnt (REINHARD, 1953). Im Jahre 1865 war aber auch der Prerow-Strom sehr seicht geworden. Zwischen dem Ostende des Zingst (Pramort) und der Insel Großer Werder (nach OTTO, 1913 auch als „Hallig der Ostsee" bezeichnet) liegt die Pramorter Rinne. Östlich schließt sich daran die Westliche Werder-Rinne zwischen den Inseln Großer und Kleiner Werder an. Zwischen den Kleinen Werderinseln liegt die Mittlere Werder-Rinne, und zur anschließenden, ab 1934 aufgespülten und ab 1937 aufgeforsteten Sandfläche des Bock liegt die Östliche Werder Rinne. Diese Seegatts zwischen Ostzingst und Bock gewähren einen Wasseraustausch nur bei Pegelständen an der Außenküste ab 520 cm (BROSIN, 1965). Der ständige Austausch zwischen Bodden- und Ostseewasser erfolgt daher nur über den Gellenstrom zwischen Bock und Gellen. Bis 1934 war der ständige Wasseraustausch zwischen den Kleinen Werderinseln und dem Gellen möglich. Die Tab. 3.19 zeigt anhand der 13 Seegatts der Darß-Zingster Boddenkette, dass der Saaler Bodden seit ca. 400 Jahren keinen ständigen direkten Wasseraustausch mit der Ostsee (von kurzzeitigen Durchbrüchen durch Sturmhochwasser, wie z. B. 1872, abgesehen) besitzt. Seit mehr als 100 Jahren besteht für die Darß-Zingster Boddengewässer ein direkter Zugang zur Ostsee nur zwischen Pramort am Ostzingst und dem Gellen (Südspitze der Insel Hiddensee).

Detaillierte Entwicklungsphasen der Darß-Zingst-Küste seit 3500 a v.h. hat SCHUMACHER (2000) vorgestellt, außerdem deren hypothetischen Zustand im 21. Jahrhundert ohne Küstenschutzmaßnahmen und unter Fortsetzung des gegenwärtigen Meeresspiegelanstiegs.

Tab. 3.19: Sturmfluttore oder Seegatts der Darß-Zingster Bodden, nach BAUDLER u. MÜLLER (2001)

	Seegatt	Lage	Zustand
Saaler Bodden:			
1	Dierhägner Bucht	Dierhagen	bis Sturmflut 1596 bestehend
2	Permin	Wustrow	dasselbe
3	Loop	Ahrenshoop	bis Sturmflut 1660 bestehend
4	Hundsbeck	Ahrenshooper Bucht	bis Sturmflut 1596 bestehend
5	Werre	Ahrenshooper Bucht	dasselbe
Bodstedter Bodden:			
6	Prerowstrom	Prerow	bis Sturmflut 1872 bestehend
7	Neues Tief	Westzingst	bis Sturmflut 1625 bestehend
Barther Bodden:			
8	Straminke	Ostzingst	ab Sturmflut 1625 kurz bestehend
Grabow:			
9	Pramorter Rinne	Ostzingst	bestehend
10	Westliche Werder Rinne	Großer Werder	bestehend
11	Mittlere Werder Rinne	Kleiner Werder	bestehend
12	Östliche Werder Rinne	Bock	ab Aufspülung 1984 bestehend
12	Barther Fahrwasser	Barhöft	bestehend

3.3.4.2 Sturmfluten

In Tab. 3.20 sind die Sturmfluten im Bereich der Darß-Zingster Bodden ab der Sturmflut von 1872 aufgeführt, über die Daten vorliegen. Die Angaben sind in Zentimetern über NN (alt) aufgeführt (s. Abschn. 2.2.3), um einen Vergleich der Daten der gesamten Beobachtungsreihe zu ermöglichen. Die Sturmflut von 1872 stellt bis in die Gegenwart hinein auch für die Boddengewässer die schwerste dar. Im Zeitraum vom 14. bis zum 19. Jahrhundert traten vier vergleichbare derartige Sturmfluten auf, nämlich 1304, 1320, 1625 und 1694 (KÜSTENSCHUTZ '97, 1997).

Das Gewässer wirkt gegenüber den eindringenden Hochwasserwellen als Filter (vgl. Abb. 2.39). Zum einen verschiebt sich die Lage des Maximums der Pegelganglinie, zum anderen wird die Amplitude im Boddeninneren geringer. In Zusammenhang mit der November-Sturmflut 1995 erreichte bspw. der Pegel in Barhöft am 4.11., 7 Uhr MEZ, das Maximum von 642 cm. Am Barther Pegel trat der Extremwert von 630 cm um 10 Uhr MEZ, d. h. mit einer Zeitverzögerung von ca. drei Stunden und einer Dämpfung der Hochwasserwelle um 12 cm auf. Diese Welle erreichte den Saaler Bodden am Pegel Althagen erst am 5.11.1995, gegen drei Uhr MEZ, mit einem verschmierten Maximum von 589 cm ü. PNP. Die Zeitverzögerung zu Barth beträgt 17 Stunden, die Dämpfung 41 cm. Mithin ergab sich eine Gesamtverzögerung zwischen Eingang der Boddengewässer zur Ostsee und dem Saaler Bodden von 20 Stunden und eine Gesamtdämpfung von 53 cm.

Diese Zeiten variieren von Fall zu Fall, wobei jedoch der Prozess des Eindringens der Hochwasserwelle immer gleich ist.

Tab. 3.20: Bemessungshochwasser- und Extremwasserstände von Sturmfluten ab 150 cm über NN für Pegelstationen der Darß-Zingster Boddengewässer, nach BAUDLER u. MÜLLER (2001)

Sturmflut-Termin (Beginn)	Saßnitz	Greifswald	Barhöft	Barth	Zingst-Hafen	Althagen
			Bemessungshochwasserstand:			
	240	300	270	205	205	165
13.11.1872		264	292	226		
31.12.1904	209	239	226	135		
02.03.1949	144	180	140	112	99	64
11.12.1949	80	84	95	88	29	56
04.01.1954	140	182	149	112	99	44
14.12.1957	105	152	126	112	96	93
14.01.1960	77	113	80	70	64	49
12.01.1968	110	154	138	52	48	37
15.02.1979	80	98			26	34
12.01.1987	111	141		73	72	66
21.02.1993	121	145		76	64	57
04.11.1995	130	177	142	130	115	89

3.3.4.3 Salzgehalt und Wasserstand

Die in die von der Ostsee bis auf schmale Verbindungen abgeschlossenen Bodden einströmenden Wasserkörper lassen sich in ihrer Ausbreitung gut durch den Parameter Salzgehalt darstellen. Zwischen dem Ostsee- und dem Boddenwasser bildet sich eine hydrographische Front aus (HUPFER, 1959). Die Lage dieser Front und die Stärke des Gradienten sind abhängig vom Salzgehalt des einströmenden Wassers und der Dauer der Einstromperiode. Für die Darß-Zingster Boddenkette sind im Grabow Salzgehaltsunterschiede von ca. zwei PSU für Entfernungen in der Größenordnung 100 m gemessen worden. Eine solche Front wandert dort gewöhnlich in westliche Richtung ($\approx$ 10 cm s^{-1}) und verringert allmählich ihre Schärfe infolge von Vermischungsprozessen. In extremen, d. h. Sturmflut-Situationen, bewegen sich hydrographische Fronten bis in die inneren Bodden. Die hohe Korrelation zwischen Wasserstand und Salzgehalt ist in Abb. 3.51 für die Verhältnisse im November 1995 im Zingster Strom zu sehen. Wegen der geringen Phasendifferenzen betragen die Korrelationskoeffizienten für den gesamten Monat r = 0,78, für die Sturmfluttage dagegen sogar r = 0,90. Während die Auffüllphase der Bodden bis in den Zingster Strom (Zeit zwischen Minimum und Maximum des Wasserstandes) ca. 72 h (3 Tage) beträgt, dauert die Auslaufphase (Zeit zwischen den Extremen) ca. 312 h (13 Tage).

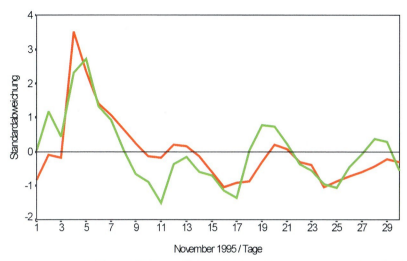

Abb. 3.51: Tageswerte (08 Uhr MEZ) der auf die Standardabweichung normierten Werte des Wasserstandes (rot) und des Salzgehaltes (grün) im November 1995 im Zingster Strom, nach BAUDLER u. MÜLLER (2001)

Die gute Korrelation zwischen Wasserstand und Salzgehalt geht auch aus der Abb. 3.52 mit den Salzgehaltsschnitten vom Eingang der Darß-Zingster Bodden bis zur Recknitz-Mündung für die Situationen vor und nach der Sturmflut vom 4. November 1995 hervor. Für diese Darstellung wurden ebenfalls die 8 Uhr MEZ Monitoring-Werte verwendet. Zum Vergleich ist der mittlere Salzgehaltsverlauf für das Jahr 1994 eingetragen.

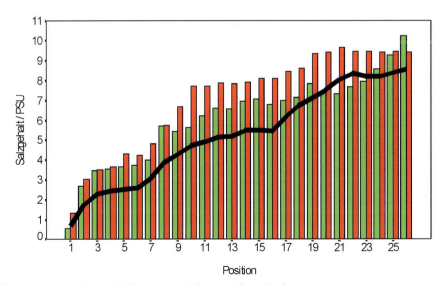

Abb. 3.52: Salzgehaltsschnitt (Tageswerte). Schwarz: Jahresmittelwerte 1994; grün: 23./24.10.1995; rot: 7.11.1995. Positionen: 1 – Recknitz, 2–7 Saaler Bodden, 8–10 Bodstedter Bodden, 11–12 Zingster Strom, 13–17 Barther Bodden, 18–21 Grabow, 22 Pramort, 23–25, Fahrwasser Bock-Gellen, 26 Ostsee, nach BAUDLER u. MÜLLER (2001)

Das Vordringen des östlichen (nährstoffärmeren) Boddenwassers in die inneren westlichen (nährstoffreicheren) Bereiche der Darß-Zingster Bodden verursacht eine Vermischung mit dem vorhandenen Wasserkörper. Durch die einsetzende Strömung bei dem das Hochwasser abbauenden Ausstrom wird zusätzlich nährstoffangereichertes Sediment ausgetragen. Hochwassersituationen, insbesondere aber Sturmflutereignisse, führen daher zu einer Nährstoffentlastung der inneren Boddenteile. Die Ereignisse sind daher von erheblicher ökologischer Bedeutung. Die Höhe dieses Sediment- und damit Nährstoffaustrages ist Gegenstand des Projektes ICOWS/DAVINE (Investigations of the Internal Coastal Water Systems of the Southern and Eastern Baltic Sea / Darss Zingster Bodden Vistula Lagoon Newa Bay).

Tab. 3.21: Relative Beträge (in %) der Mittelwerte der Wasserhaushaltskomponenten der Darß-Zingster Boddengewässer im Fall von Sturmfluten im Vergleich zu den mittleren Verhältnissen, nach BECKMANN (1997b, verändert)

Seegebiet	Einstrom aus Richtung Ostsee	Ausstrom in Richtung Saaler Bodden	Niederschlag	Verdunstung	Flusswasserzufuhr
Saaler Bodden	202	–	36	40	39
Bodstedter Bodden	131	95	17	18	17
Barther Bodden	116	122	16	17	18
Grabow	127	100	12	14	18

Unter Sturmflutbedingungen zeigt auch der für die Gewässerökologie entscheidende Wasserhaushalt charakteristische Anomalien, die die obigen Ausführungen unterstreichen. BECKMANN (1997b) hat das Datenkollektiv der Wasserhaushaltskomponenten unter Sturmflutbedingungen auf der Basis des Pegels Barth zusammengestellt, indem er die Wasserstände verwendete, die jährlich in 1 % der Daten überschritten werden (s. auch CORRENS u. MERTINKAT, 1977; BECKMANN u. TETZLAFF, 1999). Der Wasserhaushalt wurde für die Zeiträume berechnet, in denen es in Barth zu einem Wasserstandsanstieg auf das 1%-Perzentil kam. Die so erhaltenen Werte wurden mit den von MERTINKAT (1992) bestimmten Mittelwerten der Wasserhaushaltskomponenten verglichen. Aus der Tab. 3.21 ersieht man die ganz besonders im Inneren des Boddens dominierende Bedeutung des Einstroms. Die Komponenten Niederschlag und Verdunstung treten ebenso wie die Flusszufuhr in der Bedeutung stark zurück. Letztere Größe wird bei diesen Situationen durch Rückstau herabgesetzt.

3.3.4.4 Sturmniedrigwasser

Über das Auftreten und die Auswirkungen von Sturmniedrigwasser-Ereignissen hat insbesondere BIRR (1968, 1970, 1993) im Rahmen von komplexen hydrographischen Aufnahmen Untersuchungen im Strelasund durchgeführt. Wie schon aus Abb. 3.2 hervorgeht, können Sturmniedrigwasser kurzzeitig spektakuläre Auswirkungen haben. So kam es unter der Wirkung stürmischer Winde aus West bis Südwest am 2.11.1965 zu einem raschen Abfall des Wasserstandes in Stralsund. Die Pegeldifferenz zu dem ostseewärts gelegenen Pegel Barhöft betrug maximal etwa 1 m, was ausreichte, den Seglerhafen trocken fallen zu lassen.
Dieses SNW war mit Einstrom von der Ostsee und Ausstrom in Richtung Greifswalder Bodden verbunden. Die anhaltende Einstromlage in der Ostsee führte an der Küste westlich

Abb. 3.53a: Sturmniedrigwasser am 24.2.1967 am Parower Ufer (im Hintergrund Stralsund). Wasserstand in Stralsund: 380 cm ü. PNP. Foto: BIRR (1967)

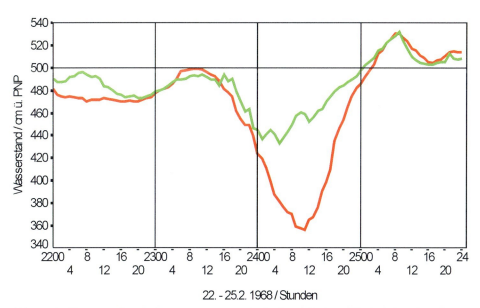

Abb. 3.53b: Wasserstandsverlauf vom 22.-25.2.1967 in Stralsund (rot) und Barhöft (grün), nach BIRR (1970)

Rügens zu erhöhten Salzgehalten (um 12 PSU). Dieser Effekt machte sich auch im Strelasund im Zuge des Wiederanstiegs des Wasserstandes nach dem Niedrigwasser bemerkbar (über 8 PSU). Die maximale Wasserstandsdifferenz zwischen Barhöft und Stralsund betrug etwa 65 cm.

Ein ähnliches Beispiel enthalten die Abb. 3.53a, b für vier Tage im Februar 1967 im Strelasund. Zum Zeitpunkt des niedrigsten Wasserstandes in Stralsund (356 cm ü. PNP) lag der Wasserstand am ostseenahen Pegel Barhöft 103 cm höher, so dass es zu einem schnellen Abfließen des Wassers durch den Strelasund in Richtung Greifswalder Bodden gekommen ist.

Über die bei solchen Situationen auftretenden Gefälleströmungen informiert Abb. 3.54. Es handelt sich um Daten, die bei Neuhof auf einer Tiefe von ca. 10 m mit automatischen Messeinrichtungen (Strömungsmessung 1 m ü. Gr.) gewonnen wurden. Unter dem Einfluss südöstlicher Winde und einem in Barhöft nur um 10–14 cm höheren Wasserstand kam es mit der Wasserstandsabnahme parallel verlaufend zu einer in Richtung Greifswalder Bodden gerichteten Strömung, deren Maximum 133 cm/s betrug. Bei geostrophischem Gleichgewicht

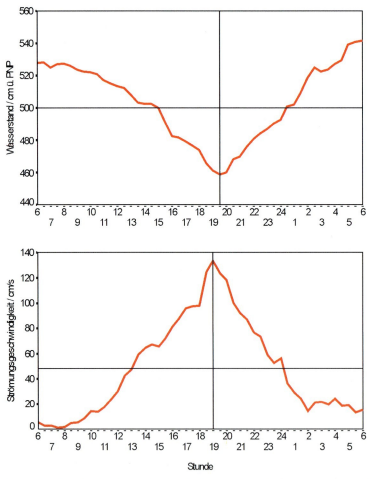

Abb. 3.54: Wasserstands- (oben) und Strömungsverlauf (unten) am 21.6.1995 im Strelasund bei Neuhof (östlich von Stralsund). Nach Daten des Wasser- und Schifffahrtsamtes Stralsund

entspricht das einer Höhendifferenz von ca. 10–12 cm. Aus den Messdaten geht hervor, dass das Strömungsmaximum etwa 15 Min. vor dem Wasserstandsminimum auftrat. Da für die anderen Beispiele, bei denen die die Strömung erhaltende Wasserstandsdifferenz wesentlich höher lag als am 21.6.1995, keine Strömungsregistrierungen vorlagen, kann geschlossen werden, dass es bei solchen Lagen zu sehr hohen Strömungsgeschwindigkeiten kommen kann, die auch morphologische Veränderungen bewirken können. Im gezeigten Beispiel kentert der Strom am 22.6. zwischen 2 und 3 Uhr in Zusammenhang mit dem wieder ansteigenden Wasserstand. In dem dargestellten Zeitraum war der Salzgehalt als Folge einer langanhaltenden Einstromlage mit knapp 12 PSU außerordentlich hoch.

Die vorgestellten Beispiele zeigen, dass sowohl Sturmfluten als auch Sturmniedrigwasser (einige Zahlen von Bodden-Pegeln enthält Tab. 3.22) nicht nur von unmittelbarer praktischer Bedeutung sind (Behinderung von Seewirtschaftszweigen, Veränderungen der Fahrrinnen u.a.), sondern hinsichtlich des Austausches von Wasser und Substanzen zwischen Bodden und Ostsee auch wichtige ökologische Einflussfaktoren sind.

3.4 Extremwasserstände zwischen Flensburg und Ahlbeck im 19. und 20. Jahrhundert

3.4.1 Häufigkeit an den verschiedenen Küstenabschnitten

Die Gewinnung langer, möglichst homogener Wasserstandsmessreihen von verschiedenen Punkten an der Küste ist von großer wissenschaftlicher und praktischer Bedeutung. Diese besteht vor allem in der zuverlässigen Gewinnung quantitativer Daten für die Ableitung von Bemessungswasserständen für Sturmfluten sowie für die Belange des Küstenschutzes, aber auch in der Gewährleistung des Wasserstandsdienstes mit der Abgabe von Vorhersagen (s. Abschn. 2.4). Aus einer der Praxis nicht unmittelbar zuzuordnender Sicht gilt es, die Struktur der Pegel-Zeitreihen zu analysieren, Ursachen für Trends und andere zeitabhängige Effekte zu finden. Diese liegen vor allem direkt und indirekt in den korrespondierenden Schwankungen der atmosphärischen Zirkulation, die wiederum mit klimatischen Variationen zusammenhängen. Es gibt inzwischen auch für die Ostseeküste (Bereich Lübeck-Wismar) Rekonstruktionen der Häufigkeit von Sturmfluten auf der Grundlage von Auswertungen historischer Unterlagen und Befunde bis zum 14. Jahrundert zurück (GLASER, 2001). Im Überlappungsbereich sind die indirekt bestimmten Häufigkeiten geringer als die auf der Grundlage von Messdaten bestimmten. Die häufigen leichten Sturmfluten sind meist mit geringen Schäden verbunden, so dass darüber nicht immer Aufzeichnungen existieren.

An der deutschen Ostseeküste ist nach der Auswertung der in Tab. 3.22 aufgeführten Pegel (Datenquellen, Korrekturen usw. s. BAERENS, 1998) mit 15–20 Sturmfluten je Jahrzehnt zu rechnen. Die mittlere Zahl der SNW in zehn Jahren liegt mit 25–30 etwas höher. Dazu und zu den in den folgenden Tabellen mitgeteilten Daten ist jedoch kritisch zu vermerken, dass die Ermittlung der Zahl der Ereignisse nach den hier verwendeten Schwellenwerten nicht trivial ist, da eine Abhängigkeit von der Art der Wasserstandsmessungen und ihrer Auswertungen, insbesondere der Abtastfrequenz ist.

Nach den Daten für das 20. Jahrhundert (Tab. 3.22) ist der Pegel Travemünde am anfälligsten für hohe Wasserstände, gefolgt von Flensburg, Kiel und Wismar.

In der Reihenfolge Travemünde, Flensburg, Wismar und Kiel gilt das auch für die SNW. Diesen vier Pegeln, an denen jeweils über 100 Ereignisse beider Arten vorgekommen sind, ist ihre Lage an der Innenküste gemein, d. h. sie liegen im Inneren von Förden bzw. Buchten. Hier sind stärkere Wasserstandsschwankungen möglich, da im Gegensatz zur Außenküste nur Ein- oder Ausströmen des Wassers in Abhängigkeit vom Wind möglich ist („Trichtereffekt"). Demgegenüber ist die Zahl der Extremereignisse an den Pegeln Marienleuchte bzw. Schleimünde und Warnemünde deutlich niedriger, denn diese Stationen liegen an der Außenküste oder im Mündungsbereich von Flüssen. Die Unterschiede zeichnen sich auch in der Häufigkeit der verschiedenen Grade der Ereignisse ab (Tab. 3.23). Generell ereignen sich die leichten Fälle von Sturmfluten und SNW am häufigsten. Beträgt das Verhältnis der leichten zu den schweren SHW an den Innenküstenpegeln etwa 4:1, so steigt es an den Außenküstenstationen auf ca. 7:1. Damit ist auch die mittlere Höhe eines Sturmhochwassers geringer, sie schwankt an den Außenküstenstationen zwischen 118 cm (Warnemünde) und 122 cm (Schleimünde). An den Stationen der Innenküste hingegen liegt dieser Wert zwischen 124 cm (Travemünde) und 127 cm (Kiel). Ähnliche Relationen sind auch für die SNW zu erkennen. An Außenküstenpegeln kommen auf ein ausgeprägtes SNW acht leichte Fälle, während dieses Verhältnis für die Innenküstenpegel (Flensburg, Kiel, Neustadt, Wismar) nur 1:5 beträgt. Der an der Außenküste gelegene Pegel Schleimünde fällt mit einem Anteil von fast 60 % leichter SNW auf. Die niedrigste mittlere SNW-Höhe weist Flensburg mit 128 cm u. NN auf, während sie mit 116 cm u. NN in Warnemünde am höchsten ist.

An den vorpommerschen Pegeln Stralsund (I), Saßnitz (A), Greifswald (I) und Koserow (A) ist die Häufigkeit der SHW geringer (Tab. 3.22), was nicht durch die differierenden Untersuchungszeiträume zu erklären ist. Auch wenn man dies berücksichtigt findet man, dass die Zahl der Ereignisse bei den anderen Stationen mit Ausnahme von Marienleuchte und Warnemünde wesentlich höher ist. Ursache für das weniger häufige Auftreten ist die östliche Lage. Hier ist der maximal mögliche Windstau offenbar schon wesentlich geringer als in den weiter westlich gelegenen Seegebieten. Hinsichtlich des Pegels Greifswald kann jedoch darauf hingewiesen werden, dass Recherchen von BIRR (1999a) zu mehr SHW als angegeben führten. Eine Sonderstellung bezüglich der Häufigkeit des Auftretens von mittleren und leichten SHW nimmt der Pegel Koserow ein. Die Zahl der mittleren Ereignisse war im Untersuchungszeitraum nur wenig niedriger als die der leichten. Als Ursache kommt möglicherweise die besondere Struktur der Schorre in Betracht, wo es durch verbreitet geringe Wassertiefen rasch zu einem beträchtlichen Anstau des Wassers kommen kann (STIGGE, 1995). Korreliert man die maximale Höhe der jeweiligen Ereignisse zwischen den Stationen, so erkennt man, dass mit zunehmender Entfernung der Pegel voneinander der Zusammenhang schwächer wird (Tab. 3.24). Der höchste Wert des SPEARMANschen Korrelationskoeffizienten (dieser Koeffizient ist unabhängig von der Verteilungsfunktion) ergibt sich für die SHW und die SNW zwischen Travemünde und Neustadt mit $r_s = 0{,}96$ bzw. $r_s = 0{,}91$.

Diese Stationen liegen beide an der Lübecker Bucht nicht weit voneinander entfernt. Den niedrigsten Korrelationskoeffizienten haben bei den SHW Neustadt und Koserow mit $r_s = 0{,}16$ (bei den SNW zwischen Neustadt und Warnemünde mit $r_s = 0{,}50$). Im Fall der SHW weist die Korrelation der Wasserstandshöhe zwischen den vorpommerschen Pegeln und den anderen Pegeln lagebedingt nur auf einen geringeren Zusammenhang hin. Nur für Greifswald sind die Werte infolge der Lage im Inneren des Greifswalder Boddens etwas höher. Untersucht man jedoch die gleichzeitigen Wasserstände (vom gleichen Beobachtungstermin), bietet sich ein anderes Bild der Korrelation. Wie SCHMAGER (2001) zeigen konnte, lassen sich durch EOF-Analyse mehr als 90 % der Varianz der Wasserstandsschwankungen an der Küste Mecklenburg-Vorpommerns durch den 1. Eigenwert erklären. Die korrespondierenden Korrelationskoeffizienten der Pegel liegen zwischen 0,86 und 0,96.

Tab. 3.22: Häufigkeit, mittlere Höhe und Standardabweichung extremer Wasserstandsereignisse an der deutschen Ostseeküste. L/M/S = leichte/mittlere/schwere (ausgeprägte) SHW bzw. SNW, nach BAERENS (1998, ergänzt). Die Buchstaben hinter den Pegelnamen bedeuten: I = Innenküste, A = Außenküste, V = Vorpommern

Pegel	Zeit-raum	Anzahl		Mittlere Höhe cm ü. bzw. u. NN	Standard-abweichung cm
		gesamt	L/M/S		
a) Sturmfluten					
Flensburg (I)	1901–1993	117	65/36/16	126,8	± 22,74
Schleimünde (A)	1901–1993	84	52/25/7	122,3	± 19,65
Kiel (I)	1901–1993	115	63/32/20	127,2	± 24,72
Marienleuchte (A)	1901–1993	66	43/17/6	119,8	± 19,44
Neustadt/H. (I)	1941–1993	75	49/19/8	121,7	± 18,79
Travemünde (I)	1831–1900	57	33/15/9	129,4	± 33,9
	1901–2000	144	90/35/19	123,9	± 22,7
	1831–2000	201	123/50/28	135,4	± 26,37
Wismar (I)	1901–1993	111	66/32/13	126,3	± 23,94
Warnemünde (A)	1901–1996	84	60/16/8	117,8	± 18,47
Stralsund (I)	1901–2000	35	30/4/1	113,7*	± 26,1*
Saßnitz (A)	1901–2000	51	43/5/3	115,6*	± 22,3*
Greifswald (I)	1901–2000	85	58/20/7	123,4*	± 24,9*
Koserow (A)	1951–2000	61	31/24/6	127,0*	± 19,0*
b) Sturmniedrigwasser					
Flensburg (I)	1901–1990	141	75/41/25	128,5	± 26,2
Schleimünde (A)	1901–1990	89	53/25/11	123,8	± 21,4
Kiel (I)	1901–1990	104	59/30/15	126,4	± 22,1
Marienleuchte (A)	1901–1990	71	53/12/6	118,7	± 18,1
Neustadt (I)	1941–1990	56	35/18/3	122,9	± 20,6
Travemünde (I)	1831–1900	162	96/48/18	122,8	± 20,2
	1901–2000	176	119/35/22	122,2	± 21,4
	1831–2000	338	215/83/40	122,5	± 20,76
Wismar (I)	1901–1993	122	84/27/11	119,7	± 18,9
Warnemünde (A)	1901–1996	82	67/11/4	115,7	± 14,5
Stralsund (I)	1951–2000	21	16/4/1	119,4	± 14,1
Saßnitz (A)	1951–2000	10	9/1/0	117,0	± 10,1
Greifswald (I)	1951–2000	27	21/5/1	113,7	± 15,2
Koserow (A)	1951–2000	12	11/1/0	110,2	± 11,7

Für die mittleren Unterschiede der Höhe der Extremereignisse (Tab. 3.24) ergeben sich zwischen den Innenküstenpegeln Flensburg, Kiel, Neustadt, Travemünde und Wismar bei SHW nur 2,6 cm über alle möglichen Kombinationen. Für die Außenküstenpegel Schleimünde, Marienleuchte und Warnemünde beträgt der entsprechende Wert 5,3 cm. Daraus ergibt sich, dass für diese Größe die Lage der Pegel bedeutender ist als die Entfernung untereinander. Die mittlere Wasserstandsdifferenz zwischen beiden Gruppen beträgt ca. 13 cm. Ähnlich verhalten sich die Pegelwerte bei SNW. Hier findet man für Flensburg das

Tab. 3.23: Häufigkeit der extremen Wasserstandsereignisse unterschiedlichen Grades, nach BAERENS (1998). Diese Tabelle wurde nicht mehr bis 2000 ergänzt, da die Auszählungsverfahren von stündlichen auf minütliche Daten geändert wurden, so dass sich eine Zunahme aus technischen Gründen ergibt. Eine rückwirkende Auswertung nach dem alten Verfahren erzeugt unnötige und vermeidbare Widersprüche.

a) *Sturmfluten*: (Die Zahlenfolge bedeutet „leichte – mittlere – schwere" Ereignisse)

Jahr-zehnt	Flens-burg	Schlei-münde	Kiel	Marien-leuchte	Trave-münde	Wismar	Warne-münde
1901/10	4 – 1 – 2	2 – 1 – 2	2 – 4 – 2	6 – 1 – 1	6 – 4 – 1	3 – 4 – 2	7 – 2 – 1
1911/20	0 – 1 – 1	0 – 0 – 0	2 – 1 – 2	0 – 0 – 2	4 – 1 – 2	8 – 1 – 2	3 – 0 – 2
1921/30	3 – 2 – 0	4 – 0 – 0	2 – 2 – 1	1 – 1 – 0	3 – 0 – 0	3 – 1 – 1	3 – 0 – 1
1931/40	1 – 2 – 3	3 – 3 – 0	2 – 4 – 1	5 – 2 – 0	5 – 3 – 0	2 – 6 – 0	9 – 0 – 0
1941/50	2 – 3 – 3	2 – 2 – 0	5 – 1 – 3	4 – 1 – 0	5 – 2 – 3	2 – 1 – 2	2 – 3 – 1
1951/60	7 – 6 – 3	4 – 6 – 1	5 – 7 – 3	8 – 2 – 1	9 – 4 – 6	6 – 6 – 3	8 – 2 – 1
1961/70	14 – 4 – 0	13 – 1 – 0	15 – 2 – 1	1 – 1 – 0	14 – 3 – 1	7 – 2 – 1	5 – 0 – 1
1971/80	15 – 4 – 2	11 – 2 – 2	13 – 3 – 3	6 – 2 – 0	13 – 7 – 1	14 – 2 – 1	7 – 2 – 0
1981/90	18 – 9 – 2	11 – 8 – 2	14 – 7 – 4	8 – 6 – 2	14 – 6 – 3	18 – 8 – 1	11 – 5 – 0

b) *Sturmniedrigwasser*: (Die Zahlenfolge bedeutet „leichte – mittlere – ausgeprägte" Ereignisse)

Jahr-zehnt	Flens-burg	Schlei-münde	Kiel	Marien-leuchte	Trave-münde	Wismar	Warne-münde
1901/10	4 – 2 – 3	4 – 2 – 1	2 – 4 – 1	9 – 1 – 0	16 – 6 – 1	2 – 2 – 0	9 – 2 – 0
1911/20	0 – 1 – 0	1 – 0 – 0	5 – 3 – 3	7 – 1 – 2	14 – 8 – 2	16 – 7 – 2	13 – 1 – 2
1921/30	1 – 6 – 2	5 – 2 – 1	5 – 3 – 1	7 – 0 – 1	17 – 3 – 1	13 – 2 – 1	9 – 0 – 1
1931/40	0 – 4 – 6	2 – 4 – 3	4 – 2 – 1	5 – 5 – 0	11 – 5 – 5	8 – 5 – 3	12 – 3 – 0
1941/50	10 – 2 – 3	5 – 1 – 1	4 – 1 – 1	5 – 0 – 0	9 – 2 – 1	2 – 1 – 1	5 – 0 – 0
1951/60	10 – 5 – 2	8 – 3 – 1	11 – 2 – 0	8 – 1 – 1	16 – 1 – 2	7 – 2 – 1	6 – 2 – 0
1961/70	20 – 3 – 4	12 – 3 – 2	13 – 4 – 2	3 – 1 – 0	11 – 2 – 3	12 – 3 – 1	6 – 0 – 1
1971/80	20 – 7 – 0	8 – 3 – 0	10 – 5 – 0	3 – 1 – 0	5 – 3 – 0	5 – 2 – 0	3 – 1 – 0
1981/90	10 – 11 – 5	8 – 7 – 2	8 – 6 – 3	6 – 2 – 2	10 – 4 – 2	12 – 1 – 2	3 – 2 – 0

Tab. 3.24: Mittlere Wasserstandsdifferenzen in cm für 1901/90 bei extremen Wasserstandsereignissen (obere Dreiecksmatrix) und SPEARMAN-Rangkorrelationskoeffizient r_s der Höhe der Sturmfluten zwischen den einzelnen Stationen (untere Dreiecksmatrix). Das Maximum und das Minimum der Wasserstandsdifferenz sind fett gedruckt. Signifikanzniveau der SPEARMAN-Rangkorrelationskoeffizienten in der unteren Dreiecksmatrix: 99 %, 95 %).

a) *Sturmfluten*

	Fle	Sch	Kiel	Mar	Neu	Tra	Wis	War	Str	Sas	Grw	Kos
Fle	–	9,8	–0,5	15,3	4,3	–0,2	0,03	15,1	17,0	22,7	4,5	–1,5
Sch	0,85	–	–11,0	5,3	–3,0	–8,9	–7,6	9,0	13,2	21,4	0,1	–0,6
Kiel	0,84	0,84	–	18,5	6,8	1,4	4,0	19,5	19,4	25,3	6,7	–0,8
Mar	0,75	0,76	0,83	–	–8,2	–16,7	–15,0	1,5	6,6	17,2	–8,4	–5,1
Neu	0,66	0,62	0,84	0,72	–	–6,5	–1,2	14,3	18,1	25,5	4,5	–6,2
Tra	0,60	0,62	0,81	0,69	0,96	–	1,5	16,5	21,1	21,0	7,6	–2,9
Wis	0,64	0,66	0,76	0,69	0,79	0,75	–	16,3	16,6	25,0	5,8	–2,5
War	0,56	0,60	0,68	0,60	0,56	0,63	0,85	–	3,8	12,9	–7,6	–14,1
Str	0,26	0,36	0,51	0,43	0,45	0,47	0,57	0,73	–	9,6	–11,8	–16,0
Sas	0,47	0,40	0,35	0,34	0,34	0,23	0,44	0,38	0,29	–	–17,7	–27,7
Grw	0,55	0,60	0,66	0,63	0,43	0,48	0,61	0,71	0,71	0,61	–	–10,5
Kos	0,48	0,45	0,40	0,79	0,16	0,36	0,32	0,56	0,53	0,48	0,52	–

b) *Sturmniedrigwasser*

	Fle	Sch	Kil	Mar	Neu	Tra	Wis	War
Fle	–	–15,2	–11,4	–26,3	–13,8	–15,2	–16,7	–31,7
Sch	0,75	–	3,1	–11,5	1,1	0,4	–2,1	–17,6
Kil	0,75	0,72	–	–15,8	–1,7	–2,1	–5,6	–20,7
Mar	0,63	0,59	0,47	–	14,0	13,5	10,1	–4,9
Neu	0,69	0,67	0,77	0,70	–	–2,9	–6,3	–24,9
Tra	0,66	0,68	0,70	0,70	0,91	–	–3,2	–18,7
Wis	0,47	0,49	0,63	0,70	0,79	0,80	–	–16,0
War	0,54	0,45	0,43	0,67	0,50	– 0,66	0,68	–

stärkste, für Warnemünde dagegen das geringste Absinken des Wasserspiegels mit einer mittleren Differenz von 31,7 cm.

Die Pegel Saßnitz und Koserow fallen hinsichtlich der Sturmflut-Höhendifferenzen besonders auf. Im Vergleich zu Saßnitz steigt an allen untersuchten Pegeln der Wasserstand bei SHW höher als an diesem Pegel. Zwischen Saßnitz (Außenküste Ostrügen) und Travemünde ist dieser Unterschied mit ca. 30 cm maximal. Im Gegensatz zu Saßnitz steigt am Pegel Koserow der Wasserstand bei Sturmfluten im Vergleich zu den elf anderen Stationen im Mittel höher an. Diese Werte weisen ebenso wie die hohe Zahl der Fälle mittleren Grades wiederum auf Besonderheiten der Tiefenverhältnisse im vorgelagerten Seegebiet hin.

Insgesamt ergeben sich für die deutsche Ostseeküste Gemeinsamkeiten und Unterschiede im Vorkommen extremer Wasserstandsereignisse. Differenzierend wirken die Unterschiede zwischen Außen- und Innenküste sowie die Entfernung zwischen den Pegelstationen. Als lokal modifizierend erweist sich die Art der Tiefenzunahme von der Uferlinie zum offenen Meer. Deutliche Besonderheiten können für die Küstenabschnitte östlich und südlich Rügens festgestellt werden.

3.4.2 Jahresgänge

Aus Abb. 3.55 geht hervor, dass sich knapp die Hälfte (45 %) aller Sturmhochwasser am Pegel Travemünde in den Monaten Dezember und Januar ereignen, die meisten Sturmniedrigwasser treten ebenfalls im Dezember ein (Abb. 3.56). In die Zeit von Oktober bis Januar fallen mehr als zwei Drittel aller Sturmniedrigwasser (71,9 %). Wie BAERENS (1998) zeigte, sind die Jahresgänge der Häufigkeit des Vorkommens besonders hoher Wasserstände an der deutschen Ostseeküste eng mit mittleren Windgeschwindigkeiten ≥ 15 m/s aus nordöstlicher Richtung (Windrichtung 0–90°) über der Ostsee verbunden, während der Jahresgang der Häufigkeit von SNW korrespondierend eng mit hohen Windgeschwindigkeiten aus südwestlicher Richtung (180–270°) korreliert ist. Die Häufigkeit letztgenannter Windereignisse ist jedoch viel höher als die von SNW.

Betrachtet man den Jahresgang der drei Sturmflut-Klassen für Travemünde (Abb. 3.55), so werden einige Unterschiede erkennbar. Während das Maximum der mittleren und schweren SHW im Januar zu finden ist, liegt es für die leichten Sturmfluten im Dezember. Ein sekundäres Maximum der leichten Fälle ist im Februar zu erkennen. Im Jahr 1989 ereignete sich erstmals ein schweres Ereignis im August (in Zusammenhang mit dem Wendtorf-Orkan). Die Saison der mittleren bzw. schweren SHW liegt am Pegel Travemünde zwischen September und Mai bzw. zwischen November und März.

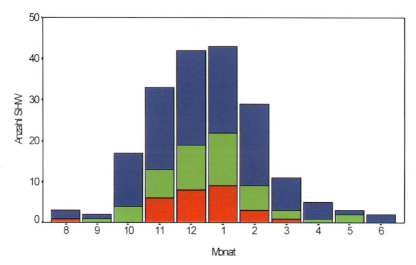

Abb. 3.55: Absolute monatliche Häufigkeit der leichten (blau), mittleren (grün) und schweren (rot) Sturmhochwasser am Pegel Travemünde (1831–1993), nach BAERENS (1998)

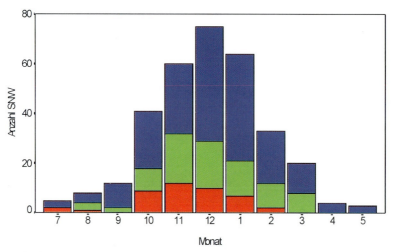

Abb. 3.56: Absolute monatliche Häufigkeit der leichten, mittleren und ausgeprägten Sturmniedrigwasser in Travemünde (1831–1993), nach BAERENS (1998)

Im Fall der Sturmniedrigwasser trägt vor allem die hohe Zahl leichter Ereignisse zu dem Maximum im Dezember bei. Mittlere und ausgeprägte SNW ereigneten sich am häufigsten im November. Mit Ausnahme des Monats Juni wurden im Untersuchungszeitraum in allen Monaten Sturmniedrigwasser registriert. Während die leichten Ereignisse in allen diesen Monaten vorkamen, ereigneten sich mittlere SNW vor allem von Oktober bis März und ausgeprägte SNW vorzugsweise von Oktober bis Februar. Nur vereinzelt wurden mittlere und ausgeprägte Fälle zwischen Juli und September registriert. An den anderen Pegeln verläuft der Jahresgang ähnlich wie in Travemünde. Die Hauptsaison liegt ebenfalls im Zeitraum von Oktober bis Januar (Abb. 3.56).

So kann festgestellt werden, dass das Vorkommen besonders hoher und niedriger Wasserstände an der deutschen Ostseeküste an einen ausgeprägten Jahresgang gebunden ist. Sowohl Sturmfluten als auch Sturmniedrigwasser treten am häufigsten im Winterhalbjahr auf, wobei der Jahresgang eng an die Windverhältnisse gekoppelt ist. Das Erreichen extremer Wasserstände im Sommer ist selten, jedoch sind selbst Ereignisse schweren Grades nicht ausgeschlossen.

3.4.3 Zur zeitlichen Entwicklung des Vorkommens extremer Wasserstände

3.4.3.1 Langzeitveränderungen der Häufigkeit

Die jährliche Häufigkeit von extremen Wasserstandsereignissen an der deutschen Ostseeküste war im Untersuchungszeitraum beträchtlichen Schwankungen unterworfen (Abb. 3.57 bis 3.60).

Bei der Bewertung der nachfolgend diskutierten Ergebnisse ist zu berücksichtigen, dass die Häufigkeitsverteilung extremer (seltener) Wasserstände von der Ereignisdefinition abhängig (s. Abschn. 3.2.1), im Allgemeinen jedoch stets linksschief (s. Abschn. 2.2.3.3 und 2.5.1) ist. Infolgedessen muss der rezente Meeresspiegelanstieg an der deutschen Küste bei Verwendung der Sturmflutdefinition des BSH eine deutliche Zunahme der Sturmfluthäufigkeit erzeugen. STIGGE (1993) zeigte am Beispiel der GUMBEL-Verteilung (s. Abschn. 2.5.1.1, Abb. 2.32) der Jahreshöchstwasserstände von Warnemünde, dass schon bei einer Absenkung der Sturmflutdefinition von 1,05 m auf 0,95 m die Eintrittswahrscheinlichkeit um über 30 % steigt. Dieser Dezimeter entspricht dem rezenten Meeresspiegelanstieg an der mecklenburgischen Küste in knapp einem Jahrhundert (vgl. Abschn. 2.5.3).

Hinsichtlich der Sturmfluten in Travemünde für den Zeitraum 1831 bis 2000 (Abb. 3.57) kann man vier Perioden unterscheiden. Die erste und längste Periode von 1831 bis 1886 ist durch zahlreiche Jahre gekennzeichnet, in denen sich überhaupt keine Fälle ereigneten. Im Zeitabschnitt 1887 bis 1914 ist eine größere Häufigkeit von SHW zu erkennen. Nach 1914 kommt es wiederum zu einem starken Rückgang der Zahl der Sturmfluten. So ereigneten sich von 1915 bis 1920 in Travemünde bei lückenloser Beobachtung keine derartigen Ereignisse. Diese Periode geringer Häufigkeit dauerte über 34 Jahre bis 1948 an. Die darauf folgende Zeit bis in die 1990er-Jahre ist dagegen von einem starken Anstieg geprägt. Im Jahre 1989 ereigneten sich erstmals fünf SHW. An den anderen Pegeln verläuft die zeitliche Entwicklung ähnlich, wobei an den Außenküstenpegeln (Warnemünde und Marienleuchte) die Zunahme schwächer ausgeprägt ist als an den Pegeln der Innenküste (Flensburg, Kiel, Travemünde), s. Tab. 3.25. Diese Zunahme, die im 20. Jahrhundert für Travemünde einen linearen Trend von 2,4/100 Jahre aufweist, ist vor allem der Entwicklung der leichten SHW zuzuschreiben (Abb. 3.58, Tab. 3.23). Etwas schwächer ist der Anstieg der Häufigkeit der SHW mittleren Grades, während für die selteneren schweren SHW keine Trendaussage getroffen werden kann. Zu erkennen ist, dass die Phase erhöhter SHW-Aktivität am Ende des 19. Jahrhunderts für alle drei SHW-Klassen hervortritt.

Betrachtet man die Daten aller hier erfassten Pegel in Tab. 3.23, so spiegelt sich die charakteristische Entwicklung ab den 1950er-Jahren vor allem in der sprunghaft anmutenden Häufigkeitsvergrößerung der leichten Ereignisse an allen Stationen wider. Diese setzte sich an den Pegeln Flensburg, Schleimünde, Kiel und Travemünde auch in den 1960er-Jahren fort. In den beiden nachfolgenden Dezennien ist eine etwa gleichbleibend hohe Zahl leichter SHW an diesen Stationen festzustellen. An den Pegeln Marienleuchte, Wismar und Warnemünde ist der Anstieg erst in den 1970er-Jahren wieder festzustellen. Mittlere Sturmfluten traten vor allem in den 1980er-Jahren häufiger auf. Die schweren Ereignisse sind an allen Pegeln selten, und es ist keine veränderte Häufigkeit feststellbar.

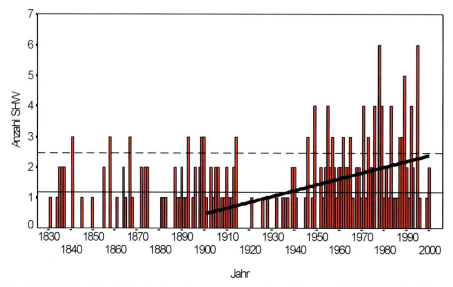

Abb. 3.57: Jährliche Häufigkeit der Sturmhochwasser am Pegel Travemünde (1831–2000). Schwarz: linearer Trend 1901–1990 (= 2,4/100 Jahre), nach BAERENS (1998)

Tab. 3.25: Linearer Trend der jährlichen Häufigkeit der extremen Wasserstandsereignisse pro 100 Jahre (1901–1990); nach BAERENS (1998). SN: Signifikanzniveau in %

a) Sturmfluten

	Fle	Sch	Kiel	Mar	Neu	Tra	Wis	War	Str	Saß	Grw	Kos
Trend	3,1	2,3	2,4	1,0	2,8	2,4	1,7	0,7	1,0	1,7	4,1	6,9
SN	99,9	99,9	99,9	99,0	99,0	99,9	99,9	90,0	–	–	95,0	99,9

b) Sturmniedrigwasser

	Fle	Sch	Kiel	Mar	Neu	Tra	Wis	War
Trend	3,1	1,6	1,3	–0,5	2,4	–1,4	–0,3	–1,3
SN	99,9	99,9	99,9	–	95,0	99,0	–	99,9

Wie aus Tab. 3.25 hervorgeht, weisen alle Pegel im 20. Jahrhundert positive Trendwerte auf, die mit Ausnahme von Stralsund und Saßnitz statistisch signifikant von Null verschieden sind. Auffällig sind die hohen Werte von Greifswald und Koserow, die jedoch im Vergleich zu den anderen Stationen auf kürzeren Beobachtungsreihen beruhen. Die mittleren linearen Trends liegen an den Innenküsten-Pegeln mit ca. 2,5/100 Jahre deutlich höher als die

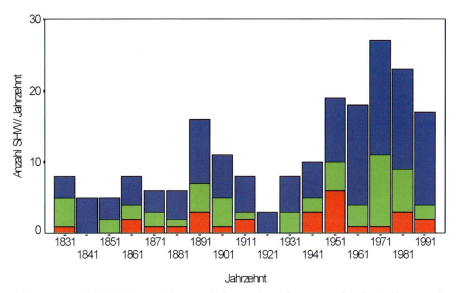

Abb. 3.58: Häufigkeit leichter, mittlerer und schwerer Sturmfluten pro Jahrzehnt in Travemünde (1831–1990), nach Baerens (1998)

an den Außenküsten-Pegeln mit ca. 1,3/100 Jahre. Es muss darauf hingewiesen werden, dass diese Entwicklung den langsamen Meeresspiegelanstieg mit enthält. Dieser Effekt ist jedoch vergleichsweise klein gegenüber den unterschiedlichen Pegelwerten vor der Entwicklung von Extremereignissen.

Die jährliche Häufigkeit von Sturmniedrigwasserereignissen in Travemünde (Abb. 3.59) ist bis zur Jahrhundertwende bei hoher Variabilität durch einen allmählicher Anstieg der Zahl der SNW gekennzeichnet (Maximum 1894: sieben Ereignisse). Danach kehrte sich dieser Trend um, so dass sich zwischen 1940 und 1946 nur vereinzelt SNW ereigneten, ein Effekt, der ausdrücklich nicht etwa auf kriegsbedingte Ausfälle der Messungen zurückzuführen ist. Von da an bis zum Beginn der 1970er-Jahre traten die SNW wieder ein- bis viermal jährlich in Erscheinung. In den 1970er-Jahren waren sie wieder seltener, aber im letzten Abschnitt des Untersuchungszeitraums ereigneten sich SNW in fast jedem Jahr, jedoch in geringerer Zahl.

Analysiert man den langzeitlichen Trend der Häufigkeit von Sturmniedrigwasserereignissen an den einzelnen Stationen (Tab. 3.23), so lassen sich diese in zwei Gruppen einteilen. An den Pegeln der schleswig-holsteinischen Küste, die sich generalisiert in nordwest-südöstlicher Richtung erstreckt, hat die Zahl der SNW mit Ausnahme von Marienleuchte im Verlaufe des 20. Jahrhunderts zugenommen. An den mecklenburgischen Pegeln sowie an dem Pegel Travemünde (Abb. 3.59) hat hingegen eine Abnahme stattgefunden. Hier verläuft die Küstenlinie etwa in südwest-nordöstlicher Richtung und damit in erster Näherung nahezu senkrecht zur generalisierten Richtung der schleswig-holsteinischen Küste. Diese Lageunterschiede spielen für die beobachteten Unterschiede offenbar eine wichtige Rolle (siehe Abschn. 3.4.4).

Da die leichten Sturmniedrigwasser am häufigsten auftraten, wird bei ihnen die Abnahme, wie für den Pegel Travemünde aus Abb. 3.60 ersichtlich, am deutlichsten sichtbar. In den 1970er-Jahren sank ihre Häufigkeit auf ein Minimum von fünf Fällen. In diesem Jahrzehnt wurde in Travemünde erstmals im Beobachtungszeitraum kein ausgeprägtes SNW registriert. Die geringste Zahl mittlerer Ereignisse fällt in die 1950er-Jahre. Seitdem hat für die-

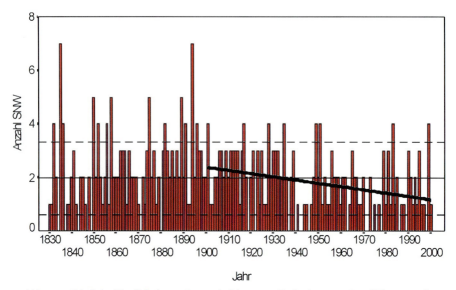

Abb. 3.59: Jährliche Häufigkeit von Sturmniedrigwasser-Ereignissen am Pegel Travemünde (1831–2000). Schwarz: linearer Trend 1901–1990 (= –1,4/100 Jahre), nach BAERENS (1958)

sen Grad eine geringe Zunahme stattgefunden. Ausgeprägte SNW traten im gesamten Untersuchungszeitraum gleichbleibend selten auf. An den Pegeln Flensburg, Schleimünde und Kiel kam es in den 1950er-Jahren zu einer nahezu sprunghaften Zunahme vor allem der Zahl der leichten und in abgeschwächter Form auch der mittleren Fälle (Tab. 3.23). In den 1980er-Jahren sank die Häufigkeit der leichten SNW, gleichzeitig stieg die Zahl der mittleren Ereignisse annähernd auf bzw. über (Flensburg) das Niveau der leichten SNW. In Wismar hat die

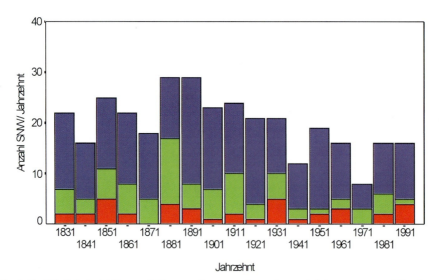

Abb. 3.60: Häufigkeit leichter, mittlerer und ausgeprägter Sturmniedrigwasser pro Jahrzehnt in Travemünde (1831–1990), nach BAERENS (1998)

Zahl der leichten SNW nur schwach und unter starken Schwankungen abgenommen. Die Zahl der mittleren SNW bewegt sich hier seit den 1940er-Jahren auf einem ungefähr gleich-bleibenden Niveau. In Warnemünde hingegen hat die Anzahl der leichten SNW stärker ab-genommen – von 12 Fällen in den 1930er-Jahren auf über sechs Fälle in den 1950er-Jahren bis zu schließlich nur noch drei Fällen in den 1970er- und 1980er-Jahren. Ereignisse mittle-ren und ausgeprägten Grades waren während der gesamten Untersuchungsperiode generell selten.

Die mit Ausnahme von Marienleuchte und Wismar signifikanten linearen Trendwerte (Tab. 3.25) unterstreichen die getroffenen Aussagen. So ist die Zunahme der SNW 1901/90 zwischen Flensburg und Neustadt durch einen mittleren Trendwert von –1,6/100 Jahre und zwischen Travemünde und Warnemünde von +1,0/100 Jahre belegt. Die mittleren Beträge der linearen Trendwerte sind auch für die Pegel an Innenküsten größer als für die an Außenküsten.

3.4.3.2 Entwicklung von Sturmflut-Scheitelhöhen

Bei Untersuchungen hinsichtlich möglicher Veränderungen der Sturmfluttätigkeit ist auch von Interesse, ob die Sturmfluten im Zuge der zeitlichen Entwicklung, über das Maß des Meeresspiegelanstiegs hinaus, höher auflaufen. Für diese Untersuchung muss zunächst eine geeignete Methode gefunden werden. Da sich die Zunahme leichter Sturmfluten auf die mittlere jährliche Scheitelhöhe aller Sturmfluten auswirkt, nimmt diese ab (Abb. 3.61). Schwerere Sturmfluten, die seltener auftreten, könnten jedoch im Laufe der Zeit größere Scheitelhöhen erreichen.

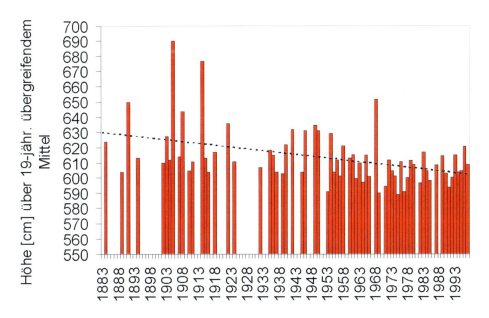

Abb. 3.61: Mittlere jährliche Sturmflutscheitelhöhe von 1883 bis 1997 in Warnemünde, nach MEINKE (1998). Ordinate: 19-jährig übergreifend gemittelter Wasserstand in cm ü. PNP; Abszisse: Jahre

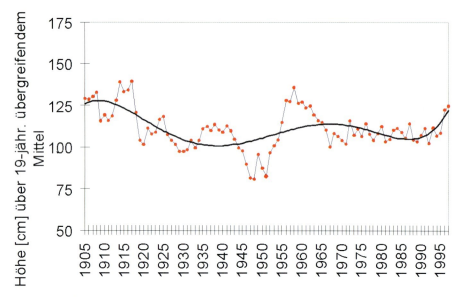

Abb. 3.62: Jährliche Wasserstandsextrema (5-jährig übergreifendes Mittel) von 1905–1997. (Schwarz: Polynom 6. Ordnung) in Warnemünde, nach MEINKE (1999). Ordinate: Wasserstand in cm ü. 19-jährig übergreifend gemittelten Mittelwasser; Abszisse: Jahre

Dieses würde durch die mittleren jährlichen Sturmflutscheitelhöhen nicht erfasst werden. Deshalb wird außerdem die Entwicklung der jährlichen Wasserstandsextreme nach Eliminierung des Meeresspiegelanstiegs untersucht. Zur Verdeutlichung eines möglichen längerfristigen Trends werden kurzfristige Schwankungen durch fünfjährig übergreifende Mittel ausgeschlossen (vgl. Abb. 3.62).

Die jährlichen Wasserstandsextreme unterliegen starken Schwankungen. In den 1950er-Jahren vollzieht sich in dem Untersuchungszeitraum der stärkste Anstieg. Allerdings wurde dieses Höhenniveau schon einmal Anfang des Jahrhunderts erreicht und sogar überschritten. Nach geringem Abfall schwanken die jährlichen Wasserstandsextreme von 1971 bis 1994 um einen Wert von 110 cm über Mittelwasser, bis Anfang der 1990er-Jahre ein erneuter Anstieg eingeleitet wurde.

Werden die Sturmflutscheitelhöhen seit 1953 nach ihrer Zugehörigkeit zu den jeweiligen Sturmfluttypen untersucht, zeigt sich zunächst, dass bis auf eine Ausnahme alle mittleren und schweren Ereignisse zu den Sturmfluten mit hydrodynamischen Schwingungen zählen (Abb. 3.63).

Mittlere und schwere Sturmfluten kommen bei den Sturmfluten mit hydrodynamischen Schwingungen häufiger vor (s. Abschn. 3.3.3.2.1). Allerdings kann mit dem U-Test nach WILCOXON (s. SCHÖNWIESE, 2000) kein signifikanter Unterschied in der Häufigkeit der Scheitelhöhen beider Sturmfluttypen nachgewiesen werden. Dieses kann jedoch damit zusammenhängen, dass ein Großteil beider Sturmfluttypen im unteren Bereich der Klasse leichter Sturmfluten anzusiedeln ist. In diesem geringen Wasserstandsintervall sind die Höhenunterschiede relativ klein. Damit wird der Einfluss größerer Höhenunterschiede bei den schwereren Sturmfluten, die seltener auftreten, vermindert. Das Testergebnis ist somit nicht signifikant. Betrachtet man hingegen die 15 höchsten Sturmfluten, zeigt sich, dass die Sturmfluten mit hydrodynamischen Schwingungen bei einer Irrtumswahrscheinlichkeit von 10 %

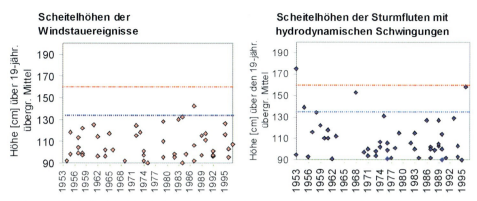

Abb. 3.63: Scheitelhöhen der Windstauereignisse und der Sturmfluten mit hydrodynamischen Schwingungen in Warnemünde, nach MEINKE (1998)

signifikant höher ausfallen als die Windstauereignisse. Insgesamt ist die Besetzung der Klassen der mittleren und schweren Sturmfluten zu gering, um sichere Aussagen treffen zu können.

Hinsichtlich der zeitlichen Entwicklung der Scheitelhöhen beider Sturmfluttypen werden ihre jährlichen Maxima untersucht. Innerhalb des Untersuchungszeitraums von 1953 bis 1997 vollzieht sich eine leichte Erhöhung bei den maximalen jährlichen Scheitelhöhen der Windstauereignisse (Abb. 3.64). Bei den Sturmfluten mit hydrodynamischen Schwingungen ist im Gegensatz dazu unter starken Schwankungen eine leichte Abnahme der maximalen jährlichen Scheitelhöhen zu verzeichnen.

Aus den festgestellten Trends, die statistisch nicht signifikant von Null verschieden sind, können keine Rückschlüsse gezogen werden, ob die Veränderungen in Zusammenhang mit Klimaschwankungen stehen.

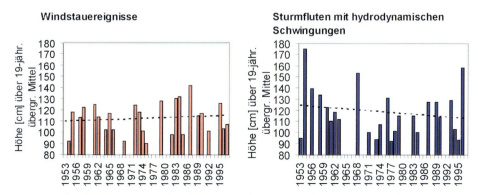

Abb. 3.64: Jährliche Maxima der Scheitelhöhen der Windstauereignisse und der Sturmfluten mit hydrodynamischen Schwingungen, nach MEINKE (1998)

3.4.3.3 Hypothesen für die rezenten Veränderungen im Hoch- und Niedrigwassergeschehen

Die an den von BAERENS (1998) untersuchten Pegelstationen ermittelte Zunahme der Zahl der Sturmhochwasser (Abschn. 3.4.3.1) fällt in die Zeit verstärkter Westwindtätigkeit und des häufigeren Vorkommens von Starkzyklonen (SCHINKE, 1993) im atlantisch-europäischen Raum. BECKMANN (1997a) zeigt, dass zwischen der Häufigkeit von SHW in Warnemünde und dem Nordatlantischen Oszillations-Index (NAO), der aus der Luft-druckdifferenz zwischen Island und den Azoren berechnet wird, ein statistisch signifikanter Zusammenhang existiert. Demnach sind für den Winter positive NAO-Werte (hohe Luft-druckdifferenz zwischen Island und den Azoren, verbunden mit starker Westwindtätigkeit) mit erhöhter Häufigkeit von SHW verbunden (Abb. 3.65). Die beobachteten Trends der SHW-Häufigkeit (Tab. 3.25) sind daher nicht auf signifikante Änderungen der Häufigkeit des Vorkommens der charakteristischen Sturmflutwetterlagen (s. Abschn. 3.3.1.2) und entspre-chender Veränderungen in der Windrichtungs- und Windstärke-Statistik (s. Abschn. 3.3.1.4) zurückzuführen. Das häufigere Erreichen der Schwelle 100 cm ü. NN und damit die Zäh-lung einer leichten Sturmflut hängen offenbar damit zusammen, dass im Fall verstärkter atmosphärischer Zonalzirkulation die Wasserfüllung der Ostsee und damit auch der mittlere Wasserstand an der deutschen Ostseeküste höher sind als normal.

Diese Auffassung wird durch die Befunde von LIEBSCH et al. (2000) gestützt, nach de-nen am Pegel Warnemünde für den gesamten Zeitraum 1855 bis 1991 der Anstieg des mitt-leren Wasserstandes 1,18 mm/Jahr betrug. Für die Periode 1974 bis 1991 indes wurde mit 5,43 mm/Jahr der 4,6-fache Wert ermittelt. Es ist jedoch nicht nur der Anstieg des mittleren Wasserstandes, der die Effekte bewirkt. Wie in Abschn. 3.3.1 (s. auch Abschn. 3.3.3.1) fest-gestellt wurde, geht den Sturmfluten im Allgemeinen unter dem Einfluss starker Winde aus westlichen Richtungen eine Phase erhöhten Einstroms in die Ostsee und damit eine Er-höhung des Füllungsgrades des Meeres voraus.

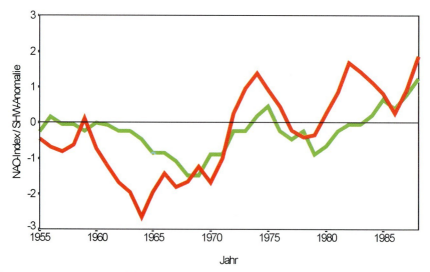

Abb. 3.65: NAO-Index (rot) und Häufigkeit von Sturmhochwasserereignissen in Warnemünde (grün), dargestellt als Abweichungen vom Mittelwert, im Zeitraum 1955–1990, nach BECKMANN (1997a)

Dabei können erheblich höhere Ausgangswasserstände erreicht werden als es den jeweiligen mittleren Wasserstandswerten entspricht. So erweist sich der beobachtete Trend der SHW leichten Grades insofern als nur scheinbar, da er auf die von den Änderungen des mittleren Wasserstandes zur Zeit eines SHW unabhängige Festlegung der SHW-Schwelle zurückzuführen ist. Diese Feststellung ist mit den Ergebnissen in Abschn. 3.4.3.2 zu vereinbaren, dass die mittlere Scheitelhöhe der in Warnemünde aufgetretenen Sturmfluten abgenommen hat.

Es liegt nahe, die in Abschn. 3.4.3.1 beschriebenen Langzeitveränderungen der Häufigkeit der Sturmniedrigwasser ebenfalls mit korrespondierenden Schwankungen der atmosphärischen Zonalzirkulation in Verbindung zu bringen. Häufigere Starkwinde aus W bis SW bedeuten für die deutsche Ostseeküste generell die Tendenz zur Zunahme der Häufigkeit des Auftretens von SNW (Wasserabdrift-Effekt). Dem wirkt der mit der verstärkten Westwindzirkulation verbundene Effekt des stärkeren Anstiegs des mittleren Wasserstandes entgegen (Anstiegs-Effekt). Unter Berücksichtigung, dass die Schwelle, ab der ein SNW gezählt wird (100 cm u. NN), ebenfalls unveränderlich bleibt, kann die Schlussfolgerung gezogen werden, dass die vorwiegende Zunahme der Zahl der leichten SNW an der schleswig-holsteinischen Küste auf einem Überwiegen des Wasserabdrift-Effektes, die Abnahme an den östlicher gelegenen Pegelstationen dagegen auf einem Überwiegen des Anstiegs-Effektes beruht.

Somit kann festgehalten werden, dass die Langzeitänderungen der Häufigkeit des Vorkommens von extremen Wasserstandsereignissen an der deutschen Ostseeküste mit der beobachteten Zunahme der atmosphärischen Zonalzirkulation zusammenhängen.

3.5 Zum künftigen Vorkommen extremer Wasserstandsereignisse

3.5.1 Statistische Modellierung der Häufigkeit von extremen Wasserstandsereignissen

Wenn Tendenzen der künftigen Häufigkeit extremer Wasserstandsereignisse auf der Grundlage von Klimamodellrechnungen abgeschätzt werden sollen, ist es erforderlich, die beobachteten Häufigkeiten solcher Ereignisse so zu modellieren, dass die verwendeten Prädiktoren Größen sind, die als Klimamodellierungsergebnis zur Verfügung stehen. Dabei wird die Annahme zugrunde gelegt, dass die Relation Prädiktand (= Wasserstandsereignis) zu Prädiktoren (= beeinflussende Größen) auch in dem betrachteten zukünftigen Zeitabschnitt erhalten bleibt. Im Fall einer statistischen Modellierung der Sturmflut- und Sturmniedrigwasser-Häufigkeiten können unter diesen Voraussetzungen nur Luftdruckdaten als Prädiktoren verwendet werden. Andere bekannte Einflussgrößen sind den Klimamodelldaten nicht direkt zu entnehmen.

BAERENS (1998) hat zu diesem Zweck drei Verfahren zur Abschätzung der Häufigkeit von extremen Wasserstandsereignissen entwickelt. Diese beruhen (1) auf der Zerlegung der täglichen Bodenluftdruckfelder im nordatlantisch-europäischen Raum mit und ohne extreme Wasserstandsereignisse in empirische Orthogonalfunktionen sowie Auswertung der berechneten Muster und Zeitreihen in einem künftig möglichen veränderten Klima, (2) auf auch für andere Fragestellungen verwendbaren Schwellenwertalgorithmen zur Diagnose von Extremwasserständen (s. Abschn. 3.3.1.1.2) und (3) auf Regressionsmodellen. Alle Verfahren (einschließlich Datenquellen) sind in der Arbeit von BAERENS ausführlich beschrieben worden (s. auch HUPFER et al., 1998). Die Ergebnisse der drei Methoden können aus Tab. 3.30 ersehen werden. Von diesen Methoden wird hier nur die Regressionsmethode ausführlich vorgestellt. Es wurden multiple Regressionsmodelle für die einzelnen Monate aufgestellt, die gestatten, den täglichen Wasserstand an einem Pegel aus dem täglichen Luftdruckfeld (und gegebenenfalls anderen Größen) zu ermitteln. Ausgeführt wurde das Verfahren für Warnemünde, da nur für diesen Pegel tägliche Terminwerte des Wasserstandes (07 Uhr UTC vom 1.4.1946 bis 31.10. 1996) zur Verfügung gestellt werden konnten. Die einzelnen Modelle haben die Form

$$PT = a_0 + a_1 P_1 + a_2 P_2 + a_3 P_3 + \ldots \ldots a_n P_n \qquad (3.24)$$

mit PT als Prädiktanden (Wasserstand) und P_1 bis P_n als Prädiktoren.

Bei diesen handelt es sich um 26 Druckindizes, die aus dem Datensatz des täglichen Bodenluftdruckfeldes berechnet wurden. Die Lage der Gitterpunktpaare, die als Druckindizes begründet ausgewählt wurden, zeigt Abb. 3.66. Es gingen jeweils die einfachen und die quadratischen Werte (wegen der quadratischen Abhängigkeit der tangentialen Schubkraft des Windes von der Windgeschwindigkeit, s. Abschn. 3.3.2.1) der Druckindizes des Vorhersagetages und des Vortages ein, so dass schließlich 104 Prädiktoren zur Verfügung standen. Es wurden zwei Modellgruppen aufgestellt: das Modell I (MI), in das nur Druckindizes als Prädiktoren eingehen, und das Modell II (MII), in dem zusätzlich die Füllung der Ostsee (in Form des dem Berechnungstag vorhergehenden fünftägigen Mittels des Wasserstandes von Landsort, s. Abschn. 3.3.3.1) und der Vortageswasserstand von Warnemünde berücksichtigt wurden. Als Beispiel werden hier die Prädiktoren und die Regressionskoeffizienten für den Monat Januar angegeben (für die übrigen s. BAERENS, 1998; HUPFER et al., 1998).

Modell MI für Januar:

PT_{Januar} = 505,7 – 1,190 (Δp {55 °N, 25 °E – 60 °N, 15 °E}) – 1,482 (Δp {50 °N, 20 °E – 60 °N, 10°E}) – 1,655 (Δp_{Vortag} {55 °N, 15 E – 60 °N, 05 °E}) – 1,165 (Δp_{Vortag} {50 °N, 20 °E – 60 °N, 10 °E}) – 0,038 (Δp_{Vortag}^2 {55 °N, 20 °E – 60 °N, 15°E}) – 3,202 (Δp {60°N, 15°E – 60°N, 20°E})

$$(3.25)$$

Modell MII für Januar:

PT_{Januar} = 466,0 + 0,596Lao – 0,150War$_{Vortag}$ + 1,028 (Δp {55 °N, 10 °E – 60 °N, 05 °E}) + 1,697 (Δp {55 °N, 20 °E – 60 °N, 15 °E}) – 1,458 (Δp {50 °N, 20 °E – 60 °N, 10 °E}) – 1,350 (Δp_{Vortag} {55°N, 15 °E – 60 °N, 05 °E}) + 0,417 (Δp_{Vortag} {50 °N, 20 °E – 60 °N, 10 °E}) – 0,915 (Δp_{Vortag}^2 {55 °N, 20 °E – 60 °N,15°E}) + 0,355 (Δp {55°N, 20 °W – 55 °N, 35 °E}) – 2,269 (Δp {55 °N, 20 °E – 60 °N, 20 °E})

$$(3.26)$$

Es bedeuten:

Δp = Luftdruckdifferenz in hPa zwischen den angegebenen Punkten auf der Grundlage des NCAR-Luftdruckdatensatzes in der Auflösung 5° × 5° Grad,

Lao = Wasserstand Landsort in cm, Mittel der vorausgehenden fünf Tage,

War = Wasserstand Warnemünde in cm ü. PNP am Vortag,

PT_{Januar} = Tageswert des Wasserstandes in Warnemünde in cm ü. PNP im Januar zum 07 Uhr UTC-Termin (Prädiktand).

Tab. 3.26 enthält einige statistische Parameter des beobachteten und des mit MI und MII berechneten Wasserstandes für den Entwicklungs- (1.1.1949–31.12.1970) und Testzeitraum (1.1.1978–31.12.1992). Grundsätzlich geben beide Modellgruppen wichtige Eigenschaften befriedigend wieder. Die Erfassung der Extreme ist in MII besser als in MI. Es ist zu berücksichtigen, dass bei der statistischen Modellierung der Extremwerte subskalige Prozesse (insbesondere im unmittelbar vorgelagerten Seegebiet), die mit der räumlichen Auflösung der Luftdruckgrößen nicht erfasst werden können, eine wichtige Rolle spielen. Die erklärte Varianz als summarisches Maß der Modellgüte ist monatsweise in Tab. 3.27 enthalten.

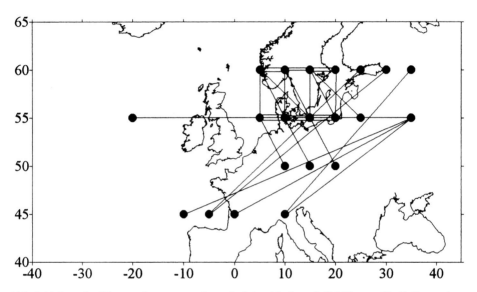

Abb. 3.66: Lage der Gitterpunktpaare, aus denen Luftdruckindizes als Prädiktoren für die Regressionsgleichungen bestimmt wurden, nach BAERENS (1998)

Tab. 3.26: Statistische Parameter der beobachteten und mit den Regressionsmodellen MI und MII geschätzten Terminwerte des Wasserstandes von Warnemünde (07 Uhr UTC). Zeiträume für das Entwicklungskollektiv (E) sind vom 1.1.1949–31.12.1970 und für das Testkollektiv (T) vom 1.1.1978–31.12. 1992, nach BAERENS u. HUPFER (1999). Alle Wasserstandswerte in cm ü. PNP

Parameter	Beob-achtung (E)	Beob-achtung (T)	Modelle (E) I	Modelle (E) II	Modelle (T) I	Modelle (T) II	Diff. Beob.-Modelle (T) I	Diff. Beob.-Modelle (T) II
Mittelwert	496,4	502,2	496,3	496,4	495,3	493,2	6,9	9,0
Standardabweichung	21,4	21,5	15,7	19,2	16,6	19,8	5,9	1,7
Median	496,0	502,0	496,8	497,3	496,2	493,9	5,8	8,1
Minimum	370,0	395,0	411,3	344,5	419,7	340,9	−24,7	54,1
Maximum	643,0	627,0	576,1	594,8	571,5	605,1	55,5	21,9
Schwankungsbreite	273,0	232,0	164,8	250,3	151,8	264,2	80,2	−32,2

Tab. 3.27: Erklärte Varianz in % als Maß der Güte der Abschätzung der Terminwerte des Wasserstandes von Warnemünde (07 Uhr UTC) mit den Regressionsmodellen MI und MII. Die Maxima sind fett, die Minima kursiv angegeben, nach BAERENS u. HUPFER (1999), s. Abb. 3.67

Modell	J	F	M	A	M	J	J	A	S	O	N	D	Mittel
I	58,2	**59,4**	42,1	39,6	*29,5*	37,8	33,4	36,2	48,5	53,9	54,6	58,2	46,0
II	70,4	**77,5**	70,7	68,3	*53,8*	65,9	55,2	60,1	62,8	68,1	72,6	71,3	66,4

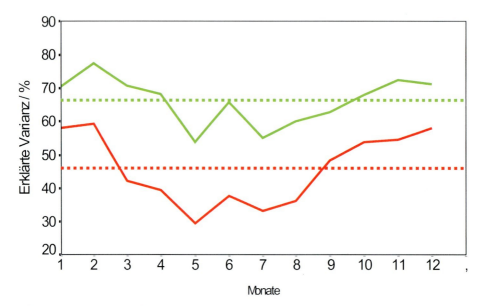

Abb. 3.67: Jahresgang der erklärten Varianz des aus Druckindizes Modell I, rot) und aus Druckindizes, dem Vortagswasserstand von Warnemünde und dem 5-tägig gemittelten Wasserstand von Landsort (Modell II, grün) abgeschätzten Wasserstandes von Warnemünde, nach Daten der Tab. 3.27

Für beide Modellansätze werden im Februar die besten und im Mai die schlechtesten Ergebnisse erzielt. Dabei bestehen jedoch zwischen MI und MII gravierende Unterschiede in dem Sinn, dass die erklärte Varianz für MI wesentlich geringer ausfällt als für MII.

Für eine spätere Anwendung des Modells auf Klimamodelldaten ist jedoch wichtig, dass die beobachteten extremen Wasserstände in diesen Modellen als Spitzen reproduziert werden, wenngleich auf einem niedrigeren Niveau. Die berechneten Zeitreihen wurden daher auf die Standardabweichung normiert und die Über- und Unterschreitung der positiven und negativen doppelten Standardabweichung als Schwelle für das Auftreten extremer Wasserstände gesetzt. Das Überschreiten der positiven doppelten Standardabweichung wird als Sturmflut, das Unterschreiten als Sturmniedrigwasser gezählt. Der Vergleich mit den beobachteten Häufigkeiten ergibt für Sturmfluten Korrelationskoeffizienten $r_{MI} = 0,66$ und $r_{MII} = 0,68$ sowie für SNW $r_{MI} = 0,45$ und $r_{MII} = 0,63$. In Tab. 3.28 ist der Vergleich der Häufigkeit der Überschreitung verschiedener Schwellenwerte der Standardabweichung des mit MI berechneten Wasserstandsverlaufes im Vergleich zu beobachteten Extremwasserstandsereignissen dargestellt.

Als ein Ergebnis enthält Abb. 3.68 die auf den Entwicklungszeitraum bezogenen fünf-jährigen Anomalien der beobachteten SHW und der mit MI berechneten SHW für War-nemünde ab 1901/05. Die Übereinstimmung kann insgesamt als befriedigend angesehen wer-den. Eine ähnliche Darstellung der beobachteten und mit MI berechneten fünfjährigen Häu-figkeitsanomalien für SNW erhält Abb. 3.69. Auch hier ist die Übereinstimmung hinreichend gut.

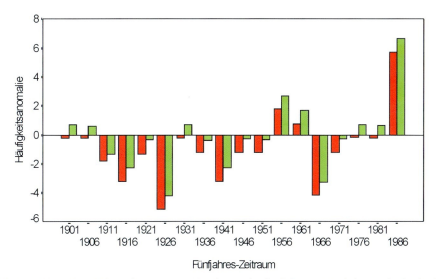

Abb. 3.68: Anomalien (Abweichungen vom Mittelwert) der fünfjährigen Häufigkeiten der beobachte-ten (grün) und der mit dem Regressionsmodell I bestimmten Sturmfluthäufigkeit (rot) für Warnemünde im Zeitraum 1901/05–1986/90. Der SPEARMAN-Rangkorrelationskoeffizient beträgt $r_S = 0,59$ und ist mit einer Wahrscheinlichkeit von ≥ 95 % von Null verschieden. Die Jahreszahlen bezeichnen das jeweils erste Jahr eines Jahrfünfts, nach BAERENS (1998)

Tab. 3.28: Häufigkeit der Überschreitung verschiedener Schwellenwerte der Standardabweichung s des mit dem Regressionsmodell I berechneten Wasserstandes bei Sturmflut (SHW) und Sturmniedrigwas-ser (SNW) in Warnemünde für den Zeitraum 1901–1993, nach BAERENS u. HUPFER (1999)

Kategorie		Anzahl der Ereignisse	$s \pm 1,5$	$s \pm 2,0$	$s \pm 2,5$	$s \pm 3,0$	$s \pm 3,5$	$s \pm 4$
SHW	leicht	57	49	42	31	20	12	5
	mittel	15	13	12	11	6	6	3
	schwer	7	7	7	7	7	7	5
SNW	leicht	65	55	47	38	23	13	7
	mittel	11	11	9	5	3	1	1
	ausgeprägt	4	4	4	4	4	4	3

Die Regressionsmethode ermöglicht die direkte Bestimmung der Wasserstandshöhe aus relativ leicht zugänglichen Daten. Ein Mangel ist, dass die Zielgröße der Wasserstand zum 07 Uhr-UTC-Termin ist, so dass bei einer mittleren Andauer der SHW von 12 bis 24 Stunden (STIGGE, 1994b) nicht die Gewähr besteht, jeden Fall zu erfassen. Es wurden in der Tat nur 77 % aller beobachteten SHW und 75 % aller beobachteten SNW aus der Überschreitung

212

der doppelten Standardabweichung als Schwellenwert durch die Modellierung erfasst. Als Fehlerquelle bereits erwähnt wurde die relativ grobe Auflösung des Luftdruckdatensatzes, so dass lokale Windeffekte keine Berücksichtigung finden können. Andererseits zeigen die Ergebnisse, dass auch MI die mittlere Sturmhochwasseraktivität an der deutschen Ostseeküste erfassen kann.

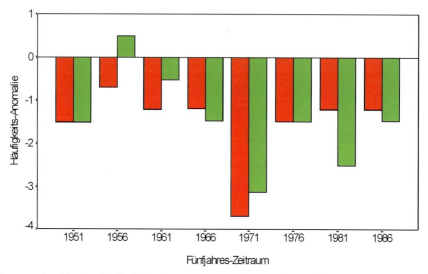

Abb. 3.69: wie Abb. 3.68 für die beobachteten (grün) und der mit Modell I bestimmten Sturmniedrigwasser (rot) im Zeitraum 1951/55 bis 1986/90. Der SPEARMAN-Rangkorrelationskoeffizient beträgt $r_S = 0,60$ und ist mit einer Wahrscheinlichkeit von $\geq 95\,\%$ von Null verschieden, nach BAERENS (1998)

3.5.2 Abschätzung auf der Grundlage von Klimamodellrechnungen

Um einen ersten Anhaltspunkt dafür zu bekommen, wie sich die Sturmflut- und SNW-Häufigkeit an der deutschen Ostseeküste unter veränderten Klimabedingungen entwickeln wird, wurde auch das auf MI beruhende Berechnungsverfahren für fünfjährig aufsummierte Häufigkeiten der extremen Wasserstandsereignisse auf das globale gekoppelte Ozean-Atmosphäre-Klimamodell ECHAM4/OPYC in der Auflösung T42 (Max-Planck-Institut für Meteorologie Hamburg/Deutsches Klimarechenzentrum Hamburg) angewendet (ROECKNER et al., 1996; OBERHUBER, 1993). Die horizontale Auflösung beträgt $2,8° \times 2,8°$. Für diese Anwendung wurde der tägliche Luftdruck (Zeitpunkt 12 Uhr UTC) der Modellrechnung auf der Grundlage des Szenarios IPCC IS92a (weiterer erheblicher Anstieg des atmosphärischen CO_2-Gehaltes im 21. Jahrhundert) und des Kontrolllaufes (Simulation des gegenwärtigen Klimas bei dem CO_2-Gehalt von 1990) in dem Ausschnitt von 60°W bis 60°E und 32°N bis 85°N für zwei Zeitabschnitte zur Verfügung gestellt. Die Lage der Gitterpunkte des verwendeten Luftdruckdatensatzes und des Modells sind nicht voll identisch. Es konnte aber auf eine Interpolation der Modelldaten verzichtet werden, da die räumliche Abweichung maximal nur 1,63° beträgt. Der erste Zeitabschnitt umfasst die Modelljahre 1961 bis 1990, für den in den realen Jahren Beobachtungen zur Verfügung stehen. Der zweite Modellabschnitt umfasst die Modelljahre 2070 bis 2099. In diesem Zeitraum hat

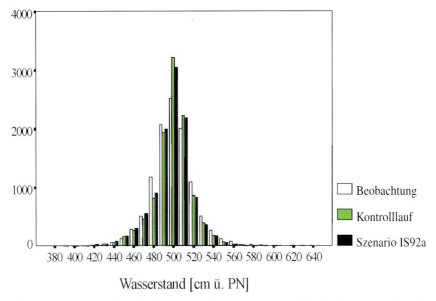

Abb. 3.70: Häufigkeitsverteilung des Wasserstandes von Warnemünde für den Zeitraum 1961–1990 nach Beobachtungen und Rechnungen mit dem Klimamodell ECHAM4/OPYC_T42, nach BAERENS (1998). Ordinate: absolute Häufigkeit

sich bei Zugrundlegung des erwähnten Szenarios bereits ein anthropogener Klimawandel vollzogen.

Für das Szenario IS92a und für den Kontrolllauf wurden die Terminwerte des Wasserstandes für Warnemünde gemäß Modell MI für die Modelljahre 1961–1990 berechnet und mit den Beobachtungen in diesem Zeitraum verglichen. Die beobachtete Häufigkeitsverteilung enthält Abb. 3.70. Alle drei Stichproben entstammen mit einer statistischen Sicherheit von ≥ 99,9 % einer Gaußschen Normalverteilung. Das Häufigkeitsmaximum wird in derselben Klasse erreicht, allerdings liegt es bei den beiden Modellläufen wesentlich höher als bei den Beobachtungen. Die Ähnlichkeit der aus Klimamodelldaten bestimmten Wasserstände mit den beobachteten Pegelwerten ergibt sich auch aus dem Parametervergleich in Tab. 3.29. Erneut tritt bei sonst guter Übereinstimmung die Unterschätzung der Extreme und damit der Schwankungsbreite hervor. Der modellierte mittlere Jahresgang stimmt mit dem beobachteten gut überein (Abb. 3.71). Aus diesen Befunden kann bereits geschlossen werden, dass sich die mittleren Wasserstandsverhältnisse im Szenario IPCC IS92a für dieselben Jahre wie die, von denen die Beobachtungen vorliegen, nicht wesentlich von den gemessenen Werten unterscheiden. Es ist die Tendenz erkennbar, dass in der Modellzukunft weniger häufig solche atmosphärischen Verhältnisse herrschen, die hohe Wasserstände verursachen. Im Gegensatz dazu kann mit einer tendenziellen Zunahme niedriger Wasserstände gerechnet werden.

Vor der Berechnung der fünfjährig aufsummierten Häufigkeiten von SHW und SNW wurden die modellierten Wasserstandsreihen einer Autokorrelationsanalyse unterzogen (s. z.B. TAUBENHEIM, 1969). Im Modell schwankt die Erhaltungszahl zwischen 3,1 und 4,0 (gegenüber 2,4 bei den Beobachtungen), so dass nur jeder 4. Tag in die Häufigkeitsberechnung eingehen konnte.

Der beobachtete Anstieg hoher Wasserstände (Überschreitung der positiven doppelten Standardabweichung im Beobachtungszeitraum 1961–1990) lässt sich im Szenario IPCC

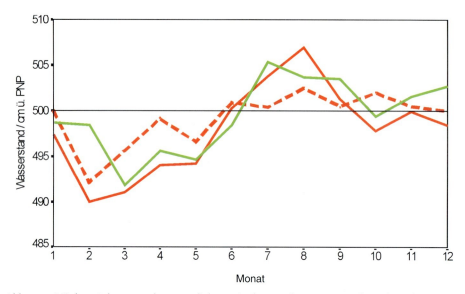

Abb. 3.71: Mittlerer Jahresgang der monatlichen Mittelwasser für Warnemünde nach Beobachtungen 1961–1990 (grün), nach dem Kontrolllauf (rot gestrichelt) und dem Szenario IS92 (rot) des herangezogenen Klimamodell-Experimentes, jeweils für die Modelljahr 2070–2099, nach BAERENS (1998). Der eustatische Wasserstandsanstieg wurde in der Darstellung **nicht** berücksichtigt.

Tab. 3.29: Statistische Parameter des Wasserstandes von Warnemünde (alle Angaben in cm ü. PNP auf der gegenwärtigen Basis) nach Beobachtungen und Modellierungen mit dem ECHAM4/OPYC_T42-Modell auf der Grundlage des Regressionsmodells I (**ohne** Berücksichtigung des eustatischen Meeresspiegelanstiegs), nach BAERENS u. HUPFER (1999)

Parameter	Beob-achtung 1961–1990	Regressions-modell MI 1961–1990	Kontrolllauf		Szenario IPCC IS92a	
			1961–1990	2070–2099	1961–1990	2070–2099
Mittelwert	500	496	499	499	500	498
Standardabweichung	21,4	16,2	18,7	19,1	18,5	19,3
Schwankungsbreite	272	162	234	241	216	216
Minimum	370	411	392	393	397	388
Maximum	642	573	626	634	613	604

IS92a nicht nachweisen. Sowohl im Szenarium als auch im Kontrolllauf treten hohe Wasserstände um etwa 40 % seltener auf als real beobachtet. (Abb. 3.72 und Tab. 3.30). Nach den Feststellungen im Abschn. 3.4.3.3 ist eine solche Übereinstimmung auch nicht zu erwarten, wenn die beobachtete Zunahme der leichten Sturmfluten vor allem auf dem häufiger angehobenen mittleren Wasserstand vor einem Ereignis beruht. Dieser Effekt kann bei dem hier angewendeten Verfahren nicht berücksichtigt werden.

Im Modellzeitraum 2070–2099 nimmt die Häufigkeit hoher Wasserstände im Szenario im Vergleich zur Periode 1961–1990 um ein Drittel ab. Im Gegensatz dazu steigt die Zahl niedriger Wasserstände im zukünftigen Zeitabschnitt im Szenario IPCC IS92a um etwa 30 % (Abb. 3.72). Die Berechnungsergebnisse der mittleren fünfjährigen Häufigkeit von SHW und

Tab. 3.30: Mittlere fünfjährige Häufigkeiten extremer Wasserstandsereignisse in Warnemünde nach Beobachtungen und nach den Ergebnissen des Klimamodells ECHAM4/OPYC_T42 auf der Grundlage
von drei methodischen Verfahren, nach BAERENS u. HUPFER (1999, verändert)

Methode	Beobachtung 1961–1990	Kontrolllauf		Szenario IPCC IS92a	
		1961–1990	2070–2099	1961–1990	2070–2099
Sturmflut-Häufigkeit in mittlerer Anzahl/5 Jahre ± Standardabweichung					
EOF-Methode }		3,8 ± 1,0	3,6 ± 0,9	4,0 ± 1,7	2,8 ± 0,4
Regression MI }	5,3 ± 2,9	2,2 ± 0,4	1,3 ± 0,9	2,3 ± 0,2	1,0 ± 0,4
Algorithmus }		5,5 ± 1,7	3,7 ± 2,7	5,5 ± 0,9	5,6 ± 1,2
Mittel	5,3 ± 2,9	3,8	2,9	3,9	3,1
Sturmniedrigwasser-Häufigkeit in mittlerer Anzahl/5 Jahre ± Standardabweichung					
EOF-Methode }		4,8 ± 3,4	4,6 ± 1,6	5,4 ± 2,9	4,1 ± 1,4
Regression MI }	2,7 ± 0,9	4,2 ± 0,5	3,1 ± 1,1	4,1 ± 0,4	4,9 ± 1,0
Algorithmus }		0,4 ± 0,9	3,4 ± 1,7	3,6 ± 1,3	11,9 ± 4,8
Mittel	2,7 ± 0,9	3,5	3,7	4,4	7,0

SNW enthält Tab. 3.30. Daraus folgt, dass die Zirkulationsverhältnisse der Atmosphäre, die
die Auslösung von Sturmfluten an der deutschen Ostseeküste in erster Linie bewirken, unter den modellierten künftigen Klimaverhältnissen möglicherweise etwas seltener auftreten
als in der zweiten Hälfte des 20. Jahrhunderts. In der Tabelle sind zum Vergleich noch die zusammengefassten Ergebnisse der beiden anderen entwickelten Methoden verzeichnet. Daraus ist zu entnehmen, dass die Regressionsmethode für die Modelljahre 2070–2099 die niedrigsten mittleren SHW-Häufigkeitszahlen erbringt.

Als vorsichtige Schlussfolgerung kann daher festgestellt werden, dass nach dem heutigen Kenntnisstand der Klimamodellierung und unter der Bedingung, dass die Emission von
Treibhausgasen sich nach dem Szenario IPCC IS92a vollzieht, die Häufigkeit von Sturmfluten etwa gleich bleibt oder sich leicht verringert und die von Sturmniedrigwasser-Ereignissen sich erhöht. Der eustatische Meeresspiegelanstieg ist dabei nicht berücksichtigt.

Als gesicherte Erkenntnis gilt, dass mit einer möglichen zukünftigen globalen Erwärmung ein allgemeiner Meeresspiegelanstieg verbunden ist. Nach HOUGHTON et al. (2001)
kann für den Zeitraum 1990–2100 mit einer Spanne zwischen 0,09 und 0,88 m Wasserstandsanstieg gerechnet werden. Die Beträge können sich erhöhen, wenn das Abschmelzen
von Eis schneller als erwartet voranschreitet (s. auch Kap. 4).

Wie schon an anderer Stelle erörtert, betrug der eustatische Anstieg des Wasserstandes
am Pegel Warnemünde im Zeitraum 1880–1995 etwa 1,13 mm/Jahr (entspricht etwa dem unteren Ende des eingetretenen globalen Anstiegs), der von HOUGHTON et al. (2001) für das 20.
Jahrhundert mit 0,1 bis 0,2 m angegeben wird. STIGGE (1994a) berücksichtigt bei seiner Untersuchung des Warnemünder Wasserstandes eine mögliche Beschleunigung des beobachteten Anstiegs und fand eine Zunahme von 24,3 cm bis zum Ende des 21. Jahrhunderts. Für
den hier herangezogenen Zeitraum der Abschätzung der Häufigkeit von extremen Wasserstandsereignissen sind entsprechende Neufestsetzungen des Pegelnullpunktes sicher erforderlich. Aus der Gegenüberstellung von extremen Wasserstandsereignissen in Form von
SHW bzw. SNW und dem zu erwartenden Anstieg des mittleren Meeresniveaus kann die
Schlussfolgerung gezogen werden, dass der letztere Prozess wohl den im weiteren Verlauf
des 21. Jahrhunderts entscheidenden Impakt der Klimaschwankung auf die deutsche Ost-

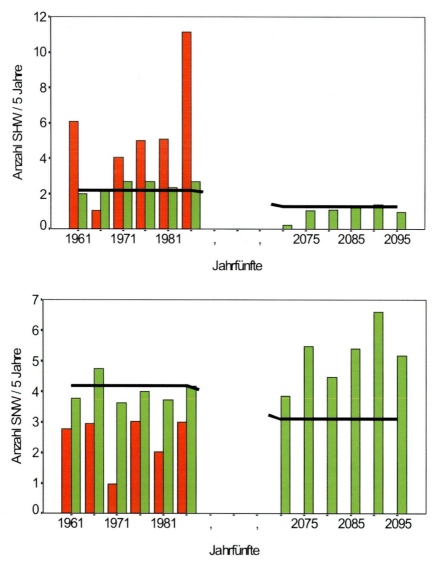

Abb. 3.72: Fünfjährig aufsummierte Häufigkeiten von Sturmfluten (oben) und Sturmniedrigwasser-Ereignissen (unten) nach Beobachtungen in Warnemünde (rot), im Szenario IS92a (grün) und im Kontrolllauf (schwarz) für den Zeitraum 1961/65 bis 1986/90 und für die Modelljahre 2070/74 bis 2095/99, nach Daten von BAERENS (1998)

seeküste darstellen wird. Die Änderung der Häufigkeit des Auftretens solcher Luftdruck- und Windfelder, die zu extremen Wasserstandsereignissen führen, tritt in ihrer Bedeutung dagegen zurück, wenn auch mit einer geringen Abnahme der mittleren Zahl von SHW und einer Zunahme der mittleren Zahl von SNW nach den Modelldaten gerechnet werden muss. Praktische Küstenschutzmaßnahmen müssen daher aus heutiger Sicht auf der Grundlage der sich weiter präzisierenden Annahmen über den Anstieg des mittleren Meeresniveaus geplant und durchgeführt werden.

4. Auswirkungen von Wasserstandsschwankungen an der Küste

4.1 Allgemeine Bedeutung

Die Meeresoberfläche grenzt an der Wasserlinie an das feste Land. Auf Grund der ständigen Veränderung der Wasseroberfläche stellt diese „Linie" aktuell aber nur eine Momentaufnahme dar. Die Uferlinie wird durch die Linie des Mittelwasserstandes und im Tidegebiet durch die Linie des mittleren Tidehochwasserstandes bestimmt. Insofern ist die Küstenlinie, wie sie etwa in topographischen Karten oder Küstenvermessungsplänen abgebildet ist, nur als ein theoretisches Konstrukt anzusehen. Die Verzahnung zwischen dem marinen und dem terrestrischen Milieu erstreckt sich jedoch über einen breiten Saum, nämlich die rezente Küste im engeren Sinn. Sie reicht vom Beginn der Einwirkung von windinduzierten Oberflächenwellen auf den Meeresboden, die bei einer Wassertiefe d ≤ L/2 (L = die Wellenlänge der Tiefwasserwelle) beginnt, bis zum oberen Wirkungsbereich von Sturmfluten auf der landwärtigen Seite (Abb. 4.1). Die Gesamtbreite der so definierten Küstenzone ist aufgrund des geringen Tideeinflusses an der Ostsee wesentlich schmaler als entlang der Nordseeküste mit dem davor liegenden Saum des Wattenmeeres.

Dieser Küstenraum kann in die verschiedenen Teilbereiche Vorstrand (vor Steilufern auch als Schorre bezeichnet), Strand und küstennahes Hinterland untergliedert werden (Abb. 4.1). Häufig wird der Vorstrand noch in einen oberen und unteren Vorstrand untergliedert, wobei der obere Vorstrand die Zone von der Wasserlinie bis zum Fuß des seewärtigsten Sandriffes einschließt. Das Hinterland wird entlang der Steilküsten von den Kliffs abrupt begrenzt, während in den Niederungsgebieten der Meereseinfluss bis zu mehrere Kilometer landeinwärts reichen kann.

Im Küstenraum resultieren aus den Kräften des Meeres eine Reihe von Prozessen und Wirkungen, die sich über kurze bis sehr lange Zeiträume erstrecken und von denen nur wenige direkt beobachtbar sind (Tab. 4.1). Die Bewegungen des Wasserkörpers rufen einen ständig variierenden Energieeintrag hervor, der kurz- wie langfristige morphologisch-sedimentologische Anpassungen des Küstenprofils nach sich zieht (Abb. 4.1). Dabei sind Verände-

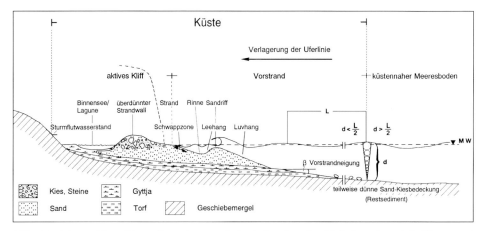

Abb. 4.1: Schematisierte Darstellung der morphologisch prägenden Einheiten einer a) Steilküste und b) Flachküste, nach SCHWARZER (1995)

rungen des Wasserstands maßgeblich für das relative und absolute Ausmaß der hydrodynamischen und morphologischen Prozesse verantwortlich, denn sie bestimmen den jeweiligen Bereich des Küstenprofils, in dem die marinen Kräfte am intensivsten auf Vorstrand, Strand oder Hinterland einwirken. Aus diesen Prozessabläufen wiederum ergibt sich eine Fülle von Auswirkungen für die Küstenbevölkerung und die in der Küstenzone vorhandenen Siedlungs- und Nutzungsstrukturen. Kurzzeitige, meteorologisch bedingte Hochwasserereignisse führen im Allgemeinen zu gravierenderen sozio-ökonomischen Folgen als ein langzeitlicher Trend des Meeresspiegelanstiegs. In Abhängigkeit von der Lage der Siedlungen und von Art und Verteilung der Nutzungen variiert zudem die Überflutungsgefährdung entlang der Küste von Ort zu Ort. Ein allmählich steigender Meeresspiegel dagegen macht sich fast überall in Form einer landwärtigen Verlagerung der Uferlinie bemerkbar (vgl. Abschn. 1.4). Es handelt sich also bei den Auswirkungen der Wasserstandsänderungen meist um negative Einflüsse, denen nur wenige positive Effekte gegenüberstehen.

In den folgenden Abschnitten dieses Kapitels werden zunächst die bisher bekannten, aber auch die künftig möglichen Auswirkungen von Wasserstandsänderungen skizziert und Schutz- bzw. Anpassungsstrategien erläutert.

4.1.1 Hydrodynamische Wirkungen

Neben den erhöhten Wasserständen sind die winderzeugten Wellen, die im Uferbereich als Brandung auflaufen, sowie die daraus resultierenden, längs und quer zur Küste setzenden Strömungen die dominierenden hydrodynamischen Effekte entlang der Ostseeküste. Geringe, nach Osten abnehmende Gezeiten, deren Tidenhub sich in der Größenordnung von Zentimetern bewegt und bereits in der Beltsee unter 15 cm bleibt (s. Abschn. 2.5), werden bereits bei Windstärken von 3 bis 4 Bft von der Seegangswirkung und den winderzeugten Wasserstandsveränderungen überlagert und meist gänzlich unterdrückt.

Seegang ist als stochastischer Prozess aufzufassen, für den es auf der Grundlage von Messungen Berechnungs- und Vorhersagemethoden gibt (KFKI, 1993). Der Begriff „Wellenklima" umfasst die mittlere räumliche und zeitliche Verteilung der Wellen eines Seegangsgebietes. Auf der Grundlage der hydrodynamischen Wellentheorie können einerseits unterschiedliche Wellentypen, andererseits verschiedene Wellenprofile für Tiefwasser- und Flachwassergebiete beschrieben werden (u. a. DEFANT, 1961; DEAN, 1973).

Von entscheidender Bedeutung für die Seegangswirkung in der Küstenzone sind die als Flachwassereffekte bezeichneten Vorgänge von Refraktion, Shoaling und Brechen der Wellen. Sie führen zur charakteristischen Veränderung der Seegangseigenschaften beim Fortschreiten der aus dem tiefen Wasser in flaches Wasser einlaufenden Wellen, ein Prozess, der dann im Vorstrandbereich bzw. am Strand mit dem Brechen der Wellen endet. Dabei wird das Brechverhalten der Wellen vornehmlich von der Vorstrandneigung einerseits und der Steilheit der Welle (H/L, H = Wellenhöhe, L = Wellenlänge) andererseits bestimmt, wobei theoretisch bei einem Überschreiten des Grenzwertes von H/L = 0,143 ~ 1 : 7 eine Welle instabil wird und bricht. Naturmessungen lassen es aber geraten erscheinen, diesen Grenzwert bei H/L ~ 1 : 10 anzunehmen (DETTE u. STEPHAN, 1979). Beide Parameter bestimmen im Wesentlichen die Form der Brecher als Sturzbrecher, Schwallbrecher oder Reflexionsbrecher, also die eigentliche Brandungscharakteristik. Während die hydrodynamischen Prozesse als „Motor" der Küstendynamik gelten können, sind sie per se in ihrer Wirkungsweise neutral und führen erst durch ihre Auswirkungen auf den morphologisch-sedimentologischen sowie den sozio-ökonomischen Systemkomplex zu signifikanten Einflüssen auf die Küstenzone.

Tab. 4.1: Zeitmaßstäbe bei küstendynamischen Prozessen im südwestlichen Ostseeraum

Zeitmaßstab		Küstenprozesse
Sekunden	etwa:	
10^1	Sekunden	Brechen von Wellen
10^2	Minuten	Sedimentturbulenzen
10^3–10^4	Minuten–Stunden	Windstaueffekte, Quertransporte Strand – Vorstrand
10^4–10^5	Stunden–Tage	Signifikanter Längstransport Strandwallbildung
10^6	Wochen	Umbildung und Verlagerung von Sandriffen
10^7	Monate	Sommer-Winter-Zyklus des Vorstrand- und Strandprofils, Steiluferrückgang
10^8–10^9	Jahre–Jahrzehnte	Dünenbildung Signifikante Uferlinienverschiebung Haken- und Nehrungsbildung
10^{10}–10^{11}	Jahrhunderte–Jahrtausende	Küstenausgleich Globale Klimaänderung Isostatische Niveauveränderungen
10^{12}	Zehntausende Jahre	Eustatische Niveauveränderungen im Quartär

Alle Veränderungen des Wasserstandes, seien sie meteorologisch, durch Becken-schwingungen oder langfristig im säkularen Maßstab bedingt, führen zwangsläufig zu einer räumlichen Verlagerung der brandungsdynamischen Prozesse im Bereich des Küstenprofils (Abb. 4.1). Generell gilt, dass bei Absenkungen des Wasserstandes die hydro-, morpho- und sedimentdynamisch aktive Zone seewärts verschoben wird. Umgekehrt führen Wasser-standserhöhungen zu einer Verschiebung der Wirkungszone über die Mittelwasserlinie hinaus in den Bereich des ansonsten trockenen Strandes, der angrenzenden Strandwälle, der Dünen oder des Klifffußes. Gleichzeitig steht die Breite des vom Seegang beeinflussten Küstenprofils in direktem Zusammenhang mit den Wellenparametern, insbesondere der Wellenlänge (s. Abschn. 4.1). Ab dem Wert d/L = 0,5 wird die Grenze zwischen dem Tief-wasser und dem morphologisch-sedimentologisch beeinflussten Übergangsbereich ange-setzt (KFKI, 1993). Dieser geht bei einem Quotienten d/L = 0,05 in den morpho- und sedi-mentdynamisch besonders aktiven Flachwasserbereich über (vgl. Abb. 4.1). Daraus folgt, dass sich bei ausgereiftem Seegang (Energieeintrag durch das Windfeld und dissipierte Ener-gie heben sich gerade auf) mit großen Wellenlängen und -höhen die Brandungswirkung über eine deutlich breitere Zone des Küstenprofils erstreckt als bei geringem Seegang (Abb. 4.1). Demzufolge können an der Ostseeküste vier hydrodynamisch und morphologisch-sedi-mentologisch relevante Varianten von Wasserstands- und Seegangsbedingungen unterschie-den werden:

1. Niedrigwasser, meist gekoppelt mit starkem ablandigen Wind und geringer Seegangsentwicklung und -wirkung.
2. Hochwasser, gekoppelt mit starkem auflandigen Wind, hohem Seegang, starker Brandungswirkung und überwiegend uferparallelen Strömungen.
3. Hochwasser infolge von Eigenschwingungen des Wasserkörpers (s. Abschn. 3.3.3.2), begleitet von geringer bis mäßiger Seegangswirkung infolge von auflandigem Wind.
4. Hochwasser infolge von Eigenschwingungen, aber begleitet von starker Seegangswirkung.

Es ist offensichtlich, dass in Hinblick auf den Energieeintrag an der Küste und damit auf die morphodynamische Effizienz die zweite und vierte Variante die mit Abstand größte Bedeutung haben. Dies gilt auch hinsichtlich der für die Küstenbewohner bedeutsamen Effekte, insbesondere der Ufererosion und der Überflutungsgefährdung.

4.1.2 Morphologische Wirkungen

Wie in Abschn. 1.1 näher ausgeführt, wurde die heutige Ostseeküste primär während der letzten Vereisungsphase, deren Ende mit ca. 10 200 Jahren v. h. angegeben wird (DUPHORN et al., 1995), durch das Inlandeis vorgeformt. Gletscherzungen und Schmelzwasserflüsse legten Tiefenzonen (Zungenbecken, Rinnen usw.) an und lagerten gleichzeitig quartäre Lockersedimente (Moränen- und Schmelzwasserkomplexe) in größerer Mächtigkeit ab. Sie schufen somit die Grundlage für die starke räumliche Gliederung des Prä-Ostseereliefs. Im Postglazial drang das Meer mehrfach und unterschiedlich weit in diese vorgeformte Landschaft ein und erzeugte eine buchten- und inselreiche Küstengestalt (KLIEWE u. SCHWARZER, 2002). Seit dem Ende der Litorina-Transgression, ca. 5700 v. h., befindet sich die Ostseeküstenzone durch hydro- und morphodynamische Prozesse in ständiger Veränderung. Die Tendenz dieser Umformung ist generell auf einen Küstenausgleich gerichtet, d.h. Küstenvorsprünge werden zurückverlegt, Buchten durch Materialablagerung abgeschnürt und Inseln durch seitlich in Richtung des Küstenlängstransportes angrenzenden Nehrungsvorbau umgestaltet und mit dem Festland verbunden (KLIEWE u. SCHWARZER, 2002).

Die generalisierte Gesamtlänge der deutschen Ostsee-Außenküste (ohne Buchtenumrisse) beträgt von Flensburg bis Ahlbeck (Usedom) 724 km (Abb. 4.2). Einem bei sehr starker Küstengliederung generellen Nordwest-Südost-Verlauf von Flensburg bis Lübeck folgt eine Südwest-Nordost-Erstreckung bis Kap Arkona und von dort erneut eine Südwest-Nordost-Richtung bis zum innersten Teil der Pommerschen Bucht. Dieser unterschiedliche Küstenverlauf bedingt eine sehr verschiedene Exposition zur Hauptangriffsrichtung der Wellen und führt so zu unterschiedlichen hydrographischen, hydrodynamischen und küstendynamischen Effekten entlang der Teilstrecken (KLIEWE u. SCHWARZER, 2002). Allgemein nimmt die Wirksamkeit des morphologischen Küstenausgleichs als Folge der zunehmenden Exposition gegenüber den dominierenden Westwinden und den daraus resultierenden Sedimentumlagerungen nach Osten hin zu.

Entsprechend der glazialen Vorformung sowie der dominierenden Umgestaltungsprozesse im Holozän finden wir folgende Küstengestalttypen zwischen dem dänischen und dem polnischen Raum vor:
– Fördenküste von Ostjütland bis Kiel;
– Großbuchtenküste von der Probstei (Holstein) bis zur Bukspitze östlich von Wismar. Die ehemaligen Förden in der Lübecker Bucht (Hemmelsdorfer Förde und Trave Förde) sind durch die Küstenausgleichsvorgänge weitgehend abgeschnürt worden;
– Mecklenburger Ausgleichsküste bis zum Fischland;

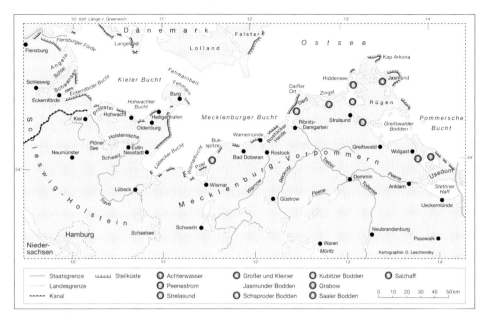

Abb. 4.2: Übersicht über die küstenmorphologischen Elemente entlang der deutschen Ostseeküste (nach KLIEWE u. SCHWARZER, 2002)

– Vorpommersche-Rügensche Boddenausgleichsküste bis zur Odermündung, der sich in Polen östlich der Oder wieder eine Ausgleichsküste anschließt.

Auch in dieser Anordnung verschieden geformter Küstengrundrisse bleibt jedoch, zum Teil auf engem Raum, der Wechsel von Steil- und Flachküsten als charakteristisches Merkmal der Ostseeküste dominierend (Abb. 4.2). Den Kliffstrecken seitlich benachbart liegen jeweils mehr oder weniger ausgedehnte Niederungsgebiete, die durch vorgelagerte Strandwall- oder Nehrungssysteme ganz oder teilweise von der Ostsee abgeschnürt sind (vgl. Abschn. 4.2). Gelegentlich wurden Strandwälle auch ehemals aktiven Steilküsten vorgelagert, wodurch es im Zuge der weiteren Küstenentwicklung zur Ausbildung sog. „toter Kliffs" kam (z.B. die Verlängerung des Brodtener Ufers in der heutigen Hemmelsdorfer Niederung oder das Heidesandkliff des AltDarß auf dem Darß). Besonders windexponierte Strandwallabschnitte wurden, eine ausreichende Materialverfügbarkeit vorausgesetzt, mit Dünen überdeckt (so Darß oder Swinepforte).

Dominierende Elemente im Seebereich sind die vor Niederungsküsten, seltener vor aktiven Steiluferbereichen auftretenden Akkumulationszonen der Sandriffe (im weiteren Text als „Riff" bezeichnet, Abb. 4.1 u. 4.7). Einer Rückverlegung der Küste folgt in der Regel das gesamte Riffsystem. Diese Riffzonen, die aus mehreren, nahezu parallel verlaufenden und gelegentlich mehrere Kilometer langen Einzelriffen bestehen können, erreichen küstennormale Ausdehnungen, die zwischen einigen 10 Metern und mehreren 100 Metern schwanken (SCHWARZER et al., 1996). Kommt es vor Steilufern zur Ausbildung solcher Riffe, so ist meist nur eins vorhanden, das zudem zeitlich und räumlich häufig sehr instabil ist.

Die geschützten Flachufer der Boddengewässer stellen einen eigenen Küstentypus dar, den der Verlandungsküste mit breiten Vegetationssäumen aus Schilf und Brackwasserpflanzen. Im Gegensatz zur Nordseeregion fehlen hier jedoch ausgedehnte Marsch- oder Moorgebiete.

Aus den dargestellten küstenmorphologischen Verhältnissen und den im Abschn. 4.1.1 erläuterten hydrodynamischen Gegebenheiten (Wasserstandsveränderungen, Meeresspiegelentwicklung) ergibt sich, dass auch entlang der Ostseeküste von Schleswig-Holstein und Mecklenburg-Vorpommern ein beträchtliches Gefährdungspotenzial in Bezug auf Schäden durch Sturmhochwasser-Ereignisse vorliegt. Schon die infolge der durchschnittlichen meteorologischen und hydrodynamischen Bedingungen auftretenden Brandungs- und Strömungsprozesse rufen längerfristig erhebliche sedimentologisch-morphologische Wirkungen hervor. Beispielhaft dafür sind Küstenrückgang, Verlust des Vorlandes vor Küstenschutzanlagen, Verlandung von schmalen Durchlässen in die Boddengewässer u.a.. Bezogen auf eine etwaige Gefährdung von natürlichen bzw. anthropogenen Küstenstrukturen sind jedoch die relativ selten und kurzzeitig auftretenden Ereignisse mit extremen Wasserstandsanstiegen (Abb. 4.4, Kapitel 3) von besonderer Bedeutung. Durch sie kann es innerhalb weniger Stunden zu starken Kliff-, Strandwall- oder Dünenabbrüchen bis hin zum Durchbruch schmaler Strandwall- oder Nehrungspartien sowie nachfolgender großflächiger Überflutung der Boddenrandbereiche kommen.

4.1.3 Sozio-ökonomische und ökologische Wirkungen

Wie schon am Anfang dieses Kapitels erwähnt, sind durch Wasserstandsänderungen und deren hydrodynamische und morphologische Effekte nachhaltige Auswirkungen auf die Küstenbewohner, aber auch auf den ökologischen Zustand des „Lebensraumes Küste" zu erwarten. Dabei steht den kurzzeitigen Ereignissen, die sich dem Menschen meist in Form von Sturmfluten bemerkbar machen, der vielfältige Einfluss eines langsamen, aber stetigen, d.h. säkularen Meeresspiegelanstiegs gegenüber. Generell ist bei der Abschätzung von sozio-ökonomischen oder ökologischen Wirkungen von der Erfahrung mit den Folgen der aus historischer und rezenter Zeit bekannten hohen Pegelstände auszugehen. Gleichzeitig muss aber über die Auswirkungen von plausiblen Trends und Szenarien der Wasserstandsentwicklung für die kommenden Jahrzehnte ebenfalls nachgedacht und deren potentielle Konsequenzen müssen insbesondere für Küstenschutzstrategien in Erwägung gezogen werden (STERR, 1999; DASCHKEIT u. SCHOTTES, 2002; s. auch Abschn. 3.5).

Die möglichen Folgen dieser künftigen Entwicklung weisen dabei aber nicht nur auf eine erhöhte Anfälligkeit des küstennahen Lebensraums gegenüber Naturkatastrophen wie Sturmfluten hin. Sie schließen auch eine (absehbare) Verschärfung bereits bestehender Nutzungs- und Zielkonflikte im sozio-ökonomischen System (z.B. zwischen Landwirtschaft, Fischerei, Tourismus, Naturschutz, Küstenschutz usw.) und deren ökonomischer Konsequenzen sowie die Wahrscheinlichkeit dauerhafter, tiefgreifender Veränderungen in den marinen und litoralen Ökosystemen ein, also z. B. in den Salzwiesen, Windwatten, Dünengebieten, Boddenufern u.a. (STERR et al., 2000).

Die Zahlen in Tab. 4.2 geben einen Eindruck von den vielfältigen (Wechsel-)Wirkungen, die infolge von Wasserstandsänderungen im Lebens- und Wirkungsbereich der Küstenbewohner sowie in den Küstenökosystemen spürbar werden können. Wie die Einflussmatrix der Tabelle zeigt, sind durch Hoch- und Niedrigwasserereignisse praktisch alle gesellschaftlichen Sektoren (Gesundheit, Landwirtschaft, Siedlungen, Schifffahrt, Häfen, Tourismus usw.) sowie auch der Zustand der Küstenökosysteme mehr oder weniger stark betroffen. Diese Wirkungen stehen aber auch in direktem Zusammenhang mit den anderen genannten Effekten, aus welchen insgesamt ein breites Spektrum von möglichen Risiken für den Küstenraum und seine Bewohner resultiert.

Tab. 4.2: Auswirkungen der direkten und indirekten Folgen von Wasserstandsänderungen auf das sozio-ökonomische und das ökologische System im Küstenraum, nach STERR et al. (2000)

Betroffene Bereiche	Effekte von Wasserstandsänderungen					
	Häufigkeit von Hoch- und Niedrigwässern	Erosion	Dauerhafte Überflutung	Höherer Grundwasserspiegel	Versalzungsprozesse	Biologische Effekte
Wasserwirtschaft	❖	❖	❖	❖	❖	❖
Landwirtschaft	❖		❖	❖	❖	
Gesundheitsrisiken	❖	❖	❖	❖	❖	❖
Fischerei	❖	❖	❖		❖	❖
Tourismus	❖	❖	❖			❖
Hafenwirtschaft und Schifffahrt	❖	❖	❖	❖		
Ökosystemzustand	❖	❖	❖	❖	❖	❖

4.2 Beeinflussung der Küstenmorphodynamik durch Wasserstandsänderungen

Bei den Wasserstandsänderungen in der Ostsee gilt es hinsichtlich des Zeitrahmens drei grundsätzlich unterschiedliche Mechanismen zu unterscheiden. Die langfristigen Wasserstandsveränderungen beruhen auf dem postglazialen Meeresspiegelanstieg mit den rapiden Anstiegsraten auf Grund des Abschmelzens der eiszeitlichen Gletscher (in der Anfangsphase bis zu 2,5 cm/Jahr) (DUPHORN et al., 1995; vgl. Abb. 4.3), den glazialisostatischen Ausgleichsbewegungen mit dem immer noch anhaltenden Aufstieg Skandinaviens mit Raten bis zu 90 cm/100 Jahre im zentralen Bottnischen Meerbusen (vgl. Abschn. 1.2; ERONEN et al., 2001) und dem heutigen säkularen Meeresspiegelanstieg in der Größenordnung von 1–2 mm/Jahr (vgl. hierzu Abschnitte 1.3 und 2.5, DUPHORN et al., 1995).

Mit dem Ende der Litorina-Transgression (ca. 5700 Jahre v. h.) verlangsamte sich der im Mittel mit ca. 9 mm/Jahr recht rasche Meeresspiegelanstieg, der nur sehr wenig Küstenausgleich bewirkte. Bis zu diesem Zeitpunkt drang das Meer tief in die reliefstarke Moränenlandschaft ein und schuf im Küstenbereich eine Insel-Halbinsel-Archipel-Landschaft. Seit den letzten reichlich 5000 Jahren vollzogen sich die Ostseespiegelschwankungen jedoch nur noch um insgesamt ca. 1 m und geringfügig um Normalnull (NN) oszillierend. Damit begannen die bis heute andauernden, hydrodynamisch dominierten Küstenprozesse mit der Umformung des Küstenlängs- und -querprofils.

Diesen langfristigen Wasserstandsschwankungen stehen die sedimentologisch-morphologisch wesentlich wirksameren, windbedingten Wasserstandsschwankungen gegenüber. Hier sind saisonale Effekte (Sommer/Winter) von kurzfristigen, maximal nur wenige Tage anhaltenden Wasserstandsschwankungen zu unterscheiden (vgl. Abb. 4.4). In der Regel sind die Sommermonate hinsichtlich des windbedingten Energieeintrages und damit auch der morphologisch-sedimentologischen Wirksamkeit pro Zeiteinheit wesentlich schwächer ausgeprägt als die Wintermonate (ALW et al., 1997).

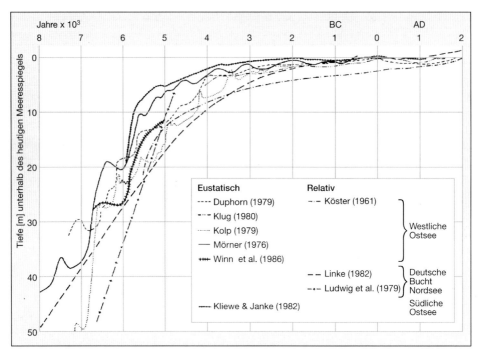

Abb. 4.3: Ausgewählte Kurven des holozänen Wasserspiegelanstieges aus dem Bereich der westlichen und südlichen Ostsee und der Deutschen Bucht, nach WINN et al. (1986), KLIEWE u. JANKE (1982), s.a. Kap. 1

Bei den küstenmorphologisch wirksamen, durch starke bis stürmische Winde aus östlichen Richtungen hervorgerufenen Wasserstandsschwankungen kommt es zu Sturmhochwasser-Ereignissen, deren Dauer sich maximal über einige Tage erstreckt (Abb. 4.4). Diese Sturmhochwasser laufen besonders hoch auf, wenn sie mit dem Rückschwappen des Ostseewassers nach einem Weststurm zusammentreffen (vgl. Abschnitte 3.3.3.1 und 4.1.1). Die Wirksamkeit solcher Sturmhochwasser wird noch dadurch unterstützt, dass es während der Herbst- und Wintermonate auf Grund der vorherrschenden westlichen Winde zu lange anhaltenden Einstromlagen und damit zu einem maximalen Füllungsgrad der Ostsee kommen kann (vgl. Abschn. 3.3).

Sturmhochwasser (Wasserstände bis 1,5 m ü. NN, s. MLR, 2001) mit Eintrittswahrscheinlichkeiten von 1–2 Ereignissen pro Jahr (Tab. 4.3) bewirken im Küstenprofil neben der Intensivierung der morpho- und sedimentdynamischen Prozesse vor allem eine landwärtige Verschiebung der Seegangsenergie. Sie führen damit zu einer umfassenden Sedimentumlagerung in den oberen Profilbereichen. An Steilküsten können beim Heranrücken der Brandung bis an das Kliff verstärkt Reflexionsbrecher mit einer daraus resultierenden extrem hohen Energiebelastung entstehen. Aber auch ohne diese Reflexionsbrecher kommt es am Klifffuß und dem vorgelagerten Strand zu Abrasion und Strandabbau. Die am Beispiel des Rückverlagerungstrends einer Steilküste dargestellte zeitliche Entwicklung macht die Bedeutung der Sturm- und Hochwasserereignisse im Vergleich zum allgemeinen langzeitlichen Trend der Küstenerosion augenfällig, vgl. Abb. 4.7. Sie zeigt, dass die Erosions- und Transportleistung von Sturmhochwässern in Abhängigkeit von ihrer Dauer um ein Vielfaches größer ist als die des mittleren „Seegangsklimas". Sollten diese Hochwasserereignisse häufiger werden, würde demnach auch die Formungsdynamik nachhaltig beeinflusst. „Schätzungsweise liegt daher die morphologische Wirkung dieser Ereignisse um eine Zehnerpotenz über der prozentualen Zunahme der Häufigkeit, d.h. dass eine 10%ige Zunahme der Häufigkeit eine 100%ige Steigerung der Wirkung bedeuten könnte" (STERR, 1993, S. 166).

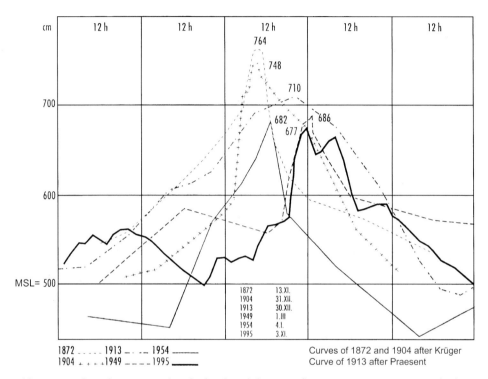

Abb. 4.4: Wind- und Wasserstandsverlauf während der Sturmflut vom 3./4.11.1995 im Vergleich zu älteren Ereignissen. Die Verweildauer hoher Wasserstände betrug häufig mehr als 24 Std., nach BIERMANN u. WEISS (1996)

Tab. 4.3: Häufigkeit hoher Wasserstände an den Küsten Schleswig-Holsteins und Mecklenburg-Vorpommerns (Werte in Klammern), nach EIBEN (1992), MELF (1992), MBLU'96 (1996)

Wasserstand ü. NN	Häufigkeit des Eintretens
bis 1,50 m (1,40 m)	alle 0,5 Jahre einmal (0,5)
höher als 1,50 m	alle 6 Jahre einmal
höher als 1,75 m (bis 1,70 m)	alle 9 Jahre einmal (5–20)
höher als 2,00 m (> 1,70 m)	alle 17 Jahre einmal (< 20)
höher als 2,85 m	alle 150 Jahre einmal

Insgesamt tragen die aufgeführten, auf unterschiedlichen Zeitskalen ablaufenden Wasserstandsveränderungen zu einer fortschreitenden, landwärtigen Verlagerung der Ostseeküste bei. Mindestens 70% der Außenküste Schleswig-Holsteins und Mecklenburg-Vorpommerns unterliegen nach vergangenen und laufenden Küstenvermessungen der Erosion, mit mittleren jährlichen Rückgangsraten von 0,2 bis 0,4 m, wobei allerdings starke räumliche und zeitliche Schwankungen zu beobachten sind (KLIEWE u. SCHWARZER, 2002). Sollten schwere Sturmfluten (s. Abschn. 3.2.1) in den kommenden Jahrzehnten häufiger werden (vgl. jedoch Abschn. 3.5), was sowohl durch meteorologische Veränderungen als auch durch einen beschleunigt ansteigenden Meeresspiegel infolge des Klimawandels ausgelöst werden könnte, würden sich naturgemäß auch die derzeitigen Erosionsraten an Steilufern, Strand und Dünenküsten signifikant erhöhen. Im Bereich schmaler Nehrungen, wie sie vor allem entlang der Boddenküste an vielen Stellen typisch sind, wären wiederholt Durchbrüche mit nachhaltigen Veränderungen der Boddenhydrographie zu erwarten (vgl. Abschn. 3.3.4; JAHNKE et al., 1993). In diesem Fall sind besonders große Auswirkungen zu befürchten, weil die Innenküsten, die von der Ostsee durch die Nehrungen weitgehend getrennt sind (z. B. Schlei, Darß-Zingster Boddenkette, Rügensche Boddenkette, Raum Peenemündung-Peenestrom-Achterwasser), meist keine oder nur niedrige Schutzanlagen aufweisen. Da die Wasserstände während Sturmfluten auf der Außenseite der Nehrungen durch die o. g. Staueffekte deutlich höher auflaufen als binnenseitig, ist im Falle von Nehrungsdurchbrüchen zudem mit dem plötzlichen Einströmen großer Wassermassen zu rechnen.

4.2.1 Steilküstenerosion und -abrasion

Steilufer umfassen entlang der Außenküsten Schleswig-Holsteins ca. 30 % der Küstenlinie, in Mecklenburg-Vorpommern sind es ca. 36 % (vgl. Abb. 4.2). Diese aktiven Kliffabschnitte sind zumeist aus glazialen Ablagerungen (Geschiebemergel, Schmelzwassersande, Beckensande) aufgebaut, nur vereinzelt sind interglaziale, tertiäre oder kreidezeitliche Sedimente eingeschuppt. Eine erste umfassende Untersuchung über die Rückgänge von Steilufern führte KANNENBERG (1951) durch (Tab. 4.4). Er ermittelte für den Zeitraum von 1875–1950 Rückgangsbeträge für 40 aktive Kliffabschnitte Schleswig-Holsteins und kommt auf der Basis dieser Daten zu einem durchschnittlichen Rückgang von 22 cm/Jahr. STERR (1989) gibt für den Zeitraum von 1960–1987 für einige dieser Kliffabschnitte nahezu doppelt so hohe Rückgangsraten an, jedoch muss bei seinen Angaben der wesentlich kürzere Beobachtungszeitraum in Betracht gezogen werden (Tab. 4.4). GURWELL (1990) ermittelt für den Bereich Mecklenbug-Vorpommerns ebenso Rückgangsraten in der Größenordnung von 30–40 cm/Jahr.

Eine umfassende Betrachtung des Steiluferrückganges erfordert, nicht allein den über der Wasserlinie liegenden, aktiven Kliffbereich zu erfassen, sondern in gleichem Maße auch die dem Kliff vorgelagerte Schorre einzubeziehen. Deren morphologische Tieferlegung und der Steiluferrückgang sind als unmittelbar zusammenhängender Prozess zu betrachten, der für beide Bereiche ereignisgesteuert abläuft. SCHROTTKE (2001) ermittelt für die den Steilufern Schönhagen (Halbinsel Schwansen, vgl. Abb. 4.2 u. 4.8), Heiligenhafen und Brodten (innere Lübecker Bucht) vorgelagerten Schorren Abrasionsbeträge zwischen 2–5 cm/Jahr (Wassertiefen bis zu – 6,5 m NN, Uferentfernungen bis zu ca. 300 m). Diese Abrasionsraten nehmen jedoch nicht linear mit der Wassertiefe ab, sondern sind maßgeblich an die geologische Zusammensetzung des anstehenden Materials gekoppelt. Weiterhin zeigen SCHWARZER et al. (2000), dass bei Sturmereignissen die Abrasion nicht über das gesamte, küstennormale

Profil erfolgt, sondern dass sie primär in den Bereichen der Hauptenergiedissipationszonen stattfindet. Daraus folgt, dass bei solchen Ereignissen mit gleichzeitig erhöhten Wasserständen die Abrasion überwiegend sehr ufernah stattfindet, während ihr Maximum bei Sturmereignissen ohne erhöhte Wasserstände weiter seewärts liegt. Somit führen saisonale Wasserstandsveränderungen (vgl. Abschn. 4.1.1) gleichzeitig zu saisonalen Verschiebungen der Hauptabrasionszonen auf der Schorre (SCHROTTKE, 2001).

Tab. 4.4: Rückgangsraten an aktiven Steiluferabschnitten der Ostseeküste Schleswig-Holsteins für die Zeiträume 1874–1949 (KANNENBERG, 1951), 1960–1984/87 (nach Küstenplänen), 1984–1987 (STERR, 1988); aus: Schrottke (2001)

Kliffabschnitt	Abbruchlänge (km)	Mittlerer Rückgang in cm/Jahr für die Zeit:		
		1874–1949	1960–1984/87	1984–1987
Dollerupholz	2,3	13	keine Daten	keine Daten
Neukirchen	1,0	19	keine Daten	keine Daten
Habernis	0,8	30	45	keine Daten
Steinberghaff	1,2	11	6	keine Daten
Kronsgaard	1,0	–	5	keine Daten
Schönhagen	1,65	46	62	55
Boknis	1,6	30	20	50
Klein Waabs	2,2	25	32	40
Hemmelmark	0,5	10	29	keine Daten
Altenhof	1,0	13	22	keine Daten
Noer	1,5	14	21	keine Daten
Surendorf/Krusendorf Dän.-Nienhof/	0,8	11	50	47
Hohenhain	1,3	20	11	keine Daten
Stohl	3,5	25	40	48
Schilksee	1,0	13	42	keine Daten
Stein	1,2	17	keine Daten	keine Daten
Todendorf	3,0	31	keine Daten	65
Frederikenhof	1,2	28	keine Daten	keine Daten
Putlos	2,0	17	keine Daten	keine Daten
Johannistal	1,5	13	keine Daten	keine Daten
Heiligenhafen	1,5	27	keine Daten	keine Daten
Brodten	4,0	43	keine Daten	keine Daten

Da sich im Seegrundbereich prinzipiell ähnliche Ablagerungen befinden wie am Steilufer, lediglich mit der Einschränkung, dass bei horizontaler Lagerung der einzelnen Schichtpakete im Seegrundbereich stratigraphisch tiefere Horizonte angeschnitten werden, wird von der Schorre ähnliches Sediment durch die Abrasion in den küstennahen Sedimenttransport eingespeist wie vom Kliff. Kleinere Steine, Kiese, Sande und Schluffe werden dabei nach der Abrasion des Anstehenden durch Strömungstätigkeit verlagert, während größere Steine autochthones Verhalten zeigen. SCHROTTKE (2001) weist nach, dass auf den Schorren selbst eine Restsedimentdecke von bis zu 30 cm Mächtigkeit unter entsprechenden hydrodynamischen Bedingungen umgelagert werden kann. Diese Umlagerungsintensität nimmt jedoch mit der Wassertiefe und den damit abnehmenden Orbitalgeschwindigkeiten ab.

Wird der eigentliche Prozess des Steiluferrückgangs im Wesentlichen durch die Hydrodynamik gesteuert, so beeinflusst das Verhältnis von Seegangsbelastung zur Abrasionsresistenz und damit zum geologischen Aufbau des Kliffs ganz maßgeblich seine Rückgangsgeschwindigkeit (DINGLER u. CLIFTON, 1994; SUNAMURA, 1992; SCHWARZER et al., 2000). Subaerische Prozesse wie Temperaturverwitterung, Niederschlag und Grundwasser haben dabei lediglich eine katalytische Wirkung (CARTER u. GUY, 1988; NOTT, 1990; SCHROTTKE, 2001). Der Steiluferrückgang selbst verläuft zyklisch (Abb. 4.5). Ausgehend von einem Kliff mit vorgelagerter Kliffhalde (Abb. 4.5, Bild 1) bewirkt ein Sturmereignis mit gleichzeitig erhöhtem Wasserstand einen Abtransport der Kliffhalde und eine Versteilung des Kliffs (Abb. 4.5, Bild 2). Im weiteren Verlauf bricht die Oberkante nach, und es bildet sich erneut eine Kliffhalde aus (Abb. 4.5, Bild 3). Erst jetzt wird der eigentliche Kliffrückgang gemessen, denn er orientiert sich an der Lage der Kliffoberkante im Raum. Nachfolgende Hochwasserereignisse halten diesen Rückgangsprozess aufrecht (Abb. 4.5, Bild 4; Abb. 4.7). Bei diesem Zyklus gilt es jedoch, die jeweilige Kliffhangsituation in die Betrachtung einzubeziehen, da ein zeitweilig flacher und damit stabiler Kliffhang wesentlich länger der hydrodynamischen Belastung standhalten kann als ein relativ dazu steilerer Hang (SCHROTTKE, 2001). In Abb. 4.9 sind diese Vorgänge für das Kliff von Schönhagen (Abb. 4.8) anhand acht morphologischer Aufnahmen unter Einbindung des Energieeintrages und des Wasserstandes dargestellt. Bei diesem landwärtigen Küstenrückgang bleibt das Querprofil des Steilufers im Wesentlichen erhalten, da sich im langzeitlichen Mittel die anfallenden und die abtransportierten Sedimentmengen die Waage halten (STERR, 1991).

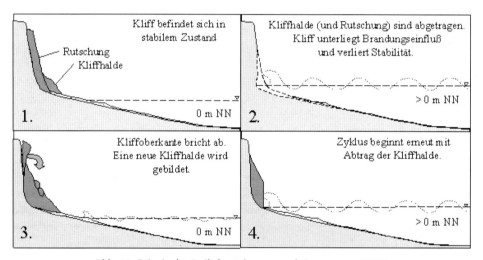

Abb. 4.5: Prinzip des Steiluferrückgangs, nach SCHROTTKE (2001)

Das durch den Kliffrückgang freigesetzte Lockermaterial wird in der Regel durch Quertransport zunächst seewärts verlagert, bevor es in das küstenparallele Transportband einbezogen wird. Der Transport des Materials selbst erfolgt dabei in einer sehr engräumigen ufernahen Zone (Abb. 4.6). Dieses freigesetzte Material ist maßgeblich an dem Aufbau von Sandriffen, Stränden und Strandwällen der jeweils seitlich angrenzenden Niederungen beteiligt (vgl. Abschn. 4.2.2).

GURWELL (1989, 1991) zeigt, dass das Ausgangsmaterial des Steilufers (Geschiebemergel, Beckensande oder aufgesetzte Kliffranddünen) ganz maßgeblich den Aufbau der geomorphologischen Einheiten der angrenzenden Niederungen steuert. An Beispielen vom Fischland und der Insel Usedom erläutert er, dass der Anteil klastischen Sedimentes, der aus

Abb. 4.6: Blick von der Kliffoberkante auf das dem Schönhagener Kliff vorgelagerte Küstenvorfeld. Aufnahme vom 31.1.1998 nach einem Sturmereignis mit Winden der Stärke 7 Bft aus nordöstlicher Richtung (vgl. Abb. 4.9 oberer Teil). Deutlich ist die ufernahe Sedimenttransportzone mit hoher Suspensionsfracht zu erkennen. Der Wasserstand ist erhöht und reicht bis an den Klifffuß, nach SCHWARZER et al. (2000)

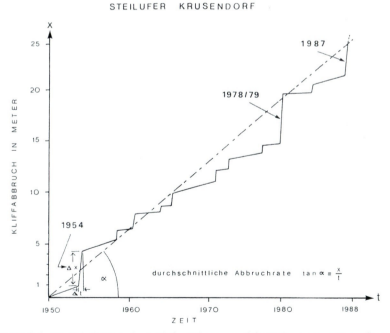

Abb. 4.7: Zeitliche Veränderlichkeit des Steiluferrückgangs und die Bedeutung von Sturmfluten am Beispiel des Kliffs von Krusendorf, nach STERR (1989)

Abb. 4.8: Luftaufnahme des Küstenabschnittes v. Olpenitz – Schönhagen – Damp v. 26.4.1997

dem Steiluferrückgang effektiv für den litoralen Sedimenthaushalt zur Verfügung stehen kann, starken Schwankungen unterliegt. Während aus einem Geschiebemergel der relevante, für den Aufbau einer Küstenmorphologie nutzbare Korngrößenanteil weniger als 60 % betragen kann, liegt er für Kliffranddünen bei 100 %.

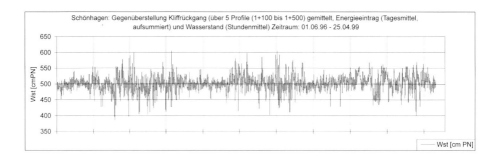

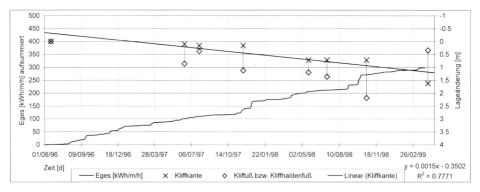

Abb. 4.9: Gegenüberstellung von Wasserstand (oberer Teil), Energieeintrag und Kliffrückgang für Schönhagen. Messzeitraum: 1.6.1996–25.4.1999, nach SCHWARZER et al. (2000). Die Differenz zwischen Kliffkante und Klifffuß gibt indirekt die Kliffneigung an. Die Treppenkurve des Energieeintrages spiegelt Sturmereignisse wider, die teilweise mit erhöhten Wasserständen zusammenfallen. Der Rückgang der Oberkante reagiert verzögert auf die Sturmereignisse. Er ist in dem Zeitraum 18.11.1998–26.2.1999 mit einem deutlichen Herausschieben des Klifffußes und damit der Anlage einer neuen Kliffhalde durch Nachbrechen gekoppelt.

Da der Rückgang des gesamten Steiluferprofils einschließlich der Tieferlegung der vorgelagerten Schorren ereignisabhängig verläuft (vgl. hierzu auch Abb. 4.7), ist zu erwarten, dass bei einer Zunahme von Sturmhäufigkeit und Sturmintensität aus Richtungen, die für den jeweils zu betrachtenden Küstenabschnitt relevant sind, auch die Rückgangsdynamik verstärkt wird. Eine beschleunigte Anhebung des Meeresspiegels allein hätte auf die Rückgangsdynamik der Steilufer keinen gravierenden Einfluss, da es allein dadurch nicht zu einem häufigeren Abräumen der Hangschutthalde käme.

4.2.2 Veränderungen an Flachküsten

Unter dem Begriff Flachküsten sind sowohl Niederungen, die seewärts entweder auf natürliche Art und Weise durch Strandwälle und Dünen oder durch Küstenschutzbauwerke von der Ostsee abgetrennt sind, als auch Sand- und Nehrungshaken mit oder ohne Überdünung zu verstehen. Die Niederungen schließen seitlich an die Steilküsten an, können sich bis zu mehrere Kilometer tief in das Hinterland erstrecken und enthalten häufig verlandende oder schon verlandete Seen (vgl. Abb. 4.8, Schleibeker Niederung ohne See und Schwansener Niederung mit dem Schwansener Binnensee). Die natürliche Abriegelung dieser Niederungen geschieht im Senkungsgebiet der südlichen Ostseeküste durch aufgearbeitetes Material aus dem Kliffabbruch und aus der Seegrundabrasion (Liefergebiete), das bei entsprechenden Wind- und Wellenverhältnissen küstenparallel verfrachtet und an geeigneten Stellen zu Stränden, Strandwällen und Sandhaken aufgeworfen wird (vgl. Abschn. 4.1.2). Je nach geomorphologisch-geologischer Ausbildung des Küstenstreifens (Kliffhöhe, Vorstrandneigung, Lagerungsverhältnisse, Lithologie) überwiegt als Liefergebiet einmal die eine und einmal die andere Quelle (GURWELL, 1989). Dieser Prozess, der sich vom Sedimentliefergebiet über das Sedimentdurchsatzgebiet (vgl. Abb. 4.8) bis hin zum Akkumulationsgebiet (Haken- und Nehrungsspitzen) erstreckt, hat seit dem Ende der Litorina-Transgression Bestand und hält bis heute unvermindert an.

Eine künstliche Abriegelung dieser Niederungen erfolgt durch Küsten- und Hochwasserschutzmaßnahmen. Durch die notwendige Entwässerung hatten die Niederungen in der Vergangenheit oft einen natürlichen Abfluss zur Ostsee, der auch als Schifffahrtsweg, Liegeplatz und Handelsplatz genutzt wurde. In Fortsetzung und Erweiterung dieser Nutzung sind heute viele dieser Niederungen dicht besiedelt.

Es herrscht jedoch nicht allein das küstenparallele Verfrachten des Materials vor, sondern synchron wurden und werden weite Bereiche der Außenküste der südwestlichen Ostsee zurückverlagert. So unterliegen derzeit 70 % der Flachküstenabschnitte Schleswig-Holsteins und Mecklenburg-Vorpommerns einem Erosionstrend, nur 30 % der Flachküsten weisen eine positive (Akkumulationstrend) bzw. eine ausgeglichene Materialbilanz auf (MBLU'96, 1996). Als Folge dieser Küstenrückverlagerung streichen heute in vielen der den Flachküsten vorgelagerten Seegrundbereiche ehemalige Lagunensedimente in Form von Torfen und Mudden aus (Kap. 1, Abb. 1.8, Abb. 4.10, s. hierzu auch Abb. 4.1), die sich zu früheren Zeiten im Schutze von Strandwällen und Sandhaken gebildet haben (SCHWARZER et al., 1993; SCHWARZER, 1994; SCHROTTKE, 2001). Diese organogenen Sedimente können Mächtigkeiten von > 1 m erreichen und sich über mehr als 1 km Uferentfernung erstrecken (Abb. 4.10). Unter Sturmbedingungen setzt durch Welleneinwirkung an den Torfkanten verstärkt Erosion ein, und so findet man nach solchen Ereignissen häufig bis zu Dezimeter große, plattige Torfgerölle auf dem Strand. Aus diesen Beobachtungen folgt, dass Niederungsbereiche, denen weiträumig derartige organogenen Sedimente vorgelagert sind, häufig

Bild 1

Bild 2

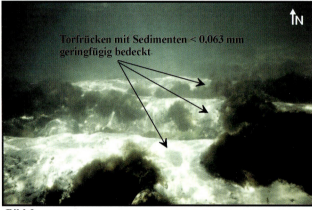

Bild 3

Abb. 4.10: Drei Unterwasser-Aufnahmen, die organogene Sedimente im Küstenvorfeld von Schönhagen zeigen. Torfe und Mudden liegen hier teilweise direkt dem Geschiebemergel auf. Die organogenen Sedimente können teilweise von einer dünnen Sandschicht überlagert sein, nach SCHWARZER et al. (2000)

ein akutes Sedimentdefizit aufweisen, da hier aus dem Seegrundbereich selbst kein Material in den litoralen Sedimenthaushalt eingespeist werden kann. Dies führt dazu, dass diese Sedimentdurchsatzgebiete, vor allem die Nahtstellen zwischen Kliff und Niederung (vgl. Abb. 4.8), entlang derer kein Material mehr akkumuliert wird, häufig die schmalsten Bereiche der Nehrungen darstellen. Sie bilden in Kombination mit der Küstenrückverlagerung bei Sturmereignissen stark durchbruchs- und überflutungsgefährdete Areale.

4.2.2.1 Sandriffe

Typisches Merkmal für Flachküstenbereiche sind die ihnen vorgelagerten Sandriffsysteme. (Abb. 4.1 und 4.8). Die Anzahl der einzelnen Riffe in solchen Riffsystemen ist abhängig von der Menge angelieferten Sedimentes sowie von der Neigung des Vorstrandes. Je flacher dieser seewärts einfällt, umso höher ist die Riffanzahl, die bei genügender Sedimentzufuhr bis auf 10 ansteigen kann. Vom Ufer seewärts nimmt der gegenseitige Riffabstand zu, bei gleichzeitiger Erhöhung der Distanz zwischen Wasseroberfläche und Riffkamm. Reichen die innersten Riffe manchmal bis fast an die MW-Linie heran, so kann der Kamm des seewärtigsten Riffes je nach Exposition zur effektiven Windrichtung in Wassertiefen zwischen –1 m bis –6 m NN liegen, z.B. in der östlichen Kieler Bucht (Probstei) mit einer effektiven Fetchlänge von ca. 60 km bei –1,5 m (vgl. Abb. 4.12), an der Nordküste Polens mit einer effektiven Fetchlänge von ca. 500 km bei –5 m (PRUSZAK et al., 1999). Die Basisbreite dieser Riffe nimmt in Richtung See zu und erreicht Werte bis zu 200 m; die Mächtigkeit der einzelnen Riffkörper erstreckt sich von nur wenigen Dezimetern bis in den Meterbereich, wobei jedoch an der deutschen Ostseeküste 3 m nicht überschritten werden.

Die Entstehung, die Form und der Aufbau dieser Sandriffzonen werden primär durch das Zusammenspiel von Hydrodynamik und Sedimentverfügbarkeit kontrolliert. Die einzelnen Riffe sind entsprechend einer hydrodynamisch bedingten Sedimentabfolge aufgebaut, wobei die den Welleneinwirkungen am stärksten ausgesetzten Zonen, die Riffkämme, aus relativ grobem Sediment bestehen und entlang der Luvhänge das Material mit zunehmender Wassertiefe relativ zu den Kämmen feiner wird (KACHHOLZ, 1982; SCHWARZER, 1989). In den Rinnen zwischen den Sandriffkörpern befinden sich oft geringmächtige Lagen von Kiesen und Steinen, die als Restsedimente gedeutet werden. Das die Riffe der Ostsee primär aufbauende Kornspektrum schwankt je nach Energieeinwirkung und Sedimentverfügbarkeit zwischen 0,125 mm–0,300 mm (KACHHOLZ, 1984; SCHWARZER, 1995).

Auf Grund der geringen Wassertiefe über den Riffkämmen steilen sich über diesen die Wellen auf und brechen. Bei hohen und langen Wellen geschieht dies bereits über den äußeren Riffen, kleinere Wellen laufen dagegen nahezu unbeeinflusst über sie hinweg, und es kommt erst über den inneren Strukturen zum Brechvorgang. Die in den Wellen gespeicherte Energie wird dabei teilweise umgewandelt, und es entstehen Brandungslängs- und Querströmungen (Abb. 4.11). Sie verfrachten das durch den Brechvorgang aufgewirbelte Sediment in Abhängigkeit von Wellenangriffsrichtung und Korngröße entweder primär küstenparallel oder küstennormal. Gemeinsam mit dem Strand, wo der Rest der noch vorhandenen Wellen bricht, sind die Riffe damit die Zonen der maximalen Energieumsetzung und die Haupttransportbahnen für den litoralen küstenparallelen Sedimenttransport. Die Wellennormale der Brandungswellen liegt in den seltensten Fällen senkrecht zu den Riffen bzw. dem Strand, sondern gewöhnlich bildet sie einen von 90° abweichenden Winkel (Abb. 4.11). So kommt es zu gerichteten Strömungen, die jeweils von der Wellenanlaufrichtung und der Küstenform abhängen. Auf diese Weise können in einem Küstengebiet bei sich ändernden Windrichtungsverhältnissen die Transportrichtungen sowohl in relativ kurzen Zeitabschnitten, aber auch bei großräumigen Änderungen des Windfeldes über lange Zeiträume variieren. Überwiegt jedoch der Energieeintrag einer bestimmten Windrichtung, so zeigt auch der über einen längeren Zeitraum resultierende Transport eine vorherrschende Richtung. Sind Buchten vorhanden, so ist in der Regel der Sedimenttransport immer buchteinwärts gerichtet.

Sandriffe sind keine statischen Strukturen, sondern sie verlagern sich als morphologisches Element in Abhängigkeit von dem Wellenklima, wobei die Mobilität von den inneren zu den äußeren Sandriffen abnimmt (ALW et al., 1997; Abb. 4.12). Ruhige Wetterlagen führen zu einer landwärtigen Verlagerung der Riffkörper bei gleichzeitiger morphologischer Erhöhung der Riffkammlagen, während die energiereicheren, mit Stürmen verbundenen Monate im Winterhalbjahr eine seewärtige Verlagerung mit gleichzeitiger Verflachung des Riffprofils bewirken (vgl. Abb. 4.13; ALW et al., 1997). Unter Sturmbedingungen können sich sämtliche Riffe binnen weniger Stunden um einige 10 Meter seewärts verlagern (AAGAARD u. GREENWOOD, 1993). Die anschließende Reorganisation in das alte Muster während ruhigerer Wetterlagen beansprucht einen Zeitraum von mehreren Wochen. Somit zeigen die Sandriffsysteme der Ostsee teilweise Verlagerungsmechanismen, wie sie weltweit von vielen Küstenabschnitten mit und ohne Gezeiten bekannt sind (SHORT, 1993, 1999).

Dadurch, dass über diesen Sandriffen seewärts des Ufers die Wellenenergie durch den Brechvorgang auf natürliche Art und Weise abgebaut wird, und durch ihr dynamisches Reagieren sowohl auf die unterschiedlichen saisonalen Energieeinträge als auch auf kurzfristige Sturmereignisse kommt diesen Riffen hinsichtlich des Küstenschutzes eine überragende Funktion zu.

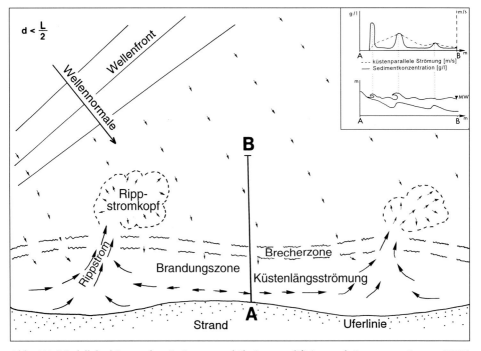

Abb. 4.11: Modell der küstennahen Strömungsverhältnisse, modifiziert nach SHEPARD u. INMAN (1950)

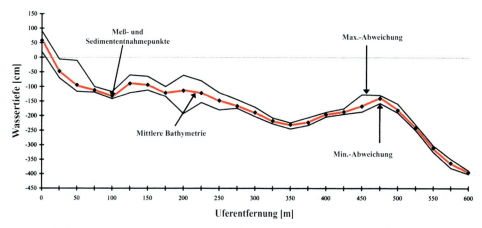

Abb. 4.12: Morphologische Veränderungen eines Küstenquerprofils über einer Sandriffzone (Bottsand, östliche Kieler Außenförde, vgl. Abb. 4.2). An am Meeresgrund im Abstand von 25 m fest installierten Messpflöcken wurden über 3,5 Jahre (November 1990 – April 1994) regelmäßig Aufmessungen durch Taucher mit einer Genauigkeit im Bereich von 1 cm durchgeführt. Dargestellt sind das mittlere Profil sowie die maximalen positiven und negativen Abweichungen (ALW, 1997)

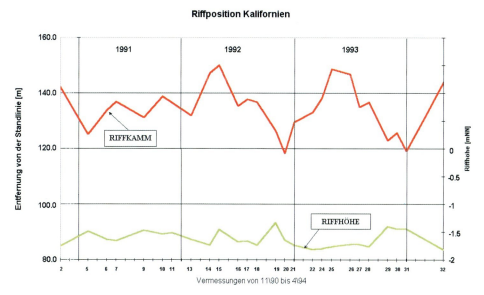

Abb. 4.13: Verlagerung eines Riffkammes sowie dessen Höhenveränderung im Profil Kalifornien (östliche Kieler Außenförde, vgl. Abb. 4.25) (ALW, 1997)

4.2.2.2 Strandwall- und Hakensysteme

Für weite Bereiche der südwestlichen bis südöstlichen Ostsee dominiert ein durch die Westwinde geprägter, nach Osten gerichteter Sedimenttransport. Das belegen Haken und Nehrungen, z. B. der Graswarder, die Halbinseln Zingst und Hela sowie die Frische und Kurische Nehrung, eindrucksvoll. Die Basis dieser Nehrungen bilden zumeist Strandwallsysteme, deren Maß an Überdünung von West nach Ost auf Grund eines durch die glaziale und postglaziale geologische Entwicklung vorgegebenen Sedimentangebotes ansteigt. Die Höhe der zum überwiegenden Teil aus der Stein- und Kiesfraktion aufgebauten Strandwälle richtet sich nach dem jeweiligen maximal erreichten Hochwasserstand. Sie beträgt an den Außenküsten der Ostsee etwa 3 m (KÖSTER, 1961). Durch den Vergleich der Höhen von gestaffelt und in Transportrichtung versetzt hintereinander liegenden Strandwällen lassen sich demnach Aussagen über die Wasserstandsverhältnisse bei den entsprechenden Sturmereignissen treffen (KÖSTER, 1960).

Ist ein Strandwall entstanden, so setzt bei ausreichender Sedimentverfügbarkeit auf ihm sehr rasch Dünenbildung ein, wie es auf dem Graswarder, aber wesentlich deutlicher auf dem Fischland, dem Darß, der Insel Usedom und letztendlich auf der Frischen und Kurischen Nehrung mit den bis zu 30 m hoch aufragenden Dünen zu beobachten ist. Der Sand hierzu stammt in der Regel aus dem Strand- und Vorstrandbereich. Bei sehr flach geneigten Vorstränden genügen bereits geringe Wasserstandserniedrigungen, um die Sandausblasungsflächen und damit die Sedimentverfügbarkeit drastisch zu erhöhen. Regressionsphasen sind in der jüngeren Vergangenheit der Ostsee nachgewiesen, z.B. folgte nach einem Meerspiegelhochstand vor ca. 2000 Jahren eine Regression um bis zu 80 cm vor etwa 1000 Jahren (KLUG, 1980; WINN et al., 1986; LÜBKE, 2000; vgl. Abb. 1.10 und 4.3). Diese waren somit gleichzeitig Phasen verstärkter Dünenbildung. Auch kurzfristige Wasserstandsabsenkungen, wie sie bei Stürmen aus west- bis südwestlichen Richtungen mehrmals im Jahr an der westlichen und südlichen Ostseeküste vorkommen (vgl. Abschn. 3.4), fördern das Sedimentangebot für eine Dünenbildung. In dem Maße, wie sich neue Dünen bilden, wird das in ihnen akkumulierte Material dem Vorstrand entzogen. Bei Bilanzierungen des Sedimenthaushaltes für ein Küstengebiet sind daher die in den Küstendünen enthaltenen Sedimentmassen mit einzubeziehen (ALW, 1997).

Ein eindrucksvolles Beispiel für variierende, langandauernde Änderungen des Windfeldes und die Auswirkung auf den litoralen Sedimenttransport ist die Versandung der Swinepforte (Hauptmündungsarm der Oder) durch wechselweise Vorschüttung von Abtragsmaterial der beiderseitigen, bis zu 115 m hohen, primär aus Sanden aufgebauten Außenküsten von Usedom und Wolin (KEILHACK, 1912; NIEDERMEYER et al., 1987). Radiokarbondatierungen weisen dem dem Hakensystem aufgesetzten ältesten Braundünen ein Alter von 4800 v. h. zu (BOROWKA et al., 1986). Durch diesen Wechsel in der Dominanz der Vorschüttrichtung ist der Mündungsverlauf der Oder in der Vergangenheit erheblich beeinflusst worden.

Vorwachsraten von Sandhaken entlang der südwestlichen und südlichen Ostsee reichen von weniger als 1 m bis zu einigen 10 m/Jahr. Entscheidend für eine solche Angabe der Vorwachsgeschwindigkeit ist aber nicht allein die Menge angelieferten Sedimentes, sondern sowohl die Tiefe des Beckens, in das sich der Haken vorbaut (SCHROTTKE, 1999), als auch die Dauer, über die so ein Vorbau betrachtet wird. So ist z.B. für das Vorwachsen der Halbinsel Hela um lediglich ca. 1 m/Jahr in ein bis zu 100 m tiefes Becken wesentlich mehr Sediment notwendig als es z.B. das Vorwachsen des Bottsandes mit Raten im Mittel bis zu 18 m/Jahr seit 1937 (SCHWARZER, 1994) in ein lediglich 3–4 m tiefes Becken erfordert. SCHROTTKE (1997) ermittelt auf der Basis von ^{14}C-Datierungen und Kartenvergleichen für das Vorwach-

sen des Graswarders bei Heiligenhafen für die vergangenen 3000 Jahre eine mittlere Rate von
1 m/Jahr. Innerhalb dieses Gesamtzeitraumes gibt es jedoch durchaus Phasen in der Größenordnung von Dezennien, in der die Wachstumsgeschwindigkeit durch vermehrte Sturmtätigkeit und Wasserstandsanhebungen auf bis zu 5 m/Jahr, von 1987–2000 sogar auf
17 m/Jahr, anstieg.

Aus den o. a. dargelegten Prozessen und Entwicklungen geht hervor, dass sich gerade
die Flachküsten mit den vorgelagerten Sandriffsystemen in einem äußerst sensiblen, dynamischen Gleichgewicht zwischen Energieeinwirkung und morphologisch-sedimentologi-
scher Ausbildung des Strand- und Vorstrandbereiches befinden. Durch eine vermehrte
Sturmtätigkeit würde Material rascher von den Liefergebieten zu den Sedimentsenken (Spitzen der Haken und Nehrungen, Eingänge der Förden, Hafeneinfahrten, Buchten, Höftländer) gelangen und somit z.B. die Vorwachsgeschwindigkeit von Haken und Nehrungen erhöhen. Demgegenüber würden Sedimentdurchsatzgebiete hinsichtlich ihrer Materialbilanz
keinen Einfluss erfahren, solange der Nachschub an Sediment aus den Liefergebieten ge-
währleistet ist.

Durch einen verstärkten Energieeintrag erhöht sich aber die Abrasionstätigkeit am gesamten durch Wellen beeinflussten Meeresboden (SCHWARZER et al., 2000). Zudem wird unter derartigen energetischen Bedingungen vermehrt Feinmaterial durch küstennormal gerichtete Strömungen in tiefere Gebiete abtransportiert werden (FURMANCZYK, 1994; FUR-
MANCZYK u. MUSIELAK, 1999), was eine generelle Kornvergröberung im Küstenvorfeld zur
Folge hat. Aus beiden Annahmen ergeben sich eine Versteilung des Küstenprofils und eine
erhöhte Rückgangsdynamik mit höheren Erosionsraten (COWELL et al., 1991; Roy et al.,
1994). Letzteres wiederum wäre für die häufig äußerst schmalen Nahtstellenbereiche zwischen Kliff und Niederung problematisch, denn hier würde trotz eines höheren Sediment-
durchsatzes kein zusätzliches Sediment mehr angelagert werden. Dennoch würde sich nach
einer bestimmten Zeit im Fall einer durch Bauwerke unbeeinflussten Küste ein neues dynamisches Gleichgewicht einstellen.

Eine lineare Anhebung des Wasserstandes allein, ohne eine gleichzeitige Zunahme von
Starkwind- und Sturmereignissen, würde die Rückgangdynamik nicht erhöhen, jedoch das
gesamte Profil landwärts verschieben (ROY et al., 1994). Transportgeschwindigkeiten blieben
die gleichen, Strandwälle würden entsprechend des neuen Wasserstandes lediglich auf ein
höheres Niveau aufgeworfen werden. Gravierende Änderungen träten jedoch auf, wenn sich
das Vorstrandprofil versteilen- und/oder sich die Sedimentzufuhr verringern würden. Beides
könnte bei einem beschleunigten Meeresspiegelanstieg der Fall sein, wenn die Zone der
Hauptenergiedissipation näher an das Ufer heranrückt und es nicht zu einer Gleichgewichtseinstellung zwischen den steuernden Faktoren und der morphologisch-sedimentologischen
Ausbildung des Meeresbodens kommt.

4.2.3 Küsten- und Sedimentdynamik in unterschiedlichen
Zeitskalen – Materialtransport und Sedimentbilanz

Steuerungsfaktoren, die die Küstenentwicklung und Sedimentdynamik beeinflussen,
reichen von kurzfristigen Sturmereignissen mit einer Dauer von nur wenigen Stunden (vgl.
Abschn. 4.3.2) über saisonale und jährliche Zyklen bis hin zu Prozessen, die kontinuierlich
über Jahrhunderte bis hin zu Jahrtausenden andauern. Beispielhaft für Letztere sind etwa die
holozänen Klimaschwankungen (vgl. Abb. 4.3) oder tektonische Bewegungen der Erdkruste,
aus denen relative Wasserstandsveränderungen resultieren (vgl. Abschn. 1.2 u. 1.3, Tab. 4.5).

War an der südlichen Ostseeküste bis ca. 6000 Jahren v.h. der rasche Meerespiegelanstieg der alleinige Faktor für die Küstenentwicklung, so traten mit der relativen Stabilisierung des Meeresspiegels stochastische Prozesse wie Klimaschwankungen, das Wellenklima, Sturmereignisse, die Sedimentzufuhr durch Küstenerosion und durch Flüsse (ROY et al., 1994), aber auch durch anthropogene Einflüsse als küstengestaltende Einflussfaktoren in den Vordergrund. Die gegenseitige Überlagerung dieser Vorgänge führt aber dazu, dass die Küstenentwicklung, die ein ständig andauernder Prozess ist, nie ein statisches Gleichgewicht erfährt. Auch wenn heute bekannt ist, dass ein tiefgreifendes Verständnis über die Küstenentwicklung für Fragen eines Küstenzonenmanagements unabdingbar ist, so ist es bisher auf Grund des Ineinandergreifens und Überlagerns der einzelnen Einflussfaktoren nicht gelungen, einen systematischen Ansatz für eine Kopplung kurz- und langfristig wirkender küstengestaltender Prozesse zu erarbeiten (COWELL et al., 1999).

Je größer die zu betrachtenden Zeitskalen sind, umso unsicherer werden die Zusammenhänge zwischen den treibenden Kräften und den entsprechenden Auswirkungen auf die Küstenmorphologie und -sedimentologie. Lassen sich heute Küstenentwicklungen bis in den Dezennienbereich hinein schon recht gut modellieren, so führt die Auswirkung der einzelnen unregelmäßig veränderlichen Prozesse und Rückkoppelungsmechanismen für längere Zeitskalen und größere Areale noch zu sehr unsicheren Aussagen.

Mit einer Betrachtung der Küstenentwicklung in unterschiedlichen Zeitskalen von einzelnen Ereignissen bis hin zu Jahrtausenden ändert sich in gleichem Maße auch die räumliche Betrachtungsweise von kleinräumigen Arealen (z. B. einzelne Strandabschnitte) hin zu größeren Einheiten wie etwa einem gesamten Strandwallfächer- oder Hakensystem. Diese räumliche Unterscheidung in der lateralen Ebene ist um die vertikale Komponente zu ergänzen, denn bei langfristigen Betrachtungen ist auch der seewärtige tiefere Seegrund (dies ist der gesamte Bereich, der von der Wellenbasis über den gesamten Betrachtungszeitraum, der veränderte Wasserstandsbedingungen einschließt, erreicht werden kann) einzubeziehen.

Tab. 4.5: Zeitskalen und antreibende Prozesse für die Küstenentwicklung

Zeitskala/Jahre	Antreibende Kräfte
0.01–0.1	Micro-scale 1: Einzelereignisse wie Stürme und Sturmfluten, Eigenschwingungen, Flusshochwässer, Rutschungen an Kliffs
1	Micro-scale 2: Jahresgänge von Windgeschwindigkeit und -richtung, insbesondere von Sturmlagen, der Flusswasserzufuhr u.a.
10	Meso-scale: Jahrzehnte mit Schwankungen der atmosphärischen Zirkulation, großräumige Zirkulationszellen im Flachwasser (Gates), Reaktion auf Küstenschutzanlagen, Entwicklung von Dünenzügen u.a.
100	Macro-scale 1: Jahrhunderte mit Variationen der großskaligen Sedimentbilanzen, Änderungen in den Hauptwindrichtungen, Wasserstandsfluktuationen
1000	Macro-scale 2: Jahrtausende mit großskaligen Sedimentbilanzverschiebungen, Meeresspiegelschwankungen, Klimaschwankungen, Neotektonik u.a.

Eines der vorherrschenden Probleme hinsichtlich der längeren Zeitskalen ist die Messbarkeit der Reaktion der Küste auf bestimmte treibende Kräfte. Können die Auswirkungen von Sturmereignissen oder auch saisonalen Veränderungen der Vorstrandmorphologie und -sedimentologie gemessen (vgl. Abb. 4.12 und 4.13) und diskreten Ereignissen zugeordnet werden (SCHWARZER u. DIESING, 2001), so ist z.B. der kontinuierliche Senkungsprozess gegenüber dem Meeresspiegel entlang der südlichen Ostseeküste und die Reaktion eines gesamten seewärtigen Küstenvorfeldes (z.B. Kieler Bucht, Greifswalder Bodden, Pommersche Bucht) darauf über kurze Zeiträume (wenige Jahre bis Dezennien) mit keiner der derzeit verfügbaren Methoden hochauflösend messbar. Für die Erarbeitung derartiger Daten aus den entsprechenden Flachwasserbereichen, in denen keine kontinuierliche Sedimentabfolge vorliegt, greifen lediglich feinstratigraphische Methoden, Faziesanalysen und Datierungen. Eine klare Beziehung einzelner Sedimentlagen zu den antreibenden Kräften ist dabei aber nicht eindeutig herzustellen. Solche Lagen stellen mit vielen zwischengeschalteten Hiaten die Summe aus kurzfristigen und langfristigen Prozessen dar.

Kurzfristige Sturmereignisse können zu Kliffrückgang, Strandausräumungen und der seewärtigen Verlagerung von Sandriffen über die Distanz von einigen 10 Metern führen (vgl. Abschnitte 4.3.1 und 4.3.2). Die Aufarbeitung von Material aus der Küstenerosion nach einem Sturm oder der Sedimenteintrag in den Strand- und Vorstrandbereich durch eine Hangrutschung kann sich über Jahre hinziehen, bevor sich wieder natürliche Strandneigungen und -breiten eingestellt haben. COWELL u. THOM (1994) zeigen, dass ein Strand, der nach einer Serie mehrerer, kurz hintereinander folgender schwerer Stürme ausgeräumt war, nahezu ein Jahrzehnt benötigte, um sich zu regenerieren. Diese Ereignisse können somit zwar eine längerfristige Veränderung des Zustandes eines bestimmten Küstenabschnittes bewirken, sie sind aber reversibel und nicht als antreibende, auf einer längeren Zeitskala (z. B. Jahrzehnte) zuzuordnenden Kraft zu betrachten (SCHWARZER et al., 2003).

Sandriffe haben bei Betrachtung kurzer Zeitskalen für kurzfristige Ereignisse hinsichtlich des Schutzes einer Küste eine überragende Rolle, da über ihnen die Wellenenergie abgebaut wird. Bei langfristigen Betrachtungen vor dem Hintergrund des Materialhaushaltes einer Küste haben diese sehr dynamischen Akkumulationskörper aber keine gravierende Bedeutung.

Für längerfristige Abläufe zeigen Modellrechnungen von ROY et al. (1994), dass an einer Transgressionsküste, wie der südlichen Ostsee, bei einem linear ansteigenden Meeresspiegel die durch geologisch/geomorphologische Bedingungen vorgegebene Neigung des Vorstrandes einen wesentlich gravierenderen Einfluss auf den Sedimenthaushalt des Strand- und Vorstrandes ausübt, als die Materialzufuhr aus dem litoralen Transport. Während an gleichmäßig flach geneigten Vorstränden das gesamte Material in Richtung Küste transportiert wird, bewirkt eine Versteilung des Vorstrandes einen mit dem Neigungsgradienten zunehmenden seewärtigen Transport, der bei zunehmendem Neigungsgradienten in einem ausschießlichen, seewärtigen Transport mündet. Ist die Neigung eines Vorstrandes nicht konstant, sondern nimmt bei gleichmäßiger Sedimentzufuhr kontinuierlich ab, so nehmen die landwärts gerichteten Verlagerungsraten morphologischer Strukturen zu. Gleichzeitig verringert sich jedoch das Volumen der Transportkörper.

Bei großräumigen Strukturen wie ganzen Riffsystemen, Strandwallfächern oder morphodynamischen Einheiten erfolgt die Reaktion der Küste auf antreibende Kräfte häufig mit einer Zeitverzögerung. Als Beispiele dafür und für die Küstenentwicklung auf längeren Zeitskalen (Jahrhunderte) soll der Rückgang der Insel Usedom in ihrem zentralen Teil mit dem geichzeitigen Vorwachsen der beidseitig angrenzenden Akkumulationsgebiete und der Entwicklung des Küstenvorfeldes angeführt werden (Abb. 4.15 und 4.16). Der Kern der Insel besteht aus Geschiebemergel, der von bis zu 40 m mächtigen Schmelzwassersanden überlagert wird (NIEDERMEYER et al., 1987). Diese Schmelzwassersande bilden über weite Strecken die Abbruchküste Usedoms. Geschiebemergel ist teilweise gravitativ in diese Schmelzwassersande aufgedrungen (RUCHHOLZ, 1977). Im Bereich des Streckelsberges, mit 56 m der höchste Punkt der Insel, sind diese Schmelzwassersande von bis zu 20 m mächti-

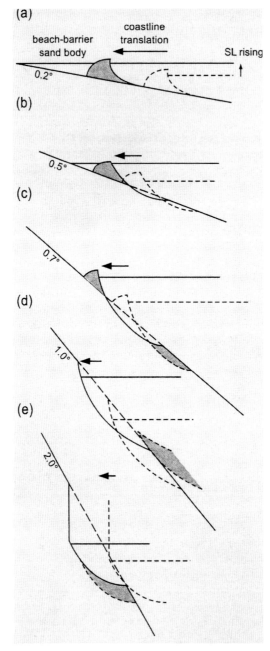

Abb. 4.14: Die Bedeutung der Vorstrandneigung für die Sedimentation im Strand- und Vorstrandbereich. Randbedingungen: Meeresspiegelanstieg 1 m/Jahrhundert, keine zusätzliche Sedimentzufuhr. An flach geneigten Vorständen findet ein landwärtiger Massentransport mit hohen Küstenrückgangsraten statt (a u. b). An steilen geneigten Vorständen (d und e) kommt es zu seewärtigem Transport bei gleichzeitig geringen Küstenrückgangsraten (aus ROY et al., 1994)

Tab. 4.6: Daten aus Modellrechnungen für die Küstenlinienverlagerung an einer Transgressionsküste. Eingangsdaten: Breite des Strand- und Vorstrandbereiches: 1500 m; maximale Wassertiefe: 25 m; Breite des Strandwallsystemes: 500 m; Meeresspiegelanstieg: 1 m/Jahrhundert. Die Zahlen in Klammern geben die jährliche Raten bei einem Meeresspiegelanstieg von 1,5 m/Jahrhundert an, nach Roy et al. (1994)

Neigung des Vorstrandes Grad	Volumen der Akkumulationskörper m^3	Sedimenttransport (landwärts) m^3/m	Sedimenttransport seewärts m^3/m	Verlagerung der Uferlinie m
0.1	23 275	+12 120 (180)		588 (8.80)
0.2	19 788	+5339 (80)		258 (4.20)
0.4	12 935	+1966 (29)		142 (2.10)
0.6	6053	+823 (12)		95 (1.40)
0.8	915	+334 (5)	−79 (1)	71 (1.00)
1.0	0		−253 (4)	57 (0.85)
1.5	0		−597 (9)	38 (0.57)
2.0	0		−804 (12)	29 (0.43)
4.0	0		−1144 (17)	14 (0.21)
6.0	0		−1277 (19)	9 (0.13)
10.0	0		−1372 (29)	4 (0.06)

gen Dünen überlagert. Diese wiederum bestehen aus Material, das aus den Schmelzwassersanden ausgeblasen ist. Basierend auf dem Vergleich historischer und moderner Karten konnte für den Zeitraum von 1692–1986 ein Sedimentbudget für jeweils 1 km breite Küstenstreifen für die gesamte Insel Usedom erarbeitet werden. Der durchschnittliche Rückgang der Außenküste Usedoms beträgt 0,4 m/Jahr, im zentralen Inselbereich 0,5 m/Jahr (vgl. Abb. 4.16). EKMANN (1999) gibt für den Zeitraum von 1200 v. h. bis zum Beginn des 20. Jahrhunderts Meeresspiegelschwankungen um ±1,5 mm/Jahr an, d.h. nur eine geringe Schwankung um Null. Erst danach wird ein kontinuierlicher Anstieg beobachtet. Die Daten gelten somit für einen Zeitraum, in dem keine starken Wasserstandsschwankungen stattgefunden haben.

Das für den 300-jährigen Zeitraum ermittelte Sedimentbudget bezieht sich sowohl auf den Bereich über Wasser, als auch auf den vorgelagerten Seegrund. Die über den gesamten Zeitraum erodierte Sedimentmenge beträgt $40,7 \cdot 10^6$ m^3, dies entspricht einer Menge von $14 \cdot 10^4$ m^3/Jahr, wovon $25,3 \cdot 10^6$ m^3 aus Sand bestehen, der für den Aufbau von Stränden und Sandriffen nutzbar ist. Ein Volumen von $15,4 \cdot 10^6$ m^3 gehört der Silt- und Tonfraktion an, die erst weiter seewärts auf dem tieferen Seegrund abgelagert wird (vgl. Abb. 4.15). Die Sedimentmengen, die einschließlich des vorgelagerten Seegrundes an den beiden Hakenenden der Insel Usedom akkumuliert werden, betragen insgesamt $27 \cdot 10^4$ m^3/Jahr (Peenemünder Haken: $15 \cdot 10^4$ m^3/Jahr, für den Usedom zuzurechnenden Teil der Swinepforte sind es $12 \cdot 10^4$ m^3/Jahr). Daraus ergibt sich zunächst ein Sedimentdefizit von $13 \cdot 10^4$ m^3/Jahr für den Sedimenteintrag, das aus einer anderen Quelle gedeckt werden muss. GURWELL (1989) und SCHWARZER et al. (2000) zeigen, dass ein konstanter Kliffrückgang auch eine Rückverlagerung des vorgelagerten Seegrundes erfordert. Unter den Annahmen, dass der Rückgang der Insel Usedom im zentralen Teil mit einer Rate von 0,5 m /Jahr über eine Strecke von 20 km gleichmäßig verlief und die Erosionsbasis bei −15 m NN liegt, ergibt sich eine Sedimentmenge von $15 \cdot 10^4$ m^3/Jahr, die allein vom Seegrund bereitgestellt wird. Somit stehen $27 \cdot 10^4$ m^3/Jahr akkumuliertes Material $29 \cdot 10^4$ m^3/Jahr erodiertem Material gegenüber. Der Überschuss von ca. 7 % ist als Suspensionsfracht anzusehen, die in die tieferen Becken transportiert wird.

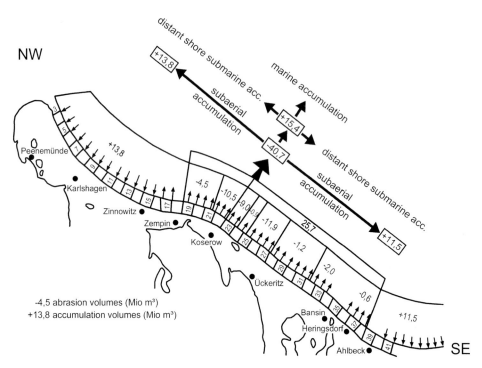

Abb. 4.15: Sedimentbilanz für die Außenküste der Insel Usedom während der letzten 300 Jahre, basierend auf Vergleichen historischer und moderner Karten, nach SCHWARZER et al. (2003)

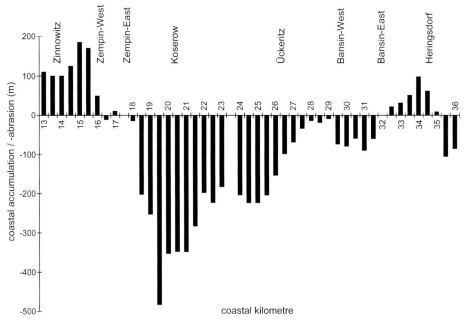

Abb. 4.16: Veränderungen der Küstenlinie (Erosion, Akkumulation) zwischen 1692–1986 für 1 km
weite Bereiche der Außenküste Usedoms, nach SCHWARZER et al. (2003)

Diese Abschätzung gilt im Mittel für gleichmäßige Wasserstandsverhältnisse über den gesamten Betrachtungszeitraum, bei der kurzfristige Schwankungen und Sturmereignisse sowie Veränderungen im Küstenlängstransport herausgemittelt sind. Im Sinne von KOHLHASE (1991) stellt die Insel Usedom somit eine physiographische Einheit dar, in der das, was an Material im Erosionsgebiet aufgearbeitet wird, mit Ausnahme des feinklastischen, in Suspension abgeführten Materials, in den Akkumulationsgebieten zur Ablagerung kommt.

Die Insel Usedom stellt jedoch einen Idealfall entlang der deutschen Ostseeküste dar, denn die Bilanzierung zeigt, dass die Materialzufuhr von Land und See im Mittel über die letzten 300 Jahre konstant war. Verantwortlich dafür sind die relativ einfachen Lagerungsverhältnisse im Küstenvorfeld mit den flächenhaft auftretenden Schmelzwassersanden. Viele Küstenabschnitte entlang der Ostsee sind jedoch wesentlich heterogener aufgebaut mit engräumigen Verzahnungen unterschiedlicher lithologischer Einheiten im Seegrundbereich. Da von diesen Einheiten auf Grund der Abrasion heute nur noch Relikte vorhanden sind, ist ihre ehemalige räumliche Ausdehnung, vor allem aber auch ihre auf den Meeresspiegel bezogene Höhe, nicht bekannt. So können heute in vielen Gebieten Sedimentdefizite dadurch auftreten, dass ehemalige Sedimentliefergebiete erschöpft sind und sich zu Erosionsgebieten mit den entsprechenden Auswirkungen im unmittelbaren Uferbereich gewandelt haben. KÖSTER (1979) zeigt dies eindrucksvoll für die Probsteiküste an der östlichen Kieler Außenförde, wo sich ein ursprüngliches Liefergebiet und ein Akkumulationsgebiet in ein Erosionsgebiet umgewandelt haben. Anhand der räumlichen Lage alter Strandwallstrukturen identifiziert er dieses heute weit seewärts liegende Sedimentliefergebiet, das nun, immer noch als morphologische Hochlage hervortretend, von Restsedimenten bedeckt ist (WERNER, 1979). Diese ehemaligen Strandwälle werden aufgearbeitet, und die unter Erosion liegende Küste muss heute mit einem massiven Deich geschützt werden.

4.3 Folgen der morpho- und sedimentdynamischen Anpassungen für die Küstenstabilität

Erscheinen Landschaftsformen im Binnenland als etwas Beständiges, so unterliegen demgegenüber gerade die Küstenstreifen einem natürlichen, ständigen Formen- und Gestaltwandel. Veränderungen nach Sturmhochwasser-Ereignissen sind dabei am auffälligsten. Aber die ständig vorgenommenen Beobachtungen zeigen, dass es auch außerhalb dieser extremen Ereignisse zu fortwährenden Umformungen kommt. Es ist das stete Streben nach einer natürlichen Gleichgewichtseinstellung zwischen endogenen dynamischen Prozessen (Hebungs- und Senkungstendenzen), kurz- und langfristigen Wasserstandsschwankungen (vgl. Abschn. 2), den Wirkungen des einlaufenden Seegangs (Brandung und Strömungen), den morphologischen Formen (Sandriffe, Rinnen, Strand, Dünen) und der sedimentologischen Ausbildung des Meeresbodens (Sand- und Kiesbedeckung, Mergelflächen, organische Sedimente usw.), was als Antrieb für diese ständigen Umformungen wirkt. Änderungen auch nur eines dieser Parameter ziehen immer Reaktionen der anderen Einflussgrößen nach sich. Sowohl natürliche Prozesse als auch anthropogene Veränderungen vermögen diese Balancen derart zu beeinflussen, dass es zu Einstellungen neuer Transport- und Sedimentationsverhältnisse kommt.

Langfristige Wasserstandsschwankungen führen dazu, dass sich das gesamte morphodynamische Küstensystem landwärts verschiebt. Ist die Geschwindigkeit dieser Wasserstandsveränderungen sehr hoch, können häufig einzelne Strukturen dieses Systems, obwohl sie aus Lockermaterial aufgebaut sind, zeitlich und räumlich dieser Verschiebung nicht folgen. Am tiefen Meeresgrund bleiben Relikte älterer Küstenlinien, z.B. „ertrunkene"

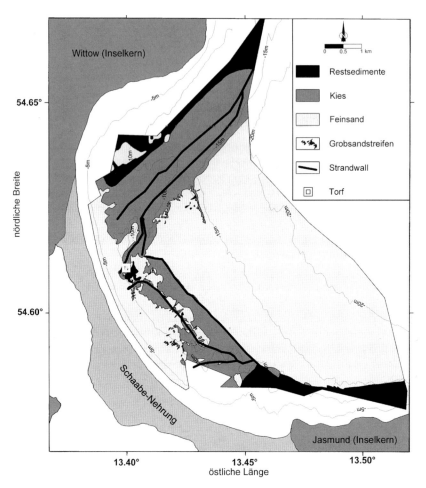

Abb. 4.17: Sedimentverteilung und Lage ertrunkener Strandwälle des Baltischen Eisstausees in der Tromper Wiek/Rügen, nach SCHWARZER et al. (2000)

Strandwälle (Abb. 4.17), zurück (SCHWARZER et al., 2000). Damit wird gleichzeitig Material dem küstendynamischen System für die weitere Entwicklung entzogen.

Stürme destabilisieren in vielen Fällen abrupt vormals existierende, scharfe Grenzen geomorphologischer und sedimentologischer Verteilungsmuster im Strand- und Vorstrandbereich (KÖSTER, 1979; SCHWARZER, 1989; ALW, 1997). Eine rasche Abnahme starker Welleneinwirkung führt zu einem relativ langen Anhalten (Monate bis hin zu Jahren) der hohen Energieverhältnissen entsprechenden Bathymetrie und Sedimentverteilung (SCHWARZER et al., 2003). Dies ist besonders für die seewärtigen Strukturen in größeren Wassertiefen an Küsten ohne ausgeprägtes Tidesignal gültig (CHAPPELL u. ELIOT, 1979). Die morpho- und sedimentdynamische Anpassung hinkt hier häufig den steuernden Prozessen hinterher (vgl. hierzu auch Abschn. 4.3.4).

Neben dem Zeitfaktor ist weiterhin entscheidend, ob das gesamte Küstenprofil (vgl. Abb. 4.1) betrachtet wird, oder ob einzelne geomorphologische Einheiten, wie etwa Dünen, Strände oder das Sandriff-Rinnensystem, herausgegriffen werden. So können Strände hinsichtlich des Sedimentbudgets bei Betrachtung einzelner saisonaler Zyklen durchaus instabil werden, wenn sie z.B. während der Herbststürme ausgeräumt werden. Wird die gleiche Menge Material aber während der Sommermonate unter relativ ruhigeren Bedingungen an die Strände zurück transportiert, ist dieser Abschnitt im Jahreszyklus stabil (ALW, 1997), da das Material in dem als Küste definierten Bereich (vgl. Abschn. 4.1) verbleibt. Das Sediment wird im Strand- und Vorstrandbereich lediglich kurzfristig umgelagert, und es handelt sich primär um Pendelbewegungen unterschiedlichen Ausmaßes um einen Gleichgewichtszustand (ALW, 1997). Eine hohe Dynamik, d.h. ein ausgeprägtes „Hin- und Herbewegen" von Sediment, bedingt somit im Jahreszyklus nicht automatisch große Veränderungen an der Küste. Für die Betrachtung der Küstenstabilität ist es daher unumgänglich, einen Zeitfaktor einzubeziehen, für den die zu betrachtende Stabilität Gültigkeit haben soll.

Halten sich Erosion und Akkumulation über einen definierten Zeitabschnitt die Waage, dann ist die Küste in einem stabilen Zustand. An einer Küste mit geringer Dynamik, bei der die Veränderungen jedoch immer nur in eine Richtung weisen, was z.B. der Fall ist, wenn nur Erosion beobachtet wird, führt das zu einer instabilen Situation. Derartige Erosionsprobleme treten immer dann auf, wenn es zur Unterversorgung mit geeignetem Material kommt. Die in solchen Fällen häufig an die geologische Entwicklung gekoppelte Sedimentverfügbarkeit, die sowohl durch die natürliche Küstenentwicklung als auch durch anthropogene Eingriffe beeinträchtigt sein kann, spielt bei der Betrachtung der natürlichen Morpho- und Sedimentdynamik eine wesentliche Rolle. Ehemalige Liefergebiete können heute aufgezehrt sein, Akkumulationsgebiete können sich in Erosionsgebiete gewandelt haben (vgl. Abschn. 4.2.3), aber es kann auch der natürliche Sedimentstrom durch Bauwerke unterbrochen sein. So tritt eine natürliche morphodynamische Anpassung nur noch an unbeeinflussten Küstenabschnitten auf. An allen durch Bauwerke geschützten Küstenabschnitten kann sie nicht mehr erfolgen, da lediglich eine morphodynamische Anpassung als Reaktion auf das jeweilige Bauwerk stattfindet.

In der Vergangenheit hat man Küstenerosion grundsätzlich negativ beurteilt und versucht, sie mit den verschiedensten Maßnahmen einzudämmen oder gar zu stoppen. Heute betrachtet man diesen Prozess, sofern er nicht durch Bauwerke induziert ist, auf Grund einer ganzheitlichen, d.h. zeitlich und räumlich umfassenderen Betrachtungsweise als zur natürlichen Küstendynamik gehörend. Der Prozess des Küstenrückganges an einer Lokation trägt dazu bei, andere Küstenabschnitte zu stabilisieren, an denen z.B. das erodierte Material wieder abgelagert wird. Weiterhin können neue Areale wie Nehrungshaken, Höftländer, Salzwiesen oder Strände nur geschaffen werden, wenn eben dieses an anderer Stelle erodierte Sediment bereitgestellt wird.

4.3.1 Die Bedeutung von Umlagerung und Erosion durch Sturmhochwasser versus graduelle Veränderungen

Auswirkungen von Sturmhochwasser erscheinen an den über Wasser beobachtbaren, geomorphologischen Küstenformen (Dünen, Kliffs, Strände) häufig dadurch spektakulär, dass es binnen eines sehr kurzen Zeitraumes von Stunden bis wenige Tage zu abrupten Küstenrückgängen oder Strandausräumungen kommt, die zudem häufig mit Schäden im unmittelbaren Strandbereich verbunden sind. Die alltäglichen hydrodynamischen Verhältnisse bieten einem ständigen Beobachter demgegenüber nur wenig markante Veränderungen, selbst wenn die durch ein Sturmhochwasser ausgeräumten Bereiche bereits nach einem Zeitraum von einigen Wochen bis Monaten wieder durch das alltägliche Prozessgeschehen regeneriert sind.

Für den Unterwasserbereich reduzieren sich auf Grund der Zugänglichkeit und logistischer Einschränkungen die Beobachtungsmöglichkeiten drastisch. Die für das Herausarbeiten der Unterschiede notwendigen hochauflösenden Zeitreihen von Messdaten sind nur für sehr wenige Küstengebiete vorhanden (ALW, 1997). Erscheinen Erosionsprozesse an sandigen Stränden häufig reversibel, so sind Steiluferabbrüche oder auch die Tieferlegung des Seegrundes durch Abrasionsprozesse des anstehenden Materials (Geschiebemergel, alte Lagunensedimente, vgl. Abschnitt 1.3 u. 4.2.2, Abb. 4.19) irreversibel. Für sandige Strände muss jedoch bedacht werden, dass sich die Regeneration immer nur auf das vorhergehende Hochwasser bezieht, d.h. dass es sich also um einen sehr kurzskaligen und engräumigen Prozess handelt. Langfristig, d. h. über den Jahreszyklus hinaus, können auch sandige Strände einem in diesem kurzskaligen Prozessgeschehen kaum wahrnehmbaren Materialdefizit unterliegen.

Eine wichtige Randbedingung bei der Ermittlung der Größenordnung morpho- und sedimentdynamischer Aktivität ist ihre gebietsspezifische seewärtige Ausdehnung. Das bei einem Sturmhochwasser aktivierte Areal erstreckt sich küstennormal über einen wesentlich weiteren Bereich, als dies unter durchschnittlichen Seegangsbedingungen der Fall ist. In der Literatur werden die Zonen, in denen das „alltägliche" bzw. das „ereignisdominierte" sedimentologische und morphologische Geschehen stattfindet, als „upper shoreface" und „lower shoreface" bezeichnet (COWELL et al., 1999), was sich im Hinblick auf morpho- und sedimentdynamische Prozesse als „aktive" und „passive" Zone umschreiben lässt. Die aktive Zone umfasst dabei die saisonalen und jahreszeitlichen Ereignisse. Die passive Zone ist hingegen nur während äußerst energiereicher Ereignisse aktiv (vgl. Tab. 4.3). Diese Definitionen orientieren sich nicht allein an der Morphologie, sondern ebenso an der Sedimentologie, da es durchaus zu erheblichen Sedimentbewegungen und Verschiebungen im Kornspektrum kommen kann, ohne dass gleichzeitig morphologische Veränderungen auftreten (ALW, 1997; SCHWARZER u. DIESING, 2001). Die Dynamik eines Vorstrandes allein über Formveränderungen der Unterwassermorphologie zu definieren, würde daher eine zu eingeschränkte Sichtweise bedeuten und könnte zu Fehlinterpretationen führen.

Der besondere geologische Aufbau der Ostseeküste mit dem Alternieren von Flach- und Steilküsten, den im Küstenvorfeld ausstreichenden Abrasionsplattformen und den lagunären Sedimenten (Abb. 1.8, 4.10 u. 4.19) erschwert eine seewärtige Abgrenzung der aktiven Zone. Die Bestimmung von Umlagerungsintensitäten bzw. aktiver Tiefen (eine aktive Tiefe ist die maximal mögliche Umlagerungstiefe D_t in Abhängigkeit von der jeweiligen Energieeinwirkung, vgl. Abb. 4.18) sind häufig nicht möglich. Sie wären nur abschätzbar, wenn die Lockermaterialauflage (L_t) mächtiger wäre als die tatsächlich mögliche Umlagerungstiefe, wie es z. B. in Sandriffsystemen der Fall ist. Bei nur geringer Sedimentüberdeckung ($D_t > L_t$) wird die einwirkende Wellenenergie nicht allein in Sedimentumlagerung und -verlagerung, sondern auch in Abrasionswirkung umgesetzt. So messen WEFER at al. (1976) in einem nach Osten exponierten Flachwasserabschnitt der Kieler Bucht (Bokniseck) selbst in 10 m Wassertiefe noch Abrasionsraten bis zu 1.6 mm/Jahr an einem zum Zeitpunkt der Beobachtungen unter einer Restsedimentdecke anstehenden Geschiebemergel. Für geringere Wassertiefen (bis −6.5 m NN) ermittelt SCHROTTKE (2001) für verschiedene Abrasionsflächen in der Kieler (Schönhagen, Heiligenhafen) und Lübecker Bucht (Brodtener Ufer) Abrasionsraten von 12–46 mm/Jahr. Diese Abrasionen sind nur möglich, wenn die Restsedimentdecke über dem Geschiebemergel erheblich bewegt wird ($L_t < D_t$) und mangels verfügbaren Sedimentes die Energieaufzehrung nicht allein durch Umlagerung, sondern auch durch Abrasion des Anstehenden erfolgt. SCHROTTKE (2001) zeigt durch regelmäßige in situ Wiederholungsmessungen von Abrasionsbeträgen und Photodokumentationen eindrucksvoll, dass die primär aus Grobsand, Kies und Steinen bestehende, bewegliche Restsedimentdecke bis zu 30 cm mächtig sein kann. Sinnvolle Angaben über die seewärtige Ausdehnung der aktiven Zone können daher nur erfolgen, wenn sichergestellt ist, dass die maximal mögliche Umlagerungstiefe (D_t) geringer ist als die Mächtigkeit (L_t) der Lockermaterialauflage über einer erosionsresistenten Basis (vgl. Abb. 4.19).

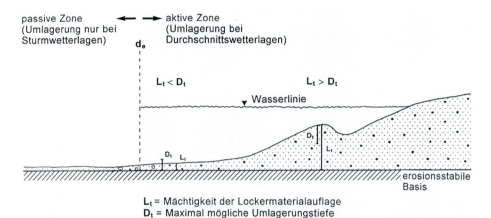

Abb. 4.18: Abhängigkeit der Umlagerungstiefe D_t von den Lagerungsverhältnissen (ALW, 1997)

Abb. 4.19a: Seegrund im Küstenvorfeld der Probstei (östliche Kieler Außenförde). Die Aufnahme entstand 3 Tage nach dem Starkwindereignis v. 3.10.–7.10.1992 (Windstärke: 7 Bft; Dauer: 81 Std.; Richtung. 60°–110°; Wasserstand: 20 cm um NN schwankend, H_{max}: 1,66 m). Das Foto zeigt eine Torfkante und Steine von mehreren dm Durchmesser. Der ausstreichende Torf ist während durchschnittlicher Wetterlagen von einer ca. 20 cm mächtigen Feinsandschicht bedeckt. Nach dem Starkwindereignis befindet sich auf der Torfoberfläche lediglich eine spärliche Feinsanddecke. Die Mächtigkeit der Lockermaterialauflage L_t war geringer als die maximal mögliche Umlagerungstiefe D_t. In der Mitte des Bildes ist die Kabelzuführung zu einem Strömungsmesser zu erkennen (ALW, 1997)

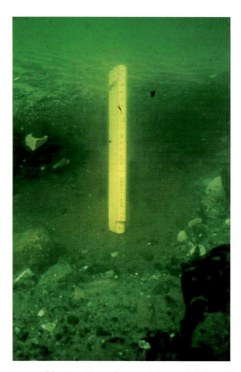

Abb. 4.19b: Detailausschnitt aus Abb. 19a. Unter dem ca. 15 cm mächtigen Torf liegt eine Muddeschicht (lagunärer Halbfaulschlamm). Die Kante weist eine Höhe von 25 cm auf. Über der erosionsresistenten Torfschicht wäre demnach D_t um mindestens 25 cm größer gewesen (ALW, 1997)

Ein eindrucksvolles Beispiel für die passive Zone eines Vorstrandbereiches liegt aus dem Küstenvorfeld des Streckelsberges (Usedom) vor. Hier wurde ein Gebiet zwischen 5–13 m Wassertiefe mit einem Seitensicht-Sonarsystem über einen Zeitraum von $4^1/_2$ Jahren mehrfach flächendeckend aufgenommen. Eine dieser Aufnahmen erfolgte nur 4 Tage nach dem Sturmhochwasserereignis vom 4./5.11.1995 (vgl. Abschn. 4.3.3, Abb. 4.4, s. auch Abschn. 3.1), das für die Küste Mecklenburg-Vorpommerns zu den schwersten Ereignissen dieser Art in den letzten 125 Jahren zählte (REDIECK u. SCHADE, 1996). Der Wasserstand am Pegel Greifswald-Wiek betrug 1,77 m ü. NN, was einem Wiederkehrintervall von <20 Jahren (vgl. Tab. 4.3) zuzuordnen ist. Das bearbeitete Gebiet (Abb. 4.20) zeigt primär die beiden Sedimenttypen Feinsand und Restsediment. Der Feinsand ist als rezentes, mobiles Material anzusehen, dessen Mächtigkeit auf der Basis seismischer Untersuchungen und Sedimentkernentnahmen bis zu 2 m reichen kann. Die relativ dazu gröberen Restsedimente, die in den Seitensicht-Sonaraufnahmen durch die dunkleren Rückstreuungssignale wiedergegeben werden, bestehen aus Grobsand, Kiesen und Steinen. Diese Sedimente sind entweder an Geschiebemergelaufragungen aus dem Untergrund gebunden (SCHUMACHER et al., 1996), dann ragen sie morphologisch über den umgebenden Meeresboden hervor, oder sie liegen an der Basis von Rinnen, die auf Grund von Strömungen in die Sandbedeckung eingeschnitten sind.

Aus den Aufnahmen eines untersuchten Referenzgebietes mit einer Größe von 400 m × 400 m (Abb. 4.20) ergibt sich, dass die Sedimentverteilung über den gesamten Untersuchungszeitraum recht stabil ist. Großräumige Veränderungen werden nicht beobachtet. Es

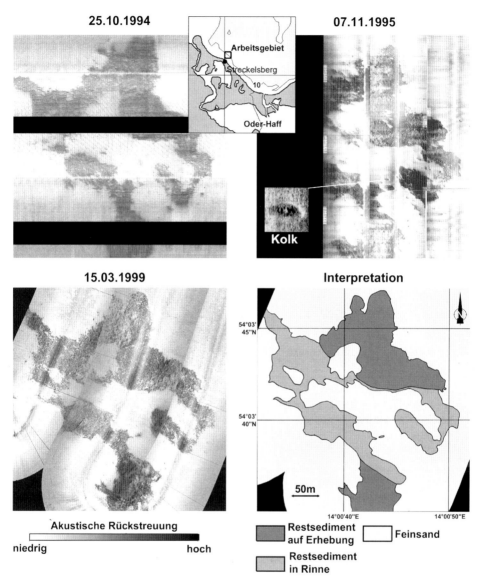

25.10.1994

07.11.1995

Arbeitsgebiet

Streckelsberg

10

Oder-Haff

Kolk

15.03.1999

Interpretation

54°03' 45"N

54°03' 40"N

50m

14°00'40"E   14°00'50"E

Akustische Rückstreuung

niedrig   hoch

Restsediment
auf Erhebung   Feinsand

Restsediment
in Rinne

Abb. 4.20: Seitensicht-Sonar-Mosaike aus dem Küstenvorfeld des Streckelsberges/Usedom. Die Aufnahme vom 7.11.1995 erfolgte nur 4 Tage nach dem schweren Sturmhochwasser vom 3./4.11.1995. Der Bildausschnitt umfasst eine Fläche von ca. 400 m × 400 m. Deutlich sind Kolke um Hindernisse (Steine) zu beobachten. Die Wassertiefen liegen zwischen –6 m und –7 m NN. Selbst in diesen geringen Wassertiefen bleiben die großräumigen Strukturen erhalten. Die Aufnahmen erfolgten mit den Seitensicht-Sonarsystemen EG&G 272 und einem Klein 595 (aus SCHWARZER et al. 1996, 2003)

treten lediglich mehrere Quadratmeter große Kolke um Steine auf, die in der Aufnahme von 1994 noch nicht beobachtet wurden und daher auf das Sturmereignis 4./5.11.1995 zurückgeführt werden. Diese Kolke traten nach dem Sturmereignis in Wassertiefen bis zu –12 m NN auf. In der Aufnahme von 1999 zeigt sich, dass in dem 3,5-jährigen Zeitraum nach dem Sturmereignis ein allmähliches Verfüllen der Kolke stattgefunden hat.

Die aktive Zone wird durch die Brandungsprozesse mittlerer Stärke dominiert. DETTE u. STEPHAN (1979) kommen auf Grund theoretischer Ansätze und empirischer Untersuchungen vor der Probsteiküste zu dem Ergebnis, dass an Küstenabschnitten der Ostsee mit vorgelagerten Sandriffsystemen die Brecherzonen, und damit die Bereiche der höchsten Energieumsetzung, bei Sturmereignissen mit Wasserständen von ±0 m bis +1.0 m NN nahezu identisch sind. Grundlage ist, dass anhaltende Wasserstandserhöhungen mit im Mittel bis auf +1.0 m NN (maximale Werte bis zu 1,5 m NN; dies sind Ereignisse, die im Mittel zweimal pro Jahr auftreten, vgl. Tab. 4.3) einen ausgepragten Seegang mit höheren Windstärken als bei gewöhnlichen Seegangsereignissen bedingen. Die daraus resultierenden höheren Wellen im Küstenvorfeld führen dazu, dass sich für derartige Verhältnisse der Ostsee, auf der Grundlage des Brecherkriteriums von H/d = 0.78 (H = Wellenhöhe der einzelnen Welle, d = Wassertiefe unter dem Ruhewasserspiegel, die Welle bricht bei H/d > 0.78), eine Brecherzone ausbildet, die sich räumlich mit der bei gewöhnlichen Seegangsverhältnissen deckt. Da zu dem um 1.0 m höheren Wasserstand auch im Mittel um 0.8 m höhere Wellen auftreten, rückt die Brecherzone nicht, wie erwartet, bei diesen Wasserstandserhöhungen näher an das Ufer heran (vgl. Tab. 4.7). Somit werden die höchsten Turbulenzen noch weitgehend vom Strand ferngehalten und bleiben auf das Sandriff-Rinnensystem und auf den seeseitigen Seegrund beschränkt. Selbst bei mittleren Sturmhochwasserereignissen bleibt die Brecherzone noch in 100 m – 200 m Uferentfernung. Allerdings führen die um bis zu 30 % höheren Brecher zu stärkeren Brandungsstromturbulenzen und damit zu höheren Brandungsstromgeschwindigkeiten.

Tab. 4.7: Lage und Ausdehnung der Zone des Wellenbrechens im Küstenprofil als Bereich höchster Energieumsetzung bei unterschiedlichen Wasserständen, von ±0.0 m NN (gewöhnliche Seegangsverhältnisse) bis hin zu +3,0 m NN (extreme Sturmhochwasserverhältnisse). Die Tab. ist aus Daten von DETTE u. STEPHAN (1979) zusammengestellt

Mittlerer Wasserstand, bezogen auf NN	Ausdehnung der Brecherzone, bezogen auf NN	Breite der Brecherzone m	Mittlere Entfernung der Brecherzone von der Uferlinie, m	Datenhintergrund
±0.0	−1.70 – −3.20	130	195	Sturmereignis v. 26.4.–30.4. 1978
+1.0	−1.75 – −2.95*	135	195	Sturmereignis v. v. 28.12.78– 1.1.1979
+2.0	−0.75 – −1.95	75	95	Theorie**
+3.0	+0.25 – −0.95	30	55	Theorie**

* Der gegenüber 1978 veränderte Tiefenbereich, über den sich die Brecherzone erstreckt, resultiert aus einer veränderten Vorstrandmorphologie.
** Die Werte wurden unter Zugrundelegung des Brecherkriteriums H/d = 0.8 ermittelt (H = Wellenhöhe, d = Wassertiefe)

Schwere, mit Wasserstandserhöhungen einhergehende Sturmfluten verschieben die Zonen höchster Energieumsetzung nicht nur landwärts, sondern sie verringern gleichzeitig auch die Breite der Zone, auf der diese Energie umgesetzt wird (DETTE u. STEPHAN, 1979). Damit nimmt der Energieeintrag pro Fläche zu, was an den Küsten zu größeren Schäden, bzw. zu einer erhöhten Morpho- und Sedimentdynamik führt. Bei Sandriffsystemen nimmt dabei die Intensität der Umlagerung mit der Entfernung der Riffe von der Uferlinie ab. Während dabei die landnahe Vorstrandmorphologie völlig eingeebnet werden kann, zeigen die seewärtigen Riffe nur bei Stürmen eine ausgeprägte morphologische und sedimentologische Reaktion.

Ergebnisse der erhöhten Energieabgabe pro Flächeneinheit im Uferbereich können markante Schäden, wie etwa Durchbrüche an Niederungsküsten oder das komplette Ausräumen von Stränden vor festen Bauwerken, sein. Zeigt STERR (1989), dass der Rückgang der Steilufer an Sturmereignisse, verbunden mit Sturmfluten, gekoppelt ist (vgl. Abb. 4.7), so weist SCHROTTKE (2001) nach, dass auch die Abrasion vor den Steilufern primär von Sturmereignissen abhängt. Gerade durch letztere Prozesse wird dem Vorstrandsystem zwar zusätzliches Material zugeführt, jedoch kann MILKERT (1994) an Sedimentkernen aus tieferen Bereichen der Ostsee qualitativ nachweisen, dass durch solche Ereignisse gleichzeitig auch sandiges Sediment in Wassertiefen, die noch seewärts der passiven Zone liegen, abgeführt wird. Somit geht bei Sturmhochwasser auch Sediment unwiederbringlich dem Strand und dem Vorstrandsystem verloren.

Sturmfluten bewirken aber nicht nur Erosion und Küstenrückgang, sondern auch die Bildung neuer Landflächen durch das Vorwachsen von Haken und Nehrungen. Während Perioden mit durchschnittlichen Wetterbedingungen werden dabei durch den Küstenlängstransport Materialdepots im Vorstrand angelegt (SCHWARZER et al., 2000), die dann bei einem Sturmhochwasser binnen kürzester Zeit umgelagert und zu Strandwällen aufgeworfen werden. Eindrucksvolle und gut untersuchte Beispiel entlang der Ostseeküste sind dafür der Bottsand (SCHWARZER, 1989), der Graswarder (KÖSTER, 1955; SEIFERT, 1955a, b; SCHROTTKE, 1999), der Rustwerder (SCHUMACHER, 1991, 2002b) und der Darß (KOLP, 1982; SCHUMACHER, 2002a). Die Höhe der Strandwälle markiert dabei das Resultat aus höchstem Wasserstand und Wellenauflauf. Die Bildung der geomorphologischen Form „Strandwall" an sich hängt lediglich vom Energieeintrag und der Materialverfügbarkeit ab, nicht aber vom Wasserstand. KÖSTER (1967) spricht bei Strandwallsystemen von „aufsteigenden" Strandwällen während transgressiver Phasen und „absteigenden" Strandwällen während regressiver Phasen. Sie sind bei Betrachtung des jeweils gesamten Strandwallsystems ein guter Indikator für langfristige Wasserstandsschwankungen (KLUG, 1973).

4.3.2 Beispiele für verschiedene Sturmhochwasserereignisse

Die Sturmhochwasserstände in der Ostsee werden im Wesentlichen durch Starkwinde aus nördlichen bis östlichen Richtungen erzeugt (s. Kap. 3). Auf Grund der Form der Teilbecken der südwestlichen Ostsee und ihrer Verbindungswege (Kieler Bucht – Fehmarnbelt – Lübecker Bucht, Mecklenburger Bucht – Darßer Schwelle – Oderbucht) weist die Nordost-Richtung die größten Windwirklängen (auch als Fetch oder Fetchlänge bezeichnet) auf, die vom Eingang der Flensburger Förde im Westen zur Insel Usedom im Osten fortschreitend zunehmen. Für die Kieler Bucht wird das Maximum des Fetches am Kliff von Schönhagen (Halbinsel Schwansen, vgl. Abb. 4.2) mit 60 km erreicht. Für das Brodtener Ufer in der Lübecker Bucht beträgt der Fetch 107 km, und für die Insel Usedom steigt er auf 750 km an. Windstaueffekte und winderzeugter Seegang erreichen bei Winden aus diesen Richtungen entlang der gesamten südwestlichen Ostseeküste ihre jeweiligen Maxima.

Neben der Windstärke und -dauer und den im Küstenvorfeld gegebenen Wassertiefen ist vor allem der Fetch ausschlaggebend für die Seegangsentwicklung. Dadurch kommt es bei Nordostwinden zum ausgeprägtesten Seegang. Vor Ost-Rügen und Usedom entstehen so Tiefwasser-Wellen mit signifikanten Wellenhöhen[1] um H_s = 5 m (MBLU'95, 1995). Selbst in

---

1 Die signifikante Wellenhöhe ist der Durchschnittswert des oberen Drittels aller Wellen

der Kieler Bucht sind bei Nordostwindlagen schon signifikante Wellenhöhen von knapp 3 m registriert worden (STERR, 1989). Auf der Grundlage des Vorhersageverfahrens von BRET-SCHNEIDER (SHORE PROTECTION MANUAL, 1977) berechnen DETTE u. STEPHAN (1979) signifikante Wellenhöhen für die Kieler und Lübecker Bucht. Danach können vor Dameshöved als der gegenüber der maximalen Welleneinwirkung exponiertesten Küste Schleswig-Holsteins bei einer Windgeschwindigkeit von 25 m/s (entsprechend Windstärke 10–11 Bft.) Wellenhöhen bis zu H_s = 4,0 m erreicht werden. Die Wellenenergie, die in einem Windfeld von mehreren hundert Kilometern Ausdehnung aus der Atmosphäre in das Wasser eingetragen wird, wird durch die Wellen in der Brandungszone der Küste auf nur wenigen Metern abgebaut und umgesetzt. Je steiler der Gradient des ufernahen Meeresbodens ist, umso schmaler ist die Brandungszone ausgebildet und umso größer werden die umgewandelten Energiebeträge pro Fläche und damit die Zerstörungskräfte durch die Wellenbelastungen.

Beim Eintreten von schweren und sehr schweren Sturmfluten (s. Abschn. 3.2) kommt es meist zu Überlagerungseffekten mit den in Abschn. 3.3.3.2 erläuterten Eigenschwingungen bzw. dem vorangegangenen Füllungsgrad der Ostsee (s. Abschn. 3.3.3). Die daraus resultierenden Wasserstände erreichen Werte bis > 2 m ü. NN, maximal > 3 m ü. NN (vgl. Tab. 4.7). Sie liegen damit nicht wesentlich unter den Wasserständen, wie sie – bezogen auf des mittlere

Tab. 4.7: Schwere und sehr schwere Sturmfluten an der deutschen Ostseeküste seit 1872 – Wasserstände in mü. NN. Datengrundlage: KOLP (1955), MELF (1990), STIGGE (1994), MBLU'96 (1996), SCHWARZER et al. (1996), vgl. Tab. 3.1

Datum	Flensburg	Kiel-Hafen	Trave-münde	Wismar	Warne-münde	Sassnitz	Stral-sund	Greifs-wald	Koserow
13.11.1872	3,08	2,97	3,30	2,80	2,43	- - -	2,39	2,64	- - -
25.11.1890	- - -	- - -	2,10	1,67	1,48	1,44	- - -	- - -	- - -
19.04.1903	- - -	2,24	- - -	1,52	1,25	1,06	1,37	1,29	- - -
31.12.1904	2,23	2,25	2,18	2,28	1,88	2,09	2,16	2,39	- - -
30./31.12. 1913	1,67	1,90	2,00	2,08	1,89	- - -	2,32	2,10	1,83
09.01.1914	- - -	- - -	- - -	1,57	1,60	- - -	- - -	- - -	- - -
07.11.1921	- - -	1,66	1,23	1,96	1,50	- - -	- - -	- - -	- - -
02.03.1949	- - -	- - -	- - -	1,74	1,50	1,44	1,00	1,80	- - -
11.12.1949	- - -	1,50	1,40	1,64	1,29	0,80	1,00	0,84	0,82
04.01.1954	1,72	1,80	2,02	2,10	1,70	1,40	1,73	1,82	1,60
14.12.1957	- - -	- - -	- - -	1,56	1,35	1,05	1,38	1,52	1,40
14.01.1960	- - -	1,77	1,65	1,55	1,18	0,77	1,06	1,13	- - -
12.01.1968	- - -	- - -	- - -	1,55	1,50	1,10	1,44	1,54	- - -
28.12.1978– 01.01.1979	1,66	1,70	1,30	1,20	1,14	0,61	0,98	0,93	0,77
15.02.1979	1,81	1,96	1,82	1,57	1,27	0,80	0,92	0,98	- - -
12.01.1987	- - -	- - -	- - -	1,69	1,40	1,11	1,15	1,41	1,16
28.08.1989	- - -	1,80	1,67	1,51	1,18	0,68	0,88	0,90	0,75
03./04.11. 1995	1,85	2,00	1,86	1,98	1,58	1,30	1,62	1,77	1,79*

* letzter Messwert (Tendenz steigend) vor Ausfall der Station

Tidehochwasser (MThw) – auch für Nordseesturmfluten schon als bedrohlich und zerstörerisch eingestuft werden. Die Schlussfolgerung aus diesen Beobachtungen ist, dass sich die Belastungen der Küste im Fall von Sturmhochwasser nicht nur aus dem hohen Wasserstand, sondern auch aus dem damit einhergehenden starken Seegang ergeben.

Neben dem Scheitelwert des Hochwassers ist ebenso die Verweilzeit hoher Wasserstände in bestimmten Höhenniveaus als Maß der Küstenbelastung, d.h. der möglichen zerstörenden Wirkung des Sturmhochwassers, von Bedeutung (FÜHRBÖTER, 1979; EAK, 1993). Streuen diese Verweilzeiten (für die Verweilzeiten werden Höhenstufen von $\Delta H = 0{,}25$ m zu Grunde gelegt) im Scheitelbereich bei den Nordseesturmfluten bei nahezu linearem Steigen und Fallen des Wasserstandes nur geringfügig um einen Mittelwert von 1–2 Stunden, so wird demgegenüber, z.B. bei dem Ostseehochwasser von 1872, am Pegel Travemünde eine Verweilzeit im Scheitelbereich von 5 Stunden registriert (vgl. Abb. 4.21). Das Hochwasser von 1898 weist gar 10 Stunden Verweildauer im Scheitelbereich auf, und während des Silvesterhochwassers zur Jahreswende 1978/79 verweilte am Pegel Kiel der höchste Wasserstand für die Dauer von 14 Stunden im Scheitelbereich (vgl. Abb. 4.21). Auffallend sind ebenfalls die gegenüber den Nordseesturmfluten sehr langen Verweilzeiten hoher Wasserstände in den unteren Höhenbereichen. Auch hier tritt die Silvesterflut 1978/79 mit Verweilzeiten von 62 Stunden auf dem Niveau 1,00–1,25 m ü. NN am Pegel Travemünde und 37 bzw. 36 Stunden auf den Höhenniveaus 1,00–1,25 m ü. NN und 1,25–1,50 m ü. NN am Pegel Kiel deutlich hervor. Allein diese Gegenüberstellung zeigt, dass schwere Ostseehochwasser durch ihre langen Verweilzeiten und die dabei einwirkende Energie an gleichartigen Küstenschutzbauwerken wie Deichen, Deckwerken, Küstendünen usw. in ihrer Schadenswirkung den Nordseesturmfluten gleichzusetzen sind. Die Abb. 4.5 und Tab. 4.8 zeigen für den Pegel Greifswald die Verweilzeiten von sechs schweren und sehr schweren Sturmhochwasserereignissen in Stunden für die Höhenniveaus > 1,0 m ü. NN und > 1,5 m ü. NN. Dabei wird deutlich, dass die Sturmflut von 1872 mit ihrem maximalen Wasserstand eine deutlich geringere Verweildauer hatte, als die Hochwasser von 1904 und 1913.

Gleichzeitig zeigen Abb. 4.21 und Tab. 4.7 aber auch, dass die Ostseesturmhochwasser auf engem Raum stark variieren können und teilweise sogar lokalen Charakter annehmen. Lief z. B. das Hochwasser von 1913 gerade im Bereich Mecklenburg-Vorpommern besonders hoch auf, so waren die Sturmhochwasser zur Jahreswende 1978/79 und das außergewöhnliche Sommer-Sturmhochwasser von 1989 primär auf die Bereiche Schleswig-Holsteins, und hier im Besonderen auf die Kieler Bucht beschränkt.

Tab. 4.8: Verweilzeit der Extremwasserstände am Pegel Greifswald bei ausgewählten Sturmfluten (ergänzt aus GENERALPLAN'94, 1994)

Ereignis-jahr	Andauer des Wasserstands ü. NN in Stunden	
	≥ 1,00 m	≥ 1,50m
1872	40	19
1904	27	22
1913	62	35
1949	8	7
1954	14	5
1995	18	11

VERWEILZEIT WELLENENERGIE   WASSERSTANDSVERLAUF

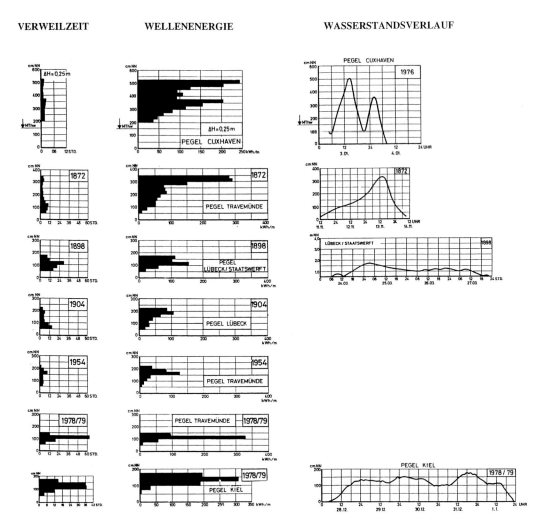

Abb. 4.21: Verweilzeiten und Wellenenergien bei verschiedenen Ostseesturmfluten von 1872–1978/79, dargestellt für den Bereich Lübeck; Höhenstufen $\Delta H = 0{,}25$ m, zusammengestellt aus FÜHRBÖTER (1979). Als Vergleich zur Nordsee ist der Sturmflutverlauf am 3.1.1976 für den Pegel Cuxhaven dargestellt

Das speziell an der Küste Schleswig-Holsteins wirksame Silvesterhochwasser 1978/79 zeigt einen ganz besonderen Verlauf und ähnelt dem Hochwasser von 1898, aber auch dem Sturmhochwasser vom 4./5.11.1995 an der Küste Mecklenburg-Vorpommerns (vgl. Abb. 4.4 und 4.21). Die Verläufe dieser Sturmhochwasser zeigen mehrere Maxima. Die höchsten Verweilzeiten hoher Wasserstände treten nicht im Scheitelbereich auf, sondern in etwas tieferen Höhenlagen. Am Pegel Travemünde (Abb. 4.21) verweilt der Wasserstand während des Silvesterhochwassers 1978/79 in dem Höhenbereich +1,00 m bis + 1,25 m über 60 Stunden und erreicht hier eine Wellenenergieabgabe von ca. 360 kWh/m. Dies ist die höchste Energieabgabe, die je in einer Höhenstufe von $\Delta H = 0{,}25$ m entlang der schleswig-holsteinischen Ostseeküste gemessen wurde (FÜHRBÖTER, 1979). Sie übertrifft damit auch die Energieabgabe pro Höhenniveau der Nordseesturmfluten (vgl. Abb. 4.21, Pegel Cuxhaven). Diese enorm hohen Wellenenergieabgaben in diesem Höhenniveau gefährden zwar nicht die Deiche in ihren Kronenbereichen, können aber an Anlagen, die sich auf diesem Niveau befinden, erhebliche Schäden anrichten. Dies wurde auch nach der Silvestersturmflut 1978/79 an der Küste Schleswig-Holsteins beobachtet. Besonders gefährdend wirken derartige Energieabgaben in diesem Höhenniveau auf die Steilufer, denn dieses Niveau entspricht der Höhenlage des Steiluferfußes und der Kliffhalden (vgl. Abb. 4.5). Entsprechend groß waren dann auch die Steiluferrückgänge nach diesem Ereignis. Sie reichten stellenweise bis zu 5 m.

Fasst man die für die morphologischen Wirkungen wie auch die für die Küstenschutzplanungen relevanten Belastungsgrößen zusammen, dann sind die drei wichtigsten Parameter zur Abschätzung von Extremereignissen:
– der Wasserstand als Scheitelwert des Ereignisses;
– der zeitliche Ablauf und die Verweildauer des Wasserstandes in den einzelnen Höhenstufen;
– die auf das Schutzbauwerk auftreffenden Wellenhöhen, die von der Wassertiefe am Bauwerk, d.h. durch Wasserstand und Sohltiefe bestimmt werden.

Vergleicht man nach diesen Kriterien die extremen Sturmflutereignisse an der Ostsee seit 1872, dann ergibt sich daraus, dass z.B. für den Pegel Greifswald (Tab. 4.8) die beiden Extremereignisse der Jahre 1872 und 1904 morphologisch weniger wirksam waren als das Hochwasser von 1913, welches in der Höhenstufe 1–2 m über NN die mit Abstand längste Verweildauer hatte (vgl. Abb. 4.4). Diese Aussage wird bekräftigt durch historische Berichte, nach denen an vielen Orten die Schäden des Sturmhochwassers von 1913 schwerer waren als die der „Jahrhundertflut" von 1872. Das Sturmhochwasser vom November 1995 weist hier ebenfalls große Verweilzeiten auf, die sogar länger andauerten als die des Hochwasserereignisses von 1954. Das Novemberhochwasser von 1995 muss damit für die Küste Mecklenburg-Vorpommerns als das Hochwasser mit der größten Seegangsbelastung und Zerstörungskraft seit 1913 eingestuft werden.

Anschauliche Beispiele der Erosions- und Zerstörungswirkung der als „schwer" bis „sehr schwer" eingestuften Sturmflut vom 3. und 4.11.1995 finden sich in einer speziell diesem Ereignis gewidmeten Dokumentation von REDIECK u. SCHADE (1996), in der auch die Entstehung dieses Hochwassers ausführlich erläutert wird. Mit Pegelständen, die an den meisten Küstenorten bei über 150 cm ü. NN lagen und in Wismar sogar die 2 m Flutmarke überstiegen (2,02 m ü. NN), war dieses Hochwasserereignis im mecklenburgischen Raum das fünftschwerste überhaupt (vgl. Tab. 4.7 und 3.1). Es kam zu starker Dünen-, Strand- und Klifferosion, aber auch zu großflächigen Überflutungen zahlreicher Siedlungsbereiche (z.B. in Rostock, Wismar, Stralsund), zur Zerstörung bzw. Beschädigung von Bauten im Uferbereich (Anlegebrücken, Hafengebäude usw.), Durchbrüchen von Deichen und vielen anderen kostspieligen Auswirkungen entlang der gesamten Ostseeküste und besonders an deren nach Nordosten exponierten Abschnitten.

In den Bodden und Haffen treten die Extremereignisse mit zeitlicher Verzögerung und deutlich geringeren Wasserstandserhöhungen auf (vgl. Abschn. 2.5.1.2). Das ist vor allem durch die geringeren Einlaufquerschnitte dieser Becken und die längere Laufzeit des Wassers begründet. Als ein Beispiel dafür sei die Wasserstandsdifferenz zwischen dem Saaler Bodden (Darß-Zingster-Boddenkette) und der Außenküste in Althagen während der Sturmflut vom Januar 1954 genannt. Sie betrug am 4.1.1954 durchschnittlich 1,5 m und die zeitliche Phasenverschiebung der Pegelhochstände betrug 24 Stunden. Bei den mehrfach seit 1872 registrierten Durchbrüchen der Nehrungen erlitten die Siedlungen an den Bodden- und Haffufern die größten Verluste, weil die mit einem solchen Durchbruch verbundenen hohen Wasserstände und Belastungen hier nicht erwartet worden waren. Seitdem werden die Außenküsten zunehmend durch Deichbau und andere Schutzmaßnahmen gegen solche Gefährdungssituationen gesichert. Maßgeblicher Grund dafür ist die Tatsache, dass im Vergleich zum tiefliegenden Gebiet entlang der Außenküste (Länge 180 km) an den Bodden eine 6-fach größere (1060 km) Flachküstenstrecke vorhanden ist, an die sich eine überflutungsgefährdete Landfläche von ca. 1000 km² anschließt.

Neuere Untersuchungen auf der Basis vergleichsstatistischer Verfahren zeigen eine Zunahme der Sturmfluthäufigkeiten im südwestlichen Ostseeraum im Verlauf des 20. Jahrhunderts (s. Abschn. 3.4.3). Insbesondere ist die Zahl der leichten und mittleren Sturmhochwasser in den letzten Jahrzehnten statistisch signifikant angestiegen (HUPFER et al. 1996, s. Abschn. 2.5 und 3.4.3.3). Besonders deutlich wird dies am Standort Travemünde, der seit 1831 kontinuierliche Pegelregistrierungen liefert, aber auch für die seit 1900 verfügbare Pegelreihe am Standort Warnemünde.

4.3.3 Erosions-, durchbruchs- und überflutungsgefährdete Küstenabschnitte

Erosion tritt nahezu entlang der gesamten südlichen Ostseeküste sowohl entlang der Steilufer als auch im Bereich der Niederungsküsten auf. Dies resultiert aus der geologischen Entwicklung mit der postglazialen Hebung Skandinaviens und dem umgebenden Senkungsgürtel des südlichen Ostseeküstenraumes (vgl. Kapitel 1). Vereinfacht ausgedrückt ist die Ostsee damit ein Becken, das allmählich nach Süden ausgekippt wird. Küstenrückgang und Überflutungsgefährdung sind somit für die südliche und südwestliche Ostseeküste vorgegeben. Kliffstrecken und Niederungen verhalten sich diesbezüglich jedoch grundsätzlich verschieden. Während bei steigenden Wasserständen Kliffküsten nahezu immer einem Rückgang unterliegen, bei dem die Aufrechterhaltung des Rückgangsprozesses durch die hydrodynamischen Bedingungen Wasserstandserhöhung und Welleneinwirkung erfolgt und die Geschwindigkeit des Rückganges durch den lithologischen Aufbau gesteuert wird (SCHWARZER et al., 2000), ist dies bei Flachküsten nicht der Fall. Der maßgebliche Unterschied besteht darin, dass Kliffküsten immer Material bereitstellen, es aber vor ihnen selbst, wenn überhaupt, nur ganz kurzfristig zur Akkumulation kommt. Flachküsten stellen demgegenüber seltener Material bereit. Sie sind eher die Senken für das Sediment aus dem Küstenlängs- und -quertransport. Allerdings ist schon eine Form von Wiederaufarbeitung möglich, wenn vormals gebildete Strandwälle mit Überdünung erodiert werden. Der Darß bildet hierfür ein klassisches Beispiel (SCHUMACHER, 2002).

Im Bereich der flachen Küstenniederungen, die sich oft über mehrere Quadratkilometer nur um 1–2 Meter ü. NN erheben und die in der Vergangenheit wie auch heute noch häufig von Seen ausgefüllt sind, kommt es nicht allein dadurch zur Landgewinnung, dass sich Sandhaken anlagern und vorbauen, sondern im Schutz dieser Anlagerungen finden auch Vermoorung und Verlandungsprozesse statt. Dies führt zu weiterer Besiedlung durch Vegetation mit nachfolgender Bodenbildung. Die Vermoorung setzt unmittelbar über der ehemaligen Landoberfläche ein, welche aber nicht unbedingt eben ist, sondern durchaus eine Morphologie aufweist, die durch die Sedimentation organischer Ablagerungen überdeckt wird. Die sich dabei bildende, ebene Oberfläche verdeckt das darunterliegende pleistozäne Relief völlig, wodurch die Mächtigkeit der organischen Ablagerungen über den primär pleistozänen Sedimenten sehr variabel wird. Hatten diese Niederungen in der Vergangenheit einen landseitigen Zufluss, so war auch eine offene Verbindung zur Ostsee vorhanden, die sich jedoch im Laufe der Entwicklungsgeschichte, oft gesteuert durch den Hakenvorbau, verlagert hat. Die alten, teilweise um mehr als 10 Meter eingetieften Rinnen wurden dann ebenfalls mit organischen Sedimenten verfüllt.

Eine im Zug der weiteren Entwicklung stattfindende Küstenrückverlagerung bedeutet, dass das gesamte geomorphologische System aufgearbeitet und zurückverlagert wird (vgl. Abschn. 4.2.3). In Abb. 4.22 wird der kleine Binnensee in der Hohwachter Bucht als eine typische Niederung mit einem sich in diese Niederung vorschiebenden Strandwallsystem gezeigt. Das Vorschieben geschieht bei Eintreten von Sturmhochwasser-Ereignissen (Abb. 4.23).

Das Aufschütten von Strandwallsystemen führt dabei zu einer Auflast über den organischen, sehr setzungsfähigen Sedimenten, die darauf in Abhängigkeit ihrer Mächtigkeit und Vorbelastung mit unterschiedlichen Setzungsbeträgen reagieren. Dadurch entstehen unterschiedliche Höhen ü. NN der Strandwallkammlagen. In der Regel erreichen diese Setzungsbeträge die höchsten Werte über alten Rinnenfüllungen. Dort kann ein nachfolgendes Sturmhochwasser am ehesten den abgesenkten Strandwall überfluten und so an dieser Stelle einen Durchbruch forcieren.

Es sind aber nicht allein die Strandwälle, die von solchen Setzungserscheinungen betroffen sein können, sondern auch Deiche, die in der Vergangenheit über solche vermoorte Rinnen hinweggebaut wurden, mussten auf Grund von Setzungen stellenweise beträchtlich erhöht werden. So ergaben Nivellements entlang der Deichkrone vor dem kleinen Binnensee (vgl. Abb. 4.22), dass dieser sich über ehemaligen Rinnenfüllungen im Dezimeterbereich gesetzt hatte.

In die im Küstenvorfeld vor den Niederungen ausstreichenden Torfe sind häufig küstennormal streichende Rinnen eingeschnitten, wodurch Kanten bis zu 1 m Höhe entstehen können (REISCH u. SCHMOLL, 1997; SCHWARZER et al., 2000). Diese Rinnen reichen landwärts bis an den Bereich des küstenparallelen Sandtransportsystems heran und unterbrechen es damit (SCHROTTKE, 2001). Die Tatsache, dass diese Rinnenstrukturen nie mit Sand verfüllt sind, sondern gegenüber der unmittelbaren Umgebung häufig gröberes Sandsediment am Boden aufweisen, legt den Schluss nahe, dass hier starke Strömungen herrschen, die dazu beitragen,

Abb. 4.22: Der kleine Binnensee in der Hohwachter Bucht als Beispiel einer typischen Küstenniederung an der südwestlichen Ostseeküste

Abb. 4.23: Durch ein Sturmhochwasser landwärts zurückverlagertes Strandwallsystem vor dem kleinen Binnensee in der Hohwachter Bucht. Abb. 4.22 zeigt den gesamten Binnensee. Auf diesen Bildern wird deutlich, wie sich der Strandwall gegen den bestehenden Deich vorschiebt und dabei einen Begrenzungszaun überwandert

dass Material dem Sandriffsystem durch seewärtigen Transport entzogen wird. So werden häufig Beschädigungen im Uferbereich genau dort beobachtet, wo das Sandriffsystem im Küstenvorfeld durch diesen Prozess geschwächt ist.

Ein weiteres, aus der Küstenentwicklung abzuleitendes Problem hinsichtlich der Überflutungsgefährdung für Niederungen ist die Tatsache, dass aus dem Küstenvorfeld selbst kein für den Aufbau einer Küstenmorphologie nutzbares Sediment zur Verfügung gestellt wird. Die Abb. 4.24 zeigt beispielhaft die scharfe Grenze des unteren Sandriffhanges zum vorgelagerten Seegrund, wie sie in vergleichbaren Situationen vor vielen Niederungsküsten der Ostsee beobachtet wird. Der Seegrund besteht hier aus einer Mudde, einem ehemaligen Lagunen- oder Seesediment, d. h. ein Halbfaulschlamm, der sehr hohe Anteile organischen Materials enthält. Die klastischen Komponenten setzen sich primär aus Schluff und Ton zusammen, während Sandanteile nur untergeordnet vorhanden sind. Sondierungen in vielen Gebieten entlang der Ostseeküste haben gezeigt, dass sich diese Sedimente rückwärtig bis in den Land-

Abb. 4.24: Das Foto zeigt den Seegrund vor der Niederung des kleinen Binnensees (Hohwachter Bucht). Die Uferentfernung beträgt ca. 150 m, die Wassertiefe ca. –3,5 m NN. Im Vordergrund sind Mudde-sedimente zu sehen, die sich weiter seewärts bis zu 350 m Uferentfernung ausdehnen. Im Hintergrund beginnt der seewärtige Hang des der Küste vorgelagerten Sandriffsystems

bereich verfolgen lassen (s. hierzu auch Abb. 4.1). Zum Zeitpunkt ihrer Ablagerung lag die Küstenlinie demnach wesentlich weiter seewärts. Je großflächiger diese Sedimente im Küstenvorfeld ausstreichen, umso problematischer ist die Stabilität der Küste in diesen Bereichen.

Die Reaktion einer Flachküste auf sich verändernde hydrodynamische Bedingungen (Wasserstand, Seegang und Strömungen) ist demnach wesentlich komplexer und auch sensitiver, als die Reaktion einer Steilküste, da das Wirkungsgefüge wesentlich mehr steuernde Parameter umfasst. Zeigt die Steilküste unter einem zeitlichen und räumlichen Blickwinkel primär einen erosiven Charakter, so wechseln entlang der Flachkusten bei so einer Betrachtungsweise Erosion und Akkumulation.

4.3.4 Beeinflussung der Küstenstabilität und Sedimentbilanz durch Baumaßnahmen

Eine Akzeptanz der Küste als ein Raum mit starker natürlicher Eigendynamik erfordert prinzipiell keine baulichen Veränderungen in Form von Küstenschutz- oder Stranderhaltungsmaßnahmen. Das Erfordernis solcher Eingriffe ergibt sich erst aus der Nutzung des Küstenraumes durch den Menschen. Bauliche Veränderungen im Strand- und Vorstrandbereich bedeuten dabei immer, je nach ihrem Umfang, mehr oder weniger ausgeprägte Eingriffe in das komplexe Wirkungsgefüge von hydrodynamischen Verhältnissen, morphologischen Formen und sedimentologischer Beschaffenheit des Meeresbodens.

Küstenschutzmaßnahmen werden in der Regel mit dem Ziel durchgeführt, in die natürlich ablaufenden Prozesse an der Küste derart einzugreifen, dass lokal Wirkungen erreicht werden, die je nach Erfordernis entweder die natürliche Entwicklung forcieren oder verlangsamen sollen. So könnte in Sedimentationsgebieten die Sedimentationsrate noch erhöht werden oder es besteht die Notwendigkeit, die Erosionsraten auf ein Minimum zu reduzieren. Oft wird auch angestrebt, Wirkungen zu erzielen, die den natürlichen Prozessen entgegenlaufen. Hierzu zählt der Hochwasserschutz durch Deiche. Ebenso trifft dies zu, wenn in Erosionsgebieten eine Sedimentation initiiert werden soll, wie es gelegentlich von neu zu errichtenden Buhnenfeldern erwartet wird.

Anthropogene Veränderungen in Form fester Bauwerke, Sandvorspülungen oder durch Anlage von Hafeneinfahrten, die bis in die küstennahe Sedimenttransportzone hineinragen, können die natürliche Küstendynamik erheblich beeinflussen und zu weitreichenden Folgeerscheinungen wie Lee-Erosion, Kolkungen, Auflösung morphologischer Strukturen, aber umgekehrt auch zu Akkumulation führen. Generell gilt es, bei den Baumaßnahmen die Bauwerke, die einen reinen Überflutungsschutz darstellen, wie etwa die Deiche, von den Maßnahmen zu unterscheiden, die auf den Sedimenttransport einwirken sollen, um einerseits den Küstenrückgang so gering wie möglich zu halten und andererseits eine Sedimentakkumulation herbeizuführen. Als Kombination aus beidem kann die Sandersatzmethode angesehen werden, denn der künstlich eingespülte Sandkörper dient sowohl als Überflutungsschutz in Form einer Randdüne als auch als Verschleißbauwerk, das als Sedimentlieferant für den Strand und Vorstrand bei seinem Abbau unter Sturmhochwasserbedingungen fungiert.

Deiche: Deiche werden an der Ostsee seit dem 15. Jahrhundert gebaut (EIBEN, 1992). Sie schützen in der Regel überflutungsgefährdete Niederungen, deren Küstenvorfeld bei ausreichender Materialverfügbarkeit durch Sandriffsysteme geprägt ist. Durch Deiche wird die Küstenlinie fixiert, und ein Verschieben des gesamten morphologischen Formeninventars landwärts unter Beibehaltung gebietsspezifischer Charakteristika (Riffhöhe über Grund, Riffkammabstände zueinander), wie es an einer im Rückgang befindlichen, durch Bauwerke

Abb. 4.25: Das Bild zeigt die Probsteiniederung, die durch einen Deich mit eingebundenem T-Buhnensystem vor Überflutungen geschützt wird. Die Buhnen haben einen gegenseitigen Abstand von ca. 200 m im Mittel bei 100 m Buhnenlänge. Im Vordergrund des Bildes liegt die Lokation Heidkate, am Ansatzpunkt des Sandriffsystems liegt Kalifornien (Aufnahme vom Juni 1994, K. SCHWARZER)

unbeeinflussten Küste zu erwarten ist, wird unterbunden. Durch diese Fixierung der Küstenlinie werden die Erosionsprozesse im Vorstrand aber weder aufgehalten noch verlangsamt (vgl. Abb. 4.26).

Auswirkungen von Deichen auf die sedimentologischen und morphologischen Bedingungen des Küstenvorfeldes zu beschreiben ist schwierig, da viele Deiche seit Jahrzehnten bestehen und die Ausgangssituation vor der Baumaßnahme nicht genau bekannt ist. Zudem waren die Baumaßnahmen meist nur Deichverstärkungen und bedeuteten in dem Sinne keinen unmittelbaren Eingriff in Sediment- und Morphodynamik des Küstenvorfeldes. Um die Wirkung von Deichen auf den Sedimenttransport und die Veränderung der Küstenmorphologie zu beschreiben, sind langfristige Beobachtungen notwendig. Nur wenn die Ausgangssituation vor einem Deichbau einschließlich der natürlichen morphologisch-sedimentologischen Variabilität der Sandriffe hinreichend bekannt ist, lassen sich mögliche Veränderungen nach dem Deichbau auch wirklich der Baumaßnahme zuschreiben. Eine hinreichende Datenbasis liegt von der Probsteiküste vor, denn bei der hier durchgeführten Baumaßnahme wurde im Bereich eines alten Küstenschutzsystems aus Deich, Strandwall und Düne ein moderner Deich seewärts in das Küstenvorfeld vorgebaut. Vor Errichtung des Landesschutzdeiches wurden in einer interdisziplinären Zusammenarbeit umfassende morphologische und sedimentologische Daten gesammelt, die mit neueren Daten, vor allem aus dem Forschungsvorhaben „Vorstranddynamik einer tidefreien Küste" (ALW, 1997), verglichen werden konnten.

Um die natürliche saisonale Morphodynamik der Riffsysteme (vgl. Abb. 4.12) herauszufiltern, wurde aus allen vorhandenen Vermessungen eines bestimmten Zeitraumes, in dem die einzelnen Jahreszeiten überdeckt sind, eine mittlere Morphologie ermittelt (Abb. 4.26).

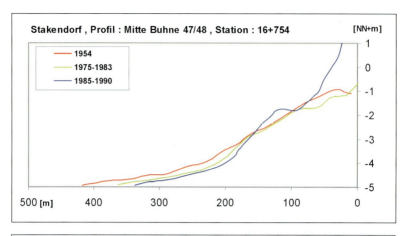

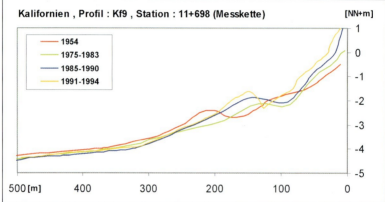

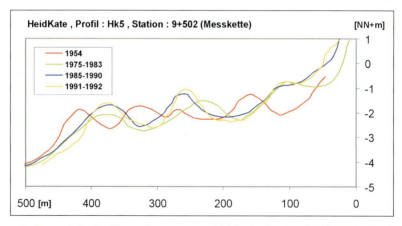

Abb. 4.26: Bathymetrische Profile aus dem Küstenvorfeld der Probstei (vgl. Abb. 4.25). Die drei Bereiche liegen am östlichen Ende des Deiches bei Buhne 47/48 (oberes Bild), im Bereich der Ortschaft Kalifornien bei Buhne 22/23 (Kf 9) und im Bereich der Lokalität Heidkate bei Buhne 5/6 (HK 5) im westlichen Bereich des Deiches. Das untere Bild entspricht dem Vordergrund der Abb. 4.25. Deutlich ist hier im Profil das sich auffächernde Sandriffsystem zu erkennen. Allen Aufnahmen ist gemeinsam, dass sich der Seegrund seewärts des Sandriffsystems in dem Zeitraum von ca. 40 Jahren vertieft hat (ALW, 1979). Weitere Erläuterungen s. Text

Bei dem Vergleich mit den bis zu 1954 zurückreichenden Vermessungen zeigt sich auf nahezu allen Profilen eine Tieferlegung des Seegrundes seewärts des Sandriffsystems. Zudem liegt der äußerste Riffkörper in den ältesten Vermessungen in den Bereichen Kalifornien und Heidkate am weitesten seewärts (Abb. 4.26). Die Ausbildung eines kleinen Sandriffkörpers im östlichen Bereich kann auf zusätzliche Sandzuführungen zurückgeführt werden. Die inneren Riffkörper reagieren unterschiedlich, wobei eine klare Differenzierung des Riff-Rinnesystems im ufernahen Bereich verloren geht (ALW, 1997). Somit treten langfristig Materialdefizite durch Seegrundvertiefung und Einengung der mobilen Sandriff-Rinnenzone auf, die nur durch zusätzliche Materialeingaben kompensiert werden können.

Buhnen: Diese werden bereits seit dem 18. Jahrhundert besonders häufig an der nahezu gezeitenfreien, aus Lockermaterial aufgebauten Küste der südlichen und südwestlichen Ostsee eingesetzt. Das sind senkrecht oder quer zur Uferlinie angeordnete, in den Strand eingebundene Bauwerke zumeist aus Naturstein oder Holzpflöcken, die einen Sandabtrag durch Wellen und Brandungsströmungen vermindern oder verhindern sollen.

Allein an der Küste Mecklenburg-Vorpommerns sind derzeit ca. 900 Buhnen installiert (TRAMPENAU u. OUMERACI, 2001). Sie werden seltener als Einzelbauwerke errichtet (Abb. 4.26); vielmehr erfolgt ihre Anordnung als Buhnengruppe (vgl. Abb. 4.25) mit Variationen hinsichtlich der Buhnenlängen und gegenseitigen Abstände voneinander zu den Buhnenenden hin. Die Funktion von Buhnengruppen wird bestimmt durch:
– die Buhnenabstände,
– die Buhnenlänge,
– die Buhnenhöhe,
– den Buhnenlänge- und -querschnitt sowie
– den Buhnengrundriss.

Allgemeine Bemessungsansätze für ihre Gestaltung gibt es bisher nicht. In den Empfehlungen für die Ausführung von Küstenschutzwerken (EAK, 1993) sind Angaben zur funktionellen und konstruktiven Gestaltung von Buhnen enthalten, die überwiegend auf der Umsetzung von Erfahrungswerten beruhen. Der Einfluss verschiedenster Konstruktionsmerkmale für Holzpfahlbuhnen wurde in einem vor Warnemünde durchgeführten Untersuchungsprogramms ermittelt (SCHRADER, 1998; TRAMPENAU u. OUMERACI, 2001). SCHRADER (1998), der zusätzlich Untersuchungen aus der Probstei heranzieht, hat dabei die eigenen Resultate einigen Ergebnissen aus der Literatur gegenübergestellt (Tab. 4.9). Fazit aus all diesen Untersuchungen ist, dass die Erarbeitung einer allgemein gültigen Regel über die Wirkungsweise von Buhnen auf Grund der vielen unterschiedlichen Variablen, die ihre Wirkung beeinflussen, eine sehr schwierige Aufgabe für die Zukunft ist. Eine Definition nur an einigen der Variablen (z. Bsp. Länge, Abstand voneinander, Durchlässigkeit) festzuschreiben, wie es vielfach in der Literatur nachzulesen ist, mag für den Einzelfall oder eine Lokalität zutreffen, ein allgemeingültiges und erfolgversprechendes „Rezept" zur Errichtung des richtigen, d. h. des wirksamsten Buhnentyps, ist allerdings daraus nicht zu erwarten. Generelle Prognosen über die Wirkungsweise von Buhnen bei sich verändernden hydrodynamischen Randbedingungen sind daher mit großen Unsicherheiten behaftet.

Molen: Aufgrund des entlang der Außenküste der Ostsee ausgeprägten, küstenparallelen Sedimenttransportes unterliegen die Häfen sehr häufig Versandungsproblemen. Neben den notwendigen Baggerarbeiten in den Hafenzufahrten dienen Molen dazu, den küstenparallelen Sedimenttransport in die jeweilige Hafenzufahrt zu unterbinden. Je weiter dabei eine Mole seewärts hinausgebaut wird, umso größer ist die Menge Sedimentes, die im Luvbereich der Mole akkumulieren kann. Ein Auffüllen des Luvbereiches bedeutet aber gleichzeitig ein seewärtiges Verschieben der Strandlinie und damit auch der gesamten Vorstrand-

Tab. 4.9: Gegenüberstellung von Ergebnissen und Messungen zur Wirkungsweise von Holzpfahlbuhnen aus einem 4-jährigen Beobachtungs- und Messzeitraum (1993–1996) vor Warnemünde mit einigen Ergebnissen aus der Literatur (SCHRADER, 1998, leicht verändert)

Autor		Ergebnisse aus der Forschung		Ergebnisse der Untersuchungen vor Warnemünde
	1	Inhalt	2	Inhalt
AHRENBERG (1995)	N	**gB:** Tieferlegung der Schorre seewärts des Buhnensystems;	G	**oB, hB, gB:** seeseitig des Buhnenfeldes Tieferlegung der Schorre;
BURHORN (1951)	M	**oB, gB:** gerade Pfahlbuhnen fördern eine gleichmäßige und gerade Küstenlinie; **oB, gB:** Pfahlbuhnen bewirken eine gleichmäßige, gute Verlandung; **oB:** im Gegensatz zu **gB** treten kaum Kolke auf;	G	**oB, hB, gB:** gerade Pfahlbuhnen fördern eine gerade Küstenlinie;
			E	**oB, gB:** innerhalb des Buhnenfeldes erfolgt eine Verlandung, allerdings sind im Gegensatz zur **hB** keine gleichmäßigen und guten Sedimentationsbedingungen vorhanden;
			E	**oB, hB:** kaum Kolkbildung, **gB:** deutliche und starke Kolkbildung;
BAKKER et al. (1984)	N	**oB, gB:** nach 20-jähriger Beobachtung: Natürliche Effekte überdecken die Unterschiede in der Wirkung der verschiedenen Konstruktionen;	E	nach 4-jähriger Beobachtungszeit: **oB:** seewärtige Verlagerung der Uferlinie;
			E	**hB:** seewärtige Verlagerung der Uferlinie und Sedimentation im seewärtigen Abschnitt des Buhnenfeldes (Terrassenbildung), Sedimenttransport auf dem flachen Strand;
			E	**gB:** seewärtige Verlagerung der Uferlinie; Sandriff – Rinnenbildung; Sedimenttransport seewärts der Streichlinie in den tieferen Bereichen auf dem Vorstrand;
FLEMMING (1990a, b)	M	**gB:** Reduzierung der Rippströmung beim Überschreiten der Buhne;	G	**hB, gB:** Reduzierung des Sedimenttransportes durch Rippströmungen entlang der Buhnen, wenn das Bauwerk **überströmt** ist;
KRESSNER (1927) u.v.a.*	M	**gB:** Ausbildung von Zirkulationssystemen;	G	**gB:** Ausbildung von Zirkulationssystemen insbesondere bei Windrichtungen mit großem Winkel zur Küstennormalen;
KOLP (1970)	N	**gB:** Sedimenttransport durch die geschlossene Buhne hindurch; **gB:** Zirkulationssystem innerhalb des Buhnenfeldes, jedoch kein Sedimentaustausch zwischen dem Buhnenfeld und dem Vorstrand seewärts der Streichlinie;	E	**gB:** unbedeutender Sedimenttransport durch die schmalen Lücken in dem Bauwerk;
			W	**gB:** Zirkulationssystem im Buhnenfeld; jedoch bei Normalwindlagen **Sedimenteintrag** und bei Starkwindlagen **Sedimentverluste** in einem Buhnenfeld;

Referenz	Typ	(Warnemünde)	Bew.	(Literatur)
		gB: keine negative Wirkung von Rippströmungen hinsichtlich eines Sandverlustes hinaus aus den Buhnenfeldern;	W	gB: Rippströmungen sind ein Teil des Zirkulationssystems. Sie sind im hohen Maße für den Sedimenttransport aus dem Buhnenfeld hinaus verantwortlich;
		gB: aufgrund hoher Strömungsgeschwindigkeiten im Buhnenstrich bildet sich innerhalb des Buhnenfeldes ein ruhiger Küstenabschnitt;	W	gB: Aufgrund unterschiedlicher Windrichtungen bilden sich viele Varianten eines Zirkulationssystems. Wenn sich z.B. bei einer bestimmten meteorologischen und hydrologischen Situation zeitweise ein ruhiger Raum im Buhnenfeld gebildet hat, kann dieser unter anderen Rahmenbedingungen wieder zerstört werden;
		oB, gB: keine Sedimentakkumulation in den Buhnenfeldern bei stärkeren auflandigen Winden (um 8 m/s);	G	oB, gB: Während Starkwindphasen (> 10 m/s) erfolgt kein nennenswerter Sedimenttransport in die Buhnenfelder hinein;
		oB: geringe Rippströmungen entlang der Buhne. Es werden kaum Sande aus dem Buhnenfeld in die tieferen Bereiche der Schorre hinausgeführt;	G	hB: (offener Abschnitt): Verringerung der Rippströmung. In Abhängigkeit zur Stärke der Küstenlängsströmung werden Sedimente nur in einem geringen Umfang aus den Buhnenfeldern hinaus in die tieferen Bereiche der Schorre transportiert;
		oB: Kolkrinnen entlang der Bauwerke;	W	oB: keine, oder kaum Kolkbildung;
KOMAR (1983)	N	gB: Neigung zur Rippstrombildung bei senkrecht zur Küste wehenden, auflandigen Winden;	G	hB (geschlossener Abschnitt); zentrale Ausgleichsströmung bei auflandigen Winden senkrecht zur Küste und einem **nicht überströmten** Buhnenfeld;
ORME (1980)	N	gB: Luv- und Leeabhängigkeit in der Korngrößenhäufigkeitsverteilung der Sedimente entlang einer Einzelbuhne;	G	gB: Unterschiede in der Korngrößenhäufigkeitsverteilung der Sedimente aufgrund von Luv- und Leewirkungen in der Nähe des Bauwerkes. Sie unterliegen jedoch je nach Wind- und Wellenrichtung einem ständigen Wandel;
			E	oB: keine Luv- und Leeauswirkungen der Buhne auf die Korngrößenhäufigkeitsverteilungen der Sedimente entlang des Bauwerkes;
MURRAY et al. (1980), SHERMAN et al. (1990)	M / N	gB: Wirbelbildung in Lee eines geschlossenen Bauwerkes und landwärtiger Sedimenttransport in Lee der Einzelbuhne bei starken Winden;	G	gB: Wirbelbildung, Transport und Akkumulation in Lee einer Buhne bei starken Winden in einem nicht intakten Buhnenfeld möglich, wenn eine der Buhnen zerstört ist – d. h. Buhne wirkt wie eine Einzelbuhne;
TAMIO & SAKURAMOTO (1984)	M	gB: unterschiedliche Zirkulationssysteme in Abhängigkeit des Anlaufwinkels der Wellenkammlinie zum Bauwerk.	G	gB: in Abhängigkeit zur Wind- und Wellenrichtung entstehen sehr unterschiedliche Sedimenttransportbahnen.

Anmerkungen: * = BURHORN (1951), GUTSCHE (1961), NODA (1984), YAMAGUCHI & NISHIOKA (1984), FLEMMING (1990a, b), NÖTEL (1994).
Abkürzungen: Bauwerkstyp: oB = offene Buhne, hB = halboffene Buhne, gB = geschlossene Buhne; 1 = Naturmessungen; N = Naturmessungen, M = Modellmessungen. 2 = Bewertung: G = gleiche Ergebnisse (Literatur und Untersuchungen vor Warnemünde), E = ähnliche Ergebnisse (mit Einschränkungen), W = Widerspruch zwischen den Ergebnissen von Warnemünde und der aufgeführten Literatur

Abb. 4.27: Die „große Buhne" an der Grenze Eichholzniederung/Steinwarder bei Heiligenhafen. Der Akkumulationswirkung dieser Buhne steht die Lee-Erosion und damit die verstärkte Belastung des Deiches durch den fehlenden Strandpuffer gegenüber (Aufnahme vom Juli 1994, K. SCHWARZER)

morphologie. Dies hat zur Folge, dass das küstenparallele Sedimenttransportband in größere Wassertiefen abgedrängt wird und so Sediment dem küstennahen Transportsystem verloren geht. Zusätzlich tritt die bekannte Lee-Erosion auf, und während die Uferlinie auf der einen Seite seewärts vorgeschoben wird, wird sie auf der anderen Seite der Hafenzufahrt zurückverlagert. Die Abb. 4.28 zeigt eine Luftaufnahme des Hafens Niendorf in der Lübecker Bucht. Durch das Abdrängen des Sedimenttransportbandes in größere Wassertiefen werden Materialverluste hervorgerufen. Der Leebereich zeigt das übliche Erosionsphänomen.

Sandvorspülungen und Sandentnahmen: Sandvorspülungen als naturnahe und auf hydrodynamische Veränderungen dynamisch reagierende Bauwerke werden aus vielfältigen Gründen durchgeführt. Das primäre Schutzziel an sandigen Brandungsküsten ist die Abschwächung und Überbrückung von Erosionsphasen sowie der Schutz evtl. vorhandener Randdünen vor weiteren Abbrüchen. Sandvorspülungen werden ebenso zur Reduzierung der Wellenbelastung von Bauwerken sowie zu deren Sicherung vor Unterspülungen eingesetzt. Wesentlich bei diesen Maßnahmen ist die Verwendung eines Kornspektrums, das ungefähr dem Kornspektrum des in situ vorliegenden Sedimentes entsprechen sollte, mit einer Tendenz zur leichten Vergröberung und Verbreiterung des Kornspektrums. Ein wenig geeignetes Material führt zu einer raschen Aufarbeitung. So wurde in der Probstei bei einer Vorspülung wenig geeignetes Material mit dem Ergebnis verwendet, dass nach ca. 1 Jahr trotz nur durchschnittlicher Wetterbedingungen die Vorspülung nahezu aufgearbeitet war (SCHWARZER, 1991).

Abb. 4.28: Aufnahme des Hafens Niendorf (Lübecker Bucht) vom Juni 1994. Das Materialtransport-band zieht sich vom Brodtener Ufer (rechter oberer Bildrand) bis zur Hafeneinfahrt Niendorf, wo es seewärts abgelenkt wird. Deutlich sind die ausgeprägte Sandakkumulation und das seewärts hinausge-schobene Sandriff zu erkennen (Aufnahme: K. Schwarzer)

4.4 Wasserstandsänderungen: Risiken für den Meeres- und Küstenraum

Allgemein betrachtet erfüllen die Ozeane und Küstengewässer eine Vielzahl ökologi-scher und ökonomisch wichtiger Funktionen, die in die drei Gruppen Regulationsfunktio-nen, Produktions- und Nutzungsfunktionen sowie Informationsfunktionen untergliedert werden können (Tab. 4.10). So dienen typische Küstenökosysteme wie Seegras- und Salzwie-sen einerseits als biochemische Filter für Nährstoffe oder Puffer gegen Energieeinträge (Re-gulationsfunktionen) wie auch als Aufwuchsgebiete bzw. Lebensräume für Fische und Crus-tazeen (Produktionsfunktion); sie haben darüber hinaus einen ästhetisch und emotionalen Wert „an sich" (Informationsfunktion), der sich u.a. in der generell großen Anziehungskraft der Küstenlandschaft auf zahllose Menschen äußert. Bereits jetzt lebt knapp 50 % der Welt-bevölkerung in Küstenregionen. Im Ostsee-Einzugsgebiet sind dies immerhin mehr als 100 Mio. Menschen. Für die meisten von diesen stellt das Meer Rohstoffe, Nahrung, Lebens- und Erholungsraum oder Lagerstätten für Abfälle zur Verfügung. Weiterhin ist der heute auf der Erde vorhandene Reichtum von Arten und deren Überlebensfähigkeit nur der – über Jahr-milliarden entwickelten – Vielfalt der marinen und litoralen Ökosysteme und Lebens-formen, d.h. dem genetischen Erbe der Meere zu verdanken. Es wird oft übersehen, dass zusätzlich zur direkten Produktgewinnung aus dem Meer auch die „von selbst ablaufen-den" Prozesse der Bio-Regulierung im aquatischen Milieu eine große wirtschaftliche Rolle spielen. Bisher ist nur für wenige Meeresressourcen eine monetäre Bezifferung ihres Nutz-wertes für den Menschen in Euro oder Dollar möglich. Tab. 4.41 gibt einen Einblick in die

Tab. 4.10: Bedeutung der Meere u. Küstengewässer und ihrer Ökosysteme

Funktionen und Nutzungen	Ozeane	Küstengewässer
Regulationsfunktionen		
– Regulation der lokalen Energie- und Stoffbilanz	Wärmetransport durch Meeresströmungen; Auftrieb von Tiefenwasser	Sedimentablagerung am Kontinentalschelf
– Regulation der chemischen Zusammensetzung von Wasser und Sediment	Deposition von Karbonaten und Salzen auf dem Meeresboden	Eintrag von Süßwasser an Flussmündungen; Ablagerung von (biogenem) Schlick
– Regulation des Wasseraustausches zwischen Land und Meer	Meeresverdunstung als Motor des globalen Wasserkreislaufs	Oszillation der Salz-Süßwassergrenze
– Speicherung bzw. Verteilung von Nährstoffen und organischer Substanz	Ablagerung großer Mengen biogener Sedimente in Tiefseebecken	Bindung von terrigenen Nährstoffen (bes. N und P) an Sedimentpartikeln
– Regulation der biotischen Nahrungsnetze	Vorhandensein spezieller Laichgebiete (Sargasso-See)	Verzahnung von Laich- und Aufwuchsräumen z.B. Ästuare
– Nähr- und Schadstoff-Filterung	Sedimentation von Schwermetallen und Plankton	Existenz flacher Flutsäume (Seegras-, Salzwiesen)
– Erhaltung von Lebens- und Aufwuchsräumen	Regionale Vielfalt thermischer, chemischer u.a. Bedingungen	Großräumige Ökosysteme (Riffe, Mangroven, Watten)
– Erhaltung der Artenvielfalt	Freie Fluktuation von Arten horizontal und vertikal	Entwicklung raumspezifischer Artdiversität
Produktions- und Nutzungsfunktionen		
– Produktion von Trink- und Brauchwasser	Meerwasserentsalzung	Meerwasserentsalzung an Küsten von Wassermangelgebieten
– Nahrungsproduktion	Hochseefischerei (z.B. Hering, Thunfisch), Großalgenernte	Küstenfischerei (z.B. Dorsch, Muscheln), Aquakultur
– Produktion von Rohstoffen, Baumaterial u.a.	Manganknollen, Öl, Erdgas	Sand, Korallenkalk, Mangrovenhölzer u.a.
– Produktion biologisch-genetischer Ressourcen	Langzeitliches Überleben von Spezies	Ausprägung vielfältiger Artenspezifizierungen
– Raum- und Ressourcenangebot für Menschen	Förderplattformen	Küsten- und Inselsiedlungen, Subsistenzwirtschaft, Häfen
– Energienutzung	Vertikaler Wärmeaustausch in Warmwassergebieten	Gezeitenkraftwerke, Windanlagen an der Küste und im küstennahen Meer

Tab. 4.10 (Fortsetzung)

Funktionen und Nutzungen	Ozeane	Küstengewässer
– Transport	Hochseeschifffahrt	Küstenschifffahrt
– Tourismus und Erholung	Kreuzfahrten	Ferienzentren, Segeln, Surfen, Tauchen
Informationsfunktionen		
– Ästhetische Information	?	Naturerlebnisräume
– Histor.-kulturelle Information	-	Küstenarchäologie
– Erzieherische Funktion	Dokumentation mariner Lebewelt	Dokumentation spezifischer Küstenökosysteme (z. B. Korallen)
– Naturwiss. Information	biologische Erkenntnisse	Ökosystemforschung

Fülle der möglichen Funktionen und Nutzungen der Meeresräume, unter denen die Küstengewässer hinsichtlich ihres biogenetischen Potentials und ihrer Nutzungsdichte eine im Vergleich zu ihrem Flächenanteil herausragende Rolle spielen. Wenngleich die in der Tabelle genannten Beispiele für Funktionen und Nutzungen eine globale Perspektive aufweisen, so gelten sie prinzipiell auch für die gesamte Ostsee und deren Küstengewässer.

Diese Gebiete sind vielerorts bereits durch Umwelteinflüsse wie intensive Grundwassernutzung, Nähr- und Schadstoffeinträge, künstliche Vertiefung der Flussmündungen u. a. in ihrem ökologischen Gleichgewicht gestört. Zu diesem vielschichtigen Nutzungsdruck werden sich nach derzeitiger Erkenntnis in den kommenden Jahrzehnten eine Reihe von klimabedingten Risiken hinzugesellen, welche die Problemlage vieler Küsten weiter verschärfen (SCHELLNHUBER u. STERR, 1993; BEUKENKAMP, 1993; IPCC, 1996, 2001; BRÜCKNER, 2000). Für die Küstengebiete an der Ostsee – und auch für andere – sind die weitreichendsten Wirkungen zu erwarten aus einer Fortsetzung bzw. Beschleunigung des Meeresspiegelanstiegs einerseits und den möglichen Veränderungen im Regime der Extremereignisse (Häufigkeit, Intensität von Stürmen und Sturmfluten, Auftreten von Starkregenereignissen u.a.) andererseits. Solche Szenarien künftiger Entwicklung sind im Rahmen eines Bund-Länder-Forschungsprogramms „Klimaänderung und Küste" für Deutschland ausführlich beschrieben worden. Die resultierenden Folgen für den Naturraum, das sozio-ökonomische System und die erforderlichen Küstenschutzstrategien sind jüngst am Beispiel der Insel Sylt einer umfassenden Analyse und Bewertung unterzogen worden (DASCHKEIT u. SCHOTTES, 2002).

Es steht somit zu befürchten, dass die für die ökologische Stabilität und die menschlichen Nutzungen bedeutsamen Regulations- und Produktionsfunktionen der Küstenlandschaften (Tab. 4.10) durch die hydrographischen, hydrodynamischen und morphologischen Reaktionen auf klimabedingte Einflüsse nachhaltig beeinträchtigt werden (STERR et al., 2000). In diesem Zusammenhang ist in jüngerer Zeit sowohl auf globaler als auch auf regionaler Ebene den rezenten, besonders aber den künftigen Veränderungen des Meeresspiegels eine starke Beachtung geschenkt worden (BEUKENKAMP, 1993; IPCC, 1996, 2001; BEHNEN, 2000; STERR, 2002). Insbesondere für die Regionen, in denen ein erwärmungsbedingter Meeresspiegelanstieg noch durch Landsenkungstendenzen verstärkt wird – seien sie isostatischer, tektonischer oder anthropogener Natur –, ist die Gefährdungslage als kritisch anzusehen. Auch die deutsche Ostseeküste gehört zu eben diesen stark gefährdeten Küstenabschnitten (vgl. Abschn. 2).

Ein beschleunigter Meeresspiegelanstieg kann sich auf die Küstensysteme auf vielfältige Weise auswirken. Aus Sicht des Menschen sind folgende sieben Effekte von besonderer Bedeutung (vgl. Tab. 4.2):
– erhöhte Häufigkeit des Eintretens von Sturmflutereignissen,
– zunehmende Verschärfung der Erosionstendenzen,
– dauerhafte Landverluste durch Überschwemmung sehr niedrig liegender Flächen,
– ansteigender Grundwasserspiegel,
– Eindringen von Meerwasser in Oberflächen- und Grundwasser,
– Eintreten biologischer Veränderungen und
– Veränderungen der Erholungsbedingungen an der Küste infolge Erhöhung der Wassertemperatur, Verlängerung der Badesaison u.a. (TINZ, 1999).

Künftig wird also vermutlich ein wachsender Teil der Küstenbevölkerung zunehmend damit rechnen, dass mehr und mehr Siedlungen und landwirtschaftliche Flächen, Verkehrs- und Industrieeinrichtungen von häufigen Überflutungen bedroht sind oder dass zum Teil tiefgreifende Veränderungen anderer „klassischer" Nutzungsformen wie Schifffahrt, Fischerei, Aquakultur, und Tourismus in der Bilanz zu wirtschaftlichen Einbußen führen. Generell wird z.B. die landwirtschaftliche Nutzung durch o.g. Effekte langfristig erschwert. Die Strukturen werden sich landeinwärts verschieben und die Salztoleranz der Nutzpflanzen kann zum limitierenden Faktor werden. Auch für die Tourismuswirtschaft dürften die negativen Folgen des Klimawandels wegen der engen räumlichen Verknüpfung von Fremdenverkehr und Naherholung mit den Küstengewässern überwiegen. Die konkreten Effekte können wegen der regional jeweils unterschiedlichen hydrographischen und meteorologischen Trends und der Vielfalt der Küstenräume allerdings ganz unterschiedlich ausgeprägt sein (PARRY, 2000).

4.4.1 Das sozio-ökonomische Gefährdungspotential entlang der deutschen Ostseeküste

Wie in den vorausgegangen Abschnitten bereits angesprochen, ziehen die hydrographischen, hydrodynamischen, morphologischen und ökologischen Veränderungen auch weitreichende Folgen im ökonomischen und gesellschaftlichen Systemgefüge nach sich, was im Allgemeinen ein höheres Risikopotential (Verwundbarkeit, vulnerability) für die Küstenbevölkerung und deren materielle Lebensgrundlagen bedeutet (IPCC, 1992, 1996). Nach KLEIN u. NICHOLLS (1999) können die möglichen sozio-ökonomischen Konsequenzen, die sich aus den o.g. Szenarien ergeben, unterteilt werden in
(a) reale Schäden an ökonomischen ökologischen, kulturellen und elementar lebensnotwendigen Werten infolge von Landverlust oder Erosion sowie Verluste von Infrastruktur und natürlichen Lebensräumen (Habitaten),
(b) erhöhtes Überflutungsrisiko für die Küstenbevölkerung und deren Existenzgrundlagen (Siedlungsflächen, Wohnraum, Arbeitsplatz u.a.) und
(c) andere negative Folgen, insbesondere im Bereich der Wasserwirtschaft, der Ernährung und des Verkehrs (Landwirtschaft, Fischerei, Aquakultur, Schifffahrt u.a.).

Die Forschung über die wirklichen praktischen Folgen des Meeresspiegelanstiegs und des veränderten Sturmflutgeschehens für verschiedene Wirtschafts- und Gesellschaftsbereiche steht allerdings noch am Anfang (BEHNEN, 2000). Dabei ist zwischen direkten elementaren Folgen und indirekten Rückkopplungswirkungen zu unterscheiden, welche in der Summe ihrer Konsequenzen allerdings meist sehr komplex ineinander greifen. Für den deutschen Küstenraum ist im Kontext internationaler Bemühungen ebenfalls eine Bestandsaufnahme unternommen worden (STERR u. PREU, 1996).

Die deutschen Küstenregionen an Nord- und Ostsee sind trotz der Vielfältigkeit in ihrem biologischen und geologischen Inventar und ihren Besiedlungs- und Nutzungsstrukturen sowie in ihren Funktionen und letztlich in ihrer Vulnerabilität ähnlich. Für beide Küstengebiete charakteristisch sind

- ein seewärts flach abfallender Meeresboden,
- ein überwiegend niedriges und flaches, d.h. überflutungsgefährdetes Küstenrelief,
- langfristig anhaltende Küstensenkungstendenzen und damit eine überdurchschnittlich hohe Rate des säkularen Meeresspiegelanstiegs,
- tief in das Land eingreifende Flussmündungen,
- meist niedrige, dem Festland vorgelagerte Inseln,
- ein großräumig hoher und dadurch versalzungsgefährdeter Grundwasserstand,
- an spezielle Überflutungs-, Salinitäts- und Substratverhältnisse angepasste Ökosysteme (teilweise durch Schadstoffe hoch belastet),
- in hochwassergefährdete und ökologisch bedeutsame Bereiche hineinreichende dichte Bebauung und Nutzung des Küstenraums und der Inseln und schließlich
- wasserwirtschaftliche Eingriffe, die die natürlichen Prozesse umfassend verändern.

Aus den genannten Merkmalen ergibt sich die im Folgenden näher zu spezifizierende Anfälligkeit der deutschen Küstenzone gegenüber Wasserstandsänderungen.

4.4.1.1 Methodische Erfassung der Vulnerabilität und Probleme

Als erste internationale Expertengruppe hat sich Anfang der 1990er Jahre die Coastal Zone Management Subgroup (CZMS) des IPCC mit der Methodik zur Erfassung und Bewertung der Vulnerabilität von Küsten gegenüber Wasserstandsänderungen auseinandergesetzt. Als weltweit einsetzbares Untersuchungsinstrument zur Küstengefährdung wurde mit der *Common Methodology* (CM) ein methodisches Konzept entwickelt, mit dem speziell die aus einem beschleunigten Meeresspiegelanstieg und geänderten Sturmfluthäufigkeit zu erwartenden Risiken für Küstenräume vergleichend untersucht und bewertet werden konnten.

Für einen Vergleich mehrerer Länderstudien wurden spezifische sozio-ökonomische und ökologische Kenngrößen definiert, welche die CM benötigte, um mit Hilfe einer Datenaggregierung eine globale Vulnerabilitätsabschätzung (GVA) vornehmen zu können (IPCC, 1992). Die in der *Common Methodology* genannten „Impact"-Kategorien sind wie folgt spezifiziert:

- *Betroffene Bevölkerung (population affected)*, d.h. die Bevölkerung, die in der Risikozone lebt und ein Gebiet bewohnt, das ohne Schutzmaßnahmen mindestens einmal in 1000 Jahren von Überschwemmung/Erosion oder Hochwasser betroffen wäre,
- *Betroffene sozio-ökonomische Werte (capital values at loss)*, insbesondere die Sachwerte von Landflächen, Gebäuden und Infrastruktur, die dauerhaft durch Überschwemmungen oder Erosion verloren gehen können,

- *Gefährdete Bevölkerung (population at risk)*, d.h. die Anzahl von Personen, die von einem künftigen Meeresspiegelanstieg betroffen sind, multipliziert mit der Wahrscheinlichkeit der jährlichen Überflutung des betroffenen Gebietes. Dabei wird unterschieden in
  (a) Bevölkerung in einem Gebiet, das nicht durch weitere Küstenschutzmaßnahmen gesichert wird (no measures),
  (b) Bevölkerung in einem Gebiet, in dem zusätzliche Schutzmaßnahmen gegenüber einem Meeresspiegelanstieg vorgesehen sind (with measures),
- *Gefährdung sozio-ökonomischer Werte (values at risk)*, d.h. Kapitalwerte und Subsistenzwerte wie Arbeitsplätze u.a. in Relation zur Überflutungswahrscheinlichkeit,
- *Veränderung sozio-ökonomischer Werte (values at change)*, insbesondere Einschränkungen der Landnutzung und indirekte Schäden bzw. Kosten,
- *Verlust ökologischer Werte (area of land at loss)*, insbesondere Verlust bzw. Dezimierung von Feuchtgebieten, Watten, Dünenarealen und anderer intakter Küstenökosysteme, die dauerhaft überflutet oder in ihrer Funktion grundlegend verändert werden,
- *Verlust von Kulturdenkmälern* und
- *Schutz- und Anpassungskosten (protection and adaptation costs)*, d.h. Kosten für Küstenschutz- und andere Anpassungsmaßnahmen (vor dem Hintergrund eines beschleunigten Meeresspiegelanstiegs und einer Häufung von Extremwasserständen), die zur Erhaltung eines Schutzstandards, der mindestens dem heutigen Sicherheitsstandard für das betroffene Gebiet entspricht, erforderlich sind.

Für die deutschen Küstengebiete an Nord- und Ostsee wurde in Anlehnung an die Kriterien der Common Methodology (CM) eine Vulnerabilitätsanalyse im Rahmen des Bund-Länder-Forschungsprogramms *Klimaänderung und Küste* durchgeführt (EBENHÖH et al., 1997). In West-Ost-Erstreckung wurde dabei Norddeutschland von der Ems bis zur Odermündung, also auch der gesamte Ostsee-Küstenraum erfasst. Als schwierig erwies sich hierbei die Frage der landwärtigen Abgrenzung des Untersuchungsgebietes. Da es bei der CM vor allem um die Erfassung von längerfristiger Überflutungsgefährdung und deren Folgen geht, waren für die rückwärtigen Grenzen die Höhenlagen der Teilräume und nicht der Verlauf der Verwaltungsgrenzen (der eine bessere statistische Datenauswertung ermöglicht) heranzuziehen. Angesichts der in der CM enthaltenen Vorgabe, das Risiko (für Menschen) über 100 bis 1000 Jahre zu berücksichtigen, wurde die – für diesen Zeitraum denkbare – maximale Ausdehnung der potentiellen Landüberflutung gewählt.

Diese ergibt sich an der Nordseeküste aus den in der Vergangenheit registrierten Extremwasserständen, zu dem der Maximalwert des künftig möglichen Meeresspiegelanstiegs (und entsprechend erhöhter Wellenauflauf) hinzuaddiert wird (IPCC, 1996). Gleichzeitig wurde angenommen, dass die vorhandenen Deiche einem künftig eintretenden Jahrhundert- oder Jahrtausendhochwasser nicht standhalten könnten. Die maximal denkbare landwärtige Wirkung muss demnach jenseits der +5 m NN Höhenlinie angenommen werden. Aus kartentechnischen und pragmatischen Gründen wurde daher die in fast allen topographischen Kartenwerken enthaltene 10-m-Isohypse als Grenzlinie im Nordseeraum gewählt. Die zwischen Uferlinie (MW-Linie) und 10-m-Isohypse liegende Fläche stellt damit die größte überflutbare Gebietsgröße dar (= Maximalszenario). Da es aber unter keinen derzeit absehbaren Umständen zu einer Gesamtüberflutung dieser Fläche kommen wird, ist als „Realszenario" der Raum unterhalb der 5-m-Höhenlinie gesondert betrachtet worden.

Entlang der Ostseeküste, wo entsprechend dimensionierte Deiche und Schutzanlagen nicht nötig bzw. durchgehend vorhanden sind, ergibt sich eine plausible Grenze der Überflutungsgefährdung aus dem Pegel des historisch höchsten Wasserstands (Sturmflut von 1872, bis maximal 3,30 m ü. NN) sowie dem aufaddierten Maximalszenario für einen Meeresspiegelanstieg. Kartographisch ist diese durchgehend am besten in der 5-m-Höhenlinie des Küstenhinterlands abzubilden. Als „Realszenario" diente auch hier die Höhe, die mit einer gewissen Plausibilität von extremen Hochwasserständen betroffen sein kann; kartographisch ist sie nur an der 2,5-m-Höhenlinie festzumachen. Allerdings wurde mit der Festlegung der genannten Grenzen des Untersuchungsgebietes keine Aussage getroffen, dass bzw. ob künftig eine Überflutung bis zu diesen Höhenmarken tatsächlich zu erwarten ist.

4.4.1.2 Analyse der sozio-ökonomischen Vulnerabilität und Ergebnisse

In der deutschen Gefährdungsstudie wurden primär die Auswirkungen des Meeresspiegelanstiegs und der damit verknüpften Änderungen im Sturmflutgeschehen betrachtet. Auf die Problematik der Ufer- und Stranderosion ging sie dagegen nur randlich ein. Das Ausmaß der möglichen Gefährdung hängt im Wesentlichen von drei Faktoren ab:
1. Intensität eines Sturmflutereignisses, d.h. Höhe des Maximalwasserstandes im Vergleich zur Höhenlage des betrachteten Küstenraums.
2. Die Intensität der Besiedelung und Raumnutzung, d.h. betroffene Personen und materielle Werte im überfluteten Gebiet.
3. Art und Zustand der vorhandenen Küstenschutzeinrichtungen.

Diese Grundparameter müssen in einer allgemeinen Bestandsaufnahme erfasst werden, um die spezifische Risikosituation entlang einzelner Küstenabschnitte abschätzen zu können. Als zentrales Werkzeug bietet sich hierbei ein Geographisches Informationssystem (GIS) an. Mit dem GIS ist es möglich, physiographische und sozio-ökonomische Charakteristika miteinander zu verschneiden, unter Zuhilfenahme von Höhendaten gefährdete Regionen abzugrenzen und so eine quantitative Vulnerabilitätsanalyse zu erstellen.

Im Gegensatz zu ähnlichen Untersuchungen (YOHE et al., 1995) war es bei der deutschen Vulnerabilitätsanalyse nicht die Absicht, nur jene Werte zu erfassen, die von einem einmaligen Sturmflutereignis in naher Zukunft geschädigt werden könnten. Vielmehr sollte eine grobe Bilanz der Werte vorgelegt werden, die langfristig im gefährdeten Bereich angesiedelt sind und durch den Küstenschutz in ihrem Bestand gesichert werden oder im hypothetischen Extremfall bei dauerhaft hoher Gefährdung aufgegeben werden müssten. In Übereinstimmung mit der *Common Methodology* wurden im Zuge der deutschen Gefährdungsstudie folglich die Kenngrößen ermittelt, welche im oben definierten Untersuchungsgebiet als relevante sozio-ökonomische Werte gelten können. Es handelt sich dabei um die (dauerhaft ansässige) Wohnbevölkerung, die Werte für binnenländische Flächen (Größen, Nutzungsarten und Kapitalwerte), Sachvermögen, differenziert nach Wirtschaftsbereichen (Hilfsindikator Arbeitsplätze), Werte der Wohnungen sowie Werte des öffentlichen Tiefbaus (vgl. Abb. 4.29, s. EBENHÖH et al., 1997). Der Unterschied zu den anderen Ansätzen liegt dabei in der Nichtberücksichtigung der eher mobilen Werte. So wurden die Vorratsbestände, der Viehbestand, private Fahrzeuge und Hausrat nicht mit einbezogen. Ebenfalls verzichtet wurde auf eine Diskontierung oder die Einbeziehung von Entwicklungsparametern, da deren Abschätzung über 30 bis 100 Jahre voraus als zu spekulativ angesehen wurde (BEHNEN, 2000).

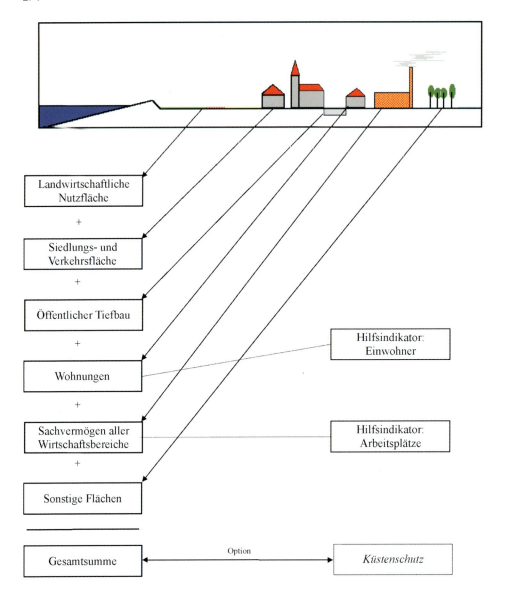

Landwirtschaftliche
Nutzfläche

+

Siedlungs- und
Verkehrsfläche

+

Öffentlicher Tiefbau

+

Wohnungen

+

Sachvermögen aller
Wirtschaftsbereiche

+

Sonstige Flächen

Hilfsindikator:
Einwohner

Hilfsindikator:
Arbeitsplätze

Gesamtsumme

Option

Küstenschutz

© T. Behnen

Abb. 4.29: Kapitalisierungsschema der sozio-ökonomischen Vulnerabilität

Aufgrund der in Norddeutschland gegebenen naturräumlichen und administrativen Besonderheiten wurden zunächst folgende Abgrenzungen und Einteilungen vorgenommen:

Küsten:

1.	Nordseeküste	gefährdeter Bereich: < 10-m-Höhenlinie
2.	Ostseeküste	gefährdeter Bereich: < 5-m-Höhenlinie

Betroffene Bundesländer:

1.	Niedersachsen	Kreis- und Gemeindeebene
2.	Schleswig-Holstein	Kreis- und Gemeindeebene
3.	Mecklenburg-Vorpommern	Kreisebene (vor 1994)
4.	Hamburg	
5.	Bremen	

Im ersten Schritt musste daher die Größe des gefährdeten Gebiets in der Summe aller Küstenländer ermittelt werden. Es sind dies die Flächen zwischen der Küstenlinie und den oben genannten Höhenlinien, wobei die dazwischen liegenden, eventuell höher liegenden Flächen abgezogen wurden. Die Kernfrage für die sozio-ökonomische Evaluierung dieses Gebiets lautete dann: Wie viele Bewohner leben (dauerhaft) in diesem Raum und wie hoch sind die Kapitalwerte (in €), die der Mensch hier angehäuft hat und die langfristig als gefährdet anzusehen sind? Auf der Basis amtlicher Statistiken wurden Daten für das gesamte deutsche Küstengebiet über die Grenzen der fünf norddeutschen Küstenländer hinweg gesammelt und aufbereitet. Für Mecklenburg-Vorpommern standen die Daten nur auf Kreisebene, in Schleswig-Holstein und Niedersachsen auch auf Gemeindeebene zur Verfügung. Da die Datenlage sich somit als recht inhomogen erwies, musste sich das Berechnungs- und Kapitalisierungsverfahren (wie in Abb. 4.29 dargestellt) in thematischer, räumlicher und zeitlicher Hinsicht immer am „kleinsten gemeinsamen Nenner" orientieren. Insgesamt wurden aus den verfügbaren Daten pro Küstenland folgende vier Basiswerte berechnet:

1. *Betroffene Fläche,*
2. *Betroffene Einwohner,*
3. *Betroffene Arbeitsplätze und*
4. *Betroffene Gesamtsumme (der kapitalisierten immobilen Werte).*

Ergänzend dazu dienen noch vier weiterführende Indikatoren zur Differenzierung der sozio-ökonomischen Vulnerabilität (Ebenhöh et al., 1997; Behnen, 2000), nämlich

5. *Einwohner-Arbeitsplatzdichte,*
6. *Anteil der unbebauten Fläche,*
7. *Gesamtsumme je Einwohner* sowie
8. *Gesamtsumme je Hektar.*

Die genannten Vulnerabilitätsindikatoren wurden sowohl für das Maximalszenario als auch für das Realszenario auf der Grundlage der für Küstenkreise und -gemeinden erhobenen Werte ermittelt. Dabei nehmen die größeren – meist kreisfreien – Küstenstädte wie Flensburg, Kiel, Lübeck, Rostock, Stralsund und Greifswald wegen der massiven Agglomeration von Einwohnern und Sachwerten eine besondere Stellung ein. Die vergleichende Interpretation der gewählten Parameter erweist sich insofern als schwierig, da die Verhältniswerte für die Landkreise und kreisfreien Städte durch deren unterschiedliche Größe nur eine eingeschränkte Aussagekraft haben. Nur durch die gemeinsame Betrachtung von Absolutwerten, Verhältniswerten und den Höhenschichtenkarten ergibt sich ein aussagekräftiges Bild. Für den deutschen Küstenraum haben EBENHÖH et al. (1997) sowie BEHNEN (2000) die Gesamt-situation beschrieben und kartographisch dokumentiert.

An dieser Stelle sollen vor allem die für die Ostseeküste relevanten Ergebnisse summa-risch vorgestellt und kurz diskutiert werden. Tab. 4.11 enthält die für beide Szenarien ermit-telten Indikatorenwerte für Mecklenburg-Vorpommern und Schleswig-Holstein. In letzte-rem Land sind die ebenfalls entlang der Nordseeküste gegebenen Vulnerabilitätswerte in Tab. 4.11 ausgeklammert worden; sie liegen dort jedoch insgesamt viermal (Gesamtsumme) bis elfmal (Fläche) höher als an der Ostseeküste.

Maximalszenario: Die in Tab. 4.11 ausgewiesene Gebietsgröße (linke Spalte) kennzeich-net die Flächen, die im dramatischsten Fall betroffen sein können. „Betroffen" muss aber nicht zwangsläufig mit überflutet gleichgesetzt werden, sondern kann unterschiedliche Ar-ten von negativer Beeinträchtigung bedeuten, z. B. zunehmende Vernässung bei steigendem Grundwasserspiegel. In Schleswig-Holstein besteht eine weitere Schwierigkeit bei der Ab-grenzung darin, dass in Kreisen wie Schleswig-Flensburg oder Rendsburg-Eckernförde so-wohl ein „betroffener" Flächenanteil von der Nordsee als auch von der Ostsee her vorhan-den ist. Generell liegen wegen der langen Steilküstenabschnitte und des höheren Hinterlands die betroffenen Flächenanteile entlang der Ostseeküste deutlich niedriger als an der West-küste. In der Summe ergibt sich bei den betroffenen Flächen ein Verhältnis von 10:1 zwischen West- und Ostküste.

Für Mecklenburg-Vorpommern mit seinem äußerst bewegten Relief ist typisch, dass einerseits ein küstennaher schmaler, stellenweise durch Kliffe unterbrochener Streifen unter 5 m liegt, andererseits aber die 5-m-Isohypse entlang von linearen Niederungen auch weit in das Hinterland hinein reicht. Rügen ist trotz seiner enormen Küstenlänge nur zu etwa einem Drittel betroffen. Dagegen ergibt sich für die vier direkt an der Küste liegenden kreisfreien Städte ein sehr hoher Grad an Betroffenheit: Greifswald zu 54 %, Rostock zu 43 %, Wismar

Tab. 4.11: Werte für die acht kennzeichnenden Parameter der sozio-ökonomischen Vulnerabilität der Ostseeküste bei Betrachtung eines Maximal- und eines Realszenarios

Vulnerabilitäts-Indikatoren	Schleswig-Holstein		Mecklenburg-Vorpommern	
	Maximalszenario (unter 5 m ü. NN)	Realszenario (unter 2,5 m ü. NN)	Maximalszenario (unter 5 m ü. NN)	Realszenario (unter 2,5 m ü. NN)
Betroffene Fläche in ha	46 390	33 142	216 650	104 850
(% der Gesamtfläche)	(13)	(9.5)	(9)	(5)
Betroffene Einwohner	126 500	108 916	279 000	153 020
(% der Gesamtbevölkerung)	(14)	(10,5)	(15)	(8)
Betroffene Arbeitsfläche in ha	13 790	38 523	102 495	57 065
(% der Gesamtarbeitsfläche)	(16)	(12)	(16)	(9)
Betroffene Gesamtsumme in Mrd. €	17,0	14 851	37 930	40 914
	(7)	(5)	(7)	(8)
Einwohner-Arbeitsplatz-Dichte je km²	226	226	106	106
Unbebaute Fläche in % der Gesamtfläche	90	90	94	94
Gesamtsumme je Einwohner in €	137 425	136 351	137 051	136 706
Gesamtsumme je ha in €	374 777	448 101	107 489	199 511

zu 30 % und Stralsund zu 21 %. Allerdings liegen in absoluten Werten die – allerdings sehr dünn besiedelten – Kreise Nordvorpommern und Ostvorpommern mit jeweils über 50 000 ha weit darüber. Pro Hektar sind an der Ostsee in Schleswig-Holstein doppelt soviel Einwohner betroffen (2,7 Ew/ha) wie in Mecklenburg-Vorpommern (1,3 Ew/ha). Die Vergleichswerte liegen für Schleswig-Holsteins Nordseeküste bei 1,1, für Niedersachsen bei 1,6, für Hamburg bei 8,6 und für Bremen bei 17,0 Einwohner pro Hektar.

Noch auffälliger beim Vergleich zwischen Schleswig-Holstein und Mecklenburg-Vorpommern ist die im beschriebenen Flächengebiet angehäufte Summe der Kapitalwerte. So ist die betroffene Fläche in Mecklenburg-Vorpommern zwar knapp fünfmal größer als in Schleswig-Holstein, die erfasste Gesamtsumme der Kapitalwerte erreicht jedoch nur den 2,2-fachen Wert. Die große Differenz bei den Relativwerten *Gesamtsumme pro Hektar* (letzte Zeile Tab. 6) bringt somit auch deutlich zum Ausdruck, dass im Ostsee-Küstensaum von Schleswig-Holstein eine starke Agglomeration von Sachwerten anzutreffen ist. Nach den Stadtstaaten Hamburg und Bremen ist sie die höchste aller betrachteten Küstenabschnitte. Ähnliches gilt auch für die anderen sozio-ökonomischen Kenngrößen wie *betroffene Arbeitsplätze* oder *Einwohner-Arbeitsplatz-Dichte*.

Realszenario: Das Realszenario beschreibt mit der 2,5-m-Isohypse an der Ostseeküste einen Bereich, der mit weit größerer Wahrscheinlichkeit langfristig einer hohen Gefährdung ausgesetzt sein dürfte. Welche Vulnerabilität jetzt schon oder in den kommenden Jahrzehnten gegeben ist, hängt bezüglich möglicher Überflutungen maßgeblich von der lokal variierenden Höhe und Beschaffenheit von Küstenschutzeinrichtungen ab. Generell gilt, dass hier im Gegensatz zur Nordsee-Festlandsküste weit weniger Deiche angelegt worden sind und viele der Ostseedeiche auch nicht den Bemessungswasserständen für ein Jahrhundert- bzw. Jahrtausendhochwasser vom Ausmaß der Sturmflut von 1872 entsprechen (Generalplan Küstenschutz für Schleswig-Holstein vom Oktober 2001, s. MLR, 2001; Generalplan Mecklenburg-Vorpommern von 1994, s. MBLU'95, 1995). Abgesehen davon sind die weiteren Einflüsse von langfristigen bzw. extremen Wasserstandsänderungen wie Ufererosion, höherer Grundwasserstand, Behinderung der binnenwärtigen Entwässerung und Bodenversalzung ohnehin nicht mit den traditionellen statischen Küstenbauwerken zu verhindern.

Hinsichtlich der Beschreibung der Vulnerabilität anhand der o.g. Indikatoren lassen sich bei der Interpretation der erfassten Werte (Tab. 4.11) die Schlussfolgerungen ziehen, dass auf Grund der Reliefgegebenheiten im glazial geprägten Küstengebiet in Schleswig-Holstein, bezogen auf betroffene Fläche und Einwohner, keine sehr große Differenz zum Maximalszenario besteht. In Mecklenburg-Vorpommern ist dagegen die betroffene Fläche unter 2,5 m nur knapp halb so groß wie die Fläche bis zur 5-m-Höhenlinie (jedoch fast die dreifache von Schleswig-Holstein), und auch die Zahl der dortigen Einwohner und Arbeitsplätze ist deutlich niedriger als beim Maximalszenario. Betrachtet man dagegen die relativen Werte für die gefährdete Gesamtsumme pro Einwohner bzw. pro Hektar, wird deutlich, dass zwischen dem Realszenario und dem Maximalszenario kaum noch Unterschiede bestehen. Die Summe der gefährdeten Kapitalwerte je Einwohner ist auch in beiden Ostseeanrainerländern nahezu identisch. Dagegen liegen in Schleswig-Holstein wesentlich höhere Kapitalwerte pro Flächeneinheit vor als in Mecklenburg-Vorpommern, ein Ausdruck der insgesamt höheren Agglomeration von baulich-technischer Infrastruktur im deutlich schmaleren Küstenstreifen Schleswig-Holsteins.

Bei genauer vergleichender Analyse von Landkreisen und kreisfreien Städten werden aber sehr große Unterschiede zwischen den ländlichen Regionen und den Küstenballungszentren offenkundig. So entfallen mit 7,4 Mrd. € Gesamtsumme 49 % aller betroffenen Kapitalwerte entlang der schleswig-holsteinischen Küstenregion auf die Städte Flensburg

(0,6 Mrd. €), Lübeck (3,2 Mrd. €) und Kiel (3,6 Mrd. €). In Mecklenburg-Vorpommern tragen die drei Küstenstädte Rostock (8,2 Mrd. €), Greifswald (3,0 Mrd. €) und Wismar (1 Mrd. €) sogar 57 % zur gefährdeten Gesamtsumme bei. „Spitzenreiter" an der gesamten deutschen Ostseeküste hinsichtlich der sozio-ökonomischen Vulnerabilität ist damit die Hafenstadt Rostock mit dem dazugehörenden Tourismuszentrum Warnemünde und den schiffsorientierten Industrie- und Gewerbeanlagen an diesem Standort: allein hier wurden 4550 Hektar Fläche, 55 700 Einwohner und 24 500 Arbeitsplätze als betroffen registriert (BEHNEN, 2000).

Über die „neutrale" Darstellung der in Tab. 4.11 genannten Kenngrößen hinaus ergeben sich auch Interpretationsmöglichkeiten für diese Werte hinsichtlich der Anforderungen bzw. Prioritätensetzungen für den Küstenschutz. So wäre es zumindest theoretisch denkbar, dass die pro Einwohner betroffene Gesamtsumme als ein Gewichtungsfaktor einbezogen würde. Dann würde ein Bundesland nicht nur entsprechend seiner an den Bemessungswasserständen orientierten Küstenschutzbauleistungen mit Mitteln aus der Bund-Länder-Gemeinschaftsaufgabe Küstenschutz gefördert, sondern auch seine lokal stark variierende Vulnerabilität berücksichtigt. Damit wird ein Kernproblem des Küstenschutzes berührt, das am anschaulichsten durch den Indikator *Gesamtsumme je Hektar* zum Ausdruck kommt. Dieser macht nämlich besonders deutlich, welch enorme Disparitäten bei der räumlichen Verteilung der zu schützenden Werte auftreten. Das Verhältnis zwischen Kiel mit 3,4 Mio €/ha und dem Kreis Uecker-Randow an der polnischen Grenze mit 61 355 €/ha liegt bei 55:1. Im Vergleich dazu weist der Kreis Ostholstein in Schleswig-Holstein, mit seinen touristischen Ballungszentren in der Lübecker Bucht, einen noch relativ hohen Wert von 20 4516 €/ha auf. Daraus kann pauschal abgeleitet werden, dass in den verdichteten Bereichen viel höhere Werte (und fast immer auch eine zahlreichere Bevölkerung) mit vergleichsweise geringerem Aufwand geschützt werden können. Angesichts der wachsenden Bedrohung im Gefolge von Meeresspiegelanstieg und zunehmender Sturmfluthäufigkeit wird damit auf der politischen Ebene zu diskutieren sein, ob weiterhin alle Regionen hinsichtlich ihrer Schutzwürdigkeit gleich behandelt werden sollen (BEHNEN, 2000; STERR, 2002).

Allerdings darf an dieser Stelle nicht unerwähnt bleiben, dass die in der „gesamtdeutschen" Vulnerabilitätsanalyse erhobenen Daten den Sachstand aus der Mitte der 1990er-Jahre wiedergeben (EBENHÖH et al., 1997; auch BEHNEN, der maßgeblich an dieser Überblicksstudie mitwirkte, konnte in seiner später vorgelegten Zusammenschau keine aktuelleren Ergebnisse präsentieren, BEHNEN, 2000). Seit dieser Zeit sind gerade in einigen Küstenabschnitten von Mecklenburg-Vorpommern außerhalb der Großstädte umfangreiche Investitionen für den Aufbau besonders der touristischen Infrastruktur getätigt worden, so dass neue Ballungszentren des Fremdenverkehrs, wie z.B. Kühlungsborn oder Binz auf Rügen, heute sicherlich weitaus höhere ökonomische Vulnerabilitätswerte aufweisen, als die früheren Durchschnittswerte auf Kreisebene angeben. Sie dürften vergleichbar sein mit denen der Tourismusgemeinden in der inneren Lübecker Bucht (Timmendorfer Strand u.a.).

4.4.1.3 Abhängigkeit der sozio-ökonomischen Vulnerabilität vom Betrachtungsmaßstab

Mit dem Bezug auf Durchschnittswerte erschließt sich auch ein generelles Problem bei der Erfassung und der Bewertung der sozio-ökonomischen Gefährdungslage für Küstengebiete. Sie ist nämlich offenkundig abhängig von der Genauigkeit bzw. von der räumlichen Auflösung der durchgeführten Vulnerabilitätsanalyse. Die in Anlehnung an die *Common*

Methodology von IPCC durchgeführte – makroskalige – Gesamtbetrachtung des norddeutschen Küstenraums, wie sie bisher erläutert wurde, lieferte ein zwar vollständiges Bild des sozio-ökonomischen Gefährdungspotentials (wie es in einem globalen Vergleich von Relevanz ist, siehe STERR u. SIMMERING, 1996), das sich aber hinsichtlich der situationsspezifischen Risikosituation einzelner Küstenabschnitte oder -gemeinden als nicht ausreichend differenziert erwies. Erst eine genauere und damit kleinräumigere Betrachtung ermöglicht nämlich Aussagen zur Gefährdung durch Überflutung, Erosion, Bodenversalzung u.a., die im Sinne von fokussierten Küstenschutzplanungen auch als „belastbar" angesehen werden können (STERR et al., 2000).

In einem zweiten Schritt wurde daher in den Jahren 1996 bis 2000 auch eine mesoskalige Vulnerabilitätsanalyse nur für das Küstenland Schleswig-Holstein durchgeführt (Gutachten *Werteermittlung für die potentiell sturmflutgefährdeten Gebiete an den Küsten Schleswig-Holsteins*). Die Ergebnisse dieser Untersuchungen, welche vor allem eine stärkere Differenzierung bei den sozio-ökonomischen Parametern innerhalb dieses Gebiets zum Ziel hatten (an der Nordseeküste auch eine präzisere Abgrenzung des betroffenen Küstengebiets), dienten bereits der Vorbereitung eines neuen Generalplans Küstenschutz für Schleswig-Holstein. Die für dieses Küstenland vorgelegten Ergebnisse (HAMANN u. KLUG, 1998) verdeutlichen die großen, vor allem maßstabsabhängigen Unterschiede zu den aus statistischen Mittelwerten extrahierten Größen der makroskaligen *Common Methodology Analyse*. Im Vergleich mit Tab. 4.11 ergibt sich damit folgendes Bild für die schleswig-holsteinische Ostseeküste:

Betrachtungsmaßstab:	makroskalig	mesoskalig
Betroffene Fläche (ha)	46 390	46 100
Betroffene Einwohner	126 500	178 500
Betroffene Kapitalwerte (Mrd. €)	17,0	32,0
Gesamtsumme je Ew (€)	137 425	179 105
Gesamtsumme je ha (€)	374 777	693 823

Die vergleichende Gegenüberstellung verdeutlicht die signifikant unterschiedlichen Resultate, wie sie vor allem für die Kenngrößen *betroffene Einwohner, Gesamtsumme der betroffenen Kapitalwerte* und *Gesamtsumme pro Hektar* erkennbar werden. Dennoch musste sich auch die mesoskalige Analyse auf Grund der zu bearbeitenden Gebietsgröße auf amtliche statistische Daten (und damit auf Näherungswerte) für die Erfassung der Bevölkerung und der ökonomischen Parameter stützen. Auch hier muss demnach noch eine gewisse – nicht näher spezifizierbare – Ungenauigkeit der Ermittlungsergebnisse angenommen werden (REESE u. MARKAU, 2002).

Im konkreten Planungsfall für Küstenschutzmaßnahmen gegen Überflutung oder Erosion werden jedoch noch genauere Informationen zur Gefährdungslage für Küstengemeinden benötigt. Für die staatlichen Behörden und lokalen Entscheidungsträger geht es nämlich letztlich um „flächenscharfe" Abgrenzungen von potentiellen Überflutungsgebieten und eine möglichst komplette Beschreibung der darin befindlichen vulnerablen Sachwerte. Eine solche ist nach den in Schleswig-Holstein gewonnenen Erfahrungen aber eigentlich nur auf der konkreten Planungsebene, d.h. im Allgemeinen auf der mikroskaligen (Gemeinde-) Ebene möglich. Im Rahmen eines – vom BMBF und dem Ministerium für Ländliche Räume

Schleswig-Holstein geförderten – Projektes *(MERK – Mikroskalige Evaluierung von Risi-ken in überflutungsgefährdeten Küstenniederungen)* wurden daher im Zeitraum 2000–2002 fünf Modellgebiete entlang der Nordsee- und der Ostseeküste Schleswig-Holsteins mit größtmöglicher Genauigkeit auf ihre sozio-ökonomische Vulnerabilität untersucht (Untersuchungsgebiete an der Ostseeküste waren der städtische Verdichtungsraum Kiel, die touristischen Ballungszentren Timmendorfer Strand und Scharbeutz sowie ein ländlich geprägter Küstenabschnitt auf Fehmarn). In dieser großmaßstäblichen Herangehensweise konnten die potentiellen Schadenskategorien noch weiter aufgeschlüsselt werden (Abb. 4.30). Außerdem ermöglichte ein spezifiziertes Kartier- und Werteermittlungsverfahren eine sehr präzise Beschreibung der vorhandenen Sachwerte und der realen Schadenserwartung und trug dazu bei, noch bestehende Unsicherheiten bei statistischen Daten zu reduzieren. Das Beispiel eines sowohl nach meso- als auch mikroskaligem Ansatz untersuchten Küstenabschnitts, nämlich die nördliche Seenniederung auf der Insel Fehmarn, zeigt auch hier wiederum die maßstabsbedingten Unterschiede auf: während mesoskalig hier eine Gesamtsumme von 153 Mio. € für betroffene Kapitalwerte ermittelt wurde, liegt diese Summe bei der mikroskaligen Analyse bei ca. 409 Mio. €. Allerdings sind im zweiten Ansatz noch weitere sozio-ökonomische Kenngrößen erfasst worden (vgl. Abb. 4.30). Reduziert man die Betrachtung auf die vergleichbaren Schadenskategorien, dann liegt das mikroskalig ermittelte Ergebnis dennoch mit 296 Mio. € signifikant höher als das mesoskalig ermittelte.

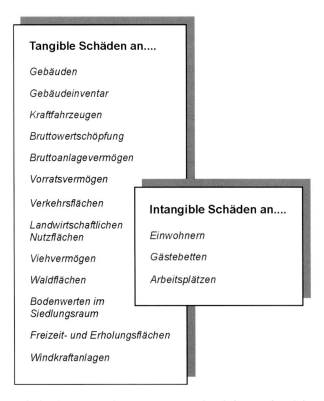

Abb. 4.30: Schadenskategorien, die im Zuge einer mikroskaligen Vulnerabilitätsanalyse (Projekt MERK) betrachtet werden

Als Fazit kann somit festgehalten werden, dass die sozio-ökonomische Vulnerabilität des Küstenraums in der Realität noch deutlich größer sein dürfte, als es die Werte aus erster Näherung in Tab. 4.11 bzw. aus den bisherigen Untersuchungen in Deutschland zum Ausdruck bringen. Trotzdem bieten sie eine wichtige Grundlage für den künftigen Umgang mit den wasserstandsbedingten Risiken, insbesondere für langfristig strategische Planungen im Küstenschutz. Darüber hinaus gilt festzuhalten, dass international nur in sehr wenigen Ländern ähnlich intensive Bemühungen wie in Deutschland zur Gefährdungsabschätzung erfolgt sind.

4.4.1.4 Szenarien der künftigen Risikostruktur

Im Zuge der Vulnerabilitätsanalyse ist bisher die Gesamtheit der Personen und ökonomischen Werte betrachtet worden, die sich in möglichen Überflutungsgebieten befinden und daher als potentiell betroffen angesehen werden können. Für die langfristige Küstenschutzplanung ist es jedoch erforderlich, das tatsächlich zu erwartende Risiko für Menschenleben und Sachwerte entlang einzelner Küstenabschnitte benennen zu können (Abschn. 4.4.2). Da eine reale Gefährdung qualitativ und quantitativ schwer zu definieren ist, empfiehlt die *Common Methodology* zur Ermittlung des Risikos die Gesamtwerte für betroffene Personen und Kapitalstock mit der Überflutungswahrscheinlichkeit in Beziehung zu setzen (IPCC, 1992). Dementsprechend wären die in Tab. 4.11 zusammengefassten Absolutwerte zu multiplizieren mit der Wahrscheinlichkeit der jährlichen Überflutung der betrachteten Region. *Gefährdete Bevölkerung* bezeichnet somit Laut *Common Methodology* die Anzahl der Menschen, die statistisch gesehen jährlich ein Hochwasser erleben. Gleiches gilt für die Benennung der gefährdeten ökonomischen Werte (*values at risk*, siehe oben). Eine Benennung der momentanen Überflutungshäufigkeit ist leider weder im Nordseeraum noch im Ostseeraum konkret möglich, es können jedoch statistische Auswertungen von Wasserstandsdaten sowie küstenmorphologische Untersuchungen für eine Abschätzung der Größenordnung herangezogen werden (Abb. 4.31). Da die Wasserstände der Ostsee-Sturmflut von 1872 seither

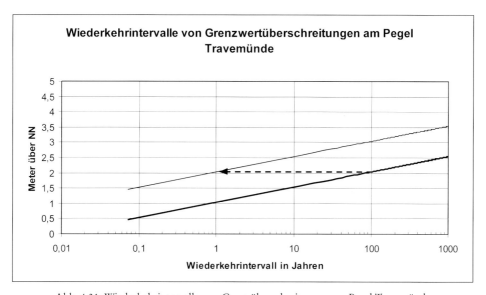

Abb. 4.31: Wiederkehrintervalle von Grenzüberschreitungen am Pegel Travemünde

nicht mehr, im letzten Jahrtausend aber möglicherweise einige Male erreicht worden sind (LAMPE u. SCHUMACHER, 1996), wurde die bisherige Überflutungshäufigkeit an der Ostsee mit 1:250 Jahren (= 0,004 %) angenommen (EBENHÖH et al., 1997). Unter Verwendung dieser Größe errechnet sich aus Tab. 4.11 eine statistische Gefährdung von 1622 Personen bzw. von Sachwerten im Umfang von 221 Mio. € (jährlich) für das gesamte deutsche Ostseegebiet.

Geht man allerdings von einem stark beschleunigten Meeresspiegelanstieg im 21. Jahrhundert und danach aus, dann würden sich daraus drastische Verkürzungen der Eintrittswahrscheinlichkeiten von extremen Hochwasserständen ergeben, wie die Darstellung für die Wiederkehrintervalle am Pegel Travemünde deutlich macht. Wie Abb. 4.3 illustriert (vgl. auch Abb. 2.32), wird sich auch ohne meteorologische Veränderungen bei einem Meeresspiegelanstieg von 100 cm die Wahrscheinlichkeit eines „hundertjährigen" Hochwassers von 1/100 auf 1/1 erhöhen. Statistisch würde dieses Szenario einer jährlichen Gefährdung von mehr als 100 000 Personen und 13,8 Mrd. € an Sachwerten entlang der Ostseeküste gleichkommen.

Andererseits ist kaum davon auszugehen, dass sich ein solches Meeresspiegelanstiegsszenario langfristig ohne entsprechende Reaktionen im Bereich des Küstenschutzes vollziehen wird. Nimmt man dementsprechend eine sukzessive Verbesserung im Küstenschutz, vor allem die Anpassung der Deichhöhen an neue Bemessungswasserstände an, dann dürfte das Risiko für die Küstenbevölkerung und deren akkumulierte ökonomische Werte wohl kaum über das derzeit gegebene hinauswachsen (MLR, 2001). Vor diesem Hintergrund dürfte klar sein, dass an Nord- und Ostsee der Küstenschutz auch weiterhin von herausragender Bedeutung für das wirtschaftliche Leben in den Küstenländern sein wird (s. Abschn. 4.4.2). Es scheint andererseits aber auch logisch, dass angesichts der dann immens wachsenden Kosten für die Erhaltung eines adäquaten Küstenschutzstandards ggf. auch räumliche Prioritäten gesetzt werden müssen. Mit anderen Worten: das uneingeschränkte Verteidigen solcher Küstenabschnitte, die nach dem vorhandenen Kapitalwert oder der volkswirtschaftlichen Bruttowertschöpfung von nachrangiger Bedeutung sind, könnte dann möglicherweise in eine Strategie des Schutzes von „Vorranggebieten" umgewandelt werden. Solche prioritären Schutzstrategien sind neben den zweifellos zwingenden ökonomischen Kriterien auch im ökologischen Sinn von großem Interesse, möchte man denn eine drastische Veränderung des natürlichen Systemgefüges vermeiden und die derzeit existierenden litoralen Ökosysteme bzw. deren Funktionalität erhalten (STERR et al., 2000; PROBST, 1996; KUNZ, 1996).

Damit sind auch schon die Systemparameter angesprochen, die zur weiteren Erläuterung einer umfassenden Vulnerabilitätsbeschreibung unserer Küstenregion von Bedeutung sind. Im Konzept der IPCC *Common Methodology* ist dieser Aspekt mit den Termini *Veränderung sozio-ökonomischer Werte (values at change)* bzw. *Verlust ökologischer Werte (area of wetland at loss)*, bezeichnet. Diese beinhalten die Veränderung oder Beeinträchtigung von Werten als indirekte (mittelbare) Auswirkungen des Meeresspiegelanstiegs, insbesondere im Bereich der nicht monetär bewertbaren Komponenten des Küstensystems. Hierunter fallen im Nord- wie auch im Ostseeküstenraum vor allem

– die Problematik höherer Wasserstände für die binnenseitige Entwässerung der Niederungsgebiete,
– das bei höherem Meeresspiegel verstärkte Eindringen von Salzwasser in Grundwasser und Böden,
– die dauerhafte Überflutung (= Verlust) von amphibischen Uferzonen und Feuchtgebieten und
– die Reduzierung sandiger Strand- und Dünenökosysteme durch Erosion.

Auch in anderen Gefährdungsstudien wird eine negative Auswirkung steigender Pegelstände auf unterschiedliche litorale Ökosysteme festgestellt (BEUKENKAMP, 1993; IPCC, 1996). Nach diesen Erkenntnissen ist für die Gezeitenküste der Nordsee ein Verlust der außendeichs liegenden Feuchtgebiete von 40–50 % der ursprünglichen Flächen anzunehmen. Das Verschwinden der Wattflächen und ihrer Übergangssäume könnte durch verstärkte Küstenschutzaktivitäten (Sandentnahmen, Lahnungsbau, Damm- und Buhnenbauten u.a.) noch beschleunigt werden. Umgekehrt ist an der Ostseeküste ein signifikanter Meeresspiegelanstieg teils mit Verlust von amphibischen Räumen, teils mit einer Vergrößerung solcher Gebiete zu rechnen, je nach den morphologischen Verhältnissen des Hinterlandes. In Flussmündungen, entlang der Boddenufer sowie im Bereich flacher (überdünter) Strandwallebenen dürfte durch Behinderung des Binnenwasserabflusses die Entstehung neuer bzw. die Ausweitung vorhandener Feuchtgebiete dominieren. Ohne zusätzliche einschränkende Küstenbauten könnte sich daher die Flächenbilanz der Küstenfeuchtgebiete in Mecklenburg-Vorpommern sogar positiv entwickeln – allerdings mit problematischen Auswirkungen auf die binnenseitige Entwässerung und damit auf die landwirtschaftliche Nutzung dieser Flächen. Die Entwässerungsproblematik ist direkt mit der langfristigen Wasserstandsentwicklung verknüpft und wird sich im Zuge des anhaltenden Meeresspiegelanstiegs künftig weiter verschärfen.

Um die Marschflächen und Niederungsgebiete weiterhin für Landwirtschaft, Bebauung, Erholung u.a. nutzbar zu halten, sind somit in weiten Bereichen der Küstenzone zusätzliche und aufwändige Entwässerungsmaßnahmen erforderlich. Der Neubau von Pumpwerken, der Umbau von Sielen zu Schöpfwerken oder Schleusen sowie die für das künstliche Entwässern aufzuwendende Energie sind sehr kostspielige Anpassungen an die sich ändernde hydrographische Situation. Leider gibt es bislang keine verlässlichen behördlichen Angaben zum derzeitigen bzw. erwarteten Kostenumfang, da die Zuständigkeit für die Entwässerung von binnendeichs nach See hin im Zuständigkeitsbereich der Wasser- und Bodenverbände liegt. Vertreter der Küstenschutz- bzw. Wasserwirtschaftsbehörden bestätigen aber die qualitative Einschätzung, dass die Kosten der Binnenentwässerung – zumindest im Nordseeraum – eine ähnliche Größenordnung wie die der Küstenschutzaufwendungen annehmen würden – sollte sich der Meeresspiegelanstieg – wie von IPCC angenommen – signifikant beschleunigen. Auf Grund der physiographischen Merkmale des Ostsee-Küstenraumes dürfte in Mecklenburg-Vorpommern wie auch entlang der Ostseeküste von Schleswig-Holstein die künstlich zu entwässernde Fläche ebenfalls stark zunehmen, sich vielleicht sogar verdoppeln. Im Vergleich zur Nordseeregion bleiben aber auch in diesem Fall die zu entwässernden Flächenareale volkswirtschaftlich eher unbedeutend.

Dagegen sind die aus der Ufererosion resultierenden Schadenswirkungen sowohl kurz- als auch langfristig von großer Bedeutung und werden auch von der im Küstenstreifen lebenden und arbeitenden Bevölkerung als bedrohlich wahrgenommen (DASCHKEIT u. SCHOTTES, 2002). In Form von Erosion wirken sich nämlich der Meeresspiegelanstieg wie auch die extremen Wasserstands- und Seegangsereignisse einzeln wie auch in Kombination aus und führen zu lokal drastischen Küstenrückgängen und damit Gefährdungen (STERR, 1991, 1993). Am Beispiel der Ostseesturmflut vom November 1995 lässt sich die Fülle von Effekten anschaulich verdeutlichen.

4.4.1.5 Schadenswirkungen durch Extremereignisse – der 3. und 4.11.1995 als Beispiel

Die Sturmflut vom November 1995 hat an der gesamten deutschen Ostseeküste, vor allem aber in Mecklenburg-Vorpommern, große Schäden verursacht. Mit Pegelständen von 1,98 m über NN in Wismar und 1,77 m ü. NN in Greifswald (vgl. Tab. 3.2) gehörte dieses Ereignis zur Kategorie der sehr schweren Sturmfluten, welche nach bisherigen Statistiken seltener als alle 20 Jahre auftreten (vgl. Tab. 4.3). Als besonders schwerwiegend erwies sich die sehr lange Verweildauer dieser Sturmflut (vgl. Abb. 3.7), die durch einen zweigipfeligen Verlauf über die Dauer von ca. 18 Stunden gekennzeichnet war. Nach den vorliegenden Dokumentationen (REDIECK u. SCHADE, 1996; MBLU'96, 1996) wurde von diesem Extremereignis Folgendes ausgelöst:
- Starker Strandabtrag,
- Dünenabbrüche bis zu 15 m,
- Dünenüberläufe und -durchbrüche,
- Abbruch und Unterspülung von Steilufern bis 5 m,
- Zerstörung von Deichen, Deckwerken und Buhnen,
- Verlagerung von bis zu 7 t schweren Betonelementen von Wellenbrechern,
- Zerstörung von Mess- und Kontrolleinrichtungen,
- Schäden an Seebrücken und Stegen,
- Unterspülung von Straßen,
- Überschwemmung von Siedlungen,
- Gebäudeschäden in begrenztem Ausmaß und
- Anschwemmung von großen Mengen Treibgut.

Auf der Basis einer von November 1993 bis Mitte 1994 vorgenommenen Volumenvermessung der Vorstrand-, Strand- und Dünenprofile entlang der Flachküsten konnten durch eine Neuvermessung unmittelbar nach der Sturmflut im November 1995 die durch das Hochwasser verursachten Sedimentumlagerungen und Erosionsbeträge in M-V recht exakt bestimmt werden. Folgende durchschnittliche Volumenänderungen bezogen auf 1 km Küstenlänge wurden konstatiert:
- Dünen: Volumenabnahme von ca. 15 690 m^3
- Strand: Volumenzunahme von ca. 9715 m^3
- Schorre: Volumenabnahme von ca. 9854 m^3
- Gesamtbilanz: Volumenabnahme von ca. 15 829 m^3 pro Küstenkilometer.

Die gesamten finanziellen Schäden dieser Sturmflut exakt zu beziffern, stößt wegen mangelnder Informationen über die Kosten der „Nachsorge" auf Schwierigkeiten. Die Landesregierung von Mecklenburg-Vorpommern geht von etwa 15,3 Mio. € aus (BEHNEN, 2000). Allein die 4,9 Mio. € veranschlagte und vom Land bereitgestellte Summe für kurzfristige Reparatur- und Abhilfemaßnahmen zeigt deutlich die Tragweite dieses Ereignisses (REDIECK u. SCHADE, 1996).

BEHNEN fasst in seiner ausführlichen Bewertung der deutschen Küstenvulnerabilität die Anfälligkeit der Ostseeküste gegenüber Extremereignissen wie folgt zusammen: „*Einerseits wiesen die natürlichen Prozesse an der deutschen Ostseeküste in der Vergangenheit im Vergleich zur Nordsee eine weit geringere Dramatik auf, doch andererseits ist dort wegen der Seltenheit der Extremereignisse die Vulnerabilität durch die Vernachlässigung des Küstenschutzes gestiegen*" (BEHNEN, 2000, S. 138). Diese Einschätzung gilt umso mehr, als in Mecklenburg-Vorpommern die Tendenz zur touristischen Entwicklung und Nutzung des Küstenstreifens sich auch im 21. Jahrhundert ungebremst fortsetzt und die gebotenen Pufferzonen und Rückzugsräume dabei fast immer den expansiven ökonomischen Planungen zum Opfer fallen.

4.4.2 Strategien für den Küstenschutz

Küstenschutz ist der Schutz von Menschen und ihren Sachwerten vor den zerstöreri-
schen Angriffen des Meeres durch geeignete Maßnahmen (HOFSTEDE, 1996). Es wird unterschieden zwischen Hochwasserschutz (Schutz vor Überflutungen) und Küstensicherung
bzw. Erosionsschutz (Schutz gegen Uferrückgang und Erosion). Hinter dem Begriff Küstenschutz steckt somit das Grundbedürfnis der Küstenbevölkerung, sich und ihr Eigentum
gegen Überflutungen und irreversible Landverluste zu schützen. Eine funktionierende
Küstenschutzstrategie ist erste Voraussetzung für sozio-ökonomische Nutzungen, wie Besiedlung, Landwirtschaft oder industrielle Produktion in überflutungsgefährdeten Küstenniederungen.

Die ersten Schutzbemühungen an der deutschen Ostseeküste reichen bis in das 13. Jahrhundert zurück, als zur Sicherung der Hafeneinfahrt Rostock und zur Unterbindung des
Wassereinbruchs in einer dahinter gelegenen Küstenniederung Dünenbau betrieben wurde
(WEISS, 1992). Der erste Deichbau an der deutschen Ostseeküste fand um 1581 an der Gel-
tinger Birk östlich von Flensburg statt (KANNENBERG, 1955). Im 18ten und frühen 19ten
Jahrhundert wurden weitere private Deiche gebaut, die jedoch in ihren Ausmaßen ungenü-
gend waren und bald durch Sturmhochwasser zerstört wurden. Der Anfang des staatlichen
Küstenschutzes an der deutschen Ostseeküste liegt im Jahre 1872. Nach dem katastrophalen
Sturmhochwasser am 12./13. November 1872 mit Wasserständen von bis zu 3,35 m über
Normalnull (Abb. 4.32) und 271 Todesopfern in der westlichen Ostsee (KIEKSEE, 1972) stellte
die preußische Verwaltung erstmals systematische Überlegungen zum Küstenschutz an der
Ostseeküste an.

Der damals entwickelte Deichquerschnitt enthielt bereits wesentliche Merkmale moderner Deiche (EIBEN, 1992). In den darauf folgenden Jahrzehnten wurde das erste umfangreiche staatliche Küstenschutzprogramm an der Ostseeküste umgesetzt, wobei jedoch einige

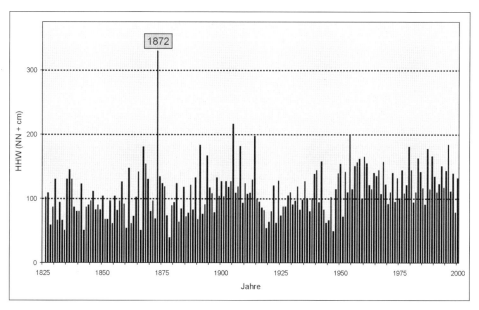

Abb. 4.32: Entwicklung der jährlichen Höchstwasserstände am Pegel Travemünde seit 1825
(für Warnemünde s. Abb. 3.61)

der festgelegten technischen Grundlagen nicht überall eingehalten wurden. Für eine ausführliche Beschreibung der Geschichte des Küstenschutzes wird auf WEISS (1992, Mecklenburg-Vorpommern) und auf EIBEN (1992, Schleswig-Holstein) verwiesen.

Heute unterliegt der Küstenschutz in Deutschland landesrechtlichen Bestimmungen und ist für die Ostseeküste in den Landeswassergesetzen (LWG) der Länder Mecklenburg-Vorpommern und Schleswig-Holstein geregelt. Demnach hat der Einzelne keinen gesetzlichen Anspruch auf Schutzmaßnahmen bzw. unterliegt der Küstenschutz grundsätzlich demjenigen, der davon Vorteil hat. Für bestimmte, in den LWG fest definierte Aufgaben, die im Interesse des Wohls der Allgemeinheit erforderlich sind, haben die Länder jedoch die Zuständigkeit übernommen (z.B. Erosionsschutz vor geschlossen besiedelten Gebieten). Weitere öffentliche Küstenschutzaufgaben werden durch Wasser- und Bodenverbände oder Kommunen wahrgenommen.

Die generellen und technischen Grundlagen für den staatlichen Küstenschutz sind für Schleswig-Holstein und Mecklenburg-Vorpommern in sog. Generalplänen Küstenschutz dargelegt (MBLU'98, 1998; MLR, 2001). In diesen sind auch die staatlichen technischen Maßnahmen sowie deren Bemessungsgrundlagen festgelegt. Diese werden nachfolgend beschrieben (für Mecklenburg-Vorpommern s. auch WEISS, 2000).

4.4.2.1 Bemessungsgrundlagen

Staatliche Hochwasserschutzanlagen haben das Ziel, den in ihrem Schutz lebenden Menschen Sicherheit vor dem Ertrinken und vor schweren materiellen Verlusten zu gewährleisten. Bei allen technischen Bauwerken bleibt jedoch eine gewissen Versagenswahrscheinlichkeit, d.h. es kann keine absolute Sicherheit geben. Daher werden Standards (Bemessungsgrundlagen) definiert, die einen möglichst hohen von der Gesellschaft akzeptierten Schutzgrad bieten. Dieser Standard setzt sich zusammen aus (Abb. 4.33)
– dem Bemessungswasserstand,
– dem Wellenauflauf und, in Mecklenburg-Vorpommern,
– dem zeitlichen Ablauf und der Dauer des Sturmhochwassers.

Der Bemessungswasserstand entspricht dem Sturmwasserstand, der durch die Schutzanlage noch gekehrt werden soll. Für die deutsche Ostseeküste ist dies der bereits erwähnte Scheitelwasserstand des Jahres 1872, der das höchste jemals eingetretene Ereignis darstellt (Abb. 4.32). Zu diesem Wasserstand muss noch der seit 1872 beobachtete Meeresspiegelanstieg addiert werden. Im Hinblick auf die Lebensdauer der Hochwasserschutzanlagen wird im Resultat zum Scheitelwasserstand ein Wert von etwa 50 cm aufgeschlagen. Zuzüglich zum Bemessungswasserstand muss die Auflaufhöhe der an der Außenböschung der Küstenschutzanlage brechenden Wellen berücksichtigt werden. Für diesen Wellenauflauf wurden in Schleswig-Holstein vorwiegend nach theoretischen Verfahren Höhen zwischen 1,3 und 2,8 m bestimmt. Diese große Varianz hängt mit der unterschiedlichen Topographie des Küstenvorfeldes zusammen. Sind vorgelagerte Brandungsbänke und Strandwälle vorhanden, werden die Wellen bereits vor Erreichen der Anlage gebrochen bzw. ist die verbleibende Wellenauflaufhöhe gering. Grenzt die Anlage dagegen direkt an tiefes Wasser, brechen die Wellen unmittelbar an ihrer Außenböschung und laufen entsprechend höher auf.

An der Küste von Mecklenburg-Vorpommern, wo Dünen – mit oder ohne Deich – überwiegend den staatlichen Hochwasserschutz definieren (siehe unten), sind darüber hinaus der zeitliche Ablauf und die Dauer des Hochwassers von großer Bedeutung. Ein lang anhaltendes niedrigeres Hochwasser kann durch die verlängerte Brandungseinwirkung mehr Schäden an der Düne verursachen als ein kurzes hohes Ereignis. Beide sollen jedoch gekehrt werden.

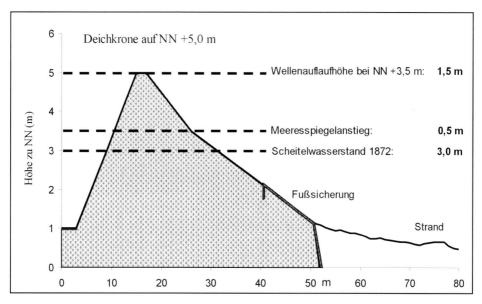

Abb. 4.33: Dimensionen eines Landesschutzdeiches bzw. eines Deiches I. Ordnung (ohne Düne und Küstenschutzwald im Vorfeld; Darstellung überhöht)

4.4.2.2 Küstenschutzmaßnahmen

Der staatliche Küstenschutz an der Ostküste von Schleswig-Holstein besteht im Wesentlichen aus dem Bau und der Unterhaltung von Landesschutzdeichen nach den oben genannten Bemessungskriterien (HOFSTEDE, 1997; MLR, 2001). Derzeit existieren hier etwa 67 km Landesschutzdeiche (Abb. 4.34), wovon 33 km nach dem neuen Generalplan Küstenschutz verstärkt werden müssen (Kostenvolumen 106 Mio. €). Darüber hinaus ist das Land für die fast 7 km Überlaufdeiche auf Fehmarn zuständig, die einen geringeren Sicherheitsstandard haben bzw. bei denen ein Überlauf von Wasser über die Deichkrone bei extremen Hochwassern hingenommen werden kann. Schließlich hat das Land die Aufgabe, den Erosionsschutz vor geschlossen bebauten Gebieten zu gewährleisten. Hierzu unterhält das Land an verschiedenen Küstenabschnitten etwa 3 km Sicherungswerke, vor allem Deckwerke. Im Zuwendungsbereich fördert das Land den Bau und die Unterhaltung von Küstenschutzanlagen (z.B. etwa 43 km Überlauf- und sonstige Deiche) der Kommunen und der Wasser- und Bodenverbände.

In Mecklenburg-Vorpommern ist der Küstenschutz vielfältiger als an der Ostseeküste von Schleswig-Holstein. Hier werden im Generalplan Deiche, Hochwasserschutzdünen, Strandaufspülungen, Buhnen, Wellenbrecher, Uferlängswerke und ingenieursbiologische Bauweisen aufgelistet (MBLU'98, 1998). Sie werden nachfolgend behandelt.

Fast 212 km Deiche I. Ordnung schützen die Niederungen. Sie dienen dem Schutz von in Zusammenhang bebauten Gebieten, ggf. auch in Verbindung mit landwirtschaftlichen Nutzflächen, gegen Sturmhochwasser. Je nach ihrer Lage wird unterschieden zwischen See-, Bodden- und Haffdeichen. Grundsätzlich wird der Seedeich in Verbindung mit einem vorgelagerten Küstenschutzwald, Düne und Strand betrachtet. Wegen der an der Außenküste vorherrschenden Erosionstendenzen nimmt die Breite dieses Deichvorlandes und da-

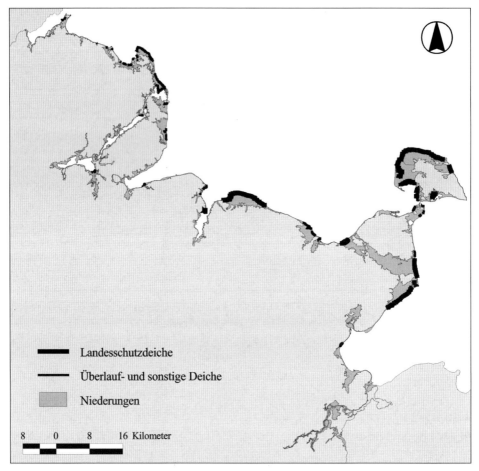

Abb. 4.34: Karte der überflutungsgefährdeten Niederungsgebiete und der Deiche an der Ostseeküste Schleswig-Holsteins

mit die wellendämpfende Wirkung ab. Da dieser Trend sich im Zukunft voraussichtlich fortsetzen wird, werden vermehrt bautechnische Maßnahmen wie Fußsicherungen erforderlich.

Auf 105 km der Außenküste übernehmen Dünen ohne Kombination mit Deichen den Hochwasserschutz. Nicht die Kronenhöhe, sondern das Volumen der Düne, insbesondere deren Breite, charakterisiert die Leistungsfähigkeit dieser Hochwasserschutzdünen. Wie bereits erwähnt, bestimmen in erster Linie der zeitliche Ablauf und die Dauer der Wellenbeanspruchung das Ausmaß der Dünenabbrüche. Die vorhandenen Breiten der Hochwasserschutzdünen variieren stark entlang der Küste. Vermessungen haben gezeigt, dass die erforderlichen Dünenbreiten oft wesentlich unterschritten werden.

An Strecken mit negativem Sedimenthaushalt können die Verluste naturnah durch regelmäßiges Aufspülen von Sand auf dem Strand und/oder in der Düne kompensiert werden. Bei einer Strandaufspülung wird der Uferlinienrückgang vermindert oder verhindert (Erosionsschutz), bei einer Aufspülung der Düne werden Sandkörper ausreichender Größe zum Schutz gegen Durchbruch und Überschwemmung des Hinterlandes geschaffen (Hochwasserschutz). Zwischen 1962 und 1998 wurden mit zunehmender Tendenz an einer Strecke von 70 km insgesamt 7,85 Mio. m^3 Sand, oft in Kombination mit Buhnen, aufgespült.

Erstmals vor 150 Jahren wurden an der Küste Mecklenburg-Vorpommerns Buhnen zur Verminderung des Uferabbruchs gebaut. Grundsätzlich handelt es sich um wand- oder dammartige Bauwerke quer zur Uferlinie zur Verminderung der Brandungslängsströmung. Eingesetzt wird eine Vielzahl unterschiedlicher Baustoffe und Bauweisen. Derzeit existieren an insgesamt 77 km Küstenlänge 1011 Buhnen, wovon gemäß Generalplan Küstenschutz etwa ein Drittel dringenden Reparaturbedarf haben.

Küstenabschnitte mit besonders hoher Wellenbelastung können einem verstärkten Rückgang unterliegen. Hier werden seit 1978 uferparallele Wellenbrecher in etwa 2 bis 4 m Wassertiefe gebaut (Kronenhöhe zwischen NN −0,5 und NN +1 m). Sie dämpfen die Wellen vor Erreichen der Uferlinie und stabilisieren somit die Küste. Derzeit gibt es 17 Wellenbrecher, allein oder gruppiert, mit einer Gesamtlänge von 1,6 km.

An insgesamt 21 km sind Uferlängswerke als Deckwerke (9,92 km), Steinwälle (4,57 km) und Ufermauern (6,35 km) im Einsatz. Sie schützen die unmittelbar dahinter liegenden Bereiche (Dünen, Deiche, Kliffs) vor der dynamischen Belastung durch Wellen und verhindern somit deren Erosion.

Ein wichtiger Bestandteil der ingenieurbiologischen Bauweisen im Küstenschutz ist die Bepflanzung der Hochwasserschutzdünen mit Strandhafer. Hierdurch werden die Dünenoberflächen gegen Deflation stabilisiert, das Höhenwachstum gefördert, die Sandverwehung ins Hinterland vermindert und der Widerstand der Düne gegen Erosion während Sturmhochwasser verbessert. Dort, wo Wald als Element in Küstenschutzsystemen dient, wird er als biologische Küstenschutzmaßnahme behandelt. Er steht entweder zwischen Düne und Deich, hinter der Düne oder an der Steilküste. Im ersten Fall funktioniert der Wald als Wellenbrecher, im zweiten Fall begünstigt er den Aufbau und Erhalt der Düne, im dritten Fall reduziert er den terrigenen Kliffzerfall. Derzeit existieren an der Küste von Mecklenburg-Vorpommern etwa 107 km^2 Küstenschutzwald an einer Küstenstrecke von 133 km.

4.4.3 Integriertes Küstenschutzmanagement – eine zukunftsweisende Strategie

In Abschn. 4.4.1 wurde das Gefährdungspotenzial von Sturmhochwassern an der Ostseeküste beschrieben. Anders als an der deutschen Nordseeküste, wo die katastrophalen Sturmfluten aus den Jahren 1963 und 1976 noch deutlich in Erinnerung sind, ist das Bewusstsein der lokalen Bevölkerung um diese Gefahr nicht stark entwickelt. Das letzte katastrophale Hochwasserereignis an der deutschen Ostseeküste aus dem Jahre 1872 ist den meisten Einwohnern der Küstenniederungen zwar bekannt (KIEKSEE, 1972). Die Möglichkeit, dass sich dieses Ereignis jederzeit wiederholen kann, wird jedoch kaum wahrgenommen oder (sehr menschlich) verdrängt. Tägliche Bedürfnisse bzw. das Streben nach ökonomischer Entwicklung führen oft zu einer skeptischen Einstellung dem Küstenschutz gegenüber. Es wird befürchtet, dass harte Schutzmaßnahmen (Deiche, Strandmauern, Wellenbrecher u. a.) entlang der Küsten vielerorts die Attraktivität als Urlaubsort und damit die wichtigste ökonomische Nutzung verringern könnten. Wirksame Strategien für den Küstenschutz müssen diese Grundeinstellung der lokalen Bevölkerung bzw. andere Anforderungen an den Küstenraum (neben Tourismus auch Besiedlung, Hafenentwicklung, Naturschutz u. a.) gebührend berücksichtigen.

Gleichzeitig erfordern die heutigen gesellschaftlichen Wertvorstellungen zunehmend eine möglichst breite und frühzeitige Mitwirkung bzw. Partizipation der Öffentlichkeit, insbesondere der unmittelbar Betroffenen, an Planungs- und Entscheidungsvorgängen (FÜRST et al., 1998). Der mündige Bürger fordert eine aktive Mitwirkung bei der Gestaltung und Entwicklung seines Lebensraumes. Obwohl im Rahmen von Planfeststellungsverfahren rechtsverbindliche Vorschriften zur Beteiligung der privaten und öffentlich-rechtlichen Betroffenen für konkrete Maßnahmen existieren, müssen weitere Instrumente für eine aktive Partizipation in der generellen Planung entwickelt und eingesetzt werden.

Weiterhin muss eine effektive Küstenschutzstrategie die natürliche Dynamik der Küsten berücksichtigen. Wie bereits in Kapitel 1 und Abschn. 4.2 erläutert wurde, stellt die deutsche Ostseeküste eine Ausgleichsküste dar, gekennzeichnet durch Abtrag der vorspringenden Küstenabschnitte und Anlandung in den Buchten. In diesem sensiblen System kann jede harte Maßnahme (nicht nur des Küstenschutzes) ein Störfaktor des dynamischen Gleichgewichtes darstellen und negative Entwicklungen (z.B. Erosion im Schatten des Bauwerks) nach sich ziehen. Diesen müssten dann unter Umständen durch weitere teure Maßnahmen begegnet werden. In Anerkennung dieser möglichen Konsequenzen, aber auch aus ökologischen Gründen, sollten Maßnahmen des Küstenschutzes möglichst wenig in die natürliche Dynamik eingreifen.

Diese Anforderung erlangt besondere Bedeutung im Hinblick auf die vorhergesagten Änderungen des Weltklimas und seine möglichen Folgen für die Küsten. Eine „betonierte" Küste wird sicherlich weniger flexibel auf geänderte hydro-meteorolologische Rahmenbedingungen (beschleunigter Meeresspiegelanstieg und geänderter Sturmtätigkeit, vgl. dazu Abschn. 3.5) reagieren können als eine möglichst naturbelassene. Das genaue Ausmaß der hydrologischen Änderungen kann derzeit nicht mit Sicherheit angegeben werden. Untersuchungen des grönländischen Inlandeises deuten aber auf die Möglichkeit hin, dass solche den Küstenschutz unmittelbar betreffenden Änderungen innerhalb weniger Jahre bis Jahrzehnte, also sehr kurzfristig, eintreten können (BOND et al., 1993). THIEDE u. TIEDEMANN (1998) führen hierzu aus: „der Nachweis der Kurzfristigkeit der Klimaänderungen … sollte jedoch jedem Entscheidungsträger eine Warnung sein, was an Klimaveränderlichkeit in der Zukunft auf uns warten kann". Ein vorsorgliches Küstenschutzkonzept muss daher – trotz Unsicherheiten in der Prognose – Strategien enthalten, die eine schnelle und flexible Berücksichtigung von Änderungen in den natürlichen Randbedingungen gewährleisten.

Als Antwort auf diese umfassenden Anforderungen an den Küstenschutz wurde im Rahmen der Erstellung des neuen Generalplanes Küstenschutz in Schleswig-Holstein eine innovative Strategie, das integrierte Küstenschutzmanagement (IKM), entwickelt (HOF-STEDE u. PROBST, 2000). IKM ist der dynamische und kontinuierliche Planungsprozess, durch welchen Entscheidungen zum Schutz der Menschen und ihrer Besitztümer gegenüber den Gefahren des Meeres getroffen werden. Er stellt eine Weiterentwicklung des bisherigen Planungsverfahrens dar, indem er
– den Küstenschutz als räumliche Aufgabe betrachtet,
– andere Ansprüche an den Küstenraum in den Zielen für den Küstenschutz integriert,
– die Öffentlichkeit vermehrt am generellen Planungsprozess beteiligt und
– den Klimawandel und die Unsicherheiten bei seiner Prognose verstärkt berücksichtigt.

Dazu wurden verschiedene Instrumente entwickelt und umgesetzt, wovon einige nachfolgend beschrieben werden (Abb. 4.35).

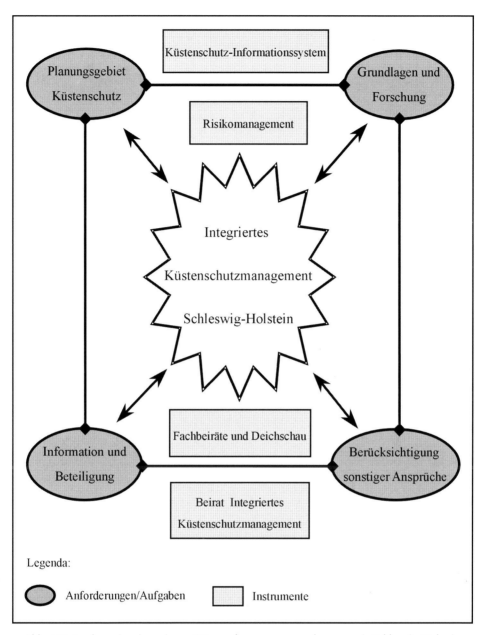

Abb. 4.35: Struktur eines integrierten Küstenschutzmanagementkonzeptes in Schleswig-Holstein

4.4.3.1 Küstenschutz-Informations-System (KIS)

Die Wahrnehmung des Küstenschutzes als räumliche Aufgabe und die Definition eines Planungsgebietes Küstenschutz bedingt den Aufbau und die Pflege einer umfassenden Datenbasis über diesen Raum. Auch die Unsicherheiten hinsichtlich der künftigen physikalischen Belastungen im Küstenraum und die sich daraus ergebende Notwendigkeit, flexibel reagieren zu können, erfordern eine (qualitativ und quantitativ) hochwertige Datenbasis. Eine solche Datenbank dient der Planung von Strategien und Maßnahmen, sie kann als Datengrundlage für die Erforschung der Naturvorgänge herangezogen werden und stellt schließlich die Daten für die Information der Öffentlichkeit bereit. Damit eine einheitliche Planung im Bereich Küstenschutz stattfindet, sind die Homogenität und Aktualität dieser Datenbasis von großer Bedeutung.

Diese Anforderungen an eine Datenbank lassen sich mit einem Geographischen Informationssystem (GIS) realisieren. Zur Optimierung der Datengrundlage wird daher in Schleswig-Holstein auf der Basis eines GIS ein Küstenschutz-Informations-System – KIS aufgebaut (HAMANN u. HOFSTEDE, 1998). Im KIS werden alle relevanten Daten in einer zeitgemäßen (digitalen), aktuellen und homogenen Form aufgenommen und vorgehalten. Für einzelne Aufgaben (z.B. Forschung) kann es erforderlich werden, das KIS mit relationalen Sachdatenbanken zu verknüpfen. Das KIS wird bei den für den Küstenschutz zuständigen unteren Landesbehörden installiert und gepflegt. Die koordinierende Zentralstelle ist bei der zuständigen obersten Küstenschutzbehörde angesiedelt.

Auch in Mecklenburg-Vorpommern wird ein entsprechendes GIS als Grundlage für die Planung im Küstenschutz aufgebaut. Ziel ist die Erarbeitung eines Gesamtbildes der Morphogenese und der Sedimentdynamik der Außenküste von Mecklenburg-Vorpommern sowie die Vorbereitung eines nachhaltigen Küstenschutzkonzeptes als wesentlicher Bestandteil eines Küstenmanagements für Mecklenburg-Vorpommern (TIEPOLT, 2001).

4.4.3.2 Beirat Integriertes Küstenschutzmanagement

Partizipatorische Planung zielt darauf ab, die Meinungen, Kompetenzen und Wünsche aller relevanten Interessenten durch gemeinschaftliche Mitwirkung in den Planungsprozess einzubeziehen. Die Mitwirkung führt zu Engagement und geteilter Verantwortung, trägt zu der Erkennung der wirklichen Fragen bei und führt häufig zu besser umsetzbaren Lösungen und einer erhöhten Akzeptanz (EUROPÄISCHE KOMMISSION, 1999).

Für eine weitgehende, intensive Partizipation auch bei überregionalen und generellen Planungen kommen verschiedene z. T. erst in den letzten Jahren entwickelte Instrumentarien in Frage wie Beiräte, Ausschüsse, Planungszellen, Sensitivitätsanalysen, Veranstaltungen, Zukunftswerkstätten u. a. (FÜRST et al., 1998). Beiräte sind die in der räumlichen Planung am häufigsten verwendete Beteiligungsform. Bei der Auswahl bzw. Berufung der Mitglieder wird in der Regel auf eine ausgewogene Mischung der Repräsentanten verschiedener relevanter Gruppierungen geachtet. Beiräte haben beratende Funktion, ohne dass die Verwaltung an die Beratungsergebnisse gebunden sein kann (BISCHOFF et al., 1995). Es kann u. a. unterschieden werden zwischen Betroffenen- und Sachverständigenbeiräten, zwischen permanenten und zeitlich befristeten Beiräten sowie zwischen regionalen, Landes- und Bundesbeiräten.

Als ein Ergebnis der Informationsveranstaltung zum Thema Küstenschutz in Schleswig-Holstein, wo der Wunsch nach intensiver Beteiligung der Öffentlichkeit im generellen Pla-

nungsprozess deutlich wurde (HOFSTEDE u. PROBST, 2000), hat der zuständige Minister den „Beirat Integriertes Küstenschutzmanagement – BIK" gegründet. Der BIK dient der Beteiligung der privaten und öffentlich-rechtlichen Betroffenen an dem Planungsprozess des Küstenschutzes. Er versteht sich als Beratungsgremium, in dem küstenschutzfachliche Belange unter weitgehender Öffnung für andere Belange diskutiert werden. Arbeitsschwerpunkte bilden u.a. die Integration der verschiedenen Interessen und Ansprüche an den Küstenraum, die Diskussion von Möglichkeiten zur Optimierung des öffentlichen Meinungsbildes sowie die Gewährleistung der Finanzierung, auch bei knapper werdenden öffentlichen Haushalten. Schließlich können neben der generellen Planung auch größere Einzelmaßnahmen erörtert werden. Der 26-köpfige Beirat setzt sich aus den folgenden für den Küstenschutz wesentlichen Ansprechpartnern zusammen:
– kommunale Vertreter (7),
– Wasser- und Bodenverbände (7),
– Naturschutzverbände (4),
– Natur- und Umweltschutzverwaltung (2) und
– Küstenschutzverwaltung (7).

Die Mitglieder wurden von ihren jeweiligen Institutionen namentlich bestimmt und von dem für den Küstenschutz zuständigen Minister in den Beirat berufen. Unter dem Vorsitz des Ministers tagt er zweimal pro Jahr.

4.4.3.3 Risikomanagement

Für den Küstenschutz sind die künftigen Entwicklungen des Meeresspiegels und der Sturmtätigkeit, auch im Hinblick auf die lange Nutzungsdauer vieler Küstenschutzanlagen, von größter Bedeutung. Das „Intergovernmental Panel on Climate Change – IPCC" hat als weltweit anerkanntes Fachgremium zum Thema Klimaänderungen im Jahre 2001 seinen dritten Bericht über den künftigen Klimawandel vorgelegt (IPCC, 2001). Demnach wird der globale Meeresspiegel von 1990 bis zum Jahre 2100 in Abhängigkeit des künftigen menschlichen Handelns zwischen 0,09 und 0,88 m ansteigen. Die aussagekräftigeren Mittelwerte liegen zwischen 0,3 und 0,5 m. Hinsichtlich der künftigen Entwicklung der Sturmtätigkeit gibt der IPCC-Bericht keine Prognosen ab. Zum einen gibt es derzeit zu wenig Informationen über Trends in der Entwicklung der Sturmtätigkeit, zum anderen ist die räumliche Auflösung der globalen Klimamodelle noch zu grob, um regionale Ereignisse wie Stürme simulieren zu können. Berechnungen mit regionalen Modellen für den Nordseeraum deuten an, dass eine Verdoppelung des CO_2-Gehaltes der Atmosphäre zu einer leichten Zunahme der Sturmtätigkeit und des Windstaues führen könnte. Die errechnete Zunahme läge aber noch innerhalb der natürlichen Varianz des letzten Jahrhunderts, die durch große jährliche Schwankungen gekennzeichnet war (LANGENBERG u. STORCH, 1997; HOYME u. ZIELKE, 2002).

Für die deutsche Ostseeküste konnte BAERENS (1998) auf der Grundlage des IPCC-Szenarios IS92a (weiterer erheblicher CO_2-Anstieg der Atmosphäre auch im 21. Jahrhundert) und des fortgeschrittenen Ozean-Atmosphäre-Klimamodells ECHAM4_OPYC (Max-Planck-Institut für Meteorologie Hamburg/Deutsches Klimarechenzentrum) nachweisen, dass eine signifikante Zunahme der Sturmhochwasser bis zum Ende des 21. Jahrhunderts nicht zu erwarten ist und daher der eustatische Wasserstandsanstieg der beherrschende Prozess sein wird (s. Abschn. 3.5).

Aus den obigen Ausführungen geht hervor, dass der Küstenschutz insgesamt mit einer Zunahme der hydrodynamischen Belastungen an den Küstenschutzanlagen rechnen muss.

294

Der zeitliche Verlauf und das Ausmaß dieser Zunahme können jedoch derzeit nicht bestimmt werden. Voreilige Planungen in dieser Richtung könnten daher zu erheblichen Fehlinvestitionen führen. Hierdurch entsteht die Forderung, sich bereits heute mit denkbaren Entwicklungen auseinander zu setzen und entsprechende Strategieüberlegungen anzustellen, die verschiedene Szenarien beinhalten. Durch solche Überlegungen kann später schneller auf tatsächlich eintretende Entwicklungen reagiert werden. Ziel dieser Strategieüberlegungen ist es, Risiken so gering wie möglich zu halten bzw. zu minimieren (Risikomanagement). Risiko ist das Produkt aus der Häufigkeit des schädigenden Ereignisses (z.B. Bruchwahrscheinlichkeit eines Deiches) und dem Schadenspotenzial (Abb. 4.36). Eine Risikoveränderung sowohl im positiven als auch im negativen Sinne ist dadurch möglich, dass entweder die Versagenswahrscheinlichkeit von Küstenschutzanlagen oder das Schadenspotenzial oder beides verändert werden. Risiko ist also ein Maß für die Empfindlichkeit eines Gebietes gegen Sturmflutschäden.

Beide Strategiewege, Erhöhung der Sicherheit und Verringerung des Schadenspotentiales, können auch in Form eines dynamischen Risikomanagements kombiniert werden. Folgendes – stark vereinfachtes – Beispiel möge dies verdeutlichen (Abb. 4.37 und 4.38 nach PROBST, 1996).

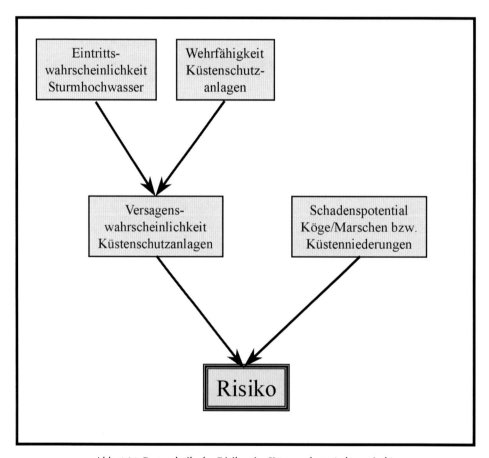

Abb. 4.36: Bestandteile des Risikos im Küstenschutz (schematisch)

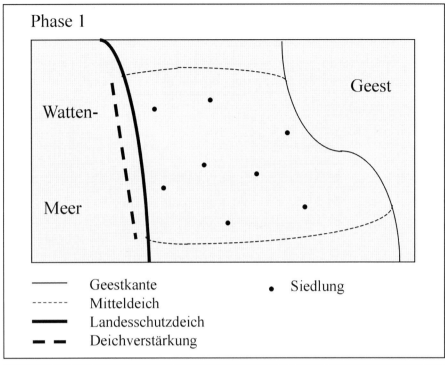

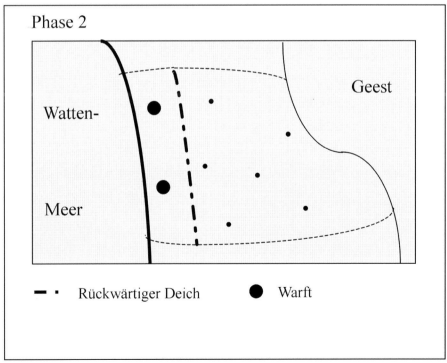

Abb. 4.37: Beispiel für Risikominimierung – Maßnahmen

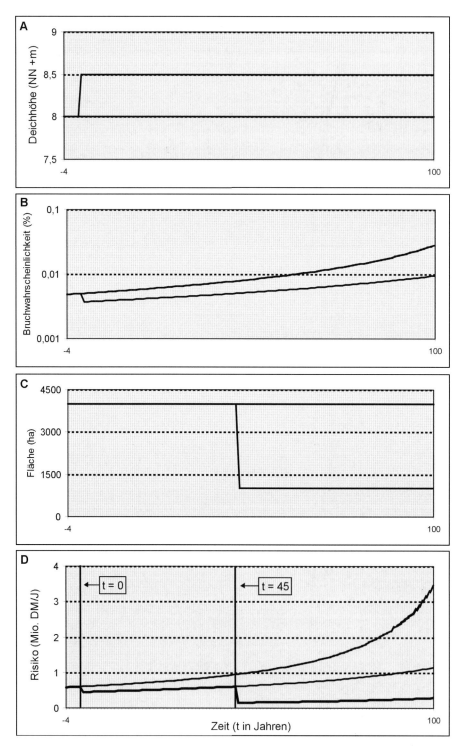

Abb. 4.38: Beispiel für Risikominimierung – zeitlicher Verlauf

In einem 4000 ha großen Koog sind Sachwerte in Höhe von 61,4 Mio. € konzentriert. Für eine angenommene Bruchwahrscheinlichkeit von einmal in 200 Jahren (Risiko: 61,4 Mio. € dividiert durch 200 Jahre = 0,3 Mio. €/J) wird ein Anstieg der Bemessungshöhe um 1,5 m in den nächsten 100 Jahren prognostiziert. Eine Deichverstärkung ist technisch nur um 0,5 m möglich. Diese Verstärkung wird zunächst durchgeführt (Abb. 4.37 Phase 1 und Abb. 4.38 a). Durch diese Maßnahme sinkt das Risiko auf 0,23 Mio. €/J. Nach 45 Jahren hat sich das Risiko durch den stetigen Anstieg der Bemessungshöhe wieder auf 0,3 Mio. € erhöht. Nun wird der Koog durch einen rückwärtigen Deich um 3000 ha verkleinert. Die zwischen den Deichen verbleibenden Siedlungen werden auf Warften gesetzt (Abb. 4.37 Phase 2 und Abb. 4.38 c). Im Übrigen wird durch ein integriertes Küstenzonenmanagement dafür gesorgt, dass in diesem 1000 ha großen Raum keine neuen Sachwerte geschaffen werden. Nach Ablauf der 100 Jahre wird sich die Bruchwahrscheinlichkeit des vorderen Deiches trotz Verstärkung auf etwa einmal in 100 Jahren erhöht haben (Abb. 4.38 b). Jedoch wird das Risiko (bei sonst gleich bleibenden Bedingungen, z.B. keine Inflation) durch die beiden Maßnahmen so stark gesunken sein, dass es mit etwa 0,15 Mio. €/J noch deutlich geringer ist als heute (Abb. 4.38 d). Die Menschen im Gebiet zwischen dem vorderen verstärkten Deich und dem neuen rückwärtigen Deich erhalten einen vertretbaren Schutzgrad durch die Warften. Ohne Maßnahmen wäre das Risiko nach 100 Jahren auf etwa 1,8 Mio. €/J angestiegen (Abb. 4.38 d). Mit einer solchen dynamischen Vorgehensweise kann flexibel auf Änderungen in den hydrographischen Rahmenbedingungen reagiert werden. Das heißt, falls im obigen Beispiel die Bemessungshöhe statt der prognostizierten 1,5 m nur um 0,5 m stiege, wären nach der Deichverstärkung keine weiteren Maßnahmen erforderlich. Somit wäre keine „Überbemessung" erfolgt, es sei denn, der rückwärtige Deich würde zur zusätzlichen Risikominimierung gebaut. Aber auch im umgekehrten Fall wäre diese Vorgehensweise vorteilhaft: Falls der Klimawandel noch weitaus größere Ausmaße annähme, wäre das beschriebene Vorgehen ein erster Schritt zum vollständigen Rückzug aus dem vorderen Teilgebiet.

Die Einbeziehung eines Risikomanagements in künftige Strategien kann dazu führen, dass die heutige Philosophie der für nahezu alle Abschnitte gleichen Sicherheit sich wandelt in eine Philosophie eines einheitlichen Mindestrisikos. Die beschriebenen Strategiewege entsprechen zum Teil nicht den heutigen gesetzlichen Vorschriften. Zum Beispiel dienen in Schleswig-Holstein die Landesschutzdeiche dazu, alle Sturmfluten von einem Gebiet abzuwehren. Daraus verbietet sich ein Akzeptieren von steigenden Bruchwahrscheinlichkeiten. Andererseits kann es je nach der weiteren Entwicklung notwendig oder aus ökonomischer Sicht sinnvoll sein, derartige Regelungen zu ändern. Dies unterliegt jedoch der gesellschaftlichen und politischen Willensbildung.

5. Schriftenverzeichnis

AAGAARD, T. u. GREENWOOD, B.: Longshore Bar Migration During a Storm, Lake Huron, Canada. Third International Geomorphology Conference, August 23–28, 89, Hamilton, 1993.

AHNERT, P.: Ahnerts Kalender für Sternenfreunde 1990. Verlag J. A. Barth, Leipzig, 175 S.,1989.

AHRENBERG, N.: Ergebnisse einer küstenmorphologischen Untersuchung des Buhnenfeldes Blaavand (Dänemark). – In: RADTKE, U. (Hrsg.): Vom Südatlantik bis zur Ostsee – neue Ergebnisse der Meeres- und Küstenforschung. Kölner Geogr. Arb. 66, 71–81, 1995.

ALW (Amt für Land- und Wasserwirtschaft Kiel, Leichtweiss-Institut für Wasserbau der TU Braunschweig, Geologisch-Paläontologisches Institut der Universität Kiel): KFKI-Forschungsvorhaben „Vorstranddynamik einer tidefreien Küste". Abschlussbericht, 232 S., Kiel und Braunschweig, 1997.

ANNUTSCH, R.: Berechnungen des mittleren Wasserstandes und MESA-Spektrums der Wasserstände von Cuxhaven. Persönliche Mitteilung, 1992.

ÅSE, L. E. u. BERGSTRÖM, E.: The Ancient Shorelines of the Uppsala Esker Around Uppsala and the Shore Displacement. – Geogr. Ann., 64 A (3–4): 229–244, 1982.

BACKHAUS, J. O.: Simulation von Bewegungsvorgängen in der Deutschen Bucht. Dt. Hydrogr. Z. Erg.H. B, Nr. 15, 56 S., 1980.

BAENSCH, J.: Die Sturmflut an den Küsten des Preußischen Staates vom 12./13. November 1872 in meteorologischer und hydrologischer Bedeutung. Z. f. Bauwesen 25, 33 S., 1875.

BAERENS, C.: Extremwasserstandsereignisse an der deutschen Ostseeküste. Dissertation, Freie Universität Berlin, FB Geowissenschaften, Berlin, 163 S., 1998.

BAERENS, C. u. HUPFER, P.: Extremwasserstände an der deutschen Ostseeküste nach Beobachtungen und in einem Treibhausgasszenario. Die Küste, H. 61, 47–72, 1999.

BAERENS, C.; HUPFER, P.; NÖTHEL, H. u. STIGGE, H.-J: Zur Häufigkeit von Extremwasserständen an der deutschen Ostseeküste. Teil I: Sturmhochwasser. Spez.arb. a.d. Arb.gr. Klimaforschung des Meteor. Inst. der Humboldt-Universität zu Berlin, Nr. 8, 23 S., 1994.

BAERENS, C.; HUPFER, P.; NÖTHEL, H. u. STIGGE, H.-J.: Zur Häufigkeit von Extremwasserständen an der deutschen Ostseeküste. Teil II: Sturmniedrigwasser. Spez.arb. a.d. Arb. gr. Klimaforschung des Meteor. Inst. der Humboldt-Universität zu Berlin, Nr. 9, 18 S., 1995.

BAKKER, W. T.; HULSBERGEN, C. H.; ROELSE, P.; SMIT, C. u. SVASEK, J. N.: Permeable Groynes: Experiments and Practice in the Netherlands. Proc. Coastal Eng. Conf. ASCE (New York) 19, 2, 2026–2041, 1984.

BALLANI, L.: Reduktion von Wasserstandsdaten auf ein einheitliches Höhensystem. Unveröffentlichter Bericht, Zentralinstitut f. Physik d. festen Erde, Potsdam, 894 S., 1991.

BALZER, K.: Über die automatische Interpretation von Vorhersagekarten des NMC Potsdam – Ein Erfahrungsbericht, Teil I. Z. Meteor. 34, S. 3–13, 1984.

BANKWITZ, P.; BANKWITZ, E. u. FRISCHBUTTER, A.: Lineamentij na territorii Germanskoi Demokraticheskoj Respubliki. Iccledow. Semli is Kosmosa, 2: 25–26, 1982.

BARJENBRUCH, U.; ENGEL, H.; KRANZ, S.; PAUL, J. u. ZENZ, T.: Untersuchung „innovativer" Sensorik zur gewässerkundlichen Erfassung von Wasserständen oberirdischer Gewässer. Bericht BfG – 1276, Koblenz, 2001.

BAUDLER, H. u. MÜLLER, R.: Unveröff. Manuskript, 2001.

BEBBER, W. J. VAN: Die Zugstraßen der barometrischen Minima. Meteor. Z. 8, 361–366, 1891.

BECKMANN, B.-R.: Veränderungen in der Windklimatologie und in der Häufigkeit von Sturmhochwassern an der Ostseeküste Mecklenburg-Vorpommerns. Dissertation, Univ. Leipzig, Fakultät für Physik und Geowissenschaften. Wiss. Mitt. a. d. Inst. f. Meteorologie der Univ. Leipzig u. d. Institut für Troposphärenforschung e.V. Leipzig 7, 93 S., 1997a.

BECKMANN, B.-R.: Extreme Wasserstände in der Darß-Zingster Boddenkette. 4. Dt. Klimatagung Frankfurt a. M., Ann. Meteor. Nr. 34, 77–78, 1997b.

BECKMANN, B.-R. u. TETZLAFF, G.: Veränderungen in der Häufigkeit von Sturmhochwassern an der Ostseeküste Mecklenburg-Vorpommerns. Meteor. Z. 5, 169–172, 1996.

BECKMANN, B.-R. u. TETZLAFF, G.: Untersuchungen zum Wasserhaushalt der Darß–Zingster Boddenkette. Die Küste, H. 61, 195–210, 1999.

BEHNEN, T.: Der beschleunigte Meeresspiegelanstieg und seine sozio-ökonomischen Folgen. Hannoversche Geographische Arbeiten, 54, Hannover, 222 S., 2000.

BEHRE, K.-E. (i. Dr.): A New Sea Level curve for the Southern North Sea. – Probleme der Küstenforschung.

BENNIKE, O. u. JENSEN, J. B.: Late- and Postglacial Shore Level Changes in the South-Western Baltic Sea. – Bulletin of the Geological Society of Denmark, 45: 27–38, 1998.

BERG, G.: Beiträge zur Geschichte des Darßes und des Zingstes. Schriftenreihe des Vereins zur Förderung der Heimatpflege und des Darß-Museums e.V. Nr. 1, 1999.

BEUKENKAMP, P. (Hrsg.): Proceedings of the World Coast Conference., Den Haag, 1050 S., 1993.

BIERMANN, S. u. MELLENTIN, J.: Messfehleruntersuchungen an Pegel-Schreibgeräten. Unveröffentlichter Bericht der Wasserwirtschaftsdirektion Küste, Warnemünde, 10 S., 1980.

BIERMANN, S. u. WEISS, D.: Sturmfluten – Angriff und Gefahr für die Küste. In: REDIECK, M. u. SCHADE, A.: Dokumentation des Sturmhochwassers vom 3./4. November 1995 an den Küsten Mecklenburgs und Vorpommerns. Putbus, 88 S., 1996.

BIRR, H.-D.: Über die hydrographischen Verhältnisse des Strelasundes unter besonderer Berücksichtigung von Wasserstand, Strömung und Salzgehalt. Geogr. Berichte 46, 33–50, 1968.

BIRR, H.-D.: Hydrographie des Strelasundes. Dissertation, Pädagogische Hochschule Potsdam, Potsdam, 224 S., 1970.

BIRR, H.-D.: Zu den Strömungsverhältnissen des Strelasundes. Beitr. z. Meereskd. H. 58, 3–8, 1988.

BIRR, H.-D.: Zur Entwicklung der geographischen Boddenforschung in der DDR. Petermanns Geogr. Mitt. 137, 283–288, 1993.

BIRR, H.-D.: Recherchen zur Sturmflutstatistik an der Küste Mecklenburg-Vorpommerns. Wasser und Boden 51, 31–33, 1999a.

BIRR, H.-D.: Neue und zerstörte Sturmflutmarken an der Küste Mecklenburg-Vorpommerns. Wasser und Boden. 51, 40–42, 1999b.

BISCHOFF, A.; SELLE, K. u. SINNING, H.: Informieren, Beteiligen, Kooperieren. Kommunikation in Planungsprozessen. Eine Übersicht zu Formen, Verfahren, Methoden und Techniken. Dortmund, 1995.

BJÖRK, S.: Late Weichselian Stratigraphiy of Blekinge, SE Sweden, and Water Level Changes in the Baltic Ice Lake. – Dep. Quat. Geol. Lund, Thesis 7: p. 248, 1979.

BJÖRK, S.: A Review of the History of the Baltic Sea 13.0–8.0 ka BP. – Quaternary International, 27: 19–40, 1995.

BOEDEKER, D. u. NORDHEIM, H. v. (Hrsg.): Naturschutz und Küstenschutz an der deutschen Ostseeküste. Schriftenreihe für Landschaftspflege und Naturschutz (Bundesamt für Naturschutz) H. 52, 13–16, 1997.

BOND, G.; BROECKER, W.; JOHNSON, S.; McANUS, J.; LABEYRIE, L.; JOUZEL, J. u. BONANI, G.: Correlation between Climatic Records from North Atlantic Sediments and Greenland Ice. Nature, 365, 143–147, 1993.

BORÓWKA, R. K.; GONERA, P.; KOSTRZEWSKI, A.; NOWACZYK, B. u. ZWOLINSKI, Z.: Stratigraphy of Eolian Deposits in Wolin Island and the Surrounding Area, NorthWest Poland. Boreas 15, 301–309, 1986.

BREHMER, C.: Tiden von langer Periode im mittleren Wasserstand der Ostsee zu Swinemünde. Ann. Hydrogr. marit. Meteor. 42, 4, 183–208, 1914.

BROOMHEAD, D. S. u. KING, G. P.: Extracting Qualitative Dynamics from Experimental Data. Physica D. 20, 217–236, 1986.

BROSIN, H.-J.: Hydrographie und Wasserhaushalt der Boddenkette südlich des Darß und Zingst. Veröff. d. Geophys. Inst. Univ. Leipzig, 2. Ser. 8, 279–381, 1965.

BRÜCKNER, H.: Küsten – Sensible Geo- und Ökosysteme unter zunehmendem Stress. Petermanns Geogr. Mitt., Pilotheft, 6–23, 2000.

BÜLOW, K. v.: 4. Januar 1954 – Sturmflut an der mecklenburgischen Küste. Natur und Heimat 3, 81–87, 1954a.

BÜLOW, K. v.: Allgemeine Küstendynamik und Küstenschutz an der südlichen Ostseeküste zwischen Trave und Swine. Beiheft z. Z. Geol. Nr. 10, Berlin, 96 S., 1954b.

BURHORN, E.: Seebuhnen an Küsten mit schwachen Gezeiten und starker Sanddrift. Planen und Bauen (Leipzig) 5, 3, 57–62, 1951.

CARTER, C. H. u. GUY, D. E. JR.: Coastal Erosion: Processes, Timing and Magnitudes at the Bluff Toe. Marine Geology 84, 1–17, 1988.

CHAPPELL, J. u. ELIOT, I. G.: Surf Beach Dynamics in Time and Space. – An Australian Case Study, and Elements of a Predictive Model. Mar. Geol. 32, 231–250, 1979.

COLDING, A.: Ergebnisse einiger Untersuchungen über die Sturmflut vom 12.–14. November 1872 in der Ostsee und über die Beziehungen der Winde und Strömungen zu den Wasserständen. Ann Hydr. marit. Meteor. 10, 15, 1882.

CORRENS, M.: Über die Wasserstandsverhältnisse des Kleinen Haffs und des Peenestroms. Wiss. Z. Humboldt-Univ. zu Berlin, Math.Nat. R. 22, 677–692, 1973a.

CORRENS, M.: Strömungsverhältnisse im Peenestrom, Acta Hydrophysica 18, 1, 27–74, 1973b.

CORRENS, M.: Strömungsverhältnisse im Kleinen Haff (Oderhaff). Acta Hydrophysica 18, 3, 155–194, 1974.

CORRENS, M.: Beitrag zur Hydrographie der Unterwarnow. Acta Hydrophysica, 21, 3, 183–221, 1976.

CORRENS, M.: Der Wasserhaushalt der Bodden und Haffgewässer der DDR als Grundlage für die weitere Erforschung ihrer Nutzungsfähigkeit zu Trink- und Brauchwasserzwecken. Habilitationsschrift, Math.-nat. Fakultät der Humboldt-Univ. zu Berlin, Berlin, 253 S., 1979.

CORRENS, M. u. MERTINKAT, L.: Zum Wasserhaushaltsgeschehen der Bodden südlich des Darßes und Zingstes im Zeitraum 1970–1974. Wiss. Zeitschr. Univ. Rostock, Math.-Nat. Reihe 26, 161–167, 1977.

COWELL, P. J.; HANSLOW, D. J. u. MELEO, J. F.: The Shoreface. In: SHORT, A. (ed.): Handbook of Beach and Shoreface Morphodynamics, 39–71, 1999.

COWELL, P. J.; ROY, P. S. u. JONES, R. A.: Shoreface Translation Model: Application to Management of Coastal Erosion. In: BRIERLEY, G. u. CHAPELL, J.: Applied Quarternary Studies, Canberra, 57–73, 1991.

COWELL, P. J. u. THOM, B. G.: Morphodynamics of Coastal Evolution. In: CARTER, R. W. G. u. WOODROFFE, C. D.: Coastal Evolution. Late Quarternary Shoreline Morphodynamics, Cambridge, New York, Melbourne, 33–86, 1994.

CURRIE, R. G.: Amplitude and Phase of the 11yr Term in Sea Level of Europe. Geophys. J. Roy. Astr. Soc. 67, 547–556, 1981.

DASCHKEIT, A. u. SCHOTTES P. (Hrsg.): Klimafolgen für Mensch und Küste – am Beispiel der Nordseeinsel Sylt. Heidelberg, 335 S., 2002.

DE RONDE, J. G. u. DE VREES, L. P. M.: Rising waters. Impact of the Greenhouse Effect for the Netherlands. Document qwao 90.026, Ministry of Transport and Public Works, Tidal Waters-Division, Ex the Hague, 40 pp., 1991.

DEAN, R.: Evaluation and Development of Water Wave Theories for Engineering Applications. Coastal Engineering Research Report, Vicksburg 124 pp., 1973.

DEFANT, A.: Physical Oceanography. Vol. II. Pergamon-Press, Oxford, London usw., 729 pp., 1961.

DETTE, H.-H u. STEPHAN, H.-J.: Über den Seegang und Seegangswirkungen im Küstenvorfeld der Ostsee. Mitt. d. Leichtweiss-Institutes für Wasserbau der TU Braunschweig 65, Braunschweig, 89–136, 1979.

DEUTSCHES INSTITUT FÜR NORMUNG e.V. (Hrsg.): Wasserwesen – Begriffe – Normen DIN 4049. Teil 3: Begriffe zur quantitativen Hydrologie. 3. Aufl., Berlin usw., 78 S., 1994.

DICK, S.; KLEINE, E.; MÜLLER-NAVARRA, S. H.; KLEIN, H. u. KOMO, H.: The Operational Circulation Model of BSH – Model Description and Validation. Berichte des Bundesamtes für Seeschifffahrt u und Hydrographie Nr. 29, 49 pp., 2001.

DIETRICH, G.; KALLE, K.; KRAUSS, W. u. SIEDLER, G.: Allgemeine Meereskunde. 3. Aufl., Gebr. Bornträger, Berlin und Stuttgart, 593 S., 1975.

DIETRICH, R.: Langzeitstatistische Untersuchungen von Wasserstandsdaten für die Pegelstationen Wismar und Warnemünde. Unveröff. Jahresbericht. TU Dresden, Institut für planetare Geodäsie, Dresden, 237 S., 1992.

DIETRICH, R. u. LIEBSCH, G.: Zur Variabilität des Meeresspiegels an der Küste von Mecklenburg-Vorpommern. Z. geol. Wiss. 28, 615–623, 2000.

DINGLER, J. R. u. CLIFTON, H. E.: Barrier Systems of California, Oregon and Washington. In: DAVIS, R. A. (ed.): Geology of Holocene Barrier Island Systems. Berlin, Heidelberg, New York, 115–166, 1994.

DITTMANN, E.; BISOLLI, S.; LANG, J. u. MÜLLER-WESTERMEIER, G.: Objektive Wetterlagenklassifikation. Ber. Dt. Wetterdienst Nr. 197, 741, 1995.

DONNER, J. J.: The Identification of Eemian Interglacial and Weichselian Interstadial Deposits in Finland. – Ann. Acad. Sci. Fenn., 136 (A): 1–38, 1983.

DOODSON, A. T.: Instructions for Analysing Tidal Observations. Published for the Hydrographic Dept., Admiralty, by H.M.S.O., London, 33 pp., 1928.

DUPHORN, K.: The Quaternary History of the Baltic, The Federal Republic of Germany. – In: GUDELIS, V. u. KÖNIGSSON, L. K. [eds.]: The Quaternary History of the Baltic: 195–198; Univ. Uppsala, 1979.

DUPHORN, K.; KLIEWE, H.; NIEDERMEYER, R. O.; JANKE, W. u. WERNER, F.: Die deutsche Ostseeküste. Borntraeger, Berlin und Stuttgart, 281 S., 1995.

DUUN-CHRISTIANSEN, J. T.: Investigations on the Practical Use of a Hydrodynamical Numeric Method for Calculation of Sea Level Variations in the Kattegat. Dt. Hydrogr. Z. 24, 210–227, 1971.

EBENHÖH, W.; STERR, H. u. SIMMERING, F.: Potentielle Gefährdung und Vulnerabilität der deutschen Nord- und Ostseeküste bei fortschreitendem Klimawandel. BMBF-Projektbericht, Oldenburg, 180 S., 1997.

EDELMANN, W.: Die Vorhersagemodelle des Deutschen Wetterdienstes. Dt. Meteorol. Ges., Zweigverein Franfurt a. M., Fortbildungsveranstaltung über Nummerische Wettervorhersage, 75–134, 1979.

EDWARDS, M. O.: Global Gridded Elevation and Bathymetry (ETOPO5). Digital Raster Data on a 5-minute Geography (lat/lon) 2160 x 4320 (centroid-registered) Grid. 9-Track Tape, Boulder, CO. NOAA National Geophysical Data Center: 18.6 MB, 1989.

EIBEN, H. u. SINDERN, J.: Die Wintersturmfluten 1978/79 – Wasserstände und Windverhältnisse an der schleswig-holsteinischen Ostseeküste. Mitt. d. Leichtweiss Instituts für Wasserbau der TU Braunschweig 65, Braunschweig, 368–383, 1979.

EIBEN, H.: Schutz der Ostseeküste von Schleswig-Holstein. In: KRAMER, J. u. ROHDE, H.: Historischer Küstenschutz. Stuttgart, 517–534, 1992.

EIBEN, H.: Wind, Wasserstände und Seegang während der Sturmperioden an der Ostseeküste Schleswig-Holsteins im Winter 1986/87. Die Küste H. 50, 14–30, 1989.

EKMAN, M. u. MÄKINEN, J.: The Deviation of Mean Sea Level from the Mean Geoid in the Baltic Sea. Bulletin Geodesique 65, 2, 83–91, 1991.

ELLENBERG, J.: Recent Fault Tectonics and their Relations to the Seismicity of East Germany Tectonophysics, 202, 117–121, 1992.

ENDERLE, U.: Zur Problematik der Wasserstandsvorhersage für die Küsten an der westlichen Ostsee. Fachliche Mitt. d. Amtes für Wehrgeophysik Nr. 202, 47 S., 1981.

ENDERLE, U.: Ein einfaches Verfahren zur Ermittlung des Windstaus in der westlichen Ostsee. Fachliche Mitt. d. Amtes für Wehrgeophysik Nr. 212, 57 S., 1989.

ENKE, W.: Ein adaptives Regressionsmodell – lernende, multiple Regression. Z. Meteor. 34, 66–74, 1984.

ERONEN, M. u. HAILA, H.: Shoreline Displacement near Helsinki, Southern Finland, During the Ancylus Lake Stage. – Ann. Acad. Sci. Fenn., A, II, 134: 11–129, 1982.

ERONEN, M.; GLÜCKERT, G.; HATAKKA, L.; VAN DE PLASSCHE, O.; VAN DER PLICHT, J. u. RANTALA, P.: Rates of Holocene Isostatic Uplift and Relative Sealevel Lowering of the Baltic in SW Finland Based on Studies of Isolation Contacts. Boreas 30, 17–30, 1992.

ERONEN, M.; RISTANIEMI, O. u. LANGE, D.: Analysis of a Sediment Core from the Mecklenburg Bay, with a Discussion on the Early Holocene History of the Southern Baltic Sea. – Geologiska Föreningens i Stockholm Förhandlingar, 112: 1–8, 1990.

ERTEL, H. (posthum herausgegeben von P. MAUERSBERGER): Eine Ungleichung für den Windstau an Flachküsten. Acta Hydrophysica 17, 77–83, 1973.

ERTEL, H. u. KOBE, G.: Hydrodynamische Erklärung der „Seebär"Erscheinung. Gerlands Beitr. Geophysik 75, 409–413, 1966.

EUROPÄISCHE KOMMISSION (Hrsg.): Eine europäische Strategie für das integrierte Küstenzonenmanagement (IKZM). Allgemeine Prinzipien und politische Optionen. Brüssel, 1999.

FJELDSKAAR, W.: The Amplitude and Decay of the Glacial Forebulge in Fennoscandia. – Norsk Geologisk Tidsskrift, 2–8, 1994.

FLEMMING, C. A.: Principles and Effectiveness of Groynes. – In: PILARCZYK, K. (ed.): Coastal Protection. – Proc. Delft Univ. of Technology, 121–156, 1990a.

FLEMMING, C. A.: Guide on the Use of Groynes in Coastal Engineering. Construction Industry Research Information Association (CIRCA) Report 119, 114 pp, 1990b.

FORRESTER, W. D.: Canadian Tidal Manual. Dept. of. Fisheries and Oceans, Canadian Hydrography Service (ed.), Ottawa, 138 pp., 1983.

FRAEDRICH, K.: Estimating the Dimension of Weather and Climate Attractor. J. of Atmospheric Science 43, 419–432, 1986.

FRANCK, H. u. MATTHÄUS, W.: Sea level conditions associated with major Baltic inflows. Beitr. z. Meereskd. H. 63, 65–90, 1992.

FRIEDRICHSEN, M.: Die Ostseesturmfluten der Jahreswende 1913/14 und ihre Wirkung auf Pommerns Küsten. Jahresber. d. Geogr. Ges. Greifswald 14, 357–368, 1914.

FÜHRBÖTER, A.: Über Verweilzeiten und Wellenenergien. Mitt. d. Leichtweiss-Institutes für Wasserbau der TU Braunschweig 65, Braunschweig, 1–29, 1979.

FÜHRBÖTER, A.; JENSEN, J.; SCHULZE, M. u. TÖPPE, A.: Sturmflutwahrscheinlichkeit an der deutschen Nordseeküste nach verschiedenen Anpassungsfunktionen und Zeitreihen. Die Küste, Heft 47, 1988.

FURMANCZYK, K. u. MUSIELAK, S.: Circulation Systems of the Coastal Zone and Their Role in Southern Baltic Morphodynamic of the Coast. Quarternary Studies in Poland, Special Issue, 91–94, 1999.

FURMANCZYK, K.: Present Coastal Zone Development of the Tideless Southern Baltic Sea in the Light of Remote Sensing Investigations. Wyd. Nauk. Univ. Szczecin, Szczecin, 149 pp., 1994.

FÜRST, D.; SCHOLLES, F. u. SINNING, H.: Soziologische und planungsmethodische Grundlagen, Planungstheorie und -methoden. Kap. 7: Partizipative Planung, 1998.

GARETSKY, R. G.; LUDWIG, A. O.; SCHWAB, G. u. STACKEBRANDT, W. (eds.): Neogeodynamics of the Baltic Sea Depression and Adjacent Areas. Results of IGCP project 346, Brandenburg. Geowiss. Beitr. 1, 48 pp., 2001.

GARRAT, J. R.: The Atmospheric Boundary Layer. Cambridge University Press, Cambridge, 316 pp., 1992.

GAYE, J. u. WALTHER, P.: Der „Seebär" vom 19. August 1932 in der Deutschen Bucht der Nordsee. Ann Hydr. marit. Meteor. 62, 317 S., 1934.

GEEMAERT, G. L. (eds.): Air-Sea Exchange: Physics, Chemistry and Dynamics. Kluwer Academic Publishers, Dordrecht, 578 pp., 1999.

GENERALPLAN'94: Generalplan Küsten- und Hochwasserschutz Mecklenburg-Vorpommern. Herausgegeben vom Ministerium für Bau, Landesentwicklung und Umwelt Mecklenburg-Vorpommern, Schwerin, 108 S., 1994.

GERSTENGARBE, F. W.; WERNER, P. C. u. RÜGE, U.: Katalog der Großwetterlagen Europas (1881–1998), nach Paul Hess und Helmuth Brezowsky. 5. Auflage, Potsdam und Offenbach a. M., (www.pik-potsdam.de), 1999.

GHIL, M. u. VAUTARD, R.: Interdecadel Oscillations and the Warming Trend in Global Temperature Time Series. Nature 350, 324–327, 1991.

GILL, A.: Atmosphere – Ocean Dynamics. Academic Press, San Diego, 662 pp., 1982.

GLASER, R.: Klimageschichte Mitteleuropas. 1000 Jahre Wetter, Klima, Katastrophen. Primus-Verlag, Darmstadt, 227 S., 2001.

GLEISSBERG, W.: Die Häufigkeit der Sonnenflecken. Schriftenreihe Scientia Astronomica, Bd. 2, Akademie-Verlag, Berlin, 91 S., 1952.

GÖNNERT, G.: Windstauanalysen in Nord- und Ostsee. Unveröff. Abschlussbericht zum Forschungsvorhaben 03KIS300 des KFKI (Kuratorium für Forschung im Küsteningenieurwesen), Strom und Hafenbau, Hamburg, 194 S., 1999.

GÖNNERT, G. S.; DUBE, K.; MURTY, T. u. SIEFERT, W.: Global Storm Surges. Edited by the German Coastal Engineering Research Council. Kommissionsverlag Boyens u. Co., Heide i. Holstein, 2001.

GRÜNTHAL, G. u. STROMEYER:, D.: Rezentes Spannungsfeld und Seismizität des baltischen Raumes und angrenzender Gebiete – ein Ausdruck aktueller geodynamischer Prozesse. Brandenburgische Geowissenschaftliche Beiträge, 2, 69–78, 1995.

GURWELL, B.: Grundsätzliche Anmerkungen zur langfristigen Abrasionswirkung und ihrer Quantifizierung. Mitt. d. Forschungsanst. f. Schifffahrt, Wasser- und Grundbau 54, Berlin, 22–39, 1989.

GURWELL, B.: Steilküstenabrasion und Sedimentbilanzierung – ein quantitativer Küstenvergleich. Wiss. Zeitschrift d. Ernst-Moritz-Arndt-Universität Greifswald, Math.-nat. R, 39, 1990.

GURWELL, B.: Bestimmung der langfristigen Abrasion und der Sedimentschüttung von Abtragsküsten. Wiss. Beiträge d. Ernst-Moritz-Arndt-Universität Greifswald, 4–8, Greifswald, 1991.

GUTSCHE, H. K.: Über den Einfluss von Strandbuhnen auf die Sandwanderung an den Flach-küsten. Mitt. Franzius Inst. f. Grund- u. Wasserbau d. TU Hannover, 20, 74–211, 1961.

HAGEN, G.: Vergleichung der Wasserstände der Ostsee an der Preußischen Küste. Abhandlun-gen der mathem. Klasse der Königl. Akademie der Wiss. zu Berlin, 2. Abt., Nr. 1, Buch-druckerei der Königl.A.d.W. (G. Vogt), Berlin, 17 S., 1877.

HÄKKINEN, S.: Computation of Sea Level Variations During December 1975 and 1 to 17 Sep-tember 1977 Using Numerical Models of the Baltic Sea. Dt. Hydrogr. Z., 33, 150–175, 1980.

HAMANN, M. u. HOFSTEDE J.: GIS Applications for Integrated Coastal Defence Management in the Federal State of Schleswig-Holstein Germany. In: KELLETAT, D. H. (ed.): German Geographical Coastal Research – The Last Decade. Tübingen, 169–182, 1998.

HAMANN, M. u. KLUG, H.: Werteermittlung für die potentiell sturmflutgefährdeten Gebiete an den Küsten Schleswig-Holsteins. In: PREU, C. (Hrsg.): Aktuelle Beiträge zur interdiszi-plinären Meeres- und Küstenforschung, Aspekte – Methoden – Perspektiven. VSAG/Vechtaer Studien zur angewandten Geographie und Regionalwissenschaft 20. 63–70, 1998.

HANSEN, W.: Theorie zur Errechnung des Wasserstandes und der Strömungen in Randmeeren nebst Anwendungen. Tellus 8, 287–30, 1956.

HARFF, J.; BOHLING, G. C.; DAVIS, J. C.; ENDLER, R.; KUNZENDORF, H.; OLEA, R. A.; SCHWARZ-ACHER, W. u. VOSS, M.: Physico-Chemical Stratigraphy of Gotland Basin (Baltic Sea) Se-diments. – Baltica, 14: 58–66, 2001.

HARFF, J.; FRISCHBUTTER, A.; LAMPE, R. u. MEYER, M.: Sea Level Change in the Baltic Sea – In-terrelation of Climatic and Geological Processes. In: GERHARD, J.; HARRISON, W. E. u. HANSON, B. M. (eds.): Geological Perspectives of Climate Change. Amer. Ass. Petrol. Geol. Bull., Special Publ., 231–250, 2001.

HELCOM (BALTIC MARINE ENVIRONMENT PROTECTION COMMISSION): Water Balance of the Baltic Sea. Baltic Sea Environment Proceedings No. 16, Helsinki, 174 pp., 1986.

HERRMANN, E.: System der Einwirkung von Sonne und Mond auf die Atmosphärischen Vor-gänge und seine Auswertung, Ann. Hydrogr. u. marit. Meteor. 42, 3, 121–141, 1914.

HESS, P. u. BREZOWKSKY, H.: Katalog der Großwetterlagen Europas. Ber. Dt. Wetterd. i. d. US-Zone, No. 33, Bad Kissingen, 39 S., 1952.

HOFSTEDE, J.: Meeresspiegelanstieg und Küstenschutz. In: BWK LANDESVERBAND SCHLESWIG-HOLSTEIN UND HAMBURG (Hrsg.): Küstenschutz in der Zukunft, 39–56, 1996.

HOFSTEDE, J.: Über die notwendige Höhe des Bemessungshochwassers und den Stand der Küstenschutzplanung in Schleswig-Holstein. Schriftenreihe für Landschaftspflege und Naturschutz 52, 59–62, 1997.

HOFSTEDE, J. u. PROBST, B.: Integriertes Küstenschutzmanagement in Schleswig-Holstein. Jahr-buch 1999 der Hafenbautechnische Gesellschaft, 52, 201–207, 2000.

HOLMSTRÖM, I.: Analysis of Time Series by Means of Empirical Orthogonal Functions. Tellus 22, 638–647, 1970.

HOLMSTRÖM, I. u. STOKES, J.: Statistical Forecasting of Sea Changes in the Baltic. Rapporter Meteorologi och Klimatologi SMHI, No. RMK 9, 20 pp., 1978.

HORN, W.: Die astronomischen Grundlagen des harmonischen Verfahrens zur Berechnung der Gezeiten. Archiv d. Deutschen Seewarte u. d. Marineobservatoriums 61, 8, 124, 1941.

HORN, W.: Gezeitenerscheinungen. In: Lehrbuch der Navigation, herausgegeben auf Veranlas-sung des OK der Kriegsmarine und des Reichsverkehrsministeriums, Arthur Geiss-Ver-lag, Bremen, 399–459, 1942.

HOUGHTON, J. T.; DING, Y. D.; GRIGGS, J.; NOGUER, M.; VAN DER LINDEN, P. J. u. XIAOSU, D. (eds.): Climate Change 2001. The Scientific Basis. Cambridge University Press, Cam-bridge, 944 pp., 2001.

HOYME, H. u. ZIELKE, W.: Impact of Climate Changes on Wind Behaviour and Water Levels at the German North Sea Coast. Estuarine, Coastal and Shelf Science 53, in press, 2002.

HUPFER, P.: Zur Hydrographie der Boddengewässer südlich des Darß. Wiss. Z. Univ. Leipzg, Math.-Nat. R. 9, 175–186, 1959/60.

HUPFER, P.: Meeresklimatische Schwankungen im Bereich der Beltsee seit 1900. Veröff. Geo-phys. Inst. Univ. Leipzig, 2. Ser., 17, Berlin, 355–512, 1962.

HUPFER, P.: Säkulare Schwankungen der atmosphärischen Zirkulation und der verstärkte Rück-gang der Flachküste zwischen Warnemünde und Hiddensee. Petermanns Geogr. Mitt. 109, 171–179, 1965.

HUPFER, P.: Zur Abschätzung der Schubspannung des Windes an der Meeresoberfläche bei kurzen Windwirklängen. Gerlands Beitr. z. Geophysik 87, 263–266, 1978a.

HUPFER, P.: Die Ostsee – kleines Meer mit großen Problemen. Kleine Naturwiss. Bibliothek Bd. 40, BSB B. G. Teubner Verlagsgesellschaft, Leipzig, 152 S., 1978b.

HUPFER, P.: Unsere Umwelt – Das Klima. Globale und lokale Aspekte. B. G. Teubner Verlagsgesellschaft, Stuttgart und Leipzig, 335 S., 1996a.

HUPFER, P.; BAERENS, C.; KOLAX, M. u. TINZ, B.: Beitrag zur Kenntnis der Auswirkungen von Klimaschwankungen auf die deutsche Ostseeküste. In: STERR, H. u. PREU, C. (Hrsg.): Beiträge zur aktuellen Küstenforschung, Aspekte – Methoden – Perspektiven. VSAG/ Vechtaer Studien zur angewandten Geographie und Regionalwissenschaft 18, 199–200, 1996b.

HUPFER, P.; BAERENS, C.; KOLAX, M. u. TINZ, B.: Zur Auswirkung von Klimaschwankungen auf die deutsche Ostseeküste. Spez.arb. a.d. Arb.gr. Klimaforschung des Meteor. Inst. der Humboldt Universität zu Berlin, Nr. 12, 202 S., 1998.

HUPFER, P. u. TINZ, B.: Klima und Klimaänderungen. In: J. L. LOZÁN et al., Warnsignale aus der Ostsee. Wissenschaftliche Fakten. Parey Buchverlag, Berlin, 24–29, 1996.

IHP IV (INTERNATIONAL HYDROLOGICAL PROGRAMME) PROJECT H22): Hydrology, Water Management and Hazard Reduction in Lowlying Coastal Regions and Deltaic Areas, in Particular with Regard to Sea Level Changes. IHP/OHP Berichte, Sonderheft 8, Koblenz, 122 S., 1996.

IPCC (INTERGOVERNMENTAL PANEL ON CLIMATE CHANGE): Global Climate Change and the Rising Challenge of the Sea. Report of the Coastal Zone Management Subgroup, Margarita Island, 99 S., 1992.

IPCC 2001a: s. HOUGHTON et al., 2001.

IPCC 2001b: s. McCARTHY et al., 2001.

JACOBSEN, T. S.: The Belt Project. Sea Water Exchange of the Baltic Measurements and Methods. Reports from the National Agency of Environmental Protection. Copenhagen, 106 pp., 1980.

JÄGER, K.-D. u. LOZEK, V.: Umweltbedingungen und Landesausbau während der Urnenfelderbronzezeit in Mitteleuropa. – Mitteleuropäische Bronzezeit. Berlin: 211–229, 1978.

JANKE, W.: Schema der spät- und postglazialen Entwicklung der Talungen der spätglazialen Haffstauseeabflüsse. – Wiss. Z. Univ. Greifswald, 27: 39–41, 1978.

JANKE, W.; KLIEWE, H. u. STERR, H.: Holozäne Genese der Boddenküste Mecklenburg-Vorpommerns und deren künftige klimabedingte Entwicklung. In: SCHELLNHUBER, H. J. u. STERR, H. (Hrsg.): Klimaänderung und Küste. Einblick ins Treibhaus. Heidelberg, 137–152, 1993.

JANKE, W. u. LAMPE, R.: Die Entwicklung der Nehrung Fischland-Darß-Zingst und ihres Umlandes seit der Litorina-Transgression und die Rekonstruktion ihrer subrezenten Dynamik mittels historischer Karten. Z. Geomorph. N. F., Suppl. Bd. 112, 177–194, 1998.

JANKE, W. u. LAMPE, R.: The Sea-Level Rise on the South Baltic Coast Over the Past 8,000 Years New Results and New Questions. Terra Nostra 4, 126–128, 1999.

JANKE, W. u. LAMPE, R.: Zu Veränderungen des Meeresspiegels an der vorpommerschen Küste in den letzten 8000 Jahren. – Zeitschrift f. geologische Wissenschaften, 28: 585–600, 2000.

JANKOWSKI, A. u. KOWALIK, Z.: Diagnostic Model of Wind and Density Driven Currents in the Baltic Sea. Oceanol. Acta 3, 301–308, 1980.

JELGERSMA, S.; VAN DER ZUP, M. u. BRINKMAN, R.: Sea Level Rise and the Coastal Lowlands in the Developing World. Journal of Coastal Research 9, 4, 958–972, 1993.

JELGERSMA, S.: Hazards in Coastal Areas. In: International Hydrological Programme IV, 23–43, 1996.

JENSEN, J.: Climatic Change and Design Criteria for Coastal Structures. Contribution to the Unesco Workshop „Hydrocoast'95, Bangkok, 296–305, 1995.

JENSEN, J.; MÜGGE, H. u. SCHÖNFELD, W.: Development of Water Level Changes in the German Bight, an Analysis Based on Single Value Time Series. Coastal Eng. Proc. 3, 2838–2851, 1991.

JENSEN, J. u. TÖPPE, A.: Zusammenstellung und Auswertung von Originalaufzeichnungen des Pegels Travemünde/Ostsee ab 1826. Deutsche Gewässerkundl. Mitt. 30, 4, 99–107, 1986.

JENSEN, J. u. TÖPPE, A.: Untersuchungen über Sturmfluten an der Ostsee unter spezieller Berücksichtigung des Pegels Travemünde. Deutsche Gewässerkundl. Mitt. 34, 29–37, 1990.

JESCHKE, L. u. LANGE, E.: Zur Genese der Küstenüberflutungsmoore im Bereich der vorpommerschen Boddenküste. – In: BILLWITZ, K.; JÄGER, K.-D. u. JANKE, W. (Hrsg.): Jungquartäre Landschaftsräume – aktuelle Forschungen zwischen Atlantik und Tienschan. – Berlin, Springer: 208–215, 1992.

JUNK, H. P.: Die Maximum-Entropie-Spektral Analyse (MESA) und ihre Anwendung auf meteorologische Zeitreihen. Diplomarbeit, Meteorologisches Institut der Universität Bonn, Bonn, 130 S., 1982.

KACHHOLZ, K.-D.: Statistische Bearbeitung von Probendaten aus Vorstrandbereichen sandiger Brandungsküsten mit verschiedener Intensität der Energieumwandlung. Dissertation, Math.-Naturw. Fak., Univ. Kiel, 381 S., 1982.

KACHHOLZ, K.-D.: Vergleich einiger sandiger Brandungsküsten Schleswig-Holsteins. Meyniana 36, 93–119, 1984.

KALEJS, M.; KOGNAKHINA, A.; KOTCHERGIN, V. u. TAMSALU, R.: Numerical Computation of the Baroclinic Circulation in the Baltic Sea. Rapp. P.v. Reun. Cons. Int. Explor. Mer. 167, 185–187, 1974.

KAMINSKY, F. C.; KIRCHHOFF, R. H.; SYN, L. Y. u. MANWELL, J. F.: A Comparison of Alternative Approaches for the Synthetic Generation for a Wind Speed Time Series. J. Sol. Energy Eng. 113, 280–289, 1991.

KANNENBERG, E. G.: Die Steilufer an der Schleswig-Holsteinischen Ostseeküste. Probleme der marinen und klimatischen Abtragung. Schr. Geogr. Inst. Univ. Kiel 14, 101 S., 1951.

KANNENBERG, E. G.: Das Hochwasser am 4. Januar 1954 an der deutschen Beltseeküste. Urania 18, 17–20, 1955.

KANNENBERG, E. G.: Die Niederungsgebiete an der schleswig-holsteinischen Ostseeküste. Dokumentation Landesamt für Wasserhaushalt und Küsten S.-H., unveröffentl., 1955.

KANNENBERG, E. G.: Extrem-Wasserstände an der deutschen Beltseeküste im Zeitraum 1901 bis 1954. Schriften des Naturwiss. Vereins Schleswig-Holsteins 28, 31 S., 1956.

KEILHACK, K.: Die Verlandung der Swinepforte. Jahrb. Preuß. Geol. Landesanst. 32, Teil II, 2, Berlin, 209–244, 1912.

KESSEL, H. u. RAUKAS, A.: The Quaternary History of the Baltic, Estonia: – In: GUDELIS, V. u. KÖNIGSSON, L. K. [eds.]: The Quaternary History of the Baltic: 127–146; Univ. Uppsala, 1979.

KFKI (KURATORIUM FÜR FORSCHUNG IM KÜSTENINGENIEURWESEN): EAK 1993 – Empfehlungen für Küstenschutzwerke. Die Küste H. 55, 541 S., 1993.

KIECKSEE, H.: Die Ostsee-Sturmflut von 1872. Hansa 109, 2123–2125, 1972.

KIELMANN, J.: Grundlagen der Anwendung eines nummerischen Modells der geschichteten Ostsee. Ber. Inst. Meeresk. Kiel Nr. 87a, 157 S., 1981.

KIRCHHOFF, R. H.; KAMINSKY, F. C. u. SYN, C. Y.: Synthesis of Wind Speed Using a Markovprocess. Proc. Eight Wind Energy Symp., Am. Soc. Mech. Eng., Houston, 17–22, 1989.

KIRSTEN, M.: Ein neues Verfahren für die Bestimmung der wirtschaftlichen Ausbaugröße und der Würdigkeit von Hochwasserschutzmaßnahmen. Mitt. d. Inst. f. Wasserwirtschaft, H. 17, Berlin, 1964.

KLEIN, R. J. T. u. NICHOLLS, R. J: Assessment of Coastal Vulnerability to Climate Change. Ambio 28, 2, 182–187, 1999.

KLEINE, E.: Die Konzeption eines numerischen Verfahrens für die Advektionsgleichung – Literaturübersicht und Details der Methode im operationellen Modell des BSH für Nordsee und Ostsee. Techn. Ber. d. Bundesamtes f. Seeschiffahrt u. Hydrographie, Hamburg, 106 S., 1993.

KLEVANNY, K. A.: Protection of St. Petersburg against Floods with Uncompleted Barrier: Mathematical Model Study. Proc. of the V COPEDEC International Conference, 19–23 April, Cape Town, South Africa, 626–637, 1999.

KLIEWE, H.: Die Insel Usedom in ihrer spät- und nacheiszeitlichen Formenentwicklung. – Neuere Arbeiten zur mecklenburgischen Küstenforschung. Berlin, Dt. Verl. Wissenschaften; V, 277 S., 1960.

KLIEWE, H. u. REINHARD, H.: Zur Entwicklung des Ancylus-Sees. – Petermanns Geographische Mitteilungen, 104: 163–172, 1960.

KLIEWE, H.: Zeit- und Klimamarken in Sedimenten der südlichen Ostsee und ihrer vorpommerschen Boddenküste. – J. Coast. Res., Spec. Iss., 17: 181–186, 1995.

KLIEWE, H. u. JANKE, W.: Zur Stratigraphie und Entwicklung des nordöstlichen Küstenraumes der DDR. – Petermanns Geographische Mitteilungen, 122: 81–91, 1978.

KLIEWE, H. u. JANKE, W.: Der holozäne Wasserspiegelanstieg der Ostsee im nordöstlichen Küstengebiet der DDR. Petermanns Geogr. Mitt., 126, 65–74, 1982.

KLIEWE, H. u. JANKE, W.: Holozäner Küstenausgleich im südlichen Ostseegebiet bei besonderer Berücksichtigung der Boddenausgleichsküste Vorpommerns. – Petermanns Geographische Mitteilungen, 135: 1–15, 1991.

KLIEWE, H. u. SCHWARZER, K.: Die deutsche Ostseeküste. In: LIEDTKE, H. u. MARCINEK, J. (Hrsg.): Physische Geographie Deutschlands, 3. Aufl., Justus Perthes, Gotha u. Stuttgart, 343–384, 2002.

KLUG, H.: Neue Forschungen zur Küstenentwicklung im südwestlichen Ostseeraum. – Kieler Universitätstage 1973 – Skandinavien im Ostseeraum, 101–126, 1973.

KLUG, H.: Der Anstieg des Ostseespiegels im deutschen Küstenraum seit dem Mittelatlantikum. Eiszeitalter und Gegenwart, 30, 237–250, 1980.

KNEPPLE, R.: Das Ostseehochwasser vom 14.1.1960. Met. Rundschau 14, 21–24, 1961.

KOHLHASE, S.: The Concept of Sediment Budget in the Nearshore Area. Proc. Seminar on Causes of Coastal Erosion in Sri Lanka, CCDGTZ Coast Conservation Project, Colombo, 115–128, 1991.

KOHLMETZ, E.: Untersuchungen über Sturmflutwetterlagen an der deutschen Ostseeküste. Dissertation, Ernst-Moritz-Arndt-Universität Greifswald, Greifswald, 235 S., 1964.

KOHLMETZ, E.: Häufigkeit von Sturmfluten an der deutschen Ostseeküste. Seeverkehr 6, 4–15, 1966.

KOHLMETZ, E.: Zur Entstehung, Verteilung und Auswirkung von Sturmfluten an der deutschen Ostseeküste. Petermanns Geogr. Mitt. 111, 89–96, 1967.

KOLP, O.: Sturmflutgefährdung der deutschen Ostseeküste zwischen Trave und Swine. Seehydrographischer Dienst der DDR, 170 S., Stralsund, 1955.

KOLP, O.: Farbsandversuche mit lumineszenten Sanden in Buhnenfeldern – Ein Beitrag zur Hydrographie der ufernahen Meereszone. – Peterm. Geogr. Mitt. 114, 81–102, 1970.

KOLP, O.: Die submarinen Terrassen der südlichen Ost- und Nordsee und ihre Beziehungen zum eustatischen Meeresanstieg. – Beiträge zur Meereskunde, 35: 48 S., 1975.

KOLP, O.: Eustatische und isostatische Veränderungen des südlichen Ostseeraumes im Holozän. Petermanns Geogr. Mitt. 113, 177–187, 1979.

KOLP, O.: Die Bedeutung der isostatischen Kippbewegung für die Entwicklung der südlichen Ostseeküste. Z. geol. Wiss. 9, 7–22, 1981.

KOLP, O.: Entwicklungsphasen des Ancylus-Sees. – Petermanns Geographische Mitteilungen, 130: 79–94, 1986.

KOMAR, P. D.: CRC Handbook of Coastal Processes and Erosion. Florida, 305 pp, 1983.

KOOP, D.: Wasserstandsschwankungen in der Ostsee während einer Sturmflut im September 1969. Untersuchungen mit dem hydrodynamisch-numerischen Verfahren. Diplomarbeit, Universität Hamburg, Institut für Meereskunde, Hamburg, 67 S., 1973.

KOSLOWSKI, G. u. LOEWE, P.: The Western Baltic Sea Ice Season in Terms of a Mass-Related Severity Index 1878–1992 Part 1: Temporal Variability and Association with the North Atlantic Oscillation. Tellus, Ser. A, 46, 66–74, 1994.

KÖSTER, R.: Die Morphologie der Strandwall-Landschaften und die erdgeschichtliche Entwicklung der Küsten Ostwagriens und Fehmarns. Meyniana 4, 52–65, 1955.

KÖSTER, R.: Zur Frage der gegenwärtigen Senkung der schleswig-holsteinischen Ostseeküste. Die Küste 8, 131–159, 1960.

KÖSTER, R.: Junge eustatische und tektonische Vorgänge im Küstenraum der südwestlichen Ostsee. Meyniana 11, 23–81, 1961.

KÖSTER, R.: Der nacheiszeitliche Transgressionsverlauf an der schleswig-holsteinischen Ostseeküste im Vergleich mit den Kurven des weltweiten eustatischen Wasseranstieges. Baltica (Vilnius) 3, 23–41, 1967.

KÖSTER, R.: Die Sedimente im Küstengebiet der Probstei. Ein Beitrag zu Sedimenthaushalt und Dynamik, Strand, Sandriffen und Abrasionsfläche. Mitt. d. Leichtweiss-Institutes für Wasserbau der TU Braunschweig 65, Braunschweig, 165–189, 1979.

KÖSTER, R.: Entstehung der Ostsee. In: RHEINHEIMER, G. (Hrsg.), Meereskunde der Ostsee. 2. Auflage. Springer, Berlin, 12–17, 1995.

KOWALIK, Z. u. STASKIEWICZ, A.: Diagnostic Model of the Circulation in the Baltic Sea, Dt. Hydrogr. Z. 29, 239–250, 1976.

KOWALIK, Z. u. STASKIEWICZ, A.: A Barotropic Model of Water Exchange between the Baltic and the North Sea. Proc. XI. Conf. Baltic Oceanogr., Vol. 1m Rostock, 351–365, 1978.

KOWALIK, Z. u. WROBLEWSKI, A.: Periodische Schwankungen des Wasserstandes an der polnischen Ostseeküste (poln.). Archiwum Hydrotechniki 20, 2, 203–213, 1973.

KRAMARSKA, R.: Origin and Development of the Odra Bank in the Light of Geologic Structure and Radiocarbon Dating. – Geological Quarterly, 442: 277–288, 1998.

KRAUSS, W.: Methoden und Ergebnisse der theoretischen Ozeanographie, Bd. II, Gebr. Bomtraeger, Berlin, 248 S., 1966.

KRAUSS, W. u. MAGAARD, L.: Zum System der Eigenschwingungen der Ostsee. Kieler Meeresforschungen 18, 184–186, 1962.

KRESSNER, B.: Modellversuche über die Wirkung von Brandungswellen und des Küstenstromes auf einen sandigen Meeresgrund und die zweckmäßige Anlage von Strandbuhnen. Mitt. aus der Versuchsanstalt für Wasserbau d. Techn. Hochschule Danzig, 16 S. (Diss. TU Danzig), 1928.

KRÜGER, G.: Über Sturmfluten an den deutschen Küsten der westlichen Ostsee mit besonderer Berücksichtigung der Sturmflut vom 30./31. Dezember 1904. Jahresber. d. Geogr. Ges. Greifswald 12, 195–294, 1911.

KRUHL, H.: Sturmflutwetterlagen an der Ostsee im Winter 1978/79 im Vergleich zur Ostseesturmflut vom 13.11.1872. Mitt. d. Leichtweiss-Instituts für Wasserbau der TU Braunschweig 65, Braunschweig, 328–363, 1979.

KUNZ, H.: Bisheriger und zukünftiger Küstenschutz im Kontext eines integrierten Küstengebietsmanagements – Beispiele aus dem Weser-Ems-Raum. In: STERR, H. u. PREU, C. (Hrsg.): Beiträge zur aktuellen Küstenforschung, Aspekte – Methoden – Perspektiven. VSAG/Vechtaer Studien zur angewandten Geographie und Regionalwissenschaft 18, 211–213, 1996.

KÜSTENSCHUTZ'97: Küstenschutz in Mecklenburg-Vorpommern. Hrsg. vom Ministerium für Bau, Landesentwicklung und Umwelt Mecklenburg-Vorpommern, Schwerin, 56 S., 1997.

LABITZKE, K. u. VAN LOON; H.: Associations Between the l l-year Solar Cycle, the QBO and the Atmosphere. Part I: Journal of Atmospheric and Terrestrial Physics 50; 1988, 197 ff.; Part II: Journal of Climate 1, 1988, 905–920; Part III: Journal of Climate 2, 554–565, 1989.

LACHS, J. u. ZOLLMANN, TH.: Gegen Sturm und Brandung. Hinstorff-Verlag, Rostock, 196 S., 1989.

LAMPE, R.: Die vorpommerschen Boddengewässer – Hydrographie, Bodenablagerungen und Küstendynamik. Die Küste H. 56, 25–49, 1994.

LAMPE, R.: Post-glacial Water-Level Variability along the South Baltic Coast – a Short Overview. – Greifswalder Geographische Arbeiten, 27: 13–19, 2002.

LAMPE, R. u. JANKE, W.: Salt Meadow Evolution and Holocene Sea-Level Rise – the Examples Kooser Wiesen and Ribnitzer Wiesen. – Greifswalder Geographische Arbeiten, 27: 187–198, 2002.

LAMPE, R. u. SCHUMACHER, W.: Holozäne Entwicklungsgeschichte ausgewählter Boddenlandschaften Mecklenburg-Vorpommerns unter besonderer Berücksichtigung von Klima, Eustasie und Isostasie. In: STERR, H. u. PREU, C. (Hrsg.): Beiträge zur aktuellen Küstenforschung, Aspekte – Methoden – Perspektiven. VSAG/Vechtaer Studien zur angewandten Geographie und Regionalwissenschaft 18, 201–202, 1996.

LANDESARCHIV GREIFSWALD: Acta der Königl. Preuß. Regierung zu Stralsund = Die Nachweisungen über die Wasserstände an den Pegeln. Rep. 80, Nr. 619, 1905.

LANGE, E.; JESCHKE, L. u. KNAPP, H. D.: Ralswiek und Rügen. Landschaftsentwicklung und Siedlungsgeschichte der Ostseeinsel. Teil 1. Die Landschaftsgeschichte der Insel Rügen seit dem Spätglazial. – Schriften zur Ur- und Frühgeschichte, 38: 175 S., 1986.

LANGE, W.: Zur Schwankung der jährlichen Partialtide S_a bei Cuxhaven sowie zur Analyse langjähriger Reihen der Hoch- und Niedrigwasser von Cuxhaven. Persönliche Mitteilung, 2000.

LANGENBERG, H. u. STORCH, H. V.: Auswirkungen von Klimaänderungen auf Sturmentwicklung und Extremwasserstände in der Nordsee. Deutsche IDNDR-Reihe 7, 311, 1997.

LASS, H. U.: A Theoretical Study of the Barotropic Water Exchange Between the North Sea and the Baltic Sea and the Sea Level Variations of the Baltic. Beitr. z. Meereskd., H. 58, 19–33, 1988.

LASS, H.-U. u. MAGAARD, L.: Wasserstandsschwankungen und Seegang. In: RHEINHEIME. G. (Hrsg.), Meereskunde der Ostsee. 2. Auflage. Springer, Berlin usw., 68–74, 1995.

LAWA (LÄNDERARBEITSGEMEINSCHAFT WASSER): Pegelvorschrift, Anlage A, Richtlinie für den Bau von Pegeln mit Anhang „Pegelgeräte", Teil 1: Richtlinie, Herausgeber: Länderarbeitsgemeinschaft Wasser (LAWA) und Bundesministerium für Verkehr, 1988.

LAWA (LÄNDERARBEITSGEMEINSCHAFT WASSER): Pegelvorschrift Stammtext, herausgegeben von der Länderarbeitsgemeinschaft Wasser (LAWA) und dem Bundesminister für Verkehr., Kulturbuchverlag, Berlin, 105 S., 1997.

LAWA (LÄNDERARBEITSGEMEINSCHAFT WASSER): Empfehlungen zum Schließen von Lücken in Wasserstandsganglinien des Tideaußengebietes. Kulturbuchverlag, Berlin, 19 S., 1998.

LAWA (LÄNDERARBEITSGEMEINSCHAFT WASSER): Weitergehende Auswertung von Tidekurven und deren Standardisierung. 1. Aufl. Kulturbuchverlag, Berlin, 18 S., 2001.

LAWA (Länderarbeitsgemeinschaft Wasser): Hinweise zur Gestaltung von Pegelnetzen im Küstenbereich. Kulturbuchverlag, Berlin, in Vorbereitung, 2002.

LAZARENKO, N. N.: Variations of Mean Level and Water Volume of the Baltic Sea. Baltic Sea Environment Proceedings No. 16, Helsinki Commission, Helsinki, 64–80, 1986.

LEHMANN, A.: AT-Threedimensional Eddy-Resolving Model of the Baltic Sea. Tellus, Ser. A, 47, 1013–1031, 1995.

LEMKE, W.: Sedimentation und paläogeographische Entwicklung im westlichen Ostseeraum (Mecklenburger Bucht bis Arkonabecken) vom Ende der Weichselvereisung bis zur Littorinatransgression. Meereswissenschaftliche Berichte (IO Warnemünde) 31, 156 S., 1998.

LEMKE, W.; JENSEN, J. B.; BENNIKE, O.; WITKOWSKI, A. u. KUIJPERS, A.: No Indication of a Deeply Incised Dana River Between Arkona Basin and Mecklenburg Bay. – BALTICA, 12: 66–70, 1999.

LIEBSCH, G.: Aufbereitung und Nutzung von Pegelmessungen für geodätische und geodynamische Zielstellungen. Deutsche Geodätische Kommission bei der Bayerischen Akademie der Wissenschaften, Reihe C, H. 485, 107 S., 1997.

LIEBSCH, G.; DIETRICH, R.; BALLANI, L. u. LANGER, G.: Die Reduktion langjähriger Wasserstandsmessungen an der Küste Mecklenburg-Vorpommerns auf einen einheitlichen Höhenbezug. Die Küste H. 62, 3–28, 2000.

LINDAU, R.: Eine neue Beaufortäquivalentskala. Berichte aus dem Inst. f. Meereskunde an der Univ. Kiel 49, 1–34, 1994.

LOCKWOOD, M.; STAMPER, R. u. WILD, M. N.: A Doubling of the Sun's Coronal Magnetic Field During the Past 100 Years. Nature 399, 437–439, 1999.

LOEWE, P. u. KOSLOWSKI, G.: The Western Baltic Ice Sea Season in Terms of a Mass-Related Severity Index 1879–1992 Part II: Spectral Characteristics and Associations with NAO, QBO and Solar Cycle. Tellus, Ser. A, 50, 219–241, 1998.

LOHRBERG, W.: Die Säkularvariation an einigen Pegeln zwischen Harlingen und Esbjerg sowie die Bedeutung 19-jähriger übergreifender Mittel für deren Bestimmung. Besondere Mitteilungen zum Deutschen Gewässerkundlichen Jahrbuch Nr. 43, Koblenz, 81 S., 1983.

LOZÁN, J. L.; GRASSL, H. u. HUPFER, P. (Hrsg.): Warnsignal Klima – Wissenschaftliche Fakten. Wissenschaftliche Auswertungen, Hamburg, 463 S., 1998.

LOZÁN, J. L.; GRASSL, H. u. HUPFER P. (eds.): Climate of the 21st Century: Changes and Risk. Wissenschaftliche Auswertungen, Hamburg, 448 S., 2001.

LÜBKE, H.: Timmendorf-Nordmole und Jäckelberg-Nord. Erste Untersuchungsergebnisse zu submarinen Siedlungsplätzen der endmesolithischen Ertebølle-Kultur in der Wismar-Bucht, Mecklenburg-Vorpommern. Nachrichtenblatt Arbeitskreis Unterwasserarchäologie, 7, 17–35, 2000.

LÜBKE, H.: Eine hohlendretuschierte Klinge mit erhaltener Schäftung vom endmesolithischen Timmendorf-Nordmole, Wismarbucht, Mecklenburg-Vorpommern, 2001.

LUDWIG, A. O.: Die Erforschung der quartären Entwicklung der Südlichen Ostsee von ihren Anfängen bis 1980. Dt. Hydrogr. Z., Supplement 3, Hamburg, 95 S., 1995.

LÜKENGA, W.: Die Zyklonalität im Ostseeraum. Ein Beitrag zur dynamischen Klimageographie Nordeuropas. Dissertation, Universität Münster, 252 S., 1970.

MAGAARD, L. u. KRAUSS, W.: Spektren der Wasserstandsschwankungen der Ostsee im Jahre 1958. Kieler Meeresforschungen 22, 155–162, 1966.

MAJEWSKI, A.: Unusual Short-life Sea Water Level Oscillations at the Southern and Eastern Coast Line of the Baltic Sea. Przeglad Geofizyzny (Warszawa) 34, 191–199, 1989.

MAJEWSKI, D.: The Europa-Model of the Deutscher Wetterdienst. ECMWF Seminar on Numerical Methods in Atmospheric Models 2, 147–191, 1991.

MALICKI, J.: Selten beobachtete ozeanographische Phänomene an der südlichen Ostseeküste (in polnischer Sprache). Gazeta Obserwatora (IMGW) No. 5, 3 S., 1999.

MALIŃSKI, J.: Über den Einfluss der Luftdruckverteilung auf den Wasserstand an der polnischen Küste bei Sturmfluten (poln.). Acta geophys. Polonica, 13, 41–56, 1965.

MATTHÄUS, W.: Einige Bemerkungen zur regionalen Verteilung der Registrierpegel in der Ostsee und den nordwesteuropäischen Gewässern. Beitr. z. Meereskd. H. 27, 23–32, 1970.

MATTHÄUS, W.: Ozeanographische Besonderheiten. In: RHEINHEIMER, G. (Hrsg.): Meereskunde der Ostsee. 2. Auflage, Springer, Berlin usw., 17–24, 1996.

MATTHÄUS, W. u. FRANCK, H.: Characteristics of Major Baltic Inflows – a Statistical Analysis. Continental Shelf Research, 12: 1375–1400, 1992.

MATTHÄUS, W. u. SCHINKE, H.: Mean Atmospheric Circulation Patterns Associated with Major Baltic Inflows. Dt. Hydrogr. Z. 46, 4, 321–339, 1994.

MBLU'96: Dokumentation der Sturmflut vom 3. und 4. November 1995 an der Küste Mecklenburgs und Vorpommerns. Hrsg. vom Ministerium für Bau, Landesentwicklung und Umwelt Mecklenburg-Vorpommern, Rostock, 86 S., 1996.

MCCARTHY, J. J.; CANZIANI, O. F.; LEARY, N. A.; DOKKEN, D. J. u. WHITE, K. S. (eds.): Climate Change 2001: Impacts, Adaptations and Vulnerability (IPCC WG II). Cambridge University Press, Cambridge, 1000 pp., 2001.

MEINKE, I.: Das Sturmflutgeschehen in der südwestlichen Ostsee – dargestellt am Beispiel des Pegels Warnemünde. Diplomarbeit, Philipps Universität Marburg, FB Geographie, Marburg, 169 S., 1998.

MEINKE, I.: Sturmfluten in der südwestlichen Ostsee – dargestellt am Beispiel des Pegels Warnemünde. Marburger Geographische Schriften 134, 1–23, 1999.

MELF (MINISTER FÜR ERNÄHRUNG, LANDWIRTSCHAFT UND FORSTEN DES LANDES SCHLESWIG-HOLSTEIN): Küstensicherung in Schleswig-Holstein; Kiel, 50 S., 1992.

MERTINKAT, L.: Der Wasserhaushalt der Bodden und Haffgewässer Mecklenburg-Vorpommerns. Unterlagen des BSH. Rostock, 10 S., unveröffentlicht, 1992.

MESSEN NORD: Dokumentation IMKWIN, Version 4, MesSen Nord, Gesellschaft für Mess-, Sensor- und Datentechnik mbH, Rostock, 9 S., 2000.

Meteorologischer Dienst: Witterungsklimatologie von ausgewählten Orten der westlichen und mittleren Ostsee. Meteorologischer Dienst der DDR, Amt für Meteorologie Schwerin. Unveröff. Zusammenstellung, Schwerin, 629 S., 1982.

MEWES, D.: Untersuchung von Langzeitvariationen der Sturmniedrigwasserstände an der DDR-Küste und deren Ursachen. Diplomarbeit, Humboldt-Universität zu Berlin, Berlin, 90 S., 1987.

MEYER, M.: Modellierung der Entwicklung von Küstenlinien der Ostsee im Holozän – Wechselspiel zwischen Isostasie und Eustasie. Dissertation, Universität Greifswald, Inst. für Geol. Wiss., Greifswald, 63 S., 2002.

MIEHLKE, O.: Über die Wasserstandsentwicklung an der Küste der DDR im Zusammenhang mit der Sturmflut am 3. und 4. Januar 1954. Ann. f. Hydrogr. H. 5/6, Stralsund, 22–42, 1956a.

MIEHLKE, O.: Was registriert ein Schreibpegel wirklich? Einige ergänzende Bemerkungen zum Aufsatz von Günter Sager: Einfluss von Wasserstandsstörungen auf Registrierpegel. Ann. Hydrogr. 5/6, Stralsund, 1956b.

MIEHLKE, O.: Über die Berechnung des statischen Luftdruckeffektes auf den Wasserstand abgeschlossener Meeresbecken. Vermessungstechnik 10, Berlin, 10, 272–276, 1962.

MIKULSKI, Z.: Wasserhaushalt der baltischen Haffe. Beitr. z. Meereskd. H. 19, 5–17, 1965.

MILKERT, D.: Auswirkungen von Stürmen auf die Schlicksedimente der westlichen Ostsee. Berichte Reports, Geol. Paläont. Inst. Univ. 66, Kiel, 153 S., 1994.

MLR (MINISTERIUM FÜR LÄNDLICHE RÄUME): Generalplan Küstenschutz: integriertes Küstenschutzmanagement in Schleswig-Holstein. Kiel, 76 S., 2001.

MODEL, F.: Pegelstationen des Kriegsmarine-Pegelnetzes der Ostsee. Arch. d. deutsch. Seewarte und Marineobservatorium 61, 2, 57 S., 1941.

MONTAG, H.: Die Wasserstände an den ehemaligen Pegelstationen des Geodätischen Instituts Potsdam bis 1944. Arb. aus dem Geod. Inst. Potsdam, Nr. 5, 52 S., 1964.

MÖRNER, N. A.: Eustatic Changes During the Last 8.000 Years in View of Radiocarbon Calibration and New Information from the Kattegat Region and Other Northwestern European Coastal Areas. Palaegeogr., Palaeoclimatol., Palaeoecol. 19, 63–85, 1976.

MÖRNER, N.-A.: The Fennoscandian Uplift and Late Cenozoic Geodynamics: Geological Evidence. – Geo-Journal, 3 (3): 287–318, 1979.

MÖRNER, N.-A.: Sea-level and Climate: Rapid Regressions at Local Warm Phases. – Quaternary International 60: 75–82, 1999.

MORTENSEN, N. G.; LANDBERG, L.; TROEN, I. u. PETERSEN, E. L.: Wind Atlas. Analysis and Application Program (WASP), 2: Users Guide. Risø National Laboratory, Roskilde, 655 pp., 1993.

MÜLLER-NAVARRA, S. H. u. GIESE, H.: Improvements of an Empirical Model to Forecast Wind Surge in the Ostsee. Diplomarbeit, Universität Hamburg, Hamburg, 130 S., 1983a.

MÜLLER-NAVARRA, S. H.: Modellergebnisse zur baroklinen Zirkulation im Kattegat, im Sund und in der Beltsee. Dt. hydrogr. Z. 36, 237–257, 1983b.

MÜNCHENER RÜCKVERSICHERUNGSGESELLSCHAFT: Naturkatastrophen in Deutschland. Schadenerfahrungen und Schadenpotentiale. München, 99 S., 1999.

MURRAY, S. P.; COLEMAN, J. M.; ROBERTS, S. u. SALAMA, M.: Eddy Currents and Sediment Transport of the Damietta Nile. – Proc. Coastal. Eng. Conf. ASCE (New York) 17, 2, 1681–1699, 1980.

NEEMANN, V.: Beschreibung des Sommerhochwasserereignisses an der westlichen Ostseeküste von Schleswig-Holstein am 28.8.1989 im Vergleich anderer Hochwasser. Dt. Gewässerkdl. Jahrbuch – Küstengebiet der Nord- und Ostsee, Abflussjahr 1989, 135–149, 1994.

NEUMANN, G.: Eigenschwingungen der Ostsee. Arch. Dt. Seewarte u. Marineobservatorium 61, 4, 1941.

NEUMANN, G.: Über den Tangentialdruck des Windes und die Rauhigkeit der Meeresoberfläche. Z. Meteor. 2, 193–203, 1948.

NEŽICHOVKIJ, R. A.: Reka neva (dt.: Die Newa). Gidrometeor. Izdat., Leningrad, 191 S., 1957.

NIEDERMEYER, R. O.; KLIEWE, H. u. JANKE, W.: Die Ostseeküste zwischen Boltenhagen und Ahlbeck. Ein geologischer und geomorphologischer Überblick mit Exkursionshinweisen. Geogr. Bausteine, N.R., 30, Gotha, 164 S., 1987.

NIELSEN, P. S.: The Sea Level of the Baltic Decomposed into Empirical Orthogonalfunctions (e.o.f.). Proc. XI. Conf. Baltic Oceanogr., Vol. 2, Rostock, 451–468, 1978.

NIESE: Maßnahmen zur Beseitigung der Sturmflutschäden vom 30./31.12.1904 an den Außenküsten des Regierungsbezirks Stralsund. Z. f. Bauwesen 60, 254–264, 1910.

NODA, H.: Depositional Effects of Offshore Breakwaters due to Onshore-Offshore Sediment Movement. Proc. Coastal. Eng. Conf. ASCE (New York) 19, 2, 2009–2025, 1984.

NÖTHEL, H.: Statistisch-nummerische Beschreibungen des Wellen- und Strömungsgeschehens in einem Buhnenfeld. Ber. d. Inst. f. Strömungsmechanik und Elektron. Rechnen im Bauwesen d. Univ. Hannover 39, 146 S., 1994.

NOTT, T.: The Role of Subaerial Processes in Sea Cliff Retreat – a Southeast Australian Example. Z. Geomorph. N. F., 34, 75–85., 1990.

NYBERG, L.: Sea Level Forecasts with an EOFModel. In: SÜNDERMANN; J. u. LENTZ, W. (eds.): North Sea Dynamics. SpringerVerlag, Berlin usw., 185–199, 1983.

OBERHUBER, J. M.: Simulation of the Atlantic Circulation with a Coupled Sea Ice-Mixed Layer Isopycnal General Circulation Model. Part I: Model Description. J. Phys. Oceanogr. 23, 808–829; Part II: Model Experiment, 830–845, 1993.

ORME, A. R.: Energy-Sediment Interaction Around a Groin. – In: ORME, A. R., PRIOR, D. B., PSUTY, N. P. u. WALKER, H. J. (eds.): Coasts Under Stress. Z. f. Geomorphologie 34, 111–128 S., 1980.

OTTO, TH.: Der Darß und Zingst. Ein Beitrag zur Entwicklungsgeschichte der vorpommerischen Küste. VIII. Jahresber. Geogr. Ges. Greifswald 1911–1912, 237–485, 1913.

PANSCH, E.: Harmonische Analyse von Pegeldaten der Ostsee. BSH, Hamburg/Rostock, 168 S., unveröffentlicht, 1991.

PARRY, M. (eds.): Assessment of Potential Effects and Adaptations for Climate Change in Europe. The Europe Acacia Project. Norwich, 320 pp., 2000.

PETERSEN, M.: Das Hochwasser am 4. Januar 1954 an der schleswig-holsteinischen Ostseeküste. Wasser und Boden 6, 21–22, 1954.

PETERSEN, M. u. ROHDE, H.: Sturmflut. Die großen Fluten an den Küsten Schleswig-Holsteins und in der Elbe. 3. Aufl., Karl-Wachholz-Verlag, Neumünster, 182 S., 1991.

PETHE, H.: Grundlagen der Dynamik der Luftbewegungen. In: HUPFER, P. u. KUTTLER, W. (Hrsg): Witterung und Klima. 10. Auflage, B.G. Teubner, Stuttgart und Leipzig, 121–143, 1998.

PETTERSSON, O.: Studien in der Geophysik und kosmischen Physik. Annalen Hydrogr. marit. Meteor. 42; Teil 1: 141–146: Teil 2: 209–219; Teil 3: 255–270, 1914.

PIRAZZOLI, P. A.: World Atlas of Holocene Sea-Level Changes. Oceanography Series, 58, Elsevier, Amsterdam, 300 pp., 1991.

PLAUT, G. u. VAUTARD, R.: Spells of Low Frequency Oscillations and Weather Regime in the Northern Hemisphere. J. Atmosph. Sc. 51, 210–236, 1994.

PROBST, B.: Küstenschutz 2000. In: STERR, H. u. PREU, C. (Hrsg.): Beiträge zur aktuellen Küstenforschung, Aspekte – Methoden – Perspektiven. VSAG/Vechtaer Studien zur angewandten Geographie und Regionalwissenschaft 18, 205–207, 1996.

PRUSZAK, Z.; RÓŻYŃSKI, G.; SZMYTKIEWICZ, M. u. SKAJA, M.: Quasi-Seasonal Morphological Shoreline Evolution Response to Variable Wave Climate. Coastal Sediments '99, ASCE, New York, 1–13, 1999.

RAABE, A.: Zur Wechselwirkung von Meer und Atmosphäre in Küstennähe unter Berücksichtigung der internen Grenzschicht im Windfeld der atmosphärischen Bodenschicht. Dissertation, Universität Leipzig, Sektion Physik. Leipzig, 106 S., 1981.

REDICK, M. u. SCHADE, A.: Dokumentation des Sturmhochwassers vom 3./4. November 1995 an den Küsten Mecklenburgs und Vorpommerns, Putbus, 88 S., 1996.

REESE, S. u. MARKAU, H.-J.: Risk Handling and Natural Hazards – New Strategies in Coastal Defence. A Case Study from Schleswig-Holstein, Germany. In: EWING, L. u. WALLENDORF, L. (eds..): Solutions to Coastal Disasters '02. Conference Proceedings. Reston, 498–510, 2002.

REINHARD, H.: Sturmfluten an der deutschen Ostseeküste mit besonderer Berücksichtigung der Märzflut von 1949. Z. f. d. Erdkundeunterricht 1, 122–132, 1949a.

REINHARD, H.: Die Sturmflut vom 1./2. März 1949 an der Mecklenburgischen Ostseeküste, Z. Meteor. 3, 209–218, 1949b.

REINHARD, H.: Der Bock. Entwicklung einer Sandbank zur neuen Ostsee-Insel. Erg.heft Nr. 251 zu Petermanns Geogr. Mitt., 136 S. und 25 Anl., 1953.

REISCH, F. u. SCHMOL, D.: Morphologische und sedimentologische Untersuchungen von Strand und Seegrund im Bereich der Geltinger Birk (Flensburger Außenförde). Schriften d. Naturw. Vereins f. Schleswig-Holstein 67, 1–16, 1997.

RODLOFF, W.: Hydrologische Betrachtungen zur Ostseesturmflut vom 12./13. 11. 1872. Dt. Gewässerkundl. Mitt. 16, 153–159, 1972.

ROECKNER, E.; ARPE, K.; BENGTSSON, L.; CHRISTOPH, M.; CLAUSSEN, M.; DÜMENIL, L.; ESCH, M.; GIORGETTA, M.; SCHLESE, U. u. SCHULZWEIDA, U.: The Atmosphere General Circulation Model ECHAM4: Model Description and Simulation of Present-Day Climate. Max-Planck-Institut für Meteorologie Hamburg, Report No. 218, 90 S., 1996.

ROGERS, J. C.: The Association between the North Atlantic Oscillation and the Southern Oscillation in the Northern Hemisphere. Monthly Weather Review 112, 1999–2015, 1999.

ROGGE, H. u. MIEHLKE, O.: Verlauf und Auswirkungen der Sturmflut vom 13. Januar 1957 an der mecklenburgischen Küste. Z. f. Angew. Geologie 3, 409–412, 1957.

ROY, P. S.; COWELL, P. J.; FERLAND, M. A. u. THOM, B. G.: Wave Dominated Coasts. In: CARTER, R. W. G. u. WOODROFFE, C. D.: Coastal Evolution. Cambridge, New York, Melbourne, 121–186, 1994.

RUCHHOLZ, K. W.: Zur Genese gravitativer Schicht- und Sedimentkörperdeformationen in Vereisungsgebieten. Wiss. Zeitschr. Ernst-Moritz-Arndt-Univ. Greifswald, Math.-Nat. R., 26, 1/2, 49–57, 1977.

SAGER, G. u. MIEHLKE, O.: Untersuchungen über die Abhängigkeit des Wasserstandes in Warnemünde von der Windverteilung über der Ostsee. Ann. Hydr. H. 4, Stralsund, 11–43, 1956.

SAGER, G.: Grundlagen zur Berechnung von Registrierpegeln. Wasserwirtschaft-Wassertechnik 8, 455–459, 1958.

SAGER, G.: Die numerische Bestimmung des Einflusses periodischer Wasserstandsstörungen auf Registrierpegel, Beitr. z. Meereskd. H. 4, 9–53, 1961.

SAGER, G.: Windwirklängen in der Ostsee. Beitr. z. Meereskd. H. 29, 53–66, 1972.

SCHELLNHUBER, H.-J. u. STERR, H. (Hrsg.): Klimaänderung und Küste. Einblick ins Treibhaus. Springer, Heidelberg usw., 400 S., 1993.

SCHINKE, H.: On the Occurrence of Deep Cyclones Over Europe and the North Atlantic in the Period 1930–1991. Beitr. Phys. Atmosph. 66, 223–237, 1993.

SCHINKE, H.: Zu den Ursachen von Salzwassereinbrüchen in die Ostsee. Dissertation. Humboldt-Universität zu Berlin, Math.-Naturwiss. Fakultät I, Berlin, 128 S. (s. auch Meeereswissensch. Berichte IO Warnemünde Nr. 12, 1996, 137 S.), 1996.

SCHMAGER, G.: Ein Beitrag zur Dynamik der aperiodischen Wasserstandsschwankungen und ihrer Vorhersage im Übergangsgebiet zwischen Nordsee und Ostsee. Dissertation, Humboldt-Universität zu Berlin, Math.-Naturwiss. Fakultät, Berlin, 176 S., 1984.

SCHMAGER, G.: Extreme Wasserstandsschwankungen an der DDR-Küste – ihre Bedeutung für die maritimen Zweige der Volkswirtschaft der DDR und Möglichkeiten ihrer Vorhersage. Abh. Meteor. Dienst d. DDR Nr. 141, Berlin, 277–281, 1989.

SCHMAGER, G.: Statistische Verfahren zur Wasserstandsvorhersage an der deutschen Ostseeküste. Unveröff. Bericht, Marineamt, Spezialstabsabteilung Geophysik, Rostock, 32 S., 2001.

SCHMIDT, H. u. PÄTSCH, J.: Meteorologische Messungen auf Norderney und Modellrechnungen. Die Küste H. 43, 131–142, 1992.

SCHÖNFELDT, H. J. u. STEPHAN, M.: Einfluss des Windklimas auf die Küstenveränderungen an der Ostseeküste Mecklenburg-Vorpommerns zwischen Warnemünde und Hiddensee. Meteor. Z. 9, 299–308, 2000.

SCHÖNWIESE, C. D.: Praktische Statistik für Meteorologen und Geowissenschaftler. 3. Aufl., Bornträger, Berlin und Stuttgart, 298 S., 2000.

SCHRADER, E.: Sedimentologische Untersuchungen zu der Wirkungsweise von Buhnen an gezeitenfreien Küsten (Warnemünde und Probstei, südliche Ostsee). Diss. Univ. Kiel, 165 S., 1998.

SCHRODIN, R. (Ed.): Quarterly Report of the Operational NWP-Models of the Deutscher Wetterdienst No 22, 74 pp., 2000.

SCHROTTKE, K.: Neue Erkenntnisse zum Aufbau und zur Entwicklung des Nehrungssystems Graswarder bei Heiligenhafen (westl. Ostsee). Meyniana 51, 95–111, 1999.

SCHROTTKE, K.: Rückgangsdynamik schleswig-holsteinischer Steilküsten unter besonderer Betrachtung submariner Abrasion und Restsedimentmobilität. Ber. Rep., Inst. für Geowiss., Univ. Kiel 16, 168 S., 2001.

SCHULZ, H.: „Seebär"Erscheinungen im Juni und Juli 1957 in der Deutschen Bucht, Nordsee. Dt. Gewässerkdl. Jahrbuch 2, 1957.

SCHUMACHER, W.: Das Strandwallsystem des Rustwerder (Insel Poel) und seine Aussagen für die Isostasie und Eustasie im südlichen Ostseeraum. Meyniana 43, 137–150, 1991.

SCHUMACHER, W.: Zur geomorphologischen Entwicklung des Darsses – ein Beitrag zur Küstendynamik und zum Küstenschutz an der südlichen Ostseeküste. Z. geol. Wiss. 28, 601–613, 2000.

SCHUMACHER, W.: Coastal Evolution of the Darss Peninsula. Greifswalder Geographische Arbeiten, 27, 165–168, 2002a.

SCHUMACHER, W.: The Rustwerder Spit – Structural Sediment Features as Water Level Marks. – Greifswalder Geographische Arbeiten 27, 211–212, 2002b.

SCHUMACHER, W. u. BAYERL, K.-A.: Die Sedimentationsgeschichte der Schaabe und der holozäne Transgressionsverlauf auf Rügen (Südliche Ostsee). – Meyniana, 49: 151–168, 1997.

SCHUMACHER, W. u. BAYERL, K.-A.: The Shoreline Displacement Curve of Rügen Island (Southern Baltic Sea). – Quaternary International, 56: 107–113, 1999.

SCHUMACHER, W.; SPANGENBERG, T.; SCHWARZER, K. u. RICKLEFS, K.: Wissenschaftliche Begleituntersuchungen zu den Küstenschutzmaßnahmen am Streckelsberg (Insel Usedom). Bericht Geol. Paläont Inst. Univ. Greifswald, Geol. Paläont. Inst. Univ. Kiel und Forschungs- u. Technologiezentrum Westküste d. Univ. Kiel, Greifswald, 24 S. (unveröff.), 1996.

SCHÜTZLER, A.: Verlauf und Ursachen der Sturmfluten an der deutschen Ostseeküste – dargestellt an Beispielen aus den letzten Jahrzehnten. Unveröff. Bericht, Seehydrographischer Dienst, Rostock, 29 S., 1963.

SCHWARZER, K.: Auswirkungen der Januar-Sturmflut 1987 auf den Sedimenthaushalt des Strand und Vorstrandbereiches vor der Probsteiküste. Die Küste, H. 50, 31–43, 1989a.

SCHWARZER, K.: Sedimentdynamik in Sandriffsystemen einer tidefreien Küste unter besonderer Berücksichtigung von Rippströmen. Ber. Rep, Geol. Paläont. Inst. Univ. Kiel 33, 270 S., 1989b.

SCHWARZER, K.: Sedimentverteilung im Strand und Vorstrandbereich nach einer Sandvorspülung (Probstei/Schleswig-Holstein). Meyniana 43, 59–71, 1991.

SCHWARZER, K.: Auswirkungen der Deichverstärkung vor der Probsteiküste/Ostsee auf den Strand und Vorstrand. Meyniana 46, 127–147, 1994.

SCHWARZER, K.: Die Dynamik der Küste. In: RHEINHEIMER, G.: Meereskunde der Ostsee, 2. Aufl., Springer, Berlin, 25–33, 1995.

SCHWARZER, K.; DIESING, M. u. TRIESCHMANN, B.: Nearshore Facies of the Southern Shore of the Baltic Ice Lake – Example from Tromper Wiek (Rügen Island). – BALTICA, 13: 69–76, 2000.

SCHWARZER, K.; DIESING, M.; FURMANCZYK, K.; LARSON, M.; NIEDERMEYER, R. O. u. SCHUMACHER, W.: Coastline Evolution at Different Time Scales. – Examples from the Pomeranian Bight, Southern Baltic Sea (Pomeranian Bight). Marine Geology 194, 79–101, 2003.

SCHWARZER, K.; RICKLEFS, K.; SCHUMACHER, W. u. ATZLER, R.: Beobachtungen zur Vorstranddynamik und zum Küstenschutz sowie zum Sturmereignis vom 3./4.11.1995 auf den Vorstrand vor dem Streckelsberg/Usedom. Meyniana 48, 49–68, 1996.

SCHWARZER, K.; SCHROTTKE, K.; STOFFERS, P.; KOHLHASE, S.; FRÖHLE, P.; FITTSCHEN, T.; MOHR, K.; RIEMER, J., u. WEINHOLD, H.: KFKI-Forschungsvorhaben „Einfluss von Steiluferabbrüchen an der Ostsee auf die Prozessdynamik angrenzender Flachwasserbereiche". Univeröff. Abschlussbericht; Kiel, 182 S., 2000.

SCHWARZER, K.; STÖRTENBECKER, M.; REIMERS, H. C. u. v. WALDOW, K.: Das Küstenholozän in der westlichen Hohwachter Bucht. Meyniana 45, 131–144, 1993.

SEIFERT, G.: Die postglaziale Geschichte der Warder und der Eichholzniederung bei Heiligenhafen. Meyniana 4, 37–51, 1955a.

SEIFERT, G.: Die Steilufer als Materiallieferanten der Sandwanderung. Versuch einer quantitativen Materialbilanz an der schleswig-holsteinischen Ostseeküste. Meyniana 4, 78–83, 1955b.

SHEPARD, F. P. u. INMAN, D. L.: Nearshore Water Circulation Related to Bottom Topographie and Wave Refraction. – Transactions American Geophys. Union, 31 (2): 196–202; Washington D.C, 1950.

SHERMAN, D. J.; BAUER, B. O.; NORDSTROM, K. F. u. ALLEN, J. R. L.: A Tracer Study of Sediment Transport in the Vicinity of a Groin: New York, U.S.A. Journal of Coastal Research 6, 2, 427–438, 1990.

SHORT, A. D. (ed.): Handbook of Beach and Shoreface Morphodynamics, 379 pp., 1999.

SHORT, A. D.: Beach and Surf Zone Morphodynamics. Journal of Coastal Research, Special Issue 15, Fort Lauderdale, 321 pp., 1993.

SIEFERT, W.: Küsteningenieurwesen – Ausgewählte Kapitel. Strom und Hafenbau. Studie Nr. 86, 221 S., 1997.

SIMONS, T. J.: Wind-Driven Circulations in the South-West Baltic. Tellus 30, 272–283, 1978.

SIMONSEN, O.: Why Introduce the Revised Local Reference R.L.R. in the International Collaboration Between Oceanographers and Geodesists? Symp. on Coastal Geodesy, München/Dänisches Geodätisches Institut Kopenhagen, 76 S., 1970.

SOETJE, K. C. u. BROCKMANN, C.: An Operational Numerical Model of the North-Sea and the German Bight. In: SÜNDERMANN, J. (eds.), North Sea Dynamics, Springer, Berlin usw., 95–107, 1983.

STERR, H.: Aktualmorphologische Entwicklungstendenzen der schleswig-holsteinischen Ostseeküste. Kieler Geogr. Schriften 62, 165–183, 1985.

STERR, H.: Der Abbruch von Steilküsten im südwestlichen Kieler Bucht unter spezieller Berücksichtigung des Januarsturms 1987. Die Küste, H. 50, 45–63, 1989.

STERR, H.: Natürliche und anthropogene Prozesse der Küstengestaltung an der Ostseeküste Schleswig-Holsteins. Wasser u. Boden, H. 1, 6–10, 1991.

STERR, H.: Der Einfluss von Klimavarianz auf die rezente Morphodynamik entlang der deutschen Ostseeküste. In: SCHELLNHUBER, H. J. u. STERR, H. (Hrsg): Klimaänderung und Küste. Einblick ins Treibhaus. Heidelberg, 153–173, 1993.

STERR, H.: Mögliche Folgen des Klimawandels für Küstenregionen: Beispiel deutsche Nordseeküste. In: KARRASCH H. et al. (Hrsg.): Ozeane und Küsten. Heidelberger Geographische Gesellschaft, Journal 14, Heidelberg, 57–73, 1999.

STERR, H.: Climate Change Impacts on the Coastal Regions of Germany. In: EWING, L. u. WALLENDORF, L. (eds.): Solutions to Coastal Disasters '02. Conference Proceedings, Reston, 511–525, 2002.

STERR, H.; KLEIN, R. u. REESE S.: Climate Change and Coastal Zones: An Overview on the State of the Art of Regional and Local Vulnerability Assessments. FEEM Working Paper Series 38, Milano, 2000.

STERR, H. u. PREU, C. (Hrsg.): Beiträge zur aktuellen Küstenforschung, Aspekte – Methoden – Perspektiven. VSAG/Vechtaer Studien zur angewandten Geographie und Regionalwissenschaft 18, 1996.

STERR, H. u. SIMMERING F.: Die Küstenregionen im 21. Jahrhundert – Einschätzungen der Folgen des Klimawandels aus Sicht des IPCC. In: STERR, H. u. PREU, C. (Hrsg.): Beiträge zur aktuellen Küstenforschung, Aspekte – Methoden – Perspektiven. VSAG/Vechtaer Studien zur angewandten Geographie und Regionalwissenschaft 18, 195–198, 1996.

STIGGE, H.-J.: Nullpunktkorrektur für alle DDR-Küstenpegel. Beitr. z. Meereskd., H. 60, 53–59, 1989.

STIGGE, H.-J.: The Correlation Between two Water-Gauges as an Indicator of Hydrodynamics in the Western Baltic. Contribution to the Unesco-Workshop "STORM '91", Hamburg, 19–23, 1991.

STIGGE, H.-J.: Sea Level Change and Highwater Probability on the German Baltic Coast. Contribution to the UNESCO Workshop "SEACHANGE '93", Amsterdam, 19–27, 1993.

STIGGE, H.-J.: Akzeleration und Periodizität des säkularen Meeresspiegelanstiegs an der mecklenburgischen Küste. Dt. Hydrogr. Z. 46, 255–261, 1994a.

STIGGE, H.-J.: Die Wasserstände an der Küste Mecklenburg-Vorpommerns. Die Küste, H. 56, 1–24, 1994b.

STIGGE, H.-J.: Was man über Sturmfluten wissen sollte. Siehe MBLU'96, 17–19, 1996.

STIGGE, H.-J.: Meeresspiegelanstieg der südwestlichen Ostsee in Vergangenheit und Zukunft. In: BOEDEKER, D. u. NORDHEIM, H. v. (Hrsg.): Naturschutz und Küstenschutz an der deutschen Ostseeküste. Schriftenreihe für Landschaftspflege und Naturschutz (Bundesamt für Naturschutz) H. 52, 13–16, 1997.

STIGGE, H. J.; PERLET, I. u. BROMAN, B.: Zyklen in den Differenzen täglicher mittlerer Wasserstände zwischen nördlichen und südlichen Ostseepegeln. Die Küste, H. 62, 30–36, 2000.

STOUGGARD-NIELSEN, G. u. DUNN-CHRISTENSEN, J. T.: Danish Storm Surge Warning and the North Sea Storm Surges of January 1976. In: WMO Techn. Conf. on the Applic. of Marine Meteorol. to the High Seas and Coastal Zone Development. WMO Nr. 454, Genf, 396–428, 1976.

STRIGGOW, K. u. TILL, K.-H.: Einhundertjährige Pegelregistrierungen des südwestlichen Ostseeraums: Indikatoren für die Existenz kippender Platten beiderseits der Tornquist-Teisseyre-Zone wie für die rezente Aktivität dieser Zone. Z. geol. Wiss. 15, 225–241, 1987.

SUNAMURA, T.: Geomorphology Rock Coasts: New York, 302 pp., 1992.

SÜNDERMANN, J.: Die hydrodynamisch-nummerische Berechnung der Vertikalstruktur von Bewegungsvorgängen in Kanälen und Becken. Mitt. d. Inst. f. Meereskd. d. Univ. Hamburg, Nr. 19, 97 S., 1971.

SVANSSON, A.: Some Computations of Water Hights and Currents in the Baltic. Tellus 11, 231–238, 1959.

TAMIO, O. u. SAKURAMOTO, H.: Effect of Rip Current Barrier on Habour Shoaling. Proc. Coastal Eng. Conf. ASCE (New York) 19, 2, 2092–2109, 1984.

TRAMPENAU, T. u. OUMERACI, H.: Wirkungsweise durchlässiger Pfahlbuhnen für den Küstenschutz. Die Küste, H. 64, 235–275, 2001.

TAUBENHEIM, J.: Statistische Auswertung geophysikalischer und meteorologischer Daten. Akad. Verlagsanst. Geest u. Portig, Leipzig, 386 S., 1969.

THIEDE, J. u. TIEDEMANN, R.: Die Alternative: Natürliche Klimaveränderungen – Umkippen zu einer neuen Kaltzeit? In: LOZÁN, J. L., GRASSL H. u. HUPFER, P. (Hrsg.). Das Klima des 21. Jahrhunderts. Hamburg, 190–196, 1998.

THIEL, G.: Die Wirkungen des Luft und Winddruckes auf den Wasserstand in der Ostsee. Dt. Hydrogr. Z. 6, 107–123, 1953.

TIEPOLT, L.: GIS Küste Mecklenburg-Vorpommern. Rostock, http://www.tiepolt.de/czm, 2001.

TINZ, B.: Der thermische Impakt von Klimaschwankungen im Bereich der deutschen Ostseeküste. Dissertation, FU Berlin, FB Geowissenschaften, Berlin. Shaker-Verlag, Aachen, 2000, 175 S., 1999.

TITUS, J. G.; KANDA, T. W. u. BACA, B. J.: Greenhouse Effect, Sea Level Rise and Coastal Wetlands. U.S. Environmental Protection Agency, 152 pp., 1988.

TÖPPE, A.: Zum Mittelwasserstand, zu Verweilzeiten der Wasserstände und Sturmflutwahrscheinlichkeiten an der Küste Mecklenburg-Vorpommerns. Mitt. des Leichtweiss-lnst. für Wasserbau der TU Braunschweig 55, Braunschweig, 118 S., 1992.

TÖPPE, A.: Long-Time Cycles in Mean Tidal Levels. Contribution to the UNESCO Workshop "SEACHANGE '93", Amsterdam, 133–143, 1993.

TÖPPE, A.: Beschleunigter Meeresspiegelanstieg? Hansa 131, 7, 78–82, 1994.

TÖRNEVIK, H.: Applications of Empirical Orthogonal Functions to Sea Level Forecasting. ECMWF Workshop on the Use of Empirical Ortogonal Functions in Meteorology. 2.–4. Nov. Bracknell, 112–133, 1977.

TÖRNEVIK, H.: Sea Level Forecasting in the Baltic. Proc. XI Conf. Baltic Oceanogr. Vol. 2, Rostock, 469–479, 1978.

TROLL, P.: Die Wetterlage und Wetterentwicklung vor und während der Sturmflut am 3./4. Januar 1954. Ann. f. Hydrogr. H. 5/6, Stralsund, 17–21, 1956.

USZINOWICZ, S.: Zmiany Poziomu południowego Bałtyku w Świetle dat Radiowęglowych. – IV Konferencja Geologia i Geomorfologia Pobrzeża i Południowego Bałtyku. Streszczenia wystąpien. Pomorska Akademia Pedagogiczna, Slupsk: 60–62, 2000.

VAUTARD, R. u. GHIL, M.: Singular Spectrum Analysis in Nonlinear Dynamics with Application to Paleoclimatic Time Series. Physica D 35, 395–424, 1989.

Vautard, R., Yiou, P. u. Ghil, M.: Singular Spectrum Analysis: A Tool-Kit for Short Noisy Chaotic Signals. Physica D 58, 95–126, 1978.

VILKNER, H.: Höhenwetterkarte und Zugrichtung der Tiefs. Urania 18, 264–271, 1955.

VOIGT, K.: Windstauunterschiede längs der Südküste der westlichen Ostsee. Beitr. z. Meereskd., Heft 6, 55–61, 1962.

VOSS, R.; MIKOLAJEWICZ, U. u. CUBASCH, U.: Langfristige Klimaänderungen durch den Anstieg der CO_2-Konzentration in einem gekoppelten Atmosphäre-Ozean-Modell. Annalen d. Meteor., 34, 3–4, 1997.

WARRICK, R. A. u. OERLEMANS, J.: Sea Level Rise. In: HOUGHTON, J. T. et al. (eds.), Climate Change The IPCC Scientific Assessment. Cambridge University Press, Cambridge, 257–281, 1990.

WARRICK, R. A.; LE PROVOST, C.; MEIER, M. F.; OERLEMANS, J. u. WOODWARTH, P. L.: Changes in Sea Level. In: HOUGHTON, J. T. et al. (eds.): climate Change 1995. Cambridge University Press, Cambridge, 359 – 405, 1996.

WASMUND, E.: Flachsee-Beobachtungen bei Sturm-Niedrigwasser in der gezeitenschwachen Kieler Förde (Ostsee). Geologie d. Meere und Binnengewässer 3, 284–309, 1939.

WEISE, H.: Rezente vertikale Erdkrustenbewegungen im südlichen Ostseeraum. Veröff. Zentralinst. Physik d. Erde Potsdam Nr. 115, 119 S., 1990.

WEISE, H.: Das Hydrokinematische Nivellement zum Höhenanschluss von Inseln. Nachrichten aus dem Karten und Vermessungswesen, Reihe 1, H. 114, Frankfurt/M., 23–69, 1996.

WEISS, D.: Schutz der Ostseeküste von Mecklenburg-Vorpommern. In: DVWK (Hrsg.): Historischer Küstenschutz. Stuttgart, 535–567, 1992.

WEISS, D.: Das Küstenschutzkonzept von Mecklenburg-Vorpommern. Z. Geol. Wiss. 28, 6, 635–646, 2000.

WERNER, F.: Die Sedimentverteilung außerhalb der Riffzone vor der Probstei aufgrund von Sidescan-Sonar-Aufnahmen. Mitt. d. Leichtweiss-Institutes f. Wasserbau der TU Braunschweig 65, Braunschweig, 139–163, 1979.

WEYL, R.: Hochwasser an der schleswig-holsteinischen Ostsee-Küste. Natur und Volk 84, 83–91, 1954.

WIEMER, R. u. GURWELL, B.: Die Ostseeküste in Mecklenburg-Vorpommern. Wasser und Boden 43, 13–17, 1991.

WINN, K.; AVERDIEK, F.-R.; ERLENKEUSER, H. u. WERNER, F.: Holocene Sea Level Rise in the Western Baltic and the Question of Isostatic Subsidence. – Meyniana, 38: 61–80; Kiel, 1986.

WITTING, R.: Tidvattnen i Ostersjön och Finska Viken, Fennia 29, Helsingfors, 1911.

WOLF, M.: Untersuchung von Hochwasserereignissen zur Verifizierung der Bemessungshochwasserstände in Mecklenburg-Vorpommern. Diplomarbeit. Technische Universität Dresden, Institut für Planetare Geodäsie, Dresden, 120 S., 1999.

WROBLEWSKI, A.: Stochastic Computations of Baltic Storm Surge at Gdansk – Nowy Port on 17th January 1955. Proc. XI. Conf. Baltic Oceanogr. Vol. 2, Rostock, 439–450, 1978a.

316

WROBLEWSKI, A.: Determination of Sea Water Levels by the Method of Weighting Functions in a Linear System of Three Correlated Inputs. Archiwum Hydrotechniki 25, 2, 159–172, 1978b.

WROBLEWSKI, A.: Variability of Sea Levels as a Superposition of Stationary and Nonstationary random Processes. Archiwum Hydrotechniki 28, 3, 361–366, 1981a.

WROBLEWSKI, A.: The Influence of Atmospharic Pressure Over the Baltic Sea Upon Fluctuations of Sea Levels in the Gulf of Gdansk. Acta geophys. Pol., 29, 3, 225–232, 1981b.

WÜBBER, CH. u. KRAUSS, W.: The Two-Dimensional Seiches of the Baltic Sea. Oceanol. Acta 2, 435–466 (s. a. Berichte Inst. f. Meereskd. Kiel Nr. 64, 1979), 1979.

WULFF, F.; STIGEBRANDT, A. u. RAHM, L.: Nutrient Dynamics of the Baltic Sea. Ambio, 19, 3: 126–133, 1990.

YAMAGUCHI, M. u. NISHIOKA, Y.: Numerical Simulation on the Change of Bottom Topography by the Presence of Coastal Structures. – Proc. Coastal Eng. Conf. ASCE (New York) 19, 2, 1732–1747, 1984.

YOHE, G., NEUMAN, J. u. AMEDEN, H.: Assessing the Economic Costs of Greenhouse-Induced Sea Level Rise: Methods and Application in Support of a National Survey. Journal of Environmental Economics and Management 29, 78–97, 1995.

ZORINA, V. A.: Über die Wasserstandsvorhersage an der Südostküste der Ostsee (russ.). Trudy. GOIN vyp. 98, 1970.

6. Glossar

Ablenkende Kraft der Erdrotation, *Corioliskraft:* Scheinkraft, die auf jeden Körper bzw. jedes Luft- und Wasserteilchen wirkt, das sich auf der rotierenden Erde bewegt. Sie ist der Geschwindigkeit proportional und wirkt senkrecht zur Bewegungsrichtung, und zwar auf der Nordhalbkugel nach rechts, auf der Südhalbkugel nach links von der Bewegungsrichtung. Die Horizontalkomponente der A. (*Coriolisparameter* genannt) ist dem Sinus der geographischen Breite proportional *(Navier-Stokes-Gleichung)*.

Abrasion: Marine Erosion, abtragende Tätigkeit durch Wellen und Strömungen.

Abrasionsplattform: Vor einem *Kliff* wird der Untergrund abgeschliffen, es entsteht eine Abrasionsplatte *(Schorre)*.

aerologisch: Adjektiv zu Aerologie, dem Teilgebiet der Meteorologie, das sich mit der Erforschung und dem *Monitoring* von höheren Luftschichten befasst.

Aktionszentrum: Bezeichnung für *Zyklonen* oder *Antizyklonen*, die in einem bestimmten Gebiet besonders häufig vorkommen und nachhaltigen Einfluss auf die Witterung ausgedehnter Gebiete ausüben. Bekannte A.en sind das Islandtief und das Azorenhoch.

Anemometer: Gerät zur Messung von Windgeschwindigkeit und -richtung.

Anomalie: Abweichung eines Messwertes von einem Referenzwert. Als Referenzwert wird häufig der Mittelwert des Datenkollektives oder bei Zeitreihen der eines festgelegten Zeitabschnittes verwendet.

anoxisch: Ohne Sauerstoff.

anthropogen: Vom Menschen herrührend, besonders in Zusammenhang mit globalen Veränderungen gebraucht.

Antizyklone: Gebiet hohen Luftdrucks, das durch geschlossene *Isobaren* gekennzeichnet ist. In einer oft hochreichenden A. weht der Wind auf der Nord(Süd-)halbkugel im (gegen den) Uhrzeigersinn. In einer A. herrschen absteigende Luftbewegungen vor, die zur Wolkenauflösung führen.

Aquatorium: Ständig mit Wasser bedeckte Fläche.

Ästuar: Ursprünglich durch Gezeitenströmungen trichterförmig erweiterte Flussmündung. In der allgemeinen Bedeutung ein mit dem offenen Meer nur durch enge Verbindungen zusammenhängendes Gewässer, das einen messbaren *Salzgehalt* besitzt.

Ausgleichsküste: Durch Strandversatz entstandene Küstenform, bei der zwischen Landvorsprüngen *Nehrungen* aufgebaut werden und Landvorsprünge durch *Abrasion* zurückversetzt werden.

autochthon: eigenbürtig, an Ort und Stelle entstanden. Der Gegensatz dazu ist allochthon.

Barisches Windgesetz: Klassische Regel, die den Zusammenhang zwischen Luftdruck und Wind beschreibt. Das b. W. besagt, dass ein Beobachter, der dem Wind den Rücken zuwendet, auf der Nordhalbkugel den tiefen Luftdruck links vor sich und den hohen Luftdruck rechts hinter sich hat (auch Buys-Ballot-Gesetz). Das b. W. drückt darüber hinaus aus, dass die Windgeschwindigkeit in dem Sinn von dem Luftdruckgradienten abhängt, dass der Wind umso stärker ist, je enger der Isobarenabstand ist.

baroklin: *barotrop.*

barotrop: Bezeichnung für den Zustand der Atmosphäre oder des Ozeans, der durch Parallelität der Flächen gleicher Dichte und Flächen gleichen Druckes gekennzeichnet ist (was in der Natur in der Regel nicht der Fall ist). Ein Feld, dessen Isoflächen die Flächen gleichen Druckes schneidet, heißt *baroklin.*

Bathymetrie: Bezeichnung für die gemessene Tiefenverteilung in einem Gewässer.

Beaufort-Äquivalentskala: *Beaufort-Skala.*

Beaufort-Skala: Dreizehnteilige Skala von 0 (Windstille) bis 12 (Orkan), die im Jahr 1806 von E. Beaufort zur Schätzung der Windstärke vorgeschlagen wurde. In der B. sind die einzelnen Windstärken (Beaufort-Grade) mit ihren Bezeichnungen, ihren Beziehungen zur Windgeschwindigkeit sowie den ihnen entsprechenden Auswirkungen über Land und über See nach internationaler Vereinbarung festgelegt. Die Skala findet man in einschlägigen Lehrbüchern der Meteorologie. Für die B. wurden zugehörige Windgeschwindigkeiten in den üblichen physikalischen Maßzahlen bestimmt und so die Beaufort-Äquivalentskala aufgestellt.

Beckensande: Eiszeitliche Ablagerungen, die vor dem Eisrand in aufgestauten Schmelzwasserbecken entstehen.

Bemessungshochwasserstand: Aus Beobachtungen ermittelter Wasserstand für die Festlegung der Mindesthöhe von Küstenschutzwerken (Deichhöhe usw.) auf der Basis des Höchstwasserstandes der bisher schwersten beobachteten Sturmflut (an der Ostseeküste die Novemberflut 1872) unter Berücksichtigung des *eustatischen* Meeresspiegelanstiegs.

Bias: Bezeichnung für den systematischen Fehler einer Messung oder einer Modellierung.

Bioturbation: (Zer-)Störung von Sedimentstrukturen infolge der Lebenstätigkeit von Organismen.

Bodden: Flache, vom Meer weitgehend getrennte *Lagune, Ästuar.*

Bodentief: *Zyklone.*

Brecherkriterium: Der Quotient aus Wellenhöhe und Wassertiefe unter dem Ruhewasserspiegel. Durch das Brecherkriterium wird der Ort bestimmt, an dem eine Welle bricht.

BSH: Abk. für Bundesamt für Seeschifffahrt und Hydrographie, Hamburg und Rostock. Das BSH ist 1990 aus Vorgängereinrichtungen auf der Grundlage des *Seeaufgabengesetzes* gebildet worden. Es ist die zentrale maritime Behörde der Bundesrepublik Deutschland. Ihr obliegen die Wahrnehmung der allgemeinen Schifffahrtsdienste, die Navigations- und Funkausrüstungen, die Seevermessung und der nautische Informationsdienst, der meereskundliche Dienst sowie Aufgaben zur Nutzung und zum Schutz des Meeres.

Buhne: Küstenschutzelement, das senkrecht zur Küstenlinie vom Ufer beginnend seewärts gebaut wird. Buhnen werden selten als singuläres Bauwerk errichtet, sondern häufig als Buhnenfelder. Baumaterial ist überwiegend Holz oder Naturstein. In der Ostsee sind Buhnen ein weit verbreitetes Küstenschutzelement.

^{14}C-Alter: Auf Basis der Radiokarbonmethode gewonnene Datierung geologischer oder archäologischer Funde. Die Methode wurde 1947 von W. F. LIBBY entwickelt und beruht auf der Messung der Menge des Kohlenstoffisotops ^{14}C in organischen Substanzen. Im Fall des Unkalibrierten ^{14}C-Alters wird zeitliche Variabilität im ^{14}C-Haushalt der Atmosphäre vernachlässigt.

Corioliskraft: *Ablenkende Kraft der Erdrotation.*

Coriolisparameter: Horizontalkomponente der *ablenkenden Kraft der Erdrotation.*

Datenassimilation: Sammelbezeichnung für mathematische Verfahren, die es erlauben, die Initialisierung (Bestimmung des Anfangszustandes) von *hydrodynamisch-numerischen Modellen* mit Hilfe von Mess- und Klimadaten zu optimieren.

Differentialgleichung: Jede Gleichung, die eine oder mehrere Ableitungen der gesuchten Funktion enthält, heißt eine Differentialgleichung. Jede Funktion, welche die Differentialgleichung erfüllt, ist eine Lösung oder ein Integral der Differentialgleichung. Die *Navier-Stokes-Gleichung* ist ein System von Differentialgleichungen.

Druckgradientkraft: In Atmosphäre und Gewässern auftretende Kraft, die sich aus dem horizontalen Druckgradienten ergibt, d.h., das horizontale Druckgefälle verläuft senkrecht zu den Linien gleichen Druckes *(Isobaren)*. Die D. ist die wichtigste Kraft für die Auslösung von Luft- und Wasserbewegungen.

DWD: Abk. f. Deutscher Wetterdienst. Seit 1952 bestehende Bundesoberbehörde mit dem Sitz in Offenbach (Main), die u.a. Messnetze unterhält, Wettervorhersagen abgibt sowie internationale Verpflichtungen auf dem Gebiet der Meteorologie wahrnimmt.

Eigenschwingungen: Fähigkeit eines Gewässers (Seen, Binnenmeere), lange stehende Wellen zu erzeugen, deren Ursache meist schnell wandernde Starkwindfelder bzw. Luftdruckänderungsgebiete sind. Die Ausbildung der E. hängt von den Abmessungen des Gewässers ab und davon, welche Teile von ihm das Schwingungssystem bilden. Die E. klingen meistens rasch ab *(Seiches)*.

Eigenwertproblem: Generell beschreibt man ein System – algebraisch oder kontinuierlich – durch seine Elemente und einen Operator, der die Kopplung zwischen ihnen wiedergibt. Die Lösung der Operatorgleichung ist die Antwort des Systems auf die äußere Anregung. Für ein lineares (oder linearisiertes) Problem hat man den einfachsten Zusammenhang zwischen Anregung und Reaktion, wenn die Anwendung des Operators einer skalaren Multiplikation gleichkommt. Dann spricht man von Eigenwerten und Eigenvektoren bzw. Eigenfunktionen des Operators. Es handelt sich um inhärente Eigenschaften des modellierten Systems, die sich besonders gut eignen, das Systemverhalten zu charakterisieren und die Lösung des Operatorproblems darzustellen. Typische Beispiele finden sich in der mathematischen Physik (Modellierung verteilter Systeme mittels *Differentialgleichungen*): schwingende Systeme mit ihren natürlichen Schwingungsmustern und Eigenfrequenzen, wobei durch den Kopplungsmechanismus (Signalübertragung) die Fortpflanzung einer Welle beschrieben wird.

El Niño: Span. das (Christ-)Kind. Ursprünglich Bezeichnung für die regelmäßig gegen Jahresende stattfindende Erwärmung am äquatorialen Ostrand des Pazifik. Die im Abstand von mehreren Jahren auftretenden besonders starken Erwärmungen haben sich als im Wesentlichen im Klimasystem der Erde angeregte großräumige Wechselwirkungen zwischen Ozean und Atmosphäre erwiesen, die im Laufe von 1–2 Jahren zu beträchtlichen klimatischen Anomalien in den Tropen und Subtropen (geringe Effekte auch in den außertropischen Gebieten) führen. Das Zusammenwirken von Atmosphäre und Ozean führte zu dem verallgemeinernden Begriff ENSO (El Niño Southern Oscillation) für diese kurze, über ein Jahr vorhersagbare Klimaschwankung.

Ellipsoidhöhen: Der unregelmäßige *Geoid*körper kann näherungsweise durch Ellipsoide beschrieben werden. Diese sind mathematisch exakt bestimmbar und spielen in der Satellitengeodäsie eine Rolle.

Empirische Orthogonalfunktion: Abk. EOF. Statistische Methode der räumlichen und zeitlichen Datenanalyse, die es ermöglicht, von einem Regressionsmodell *(Regression, Regressionsanalyse)* mit korrelierten Einflussgrößen zu einem unkorrelierten mit möglichst wenig Einflussgrößen und möglichst hoher erklärter *Varianz* überzugehen. Damit wird eine beträchtliche Datenverdichtung erreicht. Anwendungen bilden die Hauptkomponenten- und Faktorenanalyse.

endogen: Bezeichnung für Kräfte, die aus dem Erdinnern wirken; äußern sich z. B. in Bewegungen der Erdkruste und in vulkanischen Erscheinungen. Das Gegenteil ist *exogen*.

Entscheidungshilfesystem: Computergestütztes System, das einem Nutzer Daten und logische Zusammenhänge derart aufbereitet, dass seine Entscheidung auf allen wesentlichen Komponenten beruht.

Erosion: Gleichbedeutend mit Abtragung. Im eigentlichen Sinne hier die ausfurchende Tätigkeit des bewegten Wassers, die durch mitgeführtes Gesteinsmaterial verstärkt wird, *Abrasion.*

eustatisch: Bezeichnung für die Wasserstandsschwankungen, die auf die Vereisung bzw. das Schmelzen von Eis bei dem Wechsel von Kalt- und Warmzeiten zurückgeführt werden können. Gegenwärtig beträgt der e. Wasserstandsanstieg etwa 1 mm/Jahr, der hauptsächlich durch die Erwärmung der oberen Ozeanschichten verursacht wird.

exarativ: Auspflügende Abtragungstätigkeit vorrückender Gletscher.

exogen: Von außen auf die Erde einwirkend.

Fazies: Die Summe primärer sedimentologischer und paläontologischer Kennzeichen eines Sedimentgesteines.

Fetch: *Streichlänge.*

Förde: Langer, oft sehr schmaler Meereseinschnitt an flachen Küsten.

Foucaultsches Pendel: Versuchsanordnung eines besonders langen, schweren „Fadenpendels", an dem eine durch die *Corioliskraft* bedingte Verdrehung der Schwingungsebene gemessen und somit die Erdrotation nachgewiesen werden kann.

Fourieranalyse: *Harmonische Analyse.*

Front, hydrographische: In bestimmten Regionen des Weltmeeres auftretende, häufig sehr schmale Zonen, in denen sich wichtige Größen wie Wassertemperatur und *Salzgehalt* abrupt erheblich ändern. Die F.en setzen sich unter der Oberfläche fort. Bekannte Beispiele für F.en sind die Skagen- und die Beltseefront im Übergangsgebiet zwischen Nordsee und Ostsee.

GCM: Abk. für General Circulation Model. Allgemeines globales Zirkulationsmodell der Atmosphäre oder des Ozeans. Die G. sind wesentlicher Bestandteil der *Klimamodelle.*

Geoid: Bezeichnung für die physikalisch definierte Figur der Erde. Die Fläche des G. verläuft an allen Punkten senkrecht zur Richtung der *Schwerebeschleunigung.* Die ungestörte Ozeanoberfläche entspricht etwa dem G. *(Ellipsoidhöhen, Normalhöhen).*

Geopotentialfläche: Fläche gleichen Geopotentials, auf der in jedem Punkt die *Schwerebeschleunigung* senkrecht einwirkt. Bezugsniveau ist das mittlere Meeresniveau mit dem Geopotential Null. Ausgangspunkt der physikalischen Höhendefinition *(orthometrische Höhe).*

Geostrophischer Wind: *Geostrophisches Gleichgewicht.*

Geostrophisches Gleichgewicht: In einer homogenen, reibungs- und beschleunigungsfreien Atmosphäre bzw. einem entsprechenden Ozean, wo keine äußeren Kräfte außer der Schwerkraft wirken, bestehenden Gleichgewicht zwischen *Druckgradientkraft* und der *ablenkenden Kraft der Erdrotation.* Es resultiert der geradlinige g. Wind bzw. Strom entlang der *Isobaren*, wobei auf der Nordhalbkugel der höhere Druck stets rechts von der Bewegungsrichtung liegt.

Gezeiten: Infolge des Zusammenwirkens von Anziehungs- und Zentrifugalkräften, die sich aus der Masse und der wechselnden Positionen zueinander von Erde, Mond und Sonne ergeben, resultierende periodische Bewegungen der Wasserhülle (in geringem Umfang auch der Luft- und Gesteinshülle) der Erde. Im Meer treten die G. als G.ströme in Erscheinung, an den Küsten als periodische Wasserstandsänderungen. Der Tidenhub als Differenz zwischen Hoch- und Niedrigwasser ist jedoch in Abhängigkeit von Küstengestalt, Tiefenverteilung und Meerestyp ganz unterschiedlich. Die gezeitenbedingten Wasserstandsschwankungen setzen sich aus einer größeren Anzahl von Partialtiden zusammen, die von verschiedenen astronomischen Konstellationen herrühren. Am häufigsten treten die halb- und ganztägigen Tiden auf. Die Amplituden zeigen neben einer täglichen Ungleichheit die halbmonatliche Ungleichheit, die als Spring- (besonders hohes Hochwasser) und Nipptiden (besonders niedrige Niedrigwasser) bekannt sind. Wenn maximaler Windstau durch auflandigen *Sturm* gerade auf die Springzeit fällt, kommt es zu besonders schweren Sturmfluten.

Gitternetz: In *hydrodynamisch-numerischen Modellen* des Ozeans und der Atmosphäre muss das Gebiet, in dem Bewegungsvorgänge simuliert werden sollen, diskretisiert werden. Es wird ein Gitternetz über die Fläche gelegt, an dessen Knoten die physikalischen Eigenschaften wie für das Meer z. B. Wassertiefe, Wasserstand oder *Salzgehalt* definiert sind. Am weitesten verbreitet sind heute Gitternetze, die sich an der Kugelgestalt der Erde orientieren. Das Gitternetz ist dann *meridional* und *zonal* hinsichtlich der Längen- und Breitendifferenzen äquidistant. Zusammen mit der Radialkoordinate sind die *sphärischen Koordinaten* dann vollständig.

Glazial: Die Eiszeit.

glazialisostatisch: Absinken von Krustenteilen der Erde unter der Last der Inlandeismassen während der Eiszeiten. Nach dem Abschmelzen der Eismassen finden durch die Entlastung Aufstiegsbewegungen statt, die besonders für den mittleren und nördlichen Ostseeraum relevant sind.

Gleitender Mittelwert: Numerisches Tiefpassfilter, das kurzperiodische Schwankungen in einer Datenreihe unterdrückt. Wenn das Mittelungsintervall der Länge m gewählt ist, wird der erste g. M. aus dem Mittel der Werte n_1 bis n_m, der zweite aus dem Mittel der Werte n_2 bis n_{m+2} berechnet usw..

GPS: Abk. für: Global Positioning System. Das gegenwärtig modernste digitale Satellitennavigationssystem. Mit der Laufzeitmessung der Funksignale von jeweils 4 Satelliten wird eine exakte Positionsbestimmung erreicht, deren Genauigkeit heute mit Hilfe von Referenzstationen am Boden bereits bis in den Zentimeterbereich möglich ist.

Gradientströmung: Wind oder Meeresströmung, die entsteht, wenn das *geostrophische Gleichgewicht* durch die Einbeziehung der Zentrifugalkraft erweitert wird. Die G. umfasst auch nichtgeradlinige Bewegungen und ist den *Isobaren* parallel.

Gumbel-Statistik: Verfahren, die in der Extremwertstatistik angewendet werden, insbesondere für hydrologische und meteorologische Anwendungen. Die Gumbel-Verteilung bzw. -Extremwertverteilung gibt die Wahrscheinlichkeit an, dass ein bestimmter maximaler Schwellenwert nicht überschritten wird.

Gyttja: (schwed.), grünlich-grauer *Halbfaulschlamm,* der in Binnenseen und *Lagunen* unter Sauerstoffzutritt entsteht. Für den marinen Bereich wird häufig der Begriff *Mudde* benutzt.

Haff: Durch eine *Nehrung* abgeschnürte Meeresbucht an einer Flachküste, z.B. Frisches Haff (Polen/Russland), Kurisches Haff (Russland/Litauen).

Haken: *Nehrung*, die gegen das offene Meer auslaufend an ihrem Ende zum Festland hin umbiegt. Durch den Vorbau von Haken entstehen *Lagunen*.

Halbfaulschlamm: *Gyttja, Mudde.*

Hiatus: Schichtlücke, durch Unterbrechung in der Sedimentation verursacht.

Harmonische Analyse, Fourier-Analyse: mathematisches Verfahren zur Darstellung einer Funktion als Summe sinus- und kosinusförmiger orthogonaler Teilfunktionen mit unterschiedlichen Amplituden. Die physikalische Bedeutung der h. A. liegt in der Ursächlichkeit periodischer Teilprozesse wie Partialtiden *Gezeiten* (vgl. *Wavelet-Transformation*).

HELCOM: Kurzbezeichnung für die Kommission zum Schutz der natürlichen Umwelt der Ostsee (The Baltic Marine Environmental Protection Commission). In der H. sind alle Anliegerstaaten vertreten, ihr Sitz ist Helsinki. Die Hauptaufgabe besteht in der Überwachung, der Einhaltung sowie der Weiterentwicklung der Konvention zum Schutz der natürlichen Umwelt der Ostsee (in der Fassung von 1992 seit 2000 in Kraft). Die H. stellt eine Brücke zwischen Politik und Wissenschaft dar.

HN: Abk. für Höhennull als in Mecklenburg-Vorpommern gültiges Höhenbezugssystem, das auf das Schwerefeld der Erde und 1976 durchgeführten Nivellements an diesem Teil der Ostseeküste gründet (HN76). Für die *PNPe* gilt seit 1.11.1985: PNP = HN76 –414 cm. Wegen der lokal nicht einheitlichen Systemdifferenz HN76 – *NN* ergeben sich folgende Korrekturwerte in ganzen cm: Wismar 4, Warnemünde 2, Saßnitz 3, Stralsund 2, Greifswald 2 und Koserow 4. Entsprechend gilt z. B. für Warnemünde: Wasserstand (HN76) = Wasserstand (NN) + 2 cm.

Hoch: *Antizyklone.*

Höftland: Akkumulationskörper an Flachküsten, der durch Material aus dem Küstenlängstransport aufgeschüttet wird und an das Festland angeschweißt ist.

Höhenfestpunkt: Bolzen in massivem Grund, Fels, Mauerwerk und dergleichen, dessen Höhe vermessen und protokolliert ist. Grundlage für die Übertragung von Höhen zu anderen Orten (Nivellement).

Höhentrog: *Zyklone.*

Holozän: Die Gegenwart umfassende, obere Abteilung des *Quartärs.*

Homogenität: Eigenschaft einer Datenreihe, die darin besteht, dass die Schwankungen der Werte nur natürliche Eigenschaften der betreffenden Größe widerspiegeln. Die Homogenität einer Wasserstandsreihe kann z. B. durch Wechsel des Gerätes, Änderungen der Eigenschaften des Pegelschachtes, Orts- und Beobachterwechsel sowie Änderungen der Auswertemethodik gestört werden. Mit gebotener Vorsicht können Datenreihen mit eingeschränkter H. einer Homogenisierung unterworfen werden.

Homogenisierung: *Homogenität.*

hPa: Abk. für Hektopascal als Maßeinheit für den Luftdruck. In der Meteorologie (Ozeanographie) ist es üblich, in der Höhe (Tiefe) die Verteilung des Schwerepotentials in festgelegten Druckniveaus (in der Atmosphäre hPa-Niveaus, bspw. 850 ≈ 1 km Höhe oder 500 ≈ 5,5 km Höhe) als Ausdruck der Bewegungsvorgänge in den ausgewählten Niveaus zu betrachten.

hPa-Niveau: *hPa.*

humid: feucht, Klimatyp in Gebieten, wo der Niederschlag die Verdunstung überwiegt (so das Einzugsgebiet der Ostsee).

hydrodynamisch: Auf Hydrodynamik bezogenes Adjektiv. Die H. ist ein Teilgebiet der Physik, speziell der Mechanik der Kontinua und der Strömungslehre, das sich mit den Bewegungsgesetzen dichtebeständiger Fluide, vor allem mit Wasser und Luft befasst.

Hydrodynamisch-numerisches Modell (HN-Modell): Die *Navier-Stokes-Gleichung* als Anfangs-Randwertproblem kann für natürlich berandete Seegebiete nicht gelöst werden. Die raum-zeitliche Integration muss numerisch erfolgen. Dazu werden die infinitesimalen Differential-Operatoren in Differenzen-Operatoren transformiert und geeignete numerische Integrationsverfahren zur Berechnung herangezogen. Besonderes Augenmerk ist darauf zu richten, dass diese Verfahren bestimmte Stabilitätskriterien erfüllen. Zudem ist für ausreichende Genauigkeit der verwendeten Computer und der in Maschinensprache übersetzten Programme zu sorgen. Wettervorhersage- und *Klimamodelle* sind ebenfalls HN-Modelle.

IGCP: Abk. für International Geological Correlation Programme: Verbund zur Förderung internationaler Zusammenarbeit von Naturwissenschaftlern.

IHD/IHP: Abk. International Hydrological Decade/International Hydrological Programme. Die IHD war ein auf die bessere Bestimmung der Wasserhaushaltskomponenten im Zeitraum 1965–1974 durchgeführtes Großprojekt, das im IHP fortgesetzt wurde.

IMGW: Abk. für Instytut Meteorologii i Gospodarki Wodnej. Staatliche Einrichtung in der Republik Polen, die die Aufgaben des Wetterdienstes *(DWD)* und darüber hinaus die eines hydrologischen Dienstes wahrnimmt.

in situ: An Ort und Stelle, in der natürlichen Lage.

Interglazial: Wärmerer Klimaabschnitt zwischen zwei Eiszeiten. Führt zum Abschmelzen großer Eismassen und damit zum Anstieg des Meeresspiegels.

intrakontinental: Innerhalb eines Kontinents gelegen.

IPCC: Abk. für Intergovernmental Panel on Climate Change. Das zwischenstaatliche Gremium zum Problem der Klimaschwankung wurde 1988 durch die UNO eingesetzt und ist mit der regelmäßigen Bewertung des Standes der Erforschung von *Klimaschwankungen* und deren Auswirkungen sowie mit der Ausarbeitung realistischer Strategien der Reaktion auf die Gefahren einer globalen Klimaänderung beauftragt.

Isobare: Linie gleichen Luftdrucks bzw. gleichen Druckes in Gewässern.

klastisch: Gesteinsmaterial, das aus der mechanischen Verwitterung entsteht.

Kliff: Der durch *Abrasion* entstandene Abfall einer *Steilküste.*

Kliffhalde: Das unmittelbar vor einem *Kliff* durch gravitative Prozesse aufgeschüttete Material aus der Klifferosion.

Kliffranddüne: Eine durch aus dem *Kliff* ausgeblasenes Material entstandene Düne unmittelbar auf dem Kliff.

Klimaelement: Meteorologische Größe, die das Klima kennzeichnet. Zu den K.en gehören Lufttemperatur, Niederschlag, Luftfeuchte, Windrichtung und -geschwindigkeit, Luftdruck u.a..

Klimamodell: Mathematische, für die numerische Berechnung geeignete quantitative Beschreibung des Klimasystems der Erde. Wegen der Komplexität dieses Systems und der beschränkten Rechenkapazität gibt es K.-Klassen, die von den einfachen Energiebilanzmodellen bis zu den fortgeschrittenen *GCM* und *Ozean-Atmosphäre-K.e* reichen. Da man angenommene künftige äußere Einwirkungen wie Solarstrahlungsvariationen oder Änderungen der Zusammensetzung der Atmosphäre *(Treibhauseffekt)* in den K. vorgeben kann, erhält man durch K.-experimente bedingte Prognosen des zukünftigen Klimas *(Szenario, hydrodynamisch-numerisches Modell).*

Klimaschwankungen: In einem breiten zeitlichen und räumlichen Rahmen auftretende signifikante Änderungen von *Klimaelementen* wie Lufttemperatur, Niederschlag usw., die häufig in Bezug auf eine Referenzperiode bestimmt werden. Mit dem Wechsel von Kalt- und Warmzeiten kam es in der Erdgeschichte zu starken K. Die in den letzten 10 000 Jahren eingetretenen natürlichen K. waren relativ gering. Gegenwärtig besteht die begründete Annahme, dass das 21. Jahrhundert von einer weltweiten *anthropogenen* K. betroffen sein wird.

koronal: Die äußerste Schicht der Sonnenatmosphäre (Korona) betreffend. Die Komponenten des koronalen Magnetfeldes der Sonne charakterisieren die Abströmungsprozesse von Sonnenmaterie (Sonnenwind).

Korrelationskoeffizient: Maßzahl zwischen 0 und 1, die die Abhängigkeit zweier Zufallsgrößen beschreibt. 0 steht für Unabhängigkeit, 1 für sichere Abhängigkeit. In der Praxis werden Zusammenhänge erst konstatiert, wenn der K. deutlich über 0,5 liegt.

kreidezeitlich: Zur Kreideformation, der Erdzeitstufe von 65–120 Mio. Jahren v. h., gehörig.

küstendynamisch: Die küstenverändernden Prozesse infolge Eintrag (Akkumulation) und Abtrag (Abrasion) von Material betreffend. Die Küstendynamik wird durch die vom Meer mit Seegang und Wasserstandsänderungen ausgehenden Einwirkungen bewirkt und stellt einen wesentlichen Faktor der Gestaltung und Entwicklung einer Küste dar.

Lagune: Seichter Strandsee *(Haff)* an Flachküsten, der durch eine schmale Landzunge *(Nehrung)* vom offenen Meer abgetrennt ist.

Lamination: Sedimentstruktur mit feiner paralleler Schichtung.

Lee-Erosion: Im Strömungsschatten eines Bauwerkes, das in den Sedimenttransport hineinreicht, stattfindende *Erosion.*

limnisch: In Süßwasser, auf Binnenseen bezogen.

litoral: (lat. = ufernah) zu Ufer, Strand oder Küste gehörig.

Litorina Transgression: Die während des Litorinameeres (Entwicklungsstadium der Ostsee) stattfindende *Transgression.* Die Hauptphase fand zwischen 7000–5700 vor heute statt.

Luftdruckgradient: Horizontales Gefälle des Luftdrucks je Längeneinheit, das sich senkrecht zu den *Isobaren* einstellt; *Druckgradientkraft.*

Mareograph: Veraltete Bezeichnung für Schreibpegel.

Markov-Matrix: In der mathematischen Statistik Übergangsmatrix, mit der die Übergangswahrscheinlichkeit einer Beobachtungs- bzw. Ereignisfolge berechnet werden kann. Die Übergangswahrscheinlichkeit hängt dabei nur vom Ergebnis der unmittelbar vorausgehenden Beobachtung bzw. des Ereignisses ab, aber nicht von den Ergebnissen früherer Beobachtungen bzw. Ereignisse (Markovsche Kette).

meridional: Die Längenkreise betreffend, parallel zu einem Längenkreis verlaufend. Der Ausdruck wird in Verbindung mit Bewegungskomponenten gebraucht *(zonal).*

Mesolithikum: Mittelsteinzeit, ca. 8000 bis 5500 v. u. Z..

Model-Output-Statistik: Abk. MOS. Methode zur Interpretation numerischer Vorhersagen für den lokalen Maßstab. Es werden statistische Beziehungen zwischen Größen, die das Modell berechnet, und den Parametern, die das lokale Wetter charakterisieren, aufgestellt. Bei der gleichen Zielen dienenden Methode PerfectProg wird das statistische Modell aus der Koppelung zwischen den beobachteten großräumigen Größen und den lokalen Parametern entwickelt.

Monitoring: Ständige Überwachung wichtiger Umwelteigenschaften wie Luft, Wasser, Boden u. a.. Für die Ostsee wird unter Aufsicht der *HELCOM* ein M. der ozeanographischen und biologischen Verhältnisse durchgeführt, desgleichen unter nationaler Verantwortung in den Küstengewässern.

Moräne: Die geomorphologische Ausbildung des vom einem Gletscher transportierten und abgelagerten Gesteinsmaterials.

Mudde: *Gyttja.*

Nährstoffe: Für das Pflanzenwachstum wichtige Stickstoff-, Phosphor- und Siliziumverbindungen.

NAO: Abk. für Nordatlantik-Oszillation. So wird die Luftdruckdifferenz zwischen dem Islandtief und dem Azorenhoch bezeichnet, die die *Westwinddrift* im nordatlantisch-europäischen Raum steuert. Sie ist insbesondere im Winter gut ausgebildet und hat einen prägenden Einfluss auf Wetter sowie Witterung und damit auf das Klima Europas. Die NAO zeigt ein charakteristisches Schwankungsverhalten.

Navier-Stokes-Gleichung: Differentialgleichungssystem zur phänomenologischen Beschreibung der Hydrodynamik flüssiger und gasförmiger Systeme. Betrachtet wird das makroskopische Verhalten eines Fluids im Grenzfall großer Wellenlänge. Für geophysikalische Anwendungen wird die Navier-Stokes-Gleichung in ein rotierendes *sphärisches Koordinatensystem* transformiert. Als Resultat dieser Transformation tritt eine Scheinkraft, die *Corioliskraft*, in die Bewegungsgleichungen ein. Diese *ablenkende Kraft der Erdrotation* ändert die Dynamik eines rotierenden Fluids im Vergleich zu einem Fluid im ruhenden Bezugssystem deutlich und formt Wetterphänomene, Meeresströmungen und Wasserstände.

NCAR: Abk. für National Center on Atmospheric Research mit Sitz in Boulder, Colorado, USA. Das NCAR gehört zu den führenden Einrichtungen auf dem Gebiet der Klima- und Atmosphärenforschung.

Nehrung: Schmale Landzunge, die ein *Haff* oder eine Meeresbucht ganz oder nahezu von der offenen See trennt *(Ästuar)*. Nehrungen sind häufig aus überdünten *Strandwällen* aufgebaut. Nehrungen entstehen durch Strandversatz.

Neolithikum: Jungsteinzeit, ca. 5500 bis 2200 v. u. Z..

Neuronale Netze: Der Struktur und Funktion von Nervenzellen (Neuronen) nachempfundene „lernfähige" Vernetzung von Rechnereinheiten. Der Input besteht aus einer Reihe mehr oder weniger wichtiger Informationen. Der Rechneroutput hängt nicht mehr von einem starren Algorithmus zur Berechnung spezieller Funktionen ab, sondern vom Erkennen und Bewerten der „gelernten" Muster.

Niederung: Häufig vermoorte und verlandete Flachküstenabschnitte, deren ehemalige Seen durch *Nehrungen* von der Außenküste abgetrennt wurden.

Nivellement: Übertragung einer bestimmten geodätischen Höhe zwischen unterschiedlichen Orten. Das darauf bezogene Adjektiv ist nivellitisch.

NN: Abk. für Normalnull als Bezeichnung für eine Niveaufläche, die als einheitliche Bezugsfläche bei der Ermittlung und Angabe der Vertikalabstände von Punkten der Erdoberfläche genutzt wird. In Deutschland ist NN vom Nullpunkt des Amsterdamer Pegels abgeleitet (vgl. aber *HN*).

Normalhöhen: Höhen, die durch Beaufschlagung der *Ellipsoidhöhen* mit Korrekturgrößen entstehen, die aus Schweremessungen hervorgehen. Dadurch wird der Bezug zu einem Quasigeoid erreicht. N. vereinen den physikalischen Sinn *orthometrischer Höhen* mit den Berechnungsvorteilen von *Ellipsoidhöhen (Geoid)*.

organogen: Aus Organismen entstanden bzw. durch Organismen erzeugt.

Orographie: Sammelbezeichnung für das Relief der Erdoberfläche nach äußeren Merkmalen, so nach der Verteilung der Höhen.

Orthometrische Höhe: Die physikalische Höhendefinition erfordert, dass der Ausgangshorizont jeder Höhenmessung eine Fläche gleicher Schwere ist. Orthometrische Höhen beziehen sich damit auf Höhenflächen, deren Abstand in Lotrichtung gemessen wird *(Geopotentialfläche)*.

Oszillator: Schwingungsfähiges System. Im einfachen Fall z. B. der Mechanik wird eine freie eindimensionale elastische Schwingung betrachtet, bei der ein Körper aus der Ruhelage entfernt wird und dann eine rücktreibende Kraft sowie eine der Geschwindigkeit proportionale *Reibungskraft* erfährt.

oxisch: Mit Sauerstoff.

Ozean-Atmosphäre-Klimamodelle: Am weitesten entwickelte Klasse von dreidimensionalen *Klimamodellen*, in denen *GCMs* der Atmosphäre und des Ozeans dynamisch gekoppelt sind. Sie sind in der gegenwärtig möglichen horizontalen und vertikalen Auflösung bereits gut geeignet, die *Klimaschwankungen* zu studieren, die bei einer weiteren Verstärkung des *Treibhauseffektes* der Atmosphäre eintreten können.

paläo-: Vorzeitlich, alt.

Paläozoikum: Erdaltertum vor 245 Mio.–540 Mio. Jahren.

Parametrisierung: Bei der Modellierung atmosphärischer und ozeanischer Abläufe angewendete, meist statististische Verfahren, die im *Gitternetz* numerischer Modelle berechnete Größen mit kleinerräumigen, durch die Modelle nicht direkt erfassbaren Parametern oder Prozessen koppeln. Von der P. hängt häufig die Güte eines Modells ab.

Pegelinstruktion: Genaue Vorschrift über die Messung des Wasserstandes und die Auswertung der Daten. Von exakten P.en hängt die *Homogenität* von Wasserstandsreihen wesentlich ab.

PerfectProg-Methode: *Model-Output*-Statistik.

Phanerozoikum: Letzter größerer Abschnitt der Erdgeschichte, der sich von 540 Mio. Jahre bis heute erstreckt.

PNP: Abk. für Pegelnullpunkt. Der PNP ist in Deutschland auf 500 cm unter *NN* festgelegt, vgl. aber *HN*.

postglazial: Auf die einer Kaltzeit folgende Periode bezogen.

Potentielle Energie: Lageenergie. Im Schwerefeld der Erde ist die p. E. das Produkt aus Masse, *Schwerebeschleunigung* und Höhendifferenz.

Prädiktand: *Prädiktor.*

Prädiktor: Größe, die durch meist statistische Verknüpfungen geeignet ist, eine gesuchte Größe, den Prädiktanden, zu berechnen. Oft enthalten derartige Gleichungen, die auch für die Vorhersage genutzt werden können, zahlreiche P.en.

Präkambrium: Erdzeitalter vor 540 Mio.–4.5 Mrd. Jahren.

prognostisch-baroklin: Ausdruck für ein baroklines *(barotrop)* und raum-zeitlich veränderliches Dichtefeld.

PSU: *Salzgehalt.*

Quartär: Die jüngste geologische Formation, die auch die Gegenwart umfasst. Das Quartär begann vor ca. 1.8 Mio. Jahren und wurde primär durch die *Glaziale* geprägt.

QBO: Abk. für quasi-biennial oscillation. Quasi-zweijährige Schwingung: gut ausgebildete Schwingung der zonalen Windkomponente in der äquatorialen Stratosphäre, deren Periode etwa 27 Monate beträgt. Die Amplitude der Schwingung, die am Äquator in 25 km Höhe am größten ist, nimmt mit zunehmender Entfernung von diesem ab. Die QBO wurde auch am Boden in außertropischen Breiten im zeitlichen Verlauf verschiedener meteorologischer und ozeanographischer Größen nachgewiesen.

Rauigkeitslänge: Größe, die angenähert den Einfluss der Bodenreibung auf das Windfeld in der Bodenschicht der Atmosphäre beschreibt. Sie hängt von der allgemeinen Struktur und der spezifischen Bedeckung einschl. Bebauung der Erdoberfläche und von den Turbulenzeigenschaften der atmosphärischen Bodenschicht ab. Während die R., die theoretisch die Höhe ist, in der die Windgeschwindigkeit über dem Boden den Wert Null annimmt, über See zwischen 10^{-3} und 10^{-4} m liegt, kann sie in Stadtgebieten die Größenordnung Meter erreichen.

Redoxkline: In tieferen Schichten der Ostsee gelegene Trennlinie zwischen oxischen und anoxischen Bedingungen.

Reflexion: Das Zurückwerfen von Wellenenergie (Wasser-, Licht- und Schallwellen) von einer Grenzfläche. Reflektierte Schallwellen sind als Echo bekannt.

Refraktion: Eine Richtungsänderung von Wellen beim Übergang von einem Medium in ein anderes, wenn die Ausbreitungsgeschwindigkeit in den beiden Medien verschieden groß ist. Bei Wasserwellen z.B. wird die Welle beim Übergang vom tiefen zum flacheren Wasser hin gebrochen.

Regression: In der Statistik ein in der Regel kausaler, linearer oder nichtlinearer Zusammenhang zwischen zwei oder mehreren Zufallsvariablen. Unabhängige Variablen werden Regressoren genannt, abhängige Regressanden. Die R. approximiert Regressanden als Funktionen der Regressoren. Ihre Maßzahlen sind Regressionskoeffizienten.

Regression, regressiv: In der Geologie das Zurückweichen des Meeres, wodurch ehemals durch Wasserflächen bedeckte Areale dem Festland angegliedert werden. Ursachen können Landhebungen oder Veränderungen des Wasserhaushaltes der Erde während der *Glaziale* sein.

Regressionsanalyse: Bewertung des Fehlers zwischen als Regressand erwarteten Messdaten und einer durch *Regression* gewonnenen Approximationsfunktion anderer Messdaten (Regressoren). Die Hypothese eines Zusammenhanges ist sinnvoll, wenn durch eine spezielle Art und Weise der *Regression* (Ordnung, Dimension usw.) eine gegenüber der Reststreuung deutliche Verkleinerung dieses Fehlers erreicht wird. Andernfalls gibt es keinen Anlass, den erwarteten oder überhaupt einen Zusammenhang anzunehmen, s. *Korrelationskoeffizient.*

Reibungskraft: Von der Reibung ausgeübte Kraft, die in den unteren Atmosphärenschichten Richtung und Geschwindigkeit des Windes beeinflusst. So wird das *geostrophische Gleichgewicht* dadurch gestört, dass der Wind nicht isobarenparallel weht, sondern eine Komponente besitzt, die zum tiefen Druck hin gerichtet ist. Durch die R. werden in Bodennähe Druckunterschiede tendenziell ausgeglichen. Über See ist der Einfluss der R. gering.

säkular: (lat. saeculum = Jahrhundert), lange Zeiträume betreffend. Bei Wasserständen die Veränderungen in einem Zeitraum von 100 und mehr Jahren.

Salzgehalt: Zustandsgröße des Meerwassers. Der S. wird durch die elektrische Leitfähigkeit des Meerwassers in Termen einer Practical Salinity Unit (PSU) definiert, die sich von dem früher verwendeten „Promille" dem Betrag nach kaum unterscheidet. Die Salzgehaltsmessungen werden auf ein „Normalwasser" als Standard bezogen.

Sandriff: An sandigen Brandungsküsten längliche, zumeist küstenparallele, bis zu 1000 m lange Akkumulationskörper aus Sand. Die Uferentfernung schwankt von wenigen Metern bis zu Kilometern.

Schmelzwassersande: Während eines *Glazial* durch fließendes Wasser im Bereich des Gletschers oder vor dem Gletscher abgelagerte Sande.

Schorre: *Abrasionsplattform.*

Schwerebeschleunigung: Resultierende von Gravitationskraft der Erde und Zentrifugalkraft der Erdrotation. Die S. (= g) variiert mit der Höhe und der geographischen Breite. Als Standardwert wird der für das Meeresniveau in 45° Breite benutzt, der $g_{45} = 9{,}81$ m/s^2 beträgt.

Seeaufgabengesetz: Bundesgesetz, das sehr unterschiedliche Aufgaben und die Zuständigkeit des Bundes auf dem Gebiet der Seeschifffahrt bis hin zu nautischen und hydrographischen Diensten betrifft. Dort ist z. B. geregelt, dass dem Bund der Gezeiten-, Wasserstands- und Sturmflutwarndienst obliegt. Diese Aufgaben werden vom *BSH* wahrgenommen.

Seiches: Ursprünglich am Genfer See, später allgemein gebrauchter Ausdruck für die *Eigenschwingungen* von Gewässern.

Seitensicht-Sonar: Messgerät, mit dem durch Aussenden und Empfangen der zurückgestreuten Schallwellen der Meeresboden flächenhaft kartiert werden kann.

SHD: Abk. für Seehydrographischer Dienst, der in der DDR seit 1950 mit Sitz in Rostock bestand und für die sich aus der Notwendigkeit der Aufrechterhaltung der nautischen

Sicherheit der Schifffahrt auf den See- und Seewasserstraßen im Bereich der DDR resultierenden Aufgaben verantwortlich war.

Signifikanzbereich: In der mathematischen Statistik verwendet, um bei der Hypothesenprüfung (Test) entscheiden zu können, mit welcher Wahrscheinlichkeit die Richtigkeit der Hypothese angenommen werden kann (der dazu komplementäre Wert ist die Irrtumswahrscheinlichkeit). Zu statistischen Tests wird daher bestimmt, für welchen S. das Testergebnis im konkreten Fall akzeptiert werden kann. Meist werden die S.e ≥ 90 % (signifikant), ≥ 95 % (sehr signifikant) und ≥ 99 % (hochsignifikant) herangezogen.

singulär: Vereinzelt vorkommend, einen Einzel- oder Sonderfall darstellend.

SKN: Abk. für Seekartennull als einer mehrfach gekrümmten Nullfläche bzw. Bezugsniveau, worauf sich die Tiefenangaben der Seekarten beziehen.

Spektralanalyse: In der Zeitreihenanalyse wichtiges Verfahren, das unter bestimmten Voraussetzungen die Transformation einer Zeitreihe in eine spektrale Darstellung erlaubt. Damit wird die Streuung der Zeitreihe *(Standardabweichung)* auf die einzelnen Frequenzen bzw. Perioden beschrieben. In der Praxis werden zahlreiche Formen und Modifikationen der S. angewendet, vgl. *Wavelet-Transformation, harmonische Analyse.*

Sphärische Koordinaten: Kugelkoordinaten, bestehend aus 2 Winkeln und der Radialkoordinate. In den Geowissenschaften wird der Längenwinkel auf den Breitenkreisen positiv nach Osten gerechnet, der Breitenwinkel vom Äquator positiv nach Norden und die Radialkoordinate positiv vom Erdmittelpunkt nach außen. Die Abplattung der Erde um 1/298 kann bei Berechnungen meist vernachlässigt werden, wie es z. B. bei den *HN-Modellen* der Ostsee geschieht.

Standardabweichung: Viel verwendetes Maß zur Charakterisierung der Streuung der Einzelwerte in Datenreihen. Die S. erhält man als Quadratwurzel aus der mittleren quadratischen Abweichung. Diese wird aus den Differenzen der Einzelwerte zum Mittelwert berechnet, die quadriert und addiert und schließlich durch die um 1 verminderte Zahl der Messdaten dividiert werden.

Starkzyklone: *Zyklone.*

stationär: Zeitlich gleichbleibend oder sich periodisch völlig gleichartig wiederholend.

Steilküste: *Kliff.*

Steilufer: *Kliff.*

Strand: Der aus Lockermaterial (Sand, Geröll) aufgebaute Uferstreifen an Flüssen, Seen und Meeren. In der Küstengeologie wird zwischen „trockenem" und „nassem" Strand unterschieden. Der „nasse" Strand ist der Bereich, der sich an Tideküsten zwischen dem Mitteltideniedrigwasser und Mitteltidehochwasser erstreckt. Er kann häufig mehrere hundert Meter breit sein.

Strandwall: An Küstenvorsprünge ansetzender *(Nehrung)* oder frei vor der Küste vom Meer aufgebauter flacher Sand- oder Kieswall.

stratigraphisch: Zeitliche Einordnung eines Gesteins aufgrund bestimmter Merkmale (Fossilinhalt, Gesteinszusammensetzung).

Streichlänge: Distanz, über die ein Wind über eine freie Meeresoberfläche weht. Die S. (engl. *fetch*) ist eine wichtige Größe in Zusammenhang mit der Ausbildung des Seegangs *(Windwellen)* und mit der Entstehung von Windstau an den Luvküsten.

Sturm: Sehr heftiger und Schäden mit sich bringender Wind, der nach der *Beaufort-Skala* 9–11 (entspricht 20,8 bis 32,6 m/s) erreicht. Zu S.en kommt es über dem Meer häufiger als über Land. Die Herausgabe von *Sturmwarnungen* über See und an der Küste ist eine wichtige Aufgabe des Seewetterdienstes.

Sturmwarnung: *Sturm.*

Substantielle Zeitableitung auch materielle Zeitableitung: Zeitliche Änderung einer (variablen) Eigenschaft einer bestimmten Materialprobe (Materieelement, Substanz), während sie sich auf ihrer Bahn bewegt (Begriff aus der Theorie kontinuierlicher Medien, zu unterscheiden von der partiellen Zeitableitung).

Superpositionsprinzip: Überlagerung von harmonischen Schwingungen. Z. B. kann der unregelmäßig anmutende Seegang *(Windwellen)* durch Superposition zahlreicher harmonischer Wellen erklärt werden.

synoptisch: Im Wortsinn „zusammenschauend" wird damit eine charakteristische Arbeitsmethode in der Meteorologie bezeichnet. Ihr Wesen besteht darin, dass mit Hilfe synchroner und hinreichend dichter Wetterbeobachtungen zu bestimmten Zeiten Karten für den Boden und verschiedene Höhenniveaus aufgestellt werden können, die die Wetteranalyse und -prognose ermöglichen.

Szenario: Auf der Grundlage der jeweils aktuellen Kenntnisse entwickelte Vorstellung über die Eigenschaften eines künftiges Zustandes, insbesondere eines veränderten Klimas. S.s des Klimas basieren auf *Klimamodellen*, die unter bestimmten Voraussetzungen, insbesondere Annahmen über *anthropogene* Veränderungen der Zusammensetzung der Atmosphäre, gerechnet werden.

Tangentiale Schubspannung: Mechanische Spannung, die eine tangentiale Kraft an einem festen Körper oder an einer Fluidfläche verursacht.

Tektonik: Die Lehre vom Bau der Erdkruste mit besonderer Berücksichtigung v. Störungen, Falten, und Bewegungsvorgängen, die die Oberflächenform der Erdkruste verursachen.

Tertiär: Geologische Erdformation, 1,8–65 Mio. Jahre vor heute.

Topographie: Allgemein Gesamtheit der Ausstattung an der Erdoberfläche (einschließlich Meeresboden) hinsichtlich Grundriss, Relief u. a.. In der Meteorologie und Ozeanographie auch die räumliche Struktur vorgegebener Druckflächen (z. B. 500 *hPa*-Fläche in ca. 5,5 km Höhe).

Transgression, transgressiv, transgredierend: Das Vorrücken des Meeres auf eine größere Landfläche.

Treibhauseffekt: Durch die Anwesenheit von Wasserdampf, Kohlendioxid und weiterer ≥ 3-atomiger Spurengasen in der Atmosphäre bewirkte erhebliche natürliche Erwärmung der Troposphäre. Infolge der anhaltenden Emission solcher Spurengase und Veränderungen der Erdoberfläche (z.B. Abholzung) durch die menschliche Tätigkeit verstärkt sich der T. gegenwärtig, was über komplexe Rückkoppelungen im Klimasystem der Erde zu einer tiefgreifenden *anthropogenen Klimaschwankung* führen kann.

Trend: In der mathematischen Statistik der Effekt der langsamen Variation in der Zeitreihe einer Größe, die linear oder nichtlinear sein kann (auch als transiente Komponente einer Zeitreihe bezeichnet). T.s werden mittels Korrelation von Datenreihen mit der Zeit bestimmt.

Triftströmung: Meeresströmung, die direkt unter dem Einfluss des Windes entsteht. Bei mit der Tiefe exponentiell abnehmender Strömungsgeschwindigkeit und charakteristisch drehender Richtung reicht die T. nur wenige Dekameter tief. Sie hat unter den Bedingungen des realen Ozeans (Existenz von Küsten, variable Windfelder) die Funktion, durch den (theoretisch) normal zur Windrichtung erfolgenden Wassertransport Neigungen der Meeresoberfläche aufzubauen, die dann zur Auslösung tiefreichender *Gradientströmungen* führen.

Trog: *Zyklone.*

Tsunami: Bezeichnung für lange fortschreitende Wellen im Ozean, die durch Seebeben entstehen. Diese Wellen breiten sich ringförmig um den Herd mit sehr hoher Geschwindigkeit aus. Die T.s treten besonders im pazifischen Raum auf und können an den betroffenen Küsten schwere Schäden hervorrufen.

Übergreifende Mittelung: *Gleitender Mittelwert.*

UTC: Abk. für Universal Time Coordinated, koordinierte Weltzeit, die in annähernder Übereinstimmung mit der astronomischen Weltzeit gehalten wird. Die UTC weicht von der Mittleren Greenwich-Zeit nicht mehr als 0,9 s ab.

Varianz, erklärte: Maßzahl zur Einschätzung der Güte einer *Regression.* Die e.V. ist das Quadrat des *Korrelationskoeffizienten* zwischen der Messreihe und der mittels *Regression* berechneten Reihe. Sie wird meist in Prozent ausgedrückt.

Verlandung: Vordringen festländischer Vegetation in Seen und Flüsse und Auffüllung mit *klastischem* Material. Während des Verlandungsprozesses kommt es häufig zur Bildung von *Gyttja* und Torf (Moorbildung, *Vermoorung*).

Vermoorung: *Verlandung.*

Verweilzeit: Die Zeit, die ein Wasserstand bei einem Hochwasserereignis in einem bestimmten Höhenniveau verbleibt.

Vorstrand: Der Bereich seewärts des *Strandes* (trocken, im Tidebereich nass) bis zu der Wassertiefe, die von der Wellenbasis erreicht wird.

Wasserhaushaltskomponente: Größe, die den Wasserhaushalt eines Gewässers oder eines Gebietes bestimmt. Zu den W.n gehören allgemein der Zufluss und der Niederschlag als Wassergewinngrößen sowie die Verdunstung und der Abfluss als Verlustgrößen.

Wavelet-Transformation: Methode der Zeitreihenanalyse, die auf der *harmonischen* oder *Fourieranalyse* beruht. Grundlegender Algorithmus ist die Multiplikation der Ausgangsfunktion mit „Wavelets", die durch Skalierung und Verschiebung einer durch die Gaußfunktion gedämpften Sinus/Kosinusfunktion (Basis-Wavelet) erzeugt werden. Man erhält ein quasi-kontinuierliches Spektrum, in dem nicht nur die Präsenz bestimmter Partialtiden *(Gezeiten)*, sondern auch ihre Veränderung („Hervortreten" und wieder Verschwinden) im Laufe der analysierten Epoche dokumentiert sind.

Weibull-Verteilung: In der mathematischen Statistik angewendete theoretische Verteilung, die gut zur Anpassung von Stichproben geeignet ist, da sie die Anpassung von Verteilungen mit positiver und negativer Schiefe erlaubt. Die W. ist insbesondere geeignet, wenn die Anpassung an die Normalverteilung bzw. logarithmische Normalverteilung nicht möglich ist.

Westwinddrift: Kräftige, von West nach Ost gerichtete *zonale* Luftströmung, die in den höheren mittleren Breiten häufig auftritt und von der Ausbildung der *Aktionszentren* Islandtief und Azorenhoch abhängt. Die W. ist Bestandteil der großräumigen Zonalzirkulation auf beiden Hemisphären.

Wind-Watt: Infolge Windeinfluss bei Niedrigwasser kurzzeitig freiliegende Fläche des Meeresbodens in Ufernähe.

Windwellen: In Abhängigkeit von *Streichlänge* und *Windwirkzeit* abhängige Entstehung von Wellen an Gewässeroberflächen. Die direkt entstandenen, kurzperiodischen W. bilden die Windsee, während die langperiodischere Dünung von einem bereits vergangenen oder weiter entfernten Windfeld herrührt. Die Gesamtheit von Windsee und Dünung wird als Seegang bezeichnet.

Windwirklänge: *Streichlänge.*

Windwirkzeit: Die Zeit, in der ein Wind in einer bestimmten Richtung über ein Seegebiet weht. Die W. ist entscheidend für die Herausbildung des Seegangs *(Windwellen)* und für die Stärke der Wasserstandsänderungen an den Küsten *(Streichlänge)*.

Zentraltief: *Zyklone.*

Zonal: Parallel zu den Breitenkreisen verlaufend. Häufig zur Kennzeichnung von Bewegungskomponenten gebraucht *(meridional)*.

Zonalzirkulation: *Westwinddrift.*

Zyklone: Atmosphärisches Tiefdruckgebiet, das sich durch geschlossene *Isobaren* um einen Kern tiefen Luftdrucks auszeichnet. Z.n sind als Bodentiefs zu beobachten, sie erstrecken sich in der Regel jedoch in der Troposphäre und darüber. Auf der Nordhalbkugel weht der Wind entgegen dem Uhrzeigersinn um die Z. Im atlantisch-europäischen Raum gehören Z.n zur *Westwinddrift.* Häufig bilden sich, besonders im Winter, Zentraltiefs aus, die weitere Z.en auf ihren Zugstraßen von West nach Ost steuern. Starkzyklonen mit einem Kerndruck bis unter 950 *hPa* sind mit *Stürmen* verbunden. Ähnliche Wettererscheinungen wie Z.en haben trogartige Luftdruckverteilungen (Tröge), die auch als Höhentröge in Erscheinung treten. Da in den Z.n aufsteigende Luftbewegungen herrschen, kommt es in ihrem Bereich zur Wolkenbildung und zu Niederschlägen.